深入浅出 IoT：完整项目通关实战

IoT for Beginners

［美］珍·福克斯（Jen Fox）［美］珍·卢珀（Jen Looper）
［英］吉姆·贝内特（Jim Bennett）　著

柴火创客空间　译

清華大学出版社

北京

内 容 简 介

本书以通俗易懂的方式，全面讲述物联网基础知识。全书贯穿一个大项目，涉及种植、运输、制造、零售和居家等常用的物联网场景，涵盖 IoT 的核心概念、设备和传感器的使用、数据的收集和分析、边缘计算，以及如何通过微软 Azure 云服务实现远程控制、通过语音与设备交互等内容。每一课都包括理论知识和实践项目，帮助读者深入理解和掌握物联网的基础知识。

本书提供详细的代码示例和操作指南，让读者能够轻松上手实践。书中项目同时提供基于 Arduino 和树莓派两个不同平台的硬件套件实现示例，还包括使用虚拟硬件学习的示例，以满足读者的不同需求。

本书适合物联网相关专业的学生阅读，也适合对物联网有兴趣的自学者阅读。

图书在版编目（CIP）数据

深入浅出 IoT：完整项目通关实战 /（美）珍·福克斯 (Jen Fox)，（美）珍·卢珀 (Jen Looper)，（英）吉姆·贝内特 (Jim Bennett) 著；柴火创客空间译 . —北京：清华大学出版社，2023.6
ISBN 978-7-302-63402-7

Ⅰ.①深… Ⅱ.①珍… ②珍… ③吉… ④柴… Ⅲ.①物联网 Ⅳ.① TP393.4 ② TP18

中国国家版本馆 CIP 数据核字 (2023) 第 068600 号

责任编辑：王中英
封面设计：孟依卉
责任校对：徐俊伟
责任印制：丛怀宇

出版发行：清华大学出版社
　　　　　网　　　址：http://www.tup.com.cn，http://www.wqbook.com
　　　　　地　　　址：北京清华大学学研大厦 A 座　　　　　邮　　编：100084
　　　　　社 总 机：010-83470000　　　　　邮　　购：010-62786544
　　　　　投稿与读者服务：010-62776969，c-service@tup.tsinghua.edu.cn
　　　　　质 量 反 馈：010-62772015，zhiliang@tup.tsinghua.edu.cn
印 装 者：北京嘉实印刷有限公司
经　　销：全国新华书店
开　　本：185mm×260mm　　　　印　　张：27.75　　　插　页：1　　　字　数：914 千字
版　　次：2023 年 7 月第 1 版　　　印　　次：2023 年 7 月第 1 次印刷
定　　价：109.00 元

产品编号：098875-01

作者序

1874 年 11 月 30 日，巴黎的滑雪爱好者们被一项新的发明惊呆了。工程师们在勃朗峰上部署了传感器，通过一根电线穿越 300 英里连接到巴黎，他们突然可以获得勃朗峰的实时天气和雪深数据。这是遥测技术（telemetry，源自希腊语，意思是远距离测量）的最早例子之一。

让我们快进一个半世纪，如今遥测技术已无处不在，从机器上的传感器，到健身追踪器、智慧城市等。我们已经从单纯的收集数据，发展到建立一整套互联设备，利用云和人工智能的力量，从收集的数据中做出决策，优化生产线，节约能源，改善我们的健康。这些设备构成了今天的物联网。

物联网（IoT）是目前发展最快的技术领域之一。现在想要不被物联网设备包围，似乎越来越难了。当我坐在办公桌前写这篇文章时，我的房间连接了传感器来监测温度和空气质量，不断地将这些数据传送到控制供暖和制冷系统或管理空气净化器的算法中；通过语音助手我可以控制房间的灯光或打开车库门；家门口的智能门锁可以让我从世界任何地方看到谁在我家外面。

作为一名工程师，我认为物联网是一项非常有趣的技术。"物"是你可以触摸到的有形物品，在我看来，这增加了构建物联网项目的实用度。例如，你可以看到一个由土壤湿度数据控制的自动浇水系统，以便让作物长得更好。这种"物理计算"也使物联网成为孩子们学习技术和编程的好方法。

有大量的物联网设备和套件可供选择，从业余爱好者的一体式开发套件到为工业用途设计的专业板和传感器。你可以在互联网上找到构建不同解决方案或使用一系列设备和传感器的教程。但是，一直缺少的是真正高质量的文档，它可以教你所有关于物联网的知识，包括基本原理、用例、硬件和软件。这是我想填补的一个空白。

当我开始着手在微软创建 IoT for Beginners 课程时，我在内心给自己设了几个目标。首先，我想在课程里提供物联网的基础知识。有许多针对特定物联网设备或云服务的优秀教程，但我找不到任何涵盖所有基础知识的教程。其次，我想给学习者提供多种硬件选择，包括使用虚拟硬件学习，以避免潜在的高成本。我非常感谢矽递科技（Seeed Studio），它帮我提供了易于购买的工具包和所需的硬件。第三，我希望这本书的水平适用于高等教育水平的学生，或者高中的优秀学生。为此我很感谢一群来自 Microsoft Learn 的学生大使，他们帮助我审查了内容，以确保内容处于正确的难度水平。

这本书包含了你在激动人心的物联网世界中开始探索所需的一切。我希望这能帮助你学习所有你需要知道的知识，并激励你创造令人赞叹的项目。

Jim Bennett
IoT for Beginners 的主要作者之一

推荐序一

为什么需要学习物联网

物联网不是一个新的概念。以人们对于技术的追赶和通常的学习逻辑来看，新技术似乎永远是最时髦的，我们应该忘掉物网，去努力追赶当前最新颖的热门技术和话题，诸如 AIGC（Artificial Intelligence Generated Content，基于人工智能生成内容），元宇宙、Web3.0、NFT 等，似乎只有这样才能让我们赶上时代的潮流。

但是，新的就一定是好的吗？时髦的就一定是有用的吗？或者说，如果我们学习技术的目的是为人类社会产生更大的福祉，那么除了追赶所谓的技术时尚以外，什么样的知识能够让我们真正提升自身的技术水准，最大程度地拥有造福社会的能力？这是一个更为基本的问题。

如果我们认真地梳理当下这个数智时代的技术发展脉络，大概会发现人类即将进入一个全新的人机协同与共生的时代。近几百年来，人类先是通过借助机器的机械力来提升个人乃至人类社会整体的生存与发展空间，现在不仅需要依赖机器的机械力，还需要通过学习和掌握机器的计算能力来提升自身的生存与发展潜力。

在以工业革命为代表的机器时代早期，那些学会操作机器和驾驶汽车的人获得了生存与发展的优势与先机，这种机器能力可称为机械力，人类社会因为积极拥抱了这种机械力而获得了指数级别的增长与发展。之后人类又经历了电子与信息时代。从近来愈发成熟的"thinking machine"（思考机器，借用基辛格在《大西洋月刊》发表文章中的定义）的发展来看，这些具备计算能力的机器通过高效处理数据而慢慢展现出某种类似于人类智能的能力。这种被称之为"人工智能"或者"机器学习"的新型机器能力，虽然如同机械力机器一样，在早期尚不够完善，但越来越显露出这种思考机器可以强化人类能力的潜质。我们现在应该可以做出一个大概率会实现的推断，那就是当下那些主动拥抱并掌握这种新型的机器智能能力的人或组织，相比于那些拒绝或者放弃学习并掌握这种能力的人或组织，会获得更大的生存与发展机会。这也就是为什么现在越来越多的人们开始关注最新的技术，希望能够在这个剧变的时代，具备最大化的生存与发展可能性。

那么问题就来了，每个人的时间与精力都是有限的，而当下技术的迅速发展并因此而产生的海量知识，已经远远超越了绝大多数人能够接受并理解的范畴，我们该如何在有限的时间与精力约束下，尽量学习到对自身的发展和社会的进步有用的知识，而且这种知识还要具备尽量长的有效期呢？

为了回答这个问题，首先我们要认识到，有时候人们为了体现出技术的进步，会经常发明一些新的名词来彰显现在与过去的不同。这种急于表达与过去不同的思维逻辑，让我们姑且称之为"求异存同"，如果应用在技术的创新方面有它的用武之地。当我们的关注点放在技术的落地实践和技术对人类社会产生应用价值时，"求同存异"则是一种更为实用的技术应用范式。这种思维方法不是急于探索哪些技术改变了，而是先搞清楚哪些技术"没有改变"，以及技术如何能够尽快地为人类所用，并产生出最大化的社会价值。

当然与此同时，我们也要不断地突破我们对技术理解的局限性，以创新的方式探索出全新的技术领域。"求同存异"与"求异存同"这两种方式并不矛盾，一般来说，技术的发展都有它的客观规律，相同的部分大多是技术的根脉，不同的部分通常是在根脉之上长出的繁茂枝叶和花朵。它们是在不同的前提条件下的一体两面，是一种辩证统一的关系，只不过它会影响到我们如何在海量的信息领域中学习到对我们有用的知识。通常而言，根脉型的知识少而精，不易掌握但也不会轻易改变；枝叶或花朵型的知识多而杂，容易掌握也容易变化。这是一个没有标准答案的问题，需要每个人认真思考并做出自己的选择。

以我个人的思维习惯，我通常都会采用被称为"五问法"或者说"苏格拉底方法"的追问方法，不断从"为什么"这个本源问题出发，尽量求本溯源地找到隐藏于当下五花八门的技术背后的根源，同时理解中这个根源而长出的各种支脉之间的关系，慢慢构建起自己在这个即将到来的数智时代的知识体系，以最大程度地应对时代的挑战。

基于这种方法，我们会逐步理解到，机器的这种学习与智能能力，源于它通过计算能力对于数据的加工。而这种计算结果的作用则体现为，机器对于人类社会各种现象的分析与模式的识别。那么为了能够理解并掌握这种机器能力，我们需要知道数据是如何产生的，以及数据是以何种方式来表达人类社会的各种现象的；我们还需要知道这些数据是如何被机器计算的，以及这些计算结果是如何被应用的。人类社会数据的产生、传输、存储、计算和应用就是物联网的范畴，这也就是为什么我认为物联网的技术是这个数字时代的本源性技术。物联网技术的覆盖面极其广泛，最重要的是，它解决了物理世界与数字世界之间的关联与协作问题，也是人类与机器之间的关联与协作问题。

根据不同的定义方式，它所覆盖的技术内涵与外延会略有不同，但是物联网技术总是与数字孪生、元宇宙、人工智能、传感、通信、存储和执行技术互为表里。因此，从物联网技术入手，不断地深入展开，更容易建立起一个完整的、适应数智时代特征的技术知识体系，有助于明白人类自身在这个新时代的定位和应该采取的行动。另外由于物联网技术跨越了人类所熟悉的物理世界和不是很熟悉的抽象数字世界，在学习的过程中，人们能同时学到如何将现实的物理世界映射进抽象的数字世界；同时又能够亲身体验到抽象的数字世界所计算的结果是如何影响物理世界的。这种真实的学习体验本身就是一种非常有趣的经历。

由物联网技术的特色而带来的有趣学习经历，在本书中体现得更加淋漓尽致。我们还是要明白，这本书里面所介绍的知识不是容易掌握的知识。但是通过作者清晰的描述和明确的实验步骤，读者很容易就能看到自己在数字世界里的努力，马上就体现为物理世界里的成果。这得益于物联网技术本身的特色，同时也得益于本书几位作者和国内译者丰富的技术传播经验。但是本书中实验所涵盖的技术范围博大精深，几乎囊括了所有与数据和人工智能相关的技术领域。就像大家在学校中常用的经典教材一样，要想把这本书传达的知识体系建立完备，读者需要根据书中的提示和相应的网站内容，进行大量扩展学习。

幸运的是，本书的知识讲解始终坚持理论与实验相结合，它采用技术界常用项目制方式进行组织，可谓学习体验生动活泼，学习效果立竿见影。以我自身的学习经验来判断，我相信只要读者们能够静下心来，一步一步地按照书中描述的实验步骤做下去，同时不要忽略其中任何一段扩展知识学习的机会，就能够建立起一整套完备的数智时代知识体系。作为一个物联网技术的拳拳服膺者，同时也是一个物联网技术的爱好者和实践者，我也预祝读者们能够借助本书，更加充满信心地迎接这个剧变时代的机遇与挑战。

韦青
微软（中国）首席技术官

推荐序二

世上本没有 IoT。

随着移动设备占领了人们的空间和时间，开发者自然将目光投到更广阔的天地和万物。从工业 4.0 到元宇宙，层出不穷的信息技术热门概念都试图拉近数字世界和物理世界的距离，更多的接入意味着更广阔的市场和更长的跑道，物联网理所当然成为各种新应用的共通的技术底座。

我们为新技术的涌现感到骄傲，但物联网并不是一个横空出世的石猴——绝大部分的技术都已经历过几十年甚至上百年的发展，曾经被归纳在仪器仪表、电子、自动化、通信工程等专业领域。物联网像一口大锅，里面翻滚着最新的传感器、通信、单板计算机、机器学习、新材料等软硬件技术栈，它们不断演化和融合，等待着用户的选择，以解决实际问题。

然而，来自各个传统行业的用户可能很难理解这一大堆晦涩难懂的技术，而且技术公司为了凸显自己的差异化，习惯于发明新奇的名词，更进一步阻碍了物联网技术的应用。过去十多年的创客运动和开源硬件潮流，让这个尴尬的局面得以改善。大众也开始扮演技术创造者的角色，让物联网技术走出实验室，变得随手可得，像玩具一样被大众肆意组合并展示。其中一部分创客们不再满足于有趣的发明，他们进入（回到）传统行业，将越来越成熟的技术运用在数字化转型的过程中。

实时低成本的真实数据采集代替了传统的人工采集上报，生产活动可以及时获得更全面的信息，大大增加适应变化的能力。这样的数字化能力在充满不确定性的未来越发重要：气候变化让耕作经验受到了巨大的挑战，新农人也不满足传统的种植方式和作物，设施农业变得像一个个植物工厂；洪水、泥石流、地震、干旱、海啸等次生灾害更加频繁，需要更多的数据以尽早预测与防御；可持续发展对工业生产和消费过程都提出了更高的要求，精确高效节制地满足需求比盲目的规模化生产更有价值。

数字化的推进也带来很多新的机会：分布式的清洁能源小心翼翼地适应外部的天气，尽量提升投入产出比，以提高竞争力；变聪明的机器从车间走向更多丰富的场景，倍增了人类的生产劳作效率；各种科学研究在更多数据样本的帮助下能够更快速地发现新规律，并且随着物联网的基础建设更快地产业化。

拿起这本书的你正处在一个有趣的时代，物联网的技术已经变得前所未有地简单，而各个行业数字化的进程才刚刚开始。这本书的源于一个非常成功的开源项目，它是 GitHub 上 Star 数最多的物联网教程之一，也是我们团队见到的最深入浅出的内容。这个教程融合了微软物联网专家多年的实践经验，可以通读理解物联网的基本逻辑，也值得一步步实践完成自己的物联网方案部署。

希望这是你学习物联网的最后一本书。止步于此，留更多的时间用越来越简单和强大的工具解决自己领域的问题。就像普通人很少再为 PC 兴奋，可见的未来我们不需要再频繁谈论 IoT 的概念，不需要从头搭建物联网系统，甚至不需要专门去研究和学习。连接与智能自然地融入各种科技与设备，我们不用为物联网欢呼，因为它已是随处可见的稀松平常的工具。

然后大家就习惯了 IoT。

潘昊
矽递科技和柴火创客空间创始人

前　言

本书的绝大部分内容来自微软的 Azure 云大使提供的，一个为期 12 周的 24 课时的物联网基础知识开源课程—— IoT for Beginners。此课程的每节课都包括课前准备和课后测验、知识点讲解、解决方案、作业等。课程作者们以项目为基础的教学法，使读者能够边学边做，这是一种证明新技能能够快速"落地"的有效方法。

这些项目涵盖了食物从农场到餐桌的整个过程，包括从农场、物流、制造、零售到消费者——涵盖了所有物联网设备的流行行业领域。

英文版课程创作团队

衷心感谢英文版课程的作者 Jen Fox、Jen Looper、Jim Bennett，以及插画艺术家 Nitya Narasimhan（有关 Nitya Narasimhan 的介绍请参看 [L0-1]），她用插画的方式将每课的知识点做了总结（见下页插画）。

同时也感谢我们的微软学习学生大使团队，他们一直在审查和翻译这个课程，包括 Aditya Garg、Anurag Sharma、Arpita Das、Aryan Jain、Bhavesh Suneja、Faith Hunja、Lateefah Bello、Manvi Jha、Mireille Tan、Mohammad Iftekher (Iftu) Ebne Jalal、Mohammad Zulfikar、Priyanshu Srivastav、Thanmai Gowducheruvu，以及 Zina Kamel。

[L0-2] 通过链接索引的视频，接受英文版课程的作者和学生大使团队的问候。

中文翻译及编辑团队

中文翻译及编辑团队来自柴火创客空间与矽递科技，包括冯磊、黄夏、龚莉钧、黎孟度、刘海旭、潘知非（实习）、杨雨婷（实习）；版式设计及排版由孟依卉和冯磊完成。

中文版修订特别感谢

- 来自微软 Cloud Advocate 部门的 Jim Bennett 和卢建晖（中国）。
- 紫金山实验室的陈声健老师。
- 广东工程职业技术学院的许喜斌老师。
- 清华大学精密仪器系的曾悦老师。
- 南方科技大学创新创意设计学院的罗涛老师。

给教师的建议

老师们，我们已经提出了一些关于如何使用该课程的建议 [L0-3]（英文）。如果你想创建自己的课程，我们也提供了一个课程模板 [L0-4]（英文）。

IoT-For-Beginners 开源文档

微软已将整个 IoT for Beginners（英文版）的课程在 Github 上开源，https://github.com/microsoft/IoT-For-Beginners。中国用户可以通过 Gitee 上的副本访问，https://gitee.com/seeed-projects/IoT-For-Beginners，本书的课程相关源程序都以 Gitee 的链接地址给出。

关于课程内的链接编号

英文版的课程包含了大量的链接，而且有很多链接非常长，印在书上会不便使用，所以本书的大部分链接都通过链接编号提供，读者可以通过此书的链接列表页面 https://tinkergen.cn/book_iot_lb，或扫描下方二维码访问此页面，并依据索引编号访问对应的链接。

给学生及读者的建议

要想自学这门课程，可以在 Github 或 Gitee 上 Fork 整个项目并自己阅读完成练习，从课前测验开始，然后阅读课程并完成项目和作业。建议尽量通过理解课程来自己创建和完成项目，而不是复制解决方案的代码；不过这些代码在每个面向项目的课程中的 /solutions 文件夹中都有；另一个建议是与朋友组成一个学习小组，一起学习这些内容。对于进一步的学习，我们推荐 Microsoft Learn ⌗ [L0-5]。

关于这个课程的视频概述，可以观看视频 🎬 [L0-6]。

课程结构

在构建本课程时，我们明确了两个教学宗旨：首先确保它是基于项目的，其次每课都有课前和课后的测验。在这个系列课程结束时，学生将会建立一个自动植物监测和灌溉系统、一个车辆跟踪器、一个检测食物质量和库存的智能工厂装置，以及一个语音控制的烹饪计时器；并将学习物联网的基本知识，包括如何编写设备代码、连接到云、分析遥测数据和在边缘设备上运行 AI。

此外，课前的低难度测验可以帮助学生明确学习主题，而课后的第二次测验则能进一步强化记忆。这个课程的设计力求灵活有趣，学生可以全部选择或选择感兴趣的部分学习。课程项目的难度循序渐进，开始时很简单，越接近尾声会变得越复杂。

本课程每个项目都是基于学生和业余爱好者可用的真实世界的硬件；每个项目都探究了具体的项目领域，并提供了相关的背景知识。要成为一个成功的开发者，需要养成了解你所要解决问题的领域知识的习惯，课程里提供的背景知识可以让读者深度思考其物联网解决方案，同时让物联网开发者在近乎实战的背景下学习。读者可以学习反思自己正在构建的解决方案的目的和意义，培养对最终用户的同理心。

硬件

我们为课程提供了两类物联网硬件，选择哪个取决于你对编程语言知识或偏好、学习目标和可用性的个人喜好。我们还提供了一个"虚拟硬件"版本，供那些没有硬件或者想在购买之前了解更多的人使用。你可以阅读更多内容，并在硬件页面上找到一个"购物清单"，包括从我们的朋友矽递科技购买完整套件的链接。

每一课都包括以下结构：

- 插图说明。
- 可选的补充视频。
- 课前测验。
- 知识点讲解。
- 基于项目的课程，关于如何建立项目的分步指南。
- 知识检查。
- 挑战。
- 复习和自学。
- 课后测验。
- 作业。

课程表

见表 0-1。

👤 其他课程推荐

我们的团队还制作了以下课程！请读者查看。

- Web 开发入门（Web Dev for Beginners）⌗ [L0-7]（英文）。
- 机器学习入门（ML for Beginners）⌗ [L0-8]（英文）。
- 数据科学入门（Data Science for Beginners）⌗ [L0-9]（英文）。

👤 图片来源

你可以在"attributions.md"⌗ [L0-10] 中找到本课程中使用的图片的来源说明。

本书原画插图由 Nitya Narasimhan（倪蒂亚·纳拉西姆汗）绘制。

表 0-1　课程表

项目名	课程标题	学习目标
入门篇	第 1 课　物联网简介	了解物联网的基本原理和物联网解决方案的基本构件,如传感器和云服务,同时设置你的第一个物联网设备
	第 2 课　深入了解物联网	了解更多关于物联网系统的组成部分,以及微控制器和单板计算机
	第 3 课　通过传感器和执行器与物质世界交互	了解从物质世界收集数据的传感器,以及发送反馈的执行器,同时制作一个夜灯
	第 4 课　将你的设备连接到互联网	了解如何将物联网设备连接到互联网,通过将你的小夜灯连接到 MQTT 代理来发送和接收信息
农场篇	第 5 课　用物联网预测植物生长	了解如何利用物联网设备捕获的温度数据预测植物生长
	第 6 课　检测土壤水分	了解如何检测土壤水分和校准土壤水分传感器
	第 7 课　自动浇灌植物	了解如何使用继电器和 MQTT 自动浇灌植物并计时
	第 8 课　将你的种植数据迁移到云端	了解云和云端托管的物联网服务,以及如何将你的植物连接到其中一个,而不是公共的 MQTT 代理
	第 9 课　将你的应用逻辑迁移到云端	了解如何在云端编写响应物联网消息的应用逻辑
	第 10 课　确保你的植物安全	了解物联网的安全性,以及如何用密钥和证书保持你的植物安全
运输篇	第 11 课　位置追踪	了解物联网设备如何使用 GPS 进行位置追踪
	第 12 课　存储位置数据	了解如何存储物联网数据,以便日后进行可视化或分析
	第 13 课　可视化位置数据	了解可视化的位置数据在地图上,以及二维地图如何代表真实的三维世界
	第 14 课　地理围栏	了解地理围栏,以及如何利用它来提醒供应链中的车辆接近目的地
制造篇	第 15 课　训练水果质量检测器	了解如何在云端训练图像分类器来检测水果质量
	第 16 课　从物联网设备检查水果质量	了解如何从物联网设备使用水果质量检测器
	第 17 课　在边缘设备上运行你的水果检测器	了解在边缘的物联网设备上运行你的水果检测器
	第 18 课　从传感器触发水果质量检测	了解如何从传感器触发水果质量检测
零售篇	第 19 课　训练一个库存检测器	了解如何使用物体检测来训练一个库存检测器来计算商店里的库存
	第 20 课　从物联网设备上检查库存	了解如何使用物体检测模型从物联网设备检查库存
居家篇	第 21 课　使用物联网设备识别语音	了解如何从物联网设备中识别语音以建立一个智能计时器
	第 22 课　理解语言	学习如何理解对物联网设备用语音说的句子
	第 23 课　设置定时器并提供口头反馈	了解如何在物联网设备上设置定时器,并就定时器的设置和结束时间提供口头反馈
	第 24 课　让设备支持多种语言	学习如何支持多种语言,包括语音和智能定时器的响应

小贴士类型

本书有许多不同类型的小贴士,根据图标可以区分它们的内容类别:

　：补充介绍或进一步的解释。　　　　　　　：名词或概念讲解。

⚠️注意:　注意事项。　　　　　　　　　　　：及时清理云账户的提示。

　：做点研究。　　　　　　　　　　　　　：云账户和定价有关的信息。

目　录

入门篇

在本篇中，你将学习到物联网的基本概念，并建立你的第一个连接到云的"Hello World"物联网项目。这个项目是制作一个智能小夜灯，当传感器测量到的光照度下降时，就会亮起来。

课程简介

本篇包含以下课程：

感谢

本篇所有的课程都是由 Jen Looper 用♥编写。

第1课

物联网简介

💡 课前准备

本课是微软 Reactor（微软为所有开发者及初创企业提供的社区空间）的 Hello IoT 系列课程的一部分。课程开始通过 2 个视频（英文）对物联网的基础做了介绍。

观看视频：吉姆老师讲物联网
 [L1-1]

观看视频：物联网介绍——自学时间 🎥 [L1-2]

🖥 简介

本课涵盖了一些围绕物联网基础知识的话题，并让你开始设置你的硬件。

在本课中，我们的学习内容将涵盖：

1.1 什么是"物联网"

1.2 物联网设备

1.3 准备好你的设备

1.4 物联网的应用

1.5 探究你身边的物联网设备

课前测验

（1）IoT（物联网）中的 I 代表（　　）。

A. 互联网 Internet

B. 铱星 Iridium

C. 熨烫 Ironing

（2）到 2025 年年底，正在使用的物联网设备的估计数量有（　　）。

A. 30 个

B. 3000 万个

C. 300 亿个

（3）智能手机是物联网设备。这个说法（　　）。

A. 正确

B. 错误

1.1 什么是"物联网"

"物联网（ Internet of Things ,IoT ）"一词是由凯文·阿什顿（ Kevin Ashton ）在 1999 年创造的，指的是通过传感器将互联网与物理世界连接起来。从那时起，这个词就被用于描述任何与周围物理世界互动的设备，要么从传感器收集数据，要么通过执行器（会处理一些事件的设备，如打开开关或点亮 LED ）提供与物理世界的互动，一般都与其他设备或互联网连接。

🔬 传感器： 从物理世界收集信息，如测量速度、温度或位置。

执行器： 将电信号转换为与物理世界的互动行为，如触发开关、打开灯、发出声音，或向其他硬件发送控制信号，如接通插座电源。

物联网作为一个技术领域，不仅仅包含设备，它还包括基于云的服务，它可以处理传感器数据，或向连接到物联网设备的执行器发送请求。它还包括没有或不需要互联网连接的设备，通常被称为边缘设备。这些设备可以自己处理和响应传感器数据，通常使用在云端训练的 AI 模型。

物联网是一个快速增长的技术领域。据估计，到 2025 年年底，有 300 亿台物联网设备将被部署并连接到互联网，如图 1-1 所示。展望未来，估计到 2025 年，物联网设备将收集近 80 泽字节（1 泽字节 = 10^{9} TB 或 10^{12} GB）数据。这是一个很大的数据量！

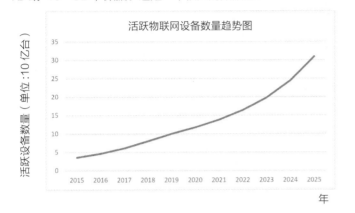

图 1-1　这是一张显示活跃的物联网设备随时间变化的图表，从 2015 年的不足 50 亿台到 2025 年的超过 300 亿台，呈上升趋势

做点研究

物联网设备产生的数据中，有多少是真正被使用的，有多少是浪费的？为什么这么多的数据被忽视？

这些数据是物联网成功的关键。要成为一个成功的物联网开发者，你要理解你所需收集的数据，以及如何收集，如何根据这些数据做出决定，以及如何在需要时利用这些决定与物理世界互动。

1.2　物联网设备

物联网中的"T"指的是"Things（物）"——通过从传感器收集数据，或通过执行器提供与现实世界、与周围物理世界互动的设备。

用于生产或商业用途的设备，如消费者健身追踪器或工业机器控制器，通常是定制的。它们使用定制的电路板，甚至可能是定制的处理器，旨在满足特定任务的需要，无论是小到可以戴在手腕上的，还是坚固到可以在高温、高压或高振动的工厂环境中工作的。

作为一个学习物联网或创建设备原型的开发者，通常需要从开发者套件开始。这些是为开发人员设计的通用物联网设备，具有在生产设备上不会有的功能，如提供一组外部引脚连接传感器或执行器，支持可编程的硬件，或添加了在进行大规模生产时会增加不必要成本的额外资源。

这些开发套件通常分为两类——微控制器和单板计算机。这里先简单介绍一些，在第 2 课将进行更详细的介绍。

你的手机也可以被认为是一个通用的物联网设备，内置有传感器和执行器，不同的应用程序通过不同的云服务以不同的方式使用传感器和执行器。你甚至可以找到一些物联网教程，将手机应用作为物联网设备。

1.2.1　微控制器——MCU

微控制器（Micro Control Unit，MCU）是一种小型计算机，由以下部分组成。

● 🧠 一个或多个中央处理器（CPU）：微控制器的"大脑"，用来运行程序。

● 💾 内存（RAM 和程序存储器）：存储程序、数据和变量的地方。

● 🔌 可编程输入 / 输出（I/O）连接：与外设（连接的设备）对话，如传感器和执行器。

在互联网上搜索微控制器时，用 MCU 作为关键字要小心，因为这将带来很多关于 Marvel Cinematic Universe（漫威电影宇宙）的结果，而不是微控制器。

微控制器通常是用 C/C++ 编程的。

微控制器是典型的低成本计算设备，用于定制硬件的微控制器的平均价格已下降到几元人民币，有些设备甚至便宜到几角钱。有些开发者工具包甚至可以低至 20 元左右，随着更多功能的添加，成本也会上升。Wio Terminal 是矽递科技的一个基于微控制器的开发工具包，这个小盒子还集成了传感器、执行器、Wi-Fi 和一个屏幕，价格为 280 元人民币左右，如图 1-2 所示。

图 1-2　Wio Terminal

微控制器被设计为通过编程来完成有限且非常具体的任务，而不是像 PC 那样的通用计算机。除了非常特殊的情况，你不能为微控制器连接显示器、键盘和鼠标，并将其用于通用任务。

微控制器开发板通常带有额外的板上传感器和执行器。大多数板子会有一个或多个可以编程的 LED 以及其他设备，如标准接口，用于添加更多的传感器或执行器，使用各种制造商的生态系统或内置传感器（通常是最流行的，如温度传感器）。一些微控制器有内置的无线连接，如蓝牙或 Wi-Fi，或在板上有额外的微控制器来增加这种连接。

1.2.2　单板计算机——SBC

单板计算机（Single-Board Computer，SBC）是一种小型计算设备，它将完整计算机的所有元素都包含在一块小板上。这些设备的规格接近台式机或 PC，运行完整的操作系统，但体积小，耗电少，而且价格要便宜得多，如图 1-3 所示的树莓派。

图 1-3　第 4 代树莓派，树莓派是最受欢迎的单板计算机之一

像微控制器一样，单板计算机有一个 CPU、内存和输入 / 输出引脚，但它们有额外的功能，如图形芯片，允许你连接显示器、音频输出和 USB 端口，以连接键盘鼠标和其他标准 USB 设备，如网络摄像头或外部存储等。程序与操作系统一起存储在 SD 卡或硬盘上，而不是内置在电路板上的内存芯片里。

单板计算机是功能齐全的计算机，所以可以用任何语言进行编程。物联网设备通常是用 Python 编程的。

> 🐿 你可以把单板计算机看作比你常用的 PC 更小、更便宜的版本，并增加了 GPIO（通用输入 / 输出）引脚，以便与传感器和执行器互动。

1.2.3　课程的硬件选择

后续所有课程都包括使用物联网设备与物理世界互动并与云端通信的作业。每节课都提供了三种设备以供选择，如图 1-4 所示。

Arduino：使用矽递科技的
Wio Terminal

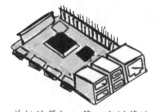

单板计算机：第 4 代树莓派

单板计算机：在你的 PC 上运行的
虚拟单板计算机

图 1-4　每节课程都提供了三种设备选择

可以在下页的"连接设备：硬件指南"中了解完成所有作业所需的硬件。

> 🐿 你甚至不需要购买任何物联网硬件来完成作业，你可以使用虚拟单板计算机来完成一切操作。

连接设备：硬件指南

IoT（物联网）中的"T"代表"物（Things）"，是指与我们周围世界互动的设备。每个项目都是基于学生和电子爱好者可用的真实世界的硬件。我们有两种物联网硬件可供选择，取决于个人喜好、编程语言知识或偏好、学习目标和可用性。我们还提供了一个"虚拟硬件"版本，供那些没有机会获得硬件，或想在购买硬件之前了解更多信息的人使用。

本课程中物理硬件选择 Arduino 或树莓派。每种硬件都有自己的优点和缺点，这些在 1.2.3 节中都有涉及。如果你还没有选定一个硬件平台，你可以看看第 2 课来选定你最感兴趣的硬件平台。

选择特定的硬件是为了减少课程和作业的复杂性。尽管其他硬件也可以使用，但我们不能保证所有的作业都能在你的设备上得到支持而不需要额外的硬件。例如，很多 Arduino 设备没有 Wi-Fi，而连接到云端需要 Wi-Fi。选择 Wio Terminal 是因为它有内置的 Wi-Fi。

你还需要一些非技术性的物品，如土壤或盆栽，以及水果或蔬菜等。

> 你不需要购买任何物联网硬件来完成作业。你可以使用虚拟物联网硬件来完成一切。

需要的工具包

Seeed Studio（矽递科技）的标志，矽递科技非常友好地将本课程所需的大部分硬件作为易于购买的套件进行提供。

seeed studio

◆ Arduino：SenseCAP K1101 – 物联网原型开发套件

矽递科技自研的 SenseCAP K1101 – 物联网原型开发套件 🔗 **[L1-3]**，可提供本课程所需的大部分模块，如图 1-5 所示。Arduino 的所有设备代码都是用 C++ 语言。为了完成所有的作业，你将需要以下东西。

（1）Arduino 硬件。

- Wio Terminal。
- 可选的 USB-C 电缆或 USB-A 转 USB-C 的适配器。Wio Terminal 有一个 USB-C 端口，并配有 USB-C 转 USB-A 的电缆。如果你的 PC 只有 USB-C 端口，你将需要一条 USB-C 电缆，或一个 USB-A 转 USB-C 的适配器。

（2）Arduino 的传感器和执行器。

以下是使用 Wio Terminal 的 Arduino 专用设备，与使用树莓派的无关。
- ArduCam Mini 2MP Plus – OV2640 摄像头模块（不在套件内，见图 1-6，🔗 **[L1-3-2]**）。
- Grove – Vision AI Module with Himax HX6537 摄像头模块。
- Grove 温湿度传感器模块（SHT40）。
- ReSpeaker 2-Mics Pi HAT 双麦克风扩展板（不在套件内，🔗 **[L1-4]**）。
- 面包板跳线（不在套件内，见图 1-6）。
- 耳机或其他带有 3.5 毫米插孔的扬声器，或一个 JST 扬声器，如 Mono Enclosed Speaker ——2 瓦 6 欧姆（不在套件内，见图 1-6，🔗 **[L1-5]**）。
- 16GB 或容量更小的 microSD 卡（不在套件内，见图 1-6），如果你没有内置的 SD 卡，则还需要一个连接器将其用于你的计算机。

> ⚠ **注意**
> Wio Terminal 只支持 16GB 以下的 SD 卡，不支持更大的容量。

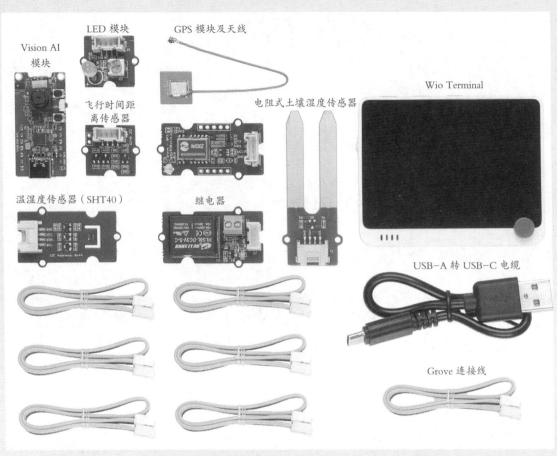

图 1-5　Arduino：基于 Wio Terminal 的 SenseCAP K1101 - 物联网原型开发套件

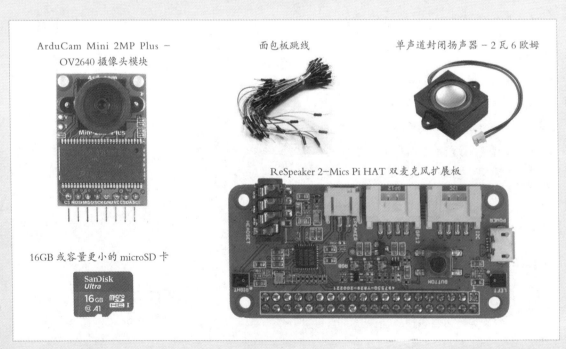

图 1-6　Arduino：非套件范围内的物品

🖥️ 树莓派：物联网初学者—树莓派 4 入门套件

矽递科技提供的物联网初学者—树莓派 4 入门套件🔗 **[L1-6]**，如图 1-7 所示。树莓派的所有设备代码都是 Python 语言。要完成所有的作业，你将需要以下条件。

（1）树莓派硬件。

- 树莓派 4。
- microSD 卡（你可以买到带有 microSD 卡的树莓派套件），如果你没有内置的 SD 卡，还需要一个读卡器，以便在你的计算机上使用，建议使用 32GB 及更大容量的卡，如图 1-8 所示。
- USB 电源（你可以买到带有电源的 Raspberry Pi 4 套件）。如果你使用的是 Raspberry Pi 4，你需要一个 USB-C 接口电源，早期版本的设备需要一个 micro-USB 接口电源。

（2）树莓派专用传感器和执行器。

- Grove Pi base HAT 树莓派的 Grove 扩展板。
- Raspberry Pi Camera module 树莓派相机模块。
- Grove 温湿度传感器模块（DHT11）。
- 麦克风和扬声器，使用以下其中一个（或同等的）：如果你的树莓派与带有扬声器的显示器或电视相连，可以使用任何 USB 麦克风与任何 USB 扬声器，或带有 3.5 毫米插孔的扬声器，或使用 HDMI 音频输出或任何带有内置麦克风的 USB 耳机。
- ReSpeaker 2-Mics Pi HAT 配备了耳机或其他带有 3.5 毫米插孔的扬声器，或一个 JST 扬声器，如单声道封闭式扬声器 – 2 瓦 6 欧姆（见图 1-8），或 USB 免提电话。
- Grove 光线传感器模块。
- Grove 按钮模块。

> ⚠️ **注意**
>
> 树莓派 2B 及以上的版本应该可以完成这些课程中的作业。如果你打算在树莓派上直接运行 VS Code（微软的编程工具），那么就需要一个有 2GB 或更大存储空间的 4 代树莓派版本。如果你打算远程访问树莓派，那么任何 2B 及以上版本的树莓派都可以使用。
>
> 树莓派专用传感器和执行器与使用 Arduino 设备无关。

传感器和执行器

大部分所需的传感器和执行器在 Arduino 和树莓派的学习路径上都有使用：

- Grove LED 。
- Grove Relay 继电器模块。
- Grove 电阻式土壤湿度传感器模块。
- Grove GPS (Air530) GPS 模块。
- Grove 飞行时间距离传感器模块。

可选硬件

关于自动浇水的课程会使用一个继电器工作。作为一种选择，你可以使用下面列出的硬件将这个继电器连接到一个由 USB 供电的水泵上。

- 6V 水泵。
- USB-A 公插头转 5 针接线端子。
- 硅胶管。
- 红色和黑色的电线。
- 小平头螺丝刀。

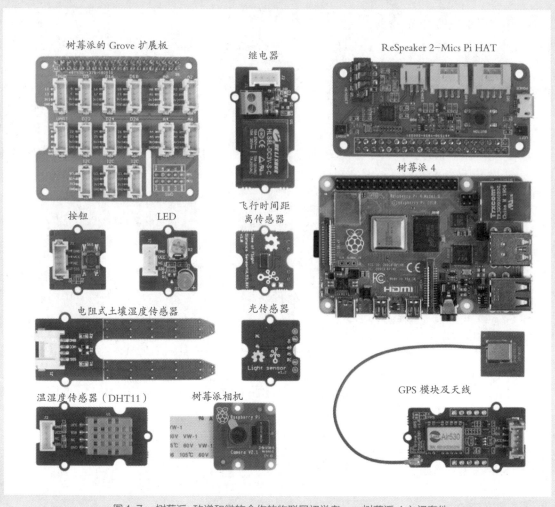

树莓派的 Grove 扩展板

继电器

ReSpeaker 2-Mics Pi HAT

按钮

LED

飞行时间距离传感器

树莓派 4

电阻式土壤湿度传感器

光传感器

温湿度传感器（DHT11）

树莓派相机

GPS 模块及天线

图 1-7　树莓派：矽递和微软合作的物联网初学者——树莓派 4 入门套件

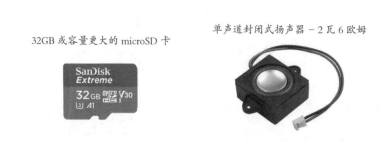

32GB 或容量更大的 microSD 卡

单声道封闭式扬声器－2 瓦 6 欧姆

图 1-8　树莓派：非套件范围内的物品

虚拟硬件

走虚拟硬件路线会使用基于 Python 实现的传感器和执行器的模拟器。根据你的硬件可用性，你可以在你常用的开发设备上运行，如 PC 或者树莓派，可以只模拟你没有的硬件。例如，如果你有树莓派摄像头，但没有 Grove 传感器，你就可以在你的树莓派上运行虚拟设备的代码，模拟 Grove 传感器。

> 再次说明，你不需要购买任何物联网硬件来完成作业。你可以使用虚拟物联网硬件来完成一切。

虚拟硬件将使用 CounterFit 项目（CounterFit 是一种工具，旨在虚拟各种物联网硬件组件，如 LED、按钮、温度传感器等，然后你可以从计算机上运行物联网设备代码而不是在物联网设备上访问这些硬件组件）。

为了完成这些课程，你将需要有一个网络摄像头、麦克风和音频输出设备，如扬声器或耳机。这些设备可以是内置的，也可以是外置的，需要配置成在你的操作系统中可以工作，并可在所有应用程序中使用。

硬件的选择取决于你——比如根据家里或学校已有的硬件，以及你已掌握的或打算学习的编程语言。单板计算机和虚拟单板计算机将使用相同的传感器方案，因此，如果你选择了其中一种开始学习，你可以切换到另一种硬件上而不用更换大部分的套件。在虚拟单板计算机上学习和在树莓派上学习一样，如果你最终拥有一套树莓派和传感器硬件，则大部分的代码是可以转移到树莓派上的。

1.2.4　Arduino 开发工具包

如果你对学习微控制器开发感兴趣，你可以使用 Arduino 设备完成作业。你将需要对 C/C++ 编程有基本的了解，因为课程将只教授与 Arduino 框架、正在使用的传感器和执行器以及与云端互动的库相关的代码。

图 1-9　Visual Studio Code 的标志

作业将使用微软的 Visual Studio Code（以下简称 VS Code，标志见图 1-9）与 PlatformIO 扩展（标志见图 1-10）进行微控制器开发。如果你对 Arduino IDE 有经验，你也可以使用这个工具，但本书不会对其提供说明。

1.2.5　单板计算机开发套件

如果你对学习使用单板计算机的物联网开发感兴趣，你可以使用树莓派，或在你 PC 上运行的虚拟设备来完成作业。

图 1-10　PlatformIO 的标志

你需要对 Python 编程有基本的了解，因为课程只教授与正在使用的传感器和执行器有关的代码，以及与云端互动的库。

课程作业将使用 VS Code。

如果你使用的是树莓派，你可以使用树莓派的操作系统（Raspberry Pi OS）在树莓派上使用 VS Code 进行所有的编程，或者将你的树莓派作为一个没有外设的无头设备运行，并使用 VS Code 的远程 SSH 扩展在你的 PC 上进行编程（编程效率更高），该扩展允许你连接到你的树莓派并编辑、调试和运行代码，就像你直接在设备上进行编程一样。

如果你使用虚拟设备选项，你将直接在你的计算机上编码，而不是访问传感器和执行器，你将使用一个工具来模拟这些硬件，提供你可以定义的传感器值，并在屏幕上显示执行器的结果。

1.3　准备好你的设备

在你开始对物联网设备进行编程之前，你需要进行少量的设置。根据你要使用的设备，按照下面的"连接设备：运行 Hello World" 的知识进行操作。

这些说明中确实会包含你会使用到的硬件或工具设计者的第三方网站链接。这是为了确保你一直在使用各种工具和硬件的最新版本。

通过相关指南来设置你的设备，并完成一个 "Hello World" 项目。这是为入门篇 4 个课程中的 "创建一个物联网小夜灯" 所迈出的第一步。

● Wio Terminal 编程之 Hello World。
● 树莓派编程之 Hello World。
● 虚拟设备编程之 Hello World。

下面你将用 VS Code 为 Arduino 和单板计算机编程。如果你以前没有使用过，请在 VS Code 网站： 🔗 https://code.visualstudio.com/ 上阅读更多信息。

注意

如果你还没有设备，请参考 "连接设备：硬件指南" 来帮助你决定要使用哪种设备，以及你需要购买哪些额外的硬件。你也可以不购买硬件，因为所有的项目都可以在虚拟硬件上运行。

连接设备：运行 Hello World

Wio Terminal 编程之 Hello World

矽递科技的 Wio Terminal（图 1-11）有一个与 Arduino 兼容的微控制器，内置 Wi-Fi 和一些传感器以及执行器，还有一些端口可以添加更多的传感器和执行器，它们都符合一个名为 Grove 的硬件生态系统规范。

设置

要使用你的 Wio Terminal，你需要在计算机上安装一些免费软件。你还需要更新 Wio Terminal 的固件，然后才能将其连接到 Wi-Fi。

任务：设置

安装所需软件并更新固件。

（1）安装 Visual Studio Code（VS Code）。这是你将使用的编辑器，用 C/C++ 编写设备代码。关于安装 VS Code 的说明，请访问 🔗 https://code.visualstudio.com/ 参考 VS Code 教程。

（2）安装 VS Code PlatformIO 扩展。这是 VS Code 的一个扩展，支持用 C/C++ 编程微控制器。请参考 PlatformIO 扩展文档：🔗 **[L1-7]** 了解在 VS Code 中安装这个扩展的说明。这个扩展依赖于微软的 C/C++ 扩展来处理 C 和 C++ 代码，当你安装 PlatformIO 时，C/C++ 扩展会自动安装。

（3）将 Wio Terminal 连接到计算机上。Wio Terminal 的底部有一个 USB-C 接口，这需要连接到你计算机上的 USB 接口。Wio Terminal 附带一条 USB-C 转 USB-A 的电缆，但如果你的计算机只有 USB-C 接口，那么你将需要一条 USB-C 电缆或一个 USB-A 转 USB-C 的适配器。

图 1-11　一个矽递科技的 Wio Terminal

⚠️**注意**

另一个用于 Arduino 开发的流行 IDE 是 Arduino IDE。如果你已经熟悉这个工具，那么你可以用它来代替 VS Code 和 PlatformIO，但本课将只给出基于使用 VS Code 的说明。

⚠️**注意**

如果你的 Wio Terminal 是在 2022 年 7 月 15 日前购入的，则需要更新 Wio Terminal 固件，链接为： 🔗 **[L1-8]**。

编写"Hello world"程序

在开始使用一种新的编程语言或技术时，传统的做法是创建一个"Hello World"应用程序——一个输出类似"Hello World"文字的小应用程序，以显示所有工具都已正确配置。

Wio Terminal 的 Hello World 应用程序将确保你的 Visual Studio Code 与 PlatformIO 都正确安装，并对微控制器开发进行设置。

任务：创建一个 PlatformIO 项目

第一步是使用为 Wio Terminal 配置的 PlatformIO 创建一个新项目。

（1）将 Wio Terminal 连接到你的计算机。

（2）启动 VS Code。

（3）PlatformIO 图标将出现在侧面的菜单栏上，在右侧出现的欢迎屏幕上，单击 `+ New Project` 按钮，如图 1-12 所示。

图 1-12　在左侧 PlatformIO 的图标入口单击所示的图标，在弹出的菜单 PIO Home 中单击 Open，然后在欢迎屏幕上选择 `+ New Project`

（4）在项目向导中配置该项目，如图 1-13 所示。

① 将项目命名为 `nightlight`（夜灯）。

② 在 Board（板子）右边的输入框中，输入 Wio 来过滤所需的板子，并选择 `Seeeduino Wio Terminal`。

③ 保留默认的框架（Framework）为 `Arduino Framework`。

④ 选中 Use default location（使用默认位置）复选框，或者取消勾选，为你的项目选择一个位置。

⑤ 单击 `Finish`（完成）按钮。

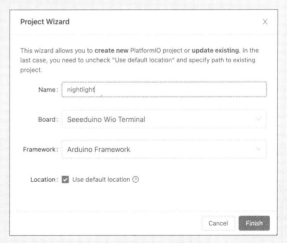

图 1-13　完成后的项目向导

PlatformIO 将下载它所需要的用来编译 Wio Terminal 的代码组件，并创建你的项目。这个过程可能需要几分钟的时间。

任务：检视 PlatformIO 项目

VS Code 的资源管理器将显示一些由 PlatformIO 向导创建的文件和文件夹，如图 1-14 所示。

文件夹介绍

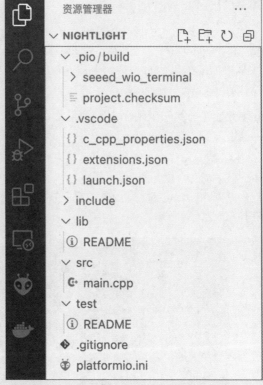

图 1-14　由 PlatformIO 向导创建的文件和文件夹

- **pio/build:** 这个文件夹包含 PlatformIO 需要的临时数据，如库或编译的代码。如果被删除，它会自动重新创建，如果你要在 GitHub 等网站上分享你的项目，你并不需要把它添加到源代码版本控制中。
- **vscode:** 这个文件夹包含 PlatformIO 和 VS Code 使用的配置。如果被删除，它会自动重新创建，如果你要在 GitHub 等网站上分享你的项目，你也不需要将其添加到源代码版本控制中。
- **include:** 这个文件夹是在向你的代码添加额外的库时需要的外部头文件。在这些课程中，你不会使用到这个文件夹。
- **lib:** 这个文件夹用于存放你想在代码中调用的外部库。你不会在这些课程中使用到这个文件夹。
- **src:** 这个文件夹包含你应用程序的主要源代码。最初，它只包含一个文件，即 main.cpp。
- **test:** 这个文件夹是为代码放置任何单元测试的地方。

文件介绍

- **main.cpp:** 在 src 文件夹中的这个文件包含了你应用程序的入口点。打开这个文件，它将包含右边代码。

当设备启动时，Arduino 框架将运行一次 setup （设置）函数，然后重复运行 loop(循环)函数，直到设备关闭。

- **.gitignore:** 这个文件列出了将你的代码添加到诸如 GitHub 或 Gitee 仓库等 git 源代码版本控制时要忽略的文件和目录。
- **platformio.ini:** 这个文件包含你的设备和应用程序的配置。打开这个文件，它将包含右边代码。
- **[env:seeed_wio_terminal]** 部分是对 Wio Terminal 的配置。可以有多个 env 部分，这样你的代码就可以为多个板子所编译了。

其他的值与项目向导的配置一致。

- **platform = atmelsam** 定义了 Wio Terminal 使用的硬件（一个基于 ATSAMD51 的微控制器）。
- **board = seeed_wio_terminal** 定义了微控制器板的类型（Wio Terminal）。

```cpp
#include<Arduino.h>

void setup() {
  // 把你的设置代码放在这里，运行一次
}

void loop() {
  // 把你的主代码放在这里，重复运行
}
```

```ini
[env:seeed_wio_terminal]
platform = atmelsam
board = seeed_wio_terminal
framework = arduino
```

● `framework = arduino` 定义了这个项目使用 Arduino 框架。

任务：编写 Hello World 应用程序

编写 Hello World 应用程序。

（1）在 VS Code 中打开 main.cpp 文件。

（2）修改代码，使之与右侧的内容一致。

　① `setup` 函数初始化了与计算机串口的连接——在本例中是用于连接 Wio Terminal 和计算机的 USB 端口。参数 9600 是波特率（也被称为传符号率），或者说是通过串口发送数据的速度，单位是每秒比特。这一设置意味着串口可以每秒发送 9600 比特（0 和 1）的数据。然后，它等待串口准备好。

　② `loop` 函数向串口发送 `Hello World` 并换行。然后它休眠 5,000 毫秒（5 秒）。循环结束后，再运行一次，再运行一次，如此反复，直到微控制器断电为止。

（3）让你的 Wio Terminal 进入上传模式。每次你向设备上传新的代码时，你都需要这样操作。

　① 迅速拉下两次电源开关，每次都会弹回到开的位置，如图 1-15 所示。

　② 检查 USB 端口右侧的蓝色状态 LED 灯，它应该是缓慢闪烁的。

（4）建立并上传代码到 Wio Terminal。

　① 打开 VS Code 菜单栏的"查看→命令面板"。

　② 输入 `PlatformIO Upload` 来搜索上传选项，并选择"PlatformIO: Upload"，如图 1-16 所示。

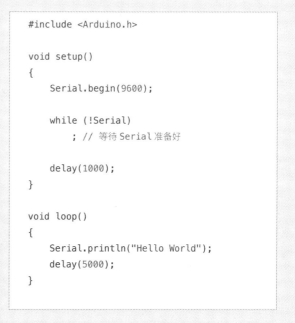

```cpp
#include <Arduino.h>

void setup()
{
    Serial.begin(9600);

    while (!Serial)
        ; // 等待 Serial 准备好

    delay(1000);
}

void loop()
{
    Serial.println("Hello World");
    delay(5000);
}
```

图 1-15　迅速拉下两次电源开关，每次都会弹回到开的位置

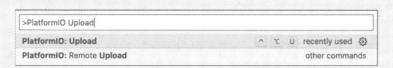

图 1-16　命令面板中的 PlatformIO Upload 选项

如果需要，PlatformIO 会在上传前自动构建代码。

　③ 代码将被编译并上传至 Wio Terminal。

> 🐛 如果你使用的是 macOS，会出现一个关于 DISK NOT EJECTED PROPERLY 的通知。这是因为 Wio Terminal 作为闪存过程的一部分被挂载为一个驱动器，当编译后的代码被写入设备时，它就被断开了。你可以忽略这个通知。

PlatformIO 有一个串口监测器，可以监测从 Wio Terminal 通过 USB 电缆发送的数据。这个监测器允许你监控 `Serial.println("Hello World");` 命令发送的数据。

（1）打开 VS Code 菜单栏的"查看→命令面板"。

（2）在弹出的命令面板输入框内输入 `PlatformIO Serial` 来搜索串行监控选项，并选择"PlatformIO: Serial Monitor"，如图 1-17 所示。

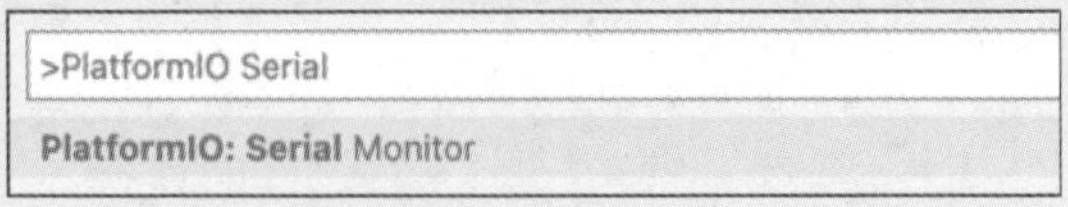

```
>PlatformIO Serial

PlatformIO: Serial Monitor
```

图 1-17   命令面板中的 PlatformIO Upload 选项

一个新的终端将被打开,通过串口发送的数据(Hello World)将在这个终端被打印。具体如下:

```
> Executing task: platformio device monitor <

--- Available filters and text transformations: colorize, debug, default, direct, hexlify,
log2file, nocontrol, printable, send_on_enter, time
--- More details at http://bit.ly/pio-monitor-filters
--- Miniterm on /dev/cu.usbmodem101  9600,8,N,1 ---
--- Quit: Ctrl+C | Menu: Ctrl+T | Help: Ctrl+T followed by Ctrl+H ---
Hello World
Hello World
```

Hello World 将每隔 5 秒被打印到串行显示终端上一次。在 PlatformIO 底部的导航栏中也可以找到上传和开启终端的快捷入口,如图 1-18 所示。

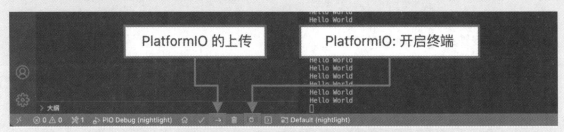

图 1-18   PlatformIO 底部的导航栏也可以找到上传和开启终端的快捷入口

你可以在 `code/wio-terminal` 文件夹 🔗 [L1-9] 中找到完整代码。

😊 恭喜,你的"Hello World"程序创建成功了!

🐭 树莓派编程之 Hello World

树莓派是一个单板计算机,如图 1-19 所示。你可以在一个很广的硬件设备和生态系统范围内进行选择,为它添加传感器和执行器,如在本系列课程中使用的一种叫做 Grove 的硬件生态系统。你将为你的树莓派编码并使用 Python 访问 Grove 传感器。

图 1-19   一台树莓派 4

设置

如果使用树莓派作为你的物联网硬件,那么你有两个选择——可以实践所有这些课程并直接在树莓派上进行编码,或者可以远程连接到"无头"模式的树莓派并在你的计算机上进行编码。

在你开始之前,你还需要将 Grove Base HAT 扩展板(见图 1-20)连接到你的树莓派(见图 1-21)上。

图 1-20   一块 Grove Base HAT 扩展板

任务：设置

在你的树莓派上安装 Grove Base HAT 扩展板并配置树莓派。

（1）将 Grove Base HAT 扩展板连接到你的树莓派上。扩展板上的插座正好可以套在树莓派上的所有 GPIO 引脚上，沿着引脚方向将其按下即可牢牢地插在树莓派上。完成后扩展板就盖在了树莓派之上，如图 1-21 所示。

（2）你需要决定如何为你的树莓派编程，并前往下面的相关部分。

　　① 直接在你的树莓派上工作。

　　② 通过远程访问在树莓派上编码。

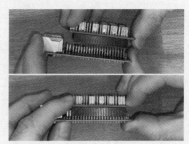

图 1-21　给树莓派套上 Grove Base HAT 扩展板

直接在你的树莓派上工作

如果你想直接在树莓派上进行编程工作，则可以使用桌面版的 Raspberry Pi OS，并安装你需要的所有工具。

任务：设置用于编程开发的树莓派

设置你用于编程开发的树莓派。

按照树莓派设置指南 🔗 **[L1-9-2]** 中的说明来设置树莓派，将键盘、鼠标、显示器连接到树莓派上，然后将它通过 Wi-Fi 或网线联网，并更新软件。

为了使用 Grove 传感器和执行器并对树莓派进行编程，你需要安装一个编辑器，以允许你编写设备代码，以及与 Grove 硬件互动的各种库和工具。

> ⚠ **注意**
>
> 目前，最新的树莓派操作系统不再支持通过 PiCamera（树莓派摄像头）或任何其他 Python 库来访问相机。你需要从这里 🔗 **[L1-10]** 下载 Buster image 来安装一个旧的操作系统。

（1）一旦你的树莓派重新启动，便可以通过单击顶部菜单栏上的终端图标来启动终端，或者选择 菜单→附件→终端命令。

（2）运行以下命令以确保操作系统和安装的软件是最新的。

```
sudo apt update && sudo apt full-upgrade --yes
```

（3）运行下面的命令，为 Grove 硬件安装所有需要的库。

```
curl -sL https://gitee.com/seeed-projects/grove.py/raw/master/install.sh | sudo bash -s -
```

Python 的强大功能之一是能够安装 Pip packages 🔗 **[L1-11]**——这是由其他人编写并发布到互联网上的代码包。你可以用一个命令将 Pip 包安装到你的计算机上，然后在你的代码中使用该包。这个 Grove 安装脚本将会安装 Pip 包，你将使用 Python 与 Grove 硬件一起工作。

> 📝 默认情况下，当你安装一个包时，它在你的计算机上各个应用程序中都是可用的，这可能会导致包的版本问题——比如一个应用程序依赖于一个包的版本，而当你为不同的应用程序安装一个新的版本时，这个包就会失效。为了解决这个问题，你可以使用一个 Python 虚拟环境 🔗 **[L1-12]**，基本上是在一个专门的文件夹中的 Python 副本，当你安装 Pip 包时，它们就会被安装到这个文件夹中。在使用你的树莓派时，你将不会使用虚拟环境。Grove 安装脚本会在全局范围内安装 Grove Python 软件包。所以，要使用虚拟环境，你需要建立一个虚拟环境，然后在该环境中手动重新安装 Grove 软件包。使用全局软件包会更简单，尤其是对于很多树莓派开发者会为每个项目新刷一张干净的 SD 卡的情况。

（4）使用菜单或在终端运行以下命令来重新启动树莓派。

```
sudo reboot
```

（5）一旦树莓派重新启动，便可重新启动终端并运行以下命令来安装 Visual Studio Code (VS Code)，这是你用来编写 Python 设备代码的编辑器。

```
sudo apt install code
```

一旦安装完毕，VS Code 即可从顶部菜单中获得。

（6）安装 Pylance。这是 VS Code 的一个扩展，提供 Python 语言支持。请参考 VS Code 的 Pylance 扩展文档 🔗 [L1-13]，了解在 VS Code 中安装该扩展的说明。

> 📝 如果你有喜欢的工具，你可以在这些课程中自由使用任何 Python IDE 或编辑器，但本书的课程将基于使用 VS Code 的情况给出教程。

通过远程访问在树莓派上编码

你还可以通过"无头"模式运行，即不连接键盘、鼠标、显示器，在你的计算机上使用 Visual Studio Code 对其进行配置和编码。

设置 Raspberry Pi OS

为了进行远程编码，Raspberry Pi OS 需要安装在 SD 卡上。

任务：设置 Raspberry Pi OS

本任务目标是设置好无头的 Raspberry Pi OS。

（1）在计算机上从 Raspberry Pi OS 软件页面 🔗 https://www.raspberrypi.com/software/ 下载 Raspberry Pi Imager 软件并安装它。

（2）将 SD 卡插入计算机，必要时使用适配器。

（3）在计算机上启动刚安装的 Raspberry Pi Imager 软件。

（4）在 Raspberry Pi Imager 软件中，单击 **CHOOSE OS** 按钮，然后选择 **Raspberry Pi OS（other）**，接着选择 **Raspberry Pi OS Lite（32-bit）**，如图 1-22 所示。

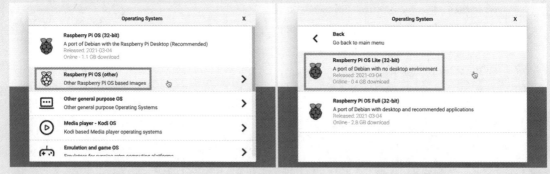

图 1-22　选择 Raspberry Pi OS Lite 后的 Raspberry Pi Imager 界面

（5）单击 **CHOOSE STORAGE** 按钮，然后选择你的 SD 卡。

（6）按 Ctrl+Shift+X 组合键来启动 **Advanced Options**（高级选项）。这些选项允许在树莓派操作系统被映像到 SD 卡之前对其进行一些预配置。

① 勾选 **Enable SSH**（启用 SSH）复选框，并为树莓派用户设置一个密码。这是你以后用来登录树莓派的密码。

② 如果你打算通过 Wi-Fi 连接树莓派，请勾选 **Configure**

> 📝 Raspberry Pi OS Lite 是 Raspberry Pi OS 的一个版本，没有桌面 UI 或基于 UI 的工具。对于无头的树莓派来说，这些都是不需要的，而且可以使安装空间更小，启动时间更短。

Wi-Fi（配置 Wi-Fi）复选框，并输入你的 Wi-Fi SSID 和密码，还要选择你的 Wi-Fi 所属的国家。如果你将使用以太网电缆，就无须这样做。确保你连接的网络与你的计算机所处的网络相同。

③ 勾选 **Set locale settings**（设置地区设置）复选框，并设置你的国家和时区。

④ 单击 **SAVE** 按钮。

（7）单击 **WRITE**（写入）按钮，将操作系统写到 SD 卡上。如果你使用的是 macOS，你将被要求输入登录密码，因为写磁盘镜像的底层工具需要访问权限。

操作系统将被写入 SD 卡，一旦完成，该卡将被操作系统弹出，你将得到通知。从你的计算机中取出 SD 卡，把它插入树莓派，给树莓派上电，等待大约 2 分钟，让它正常启动。

连接到树莓派

下一步是远程访问树莓派。你可以使用 ssh 来完成，它在 macOS、Linux 和 Windows 10 及以上版本的系统上都可以使用。

任务：连接到树莓派

远程访问树莓派。

（1）启动一个终端或命令提示符，并输入以下命令连接到树莓派。

```
ssh pi@raspberrypi.local
```

如果你在 Windows 上使用的是没有安装 ssh 的旧版本，你可以使用 OpenSSH。你可以在微软的安装 OpenSSH 的文档 🔗 **[L1-14]** 中找到安装说明。

（2）这样应该可以连接到你的树莓派，并按要求输入密码。

能够通过使用 `<hostname>.local` 来找到你网络上的计算机，是 Linux 和 Windows 最近增加的一项功能。如果你使用的是 Linux 或 Windows，当你遇到任何关于找不到主机名的错误时，你将需要安装额外的软件来启用 ZeroConf 网络（也被苹果称为 Bonjour）。

① 如果你使用的是 Linux，请使用以下命令安装 Avahi。

```
sudo apt-get install avahi-daemon
```

② 如果你使用的是 Windows，则启用 ZeroConf 的最简单方法是安装 Windows 版的 Bonjour Print Services 🔗 **[L1-15]**。你也可以安装 Windows 版的 iTunes 🔗 **[L1-16]**，以获得该工具的较新版本（该工具不能独立使用）。

③ 输入你在 Raspberry Pi Imager 高级选项中设置的密码。

> 🔖 如果你不能使用 `raspberrypi.local` 连接，那么可以使用你的树莓派的 IP 地址。请参考树莓派的 IP 地址文档：🔗 **[L1-17]**，了解获取 IP 地址的多种方法。

在树莓派上配置软件

一旦连接到树莓派，你就需要确保操作系统是最新的，并安装与 Grove 硬件互动的各种库和工具。

任务：在树莓派上配置软件

配置已安装的树莓派软件并安装 Grove 库。

（1）在你的 ssh 会话中，运行以下命令来更新，然后重新启动树莓派。

```
sudo apt update && sudo apt full-upgrade --yes && sudo reboot
```

树莓派将被更新并重启。当树莓派被重启时，ssh 会话将结束，所以可以等待 30 秒左右，然后重新连接。

（2）在重新连接的 `ssh` 会话中，运行以下命令为 Grove 硬件安装所有需要的库。

```
curl -sL https://gitee.com/seeed-projects/grove.py/raw/master/install.sh | sudo bash -s -
```

Python 的强大功能之一是能够安装 Pip 包 🔗 **[L1-11]**——这些是由其他人编写并发布到互联网上的代码包。你可以用一个命令将 Pip 包安装到你的计算机上，然后在你的代码中使用该包。这个 Grove 安装脚本将安装 Pip 包，你将使用 Python 与 Grove 硬件一起工作。

📝 默认情况下，当你安装一个包时，它在你的计算机上各个应用程序中都是可用的，这可能会导致包的版本问题——比如一个应用程序依赖于一个包的版本，而当你为不同的应用程序安装一个新的版本时，这个包就会失效。为了解决这个问题，你可以使用一个 Python 虚拟环境 🔗 **[L1-12]**，基本上是在一个专门的文件夹中的 Python 副本，当你安装 Pip 包时，它们就会被安装到这个文件夹中。在使用你的树莓派时，你将不会使用虚拟环境。Grove 安装脚本会在全局范围内安装 Grove Python 软件包。所以，要使用虚拟环境，你需要建立一个虚拟环境，然后在该环境中手动重新安装 Grove 软件包。使用全局软件包会更简单，尤其是对于很多树莓派开发者会为每个项目新刷一张干净的 SD 卡的情况。

（3）通过运行以下命令重新启动树莓派。

```
sudo reboot
```

当树莓派被重新启动时，`ssh` 会话将结束。没有必要重新连接。

配置 VS Code 进行远程访问

一旦树莓派配置好了，你就可以在你的计算机上使用 Visual Studio Code (VS Code) 来连接它——这是一个免费的开发者文本编辑器，你将使用它来编写 Python 设备代码。

任务：配置 VS Code 进行远程访问

安装所需的软件并远程连接到你的树莓派。

（1）按照 VS Code 的文档：🔗 `https://code.visualstudio.com/`，在你的计算机上安装 VS Code。

（2）按照 VS Code 远程开发使用 SSH 文档：🔗 `https://code.visualstudio.com/docs/remote/ssh` 中的说明，安装所需的组件。

（3）按照 SSH 文档中的说明，将 VS Code 连接到树莓派上。

（4）连接后，按照 SSH 文档中管理扩展的说明，将 Pylance 扩展 🔗 **[L1-13]** 远程安装到树莓派上。

Hello World

在开始使用一种新的编程语言或技术时，传统的做法是创建一个 "**Hello World**" 应用程序 —— 一个输出类似 "Hello World" 文字的小应用程序，以显示所有工具都已正确配置。

树莓派的 Hello World 应用程序将确保你正确安装 Python 和 VS Code。

这个应用程序将被放在一个叫做 nightlight 的文件夹中，它将在本任务的后面部分用不同的代码重新使用，以建立 nightlight 应用程序。

任务：Hello World

创建 Hello World 应用程序。

（1）启动 VS Code，可以直接在树莓派上启动，也可以在你的计算机上启动，并使用远程 SSH 扩展连接到树莓派上。

（2）通过选择顶部菜单的"终端→新终端"命令，或按 `Ctrl+` 组合键启动 VS Code 终端。它将打开到树莓派用户的主目录。

（3）运行以下命令为你的代码创建一个目录，并在该目录下创建一个名为 `app.py` 的 Python 文件。

```
mkdir nightlight
cd nightlight
touch app.py
```

（4）在 VS Code 中打开 nightlight 文件夹，选择"文件→打开"命令，选择"nightlight"文件夹，然后单击"OK"按钮，如图 1-23 所示。

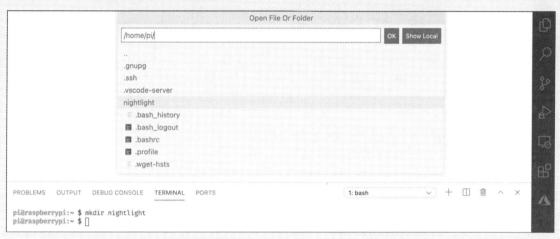

图 1-23　显示 nightlight 文件夹的 VS Code 打开对话框

（5）从 VS Code 资源管理器中打开 `app.py` 文件，添加以下代码。

```
print('Hello World!')
```

`print` 函数将传递给它的东西打印到控制台。

（6）从 VS Code 终端，运行下面的程序来运行你的 Python 应用程序。

```
python3 app.py
```

下面的输出将出现在终端上。

```
pi@raspberrypi:~/nightlight $ python3 app.py
Hello World!
```

你可以在 `code/pi` 文件夹🔗 [L1-18] 中找到这段代码。

😃 欢呼吧，你的"Hello World"程序很成功。

> ✎ 你需要明确地调用 Python3 来运行这段代码，以防你除了 Python3（最新版本）之外还安装了 Python2。如果你安装了 Python2，那么如果直接调用 Python，则将使用 Python2 而不是 Python3。

ⓒ 虚拟设备编程之 Hello World

如果你无法购买物联网设备以及传感器和执行器，可以用你的计算机来模拟物联网硬件。CounterFit 项目允许你在本地运行一个模拟物联网硬件的应用程序，如传感器和执行器，并通过本地 Python 代码访问传感器和执行器，该代码的编写方式与你在树莓派上使用物理硬件编写的代码相同。

设置

要使用 CounterFit，你需要在你的计算机上安装一些免费软件。

任务：安装所需的软件

（1）安装 Python。请参考 Python 下载页面 🔗 **[L1-19]**，了解安装最新版本的说明。

（2）安装 Visual Studio Code (VS Code)。这是你将用来在 Python 中编写虚拟设备代码的编辑器。关于安装 VS Code 的说明，请参考 VS Code 文档 🔗 **[L1-20]**。

（3）安装 VS Code Pylance 扩展。这是 VS Code 的一个扩展，提供 Python 语言支持。请参考 Pylance 扩展文档 🔗 **[L1-13]** 中关于在 VS Code 中安装这个扩展的说明。

> 🖑 如果你有喜欢的工具，你可以在这些课程中自由使用任何 Python IDE 或编辑器，但这些课程将基于 VS Code 给出教程。

安装和配置 CounterFit 应用程序的说明将在作业指导中的适当时候给出，因为它是根据项目需要来安装的。

Hello world

在开始使用一种新的编程语言或技术时，传统的做法是创建一个"Hello World"应用程序——一个输出类似"Hello World"文字的小应用程序，以显示所有工具都已正确配置。

虚拟物联网硬件的 Hello World 应用程序将确保你正确安装 Python 和 Visual Studio Code。它还将连接到 CounterFit 的虚拟物联网传感器和执行器。它不会使用任何硬件，它只是通过连接以证明一切软件都在工作。

这个应用程序将被放在一个叫做 `nightlight` 的文件夹里，它将在本作业的后面部分在不同的代码中被重新使用，以建立 `nightlight` 应用程序。

配置一个 Python 虚拟环境

Python 的强大功能之一是安装 Pip 包的能力——这些是由其他人员编写并发布到互联网上的代码包。你可以用一个命令把 Pip 包安装到你的计算机上，然后在你的代码中使用该包。你将使用 Pip 来安装一个包与 CounterFit 对话。

默认情况下，当你安装一个包时，它在你的计算机上各个应用程序中都是可用的，这可能会导致包的版本问题——例如，一个应用程序依赖于一个包的某个版本，当你为一个不同的应用程序安装这个包的一个新的版本时，之前的应用程序会无法正常工作。为了解决这个问题，你可以使用一个 Python 虚拟环境 🔗 **[L1-12]**，本质上是在一个专门的文件夹中的 Python 副本，当你安装 Pip 包时，它们只被安装到该文件夹中。

> 🖑 如果你使用的是树莓派，那么你并没有在该设备上设置一个虚拟环境来管理 Pip 包，而是使用了全局包，因为 Grove 包是由安装程序脚本全局安装。

任务：配置一个 Python 虚拟环境

配置一个 Python 虚拟环境，为 CounterFit 安装 Pip 包。

（1）从你的终端或命令行，在你选择的位置运行下面的程序，创建并导航到一个新的目录。

```
mkdir nightlight
cd nightlight
```

（2）现在运行下面的程序，在 **.venv** 文件夹中创建一个虚拟环境。

```
python3 -m venv .venv
```

> 你需要明确地调用 python3 来创建虚拟环境，以防你除了 Python3（最新版本）之外还安装了 Python2。如果你安装了 Python2，那么调用 python 时将使用 Python2 而不是 Python3。同时，我们建议你使用 Python3 以获得更好的体验。

（3）激活虚拟环境。
- **在 Windows 上。**
  - 如果你使用命令提示符，或通过 Windows 终端使用命令提示符，运行：

```
.venv/Scripts/activate.bat
```

  - 如果你使用的是 PowerShell，请运行：

```
.\.venv\Scripts\Activate.ps1
```

- **在 macOS 或 Linux 上。运行：**

```
source ./.venv/bin/activate
```

> 这些命令应该在你运行创建虚拟环境的命令的同一位置运行。你永远不需要导航到 **.venv** 文件夹中，你应该总是从创建虚拟环境时所在的文件夹中运行激活命令和任何安装包或运行代码的命令。

⚠️ **注意**

如果用户在 PowerShell 终端尝试键入 .\.venv\Scripts\Activate.ps1 的时候出现如图 1-24 所示的错误信息，则可能是在计算机上启动 Windows PowerShell 时，执行策略很可能是 Restricted（默认设置），这个执行策略不允许任何脚本运行。

图 1-24　在 PowerShell 终端尝试键入 .\.venv\Scripts\Activate.ps1 的时候出现错误信息

`AllSigned` 和 `RemoteSigned` 执行策略可以防止 Windows PowerShell 运行没有数字签名的脚本。本主题说明如何运行所选未签名脚本（即使在执行策略为 RemoteSigned 的情况下），还说明如何对脚本进行签名以便供你自己使用。

有关 Windows PowerShell 执行策略的详细信息，请参阅 about_Execution_Policy 文档 🔗 [L1-21]。

想了解计算机上的现用执行策略，打开 PowerShell，然后输入 `get-executionpolicy`，显示现有执行策略如下：

```
PS C:\Users\LeonFeng\nightlight> get-executionpolicy
Restricted
```

以管理员身份打开 PowerShell（在底部导航栏右击 PowerShell 图标，在弹出的菜单中选择"以管理员身份运行"），在管理员身份运行的 PowerShell 终端窗口中输入 `set-executionpolicy remotesigned`，如果有需要输入选择项，则输入 Y，如图 1-25 所示。

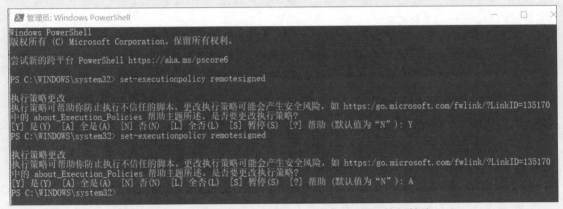

图 1-25　在 PowerShell 终端更改 RemoteSigned 执行策略

修改完毕后，再回到原来的 PowerShell 终端尝试输入 .\.venv\Scripts\Activate.ps1，可以看到虚拟环境被激活，如图 1-26 所示。

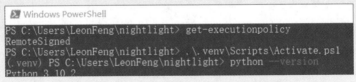

图 1-26　虚拟环境激活，出现（.venv）的提示

（4）一旦虚拟环境被激活，默认的 python 命令将运行用于创建虚拟环境的 Python 的版本。运行下面的命令来获取版本。

```
python --version
```

输出应该包含以下内容：

```
(.venv) → nightlight python --version
Python 3.9.1
```

> 📖 你的 Python 版本可能与笔者的不一样——只要是 3.6 或更高版本就可以了。如果不是，则可以删除这个文件夹，安装一个较新版本的 Python，然后再试一次。

（5）运行下面的命令来安装 CounterFit 的 Pip 包。这些软件包包括主要的 CounterFit 应用程序以及用于 Grove 硬件的 shim（垫片）。这些垫片允许你编写代码，就像使用 Grove 生态系统中的物理传感器和执行器编程一样，但要连接到虚拟物联网设备。

```
pip install Counterfit
pip install counterfit-connection
pip install counterfit-shims-grove
```

这些 Pip 包将只在虚拟环境中安装，在虚拟环境之外将无法使用。

编写代码

一旦 Python 虚拟环境准备就绪，你就可以为"Hello World"应用程序编写代码了。

任务：编写代码

创建一个 Python 应用程序，向控制台打印"Hello World"。

（1）从你的终端或命令行，在虚拟环境中运行以下程序，创建一个名为 app.py 的 Python 文件。

① 在 Windows 上运行。

```
type nul > app.py
```

② 在 macOS 或 Linux 上运行。

```
touch app.py
```

（2）在 VS Code 中打开当前文件夹。

```
code .
```

📖 如果你的终端在 macOS 上返回 command not found 信息，这意味着 VS Code 没有被添加到你的 PATH 中。你可以按照 VS Code 文档中从命令行启动部分的说明 🔗 **[L1-22]**，将 VS Code 添加到你的 PATH 中，然后运行命令。在 Windows 和 Linux 上，VS Code 被默认安装到你的 PATH 中。

（3）当 VS Code 启动时，它将激活 Python 虚拟环境。选定的虚拟环境将出现在底部的状态栏中，如图 1-27 所示。

Python 3.9.1 64-bit ('.venv': venv)

图 1-27　VS Code 在右下角显示选定的虚拟环境

（4）如果 VS Code 启动时 VS Code 终端已经在运行，那么它将不会激活虚拟环境。最简单的做法是使用 Kill the active terminal instance 按钮来杀终端进程，按钮位置如图 1-28 所示。

图 1-28　VS Code 的 Kill the active terminal instance 按钮

你可以知道终端是否激活了虚拟环境，因为虚拟环境的名称将是终端提示的前缀。例如，它可能是：

```
(.venv) → nightlight
```

如果提示符上没有 .venv 这个前缀，则说明终端中的虚拟环境没有被激活。

注意

请在虚拟环境中进行操作！

（5）通过选择顶部菜单的"终端→新终端"选项，或按 `Ctrl+`` 组合键，启动一个新的 VS Code 终端。新的终端将加载虚拟环境，激活它的调用将出现在终端中。提示中还会有虚拟环境的名称（.venv）。

```
→ nightlight source .venv/bin/activate
(.venv) → nightlight
```

在 VS 代码资源管理器中打开 `app.py` 文件，添加以下代码。

```
print('Hello World!')
```

`print` 函数将传递给它的东西打印到控制台。

在 VS Code 终端，通过运行下面的程序来运行你的 Python 应用程序。

```
python app.py
```

以下内容将出现在输出中。

```
(.venv) → nightlight python app.py
Hello World!
```

😄 恭喜，你的 'Hello World' 程序成功了！

连接"硬件"

作为第二个"Hello World"步骤，你将运行 CounterFit 应用程序并将你的代码连接到它。这个过程是虚拟的，相当于把一些物联网硬件插到开发套件上。

任务：连接"硬件"

（1）在 VS Code 终端，用以下命令启动 CounterFit 应用程序。

```
counterfit
```

（2）将该应用打开：在你的网络浏览器中输入以下网址：`localhost:5000`。该应用将开始运行，并在你的网络浏览器中显示如图 1-29 所示的内容。

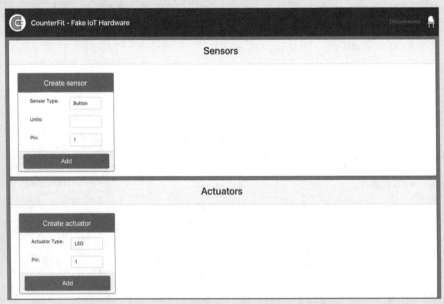

图 1-29　在浏览器中运行的 CounterFit 应用程序

⚠ **注意**

如果用户在 VS Code 终端尝试键入 CounterFit 的时候出现以下错误，可以通过下面的操作进行处理。

```
(.venv) (base) mouseart@LeondeMacBook-Pro nightlight % counterfit
Traceback (most recent call last):
  File "/Users/mouseart/nightlight/.venv/bin/counterfit", line 5, in <module>
    from CounterFit.counterfit import main
  File "/Users/mouseart/nightlight/.venv/lib/python3.9/site-packages/CounterFit/counterfit.py",
line 13, in <module>
    from flask import Flask, request, render_template
  File "/Users/mouseart/nightlight/.venv/lib/python3.9/site-packages/flask/__init__.py", line
19, in <module>
    from . import json
  File "/Users/mouseart/nightlight/.venv/lib/python3.9/site-packages/flask/json/__init__.py",
line 15, in <module>
    from itsdangerous import json as _json
ImportError: cannot import name 'json' from 'itsdangerous' (/Users/mouseart/nightlight/.venv/
lib/python3.9/site-packages/itsdangerous/__init__.py)
```

- **Windows 用户**。
  - 首先打开 Powershell，键入：`pip3 uninstall Flask`。
  - 然后安装 Flask==1.14，请忽视兼容性警告，安装命令：`pip3 install Flask==1.14`。
  - 最后再次在 venv 下运行 counterfit 命令。
- **macOS 用户**。
  - 首先打开终端，键入：`pip3 uninstall Flask pip3 uninstall markupsafe`。
  - 然后安装 Flask==1.1.4 和 markupsafe==2.0.1，请忽视兼容性警告：`pip3 install Flask==1.1.4`。
  - `pip3 install markupsafe==2.0.1`。
  - 最后再次在 venv 下运行 `counterfit` 命令。

⚠ **注意**

如果出现 CounterFit 默认端口（5000）被占用，如下面的提示：

```
(.venv) (base) mouseart@LeondeMacBook-Pro nightlight % counterfit
CounterFit - virtual IoT hardware running on port 5000
Traceback (most recent call last):
  File "/Users/mouseart/nightlight/.venv/bin/counterfit", line 8, in <module>
    sys.exit(main())
  File "/Users/mouseart/nightlight/.venv/lib/python3.9/site-packages/CounterFit/counterfit.py",
line 456, in main
    socketio.run(app, port=args.port, host='0.0.0.0')
  File "/Users/mouseart/nightlight/.venv/lib/python3.9/site-packages/flask_socketio/__init__.
py", line 621, in run
    run_server()
  File "/Users/mouseart/nightlight/.venv/lib/python3.9/site-packages/flask_socketio/__init__.
py", line 599, in run_server
    eventlet_socket = eventlet.listen(addresses[0][4],
  File "/Users/mouseart/nightlight/.venv/lib/python3.9/site-packages/eventlet/convenience.py",
line 78, in listen
    sock.bind(addr)
```

```
OSError: [Errno 48] Address already in use
(.venv) (base) mouseart@LeondeMacBook-Pro nightlight %
```

你可以通过更新代码中的端口来改变（不超过 25565），并使用 `counterfit --port <port_number>` 运行 CounterFit，例如：`counterfit --port 8000`。终端显示如下：

```
(.venv) (base) mouseart@LeondeMacBook-Pro nightlight % counterfit --port 8000
CounterFit - virtual IoT hardware running on port 8000
Sensor units called: {'type': 'Button'}
```

（3）在 `app.py` 的顶部添加以下代码。

```
from counterfit_connection import CounterFitConnection
CounterFitConnection.init('127.0.0.1', 5000)
```

这段代码从 `counterfit_connection` 模块中导入 `CounterFitConnection` 类，该模块来自于你之前安装的 `counterfit-connectionpip` 包。然后，它初始化了与运行在 `127.0.0.1` 上的 CounterFit 应用程序的连接，这是一个你可以一直用来访问你的本地计算机的 IP 地址（通常称为 localhost），端口为 5000。

（4）你需要通过选择创建一个新的集成终端按钮来启动一个新的 VS Code 终端，按钮位置如图 1-30 所示。这是因为 CounterFit 应用程序正在当前终端中运行。

图 1-30　VS Code 创建一个新的集成终端按钮

（5）在这个新终端中，像前述一样运行 `app.py` 文件。刷新浏览器，CounterFit 的状态将变为 Connected（连接），右侧的 LED 灯将为亮起状态，如图 1-31 所示。

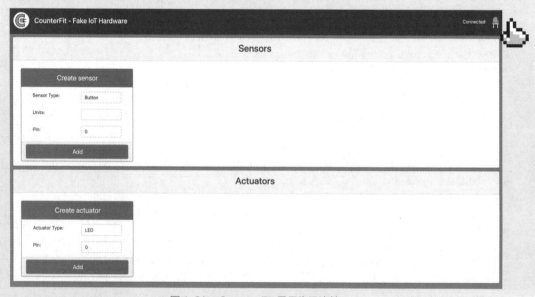

图 1-31　CounterFit 显示为已连接

你可以在 `code/virtual-device` 文件夹 🔗 **[L1-23]** 中找到这个代码。

| 😊 祝贺你, 你与虚拟硬件的连接成功了!

1.4　物联网的应用

物联网涵盖了大量的使用案例, 跨越了以下几个大的群体。
- 消费级物联网。
- 商业物联网。
- 工业物联网。
- 基础设施物联网。

> **✒️ 做点研究**
>
> 对于下面描述的每个领域, 请找到一个本文中没有给出的具体例子。

1.4.1　消费级物联网

消费级物联网(Consumer IoT)指的是消费者购买并在家庭环境中使用的物联网设备。其中一些设备是非常有用的, 如智能音箱、智能空调系统和扫地机器人。但是其他一些设备的实用性值得怀疑, 如声控水龙头, 这意味着一旦打开你将无法关闭它们, 因为语音控制无法在流水声中听到你的指令。

消费级物联网设备正在促进人们在其周围环境中实现更多的功能, 特别是 10 亿残疾人。扫地机器人可以为行动不便而无法自己吸尘的人们提供干净的地面, 语音控制的烤箱可以让视力或运动控制能力有限的人只用声音即可实现加热, 健康监测仪可以让患者自己监测慢性病, 更规律并且更详细更新他们的病情数据。这些设备正变得无处不在, 甚至年幼的孩子也在使用它们作为日常生活的一部分, 例如, 在新型冠状病毒感染大流行期间, 进行虚拟学校教育的学生在智能家居设备上设置计时器来跟踪他们的学校作业, 或者用定时闹钟提醒他们即将到来的班级会议。

> 🖊️ 你的身上或家里有哪些消费级物联网设备?

1.4.2　商业物联网

商业物联网(Commercial IoT)包括物联网在工作场所的使用。在办公室环境中, 可能有人体感应传感器和运动感应器来管理照明和暖气, 在不需要的时候可以进行关灯和停止供暖, 减少成本和碳排放。在工厂里, 物联网设备可以监测安全隐患, 如工人不戴安全帽或噪声达到危险水平。在零售业, 物联网设备可以测量冷库的温度, 如果冰箱或冰柜超出规定的温度范围, 就会提醒店主, 或者它们可以监测货架上的物品, 指导员工补货。运输业正越来越多地依赖物联网设备来监测车辆的位置, 跟踪按道路使用量收费的车辆的公路里程, 跟踪驾驶员工作时间和休息时间的遵守情况, 或在车辆接近仓库时通知工作人员准备装货或卸货。

> 🖊️ 你的学校或工作场所有哪些商业物联网设备?

1.4.3　工业物联网

工业物联网(Industrial IoT)也称 IIoT, 是指使用物联网设备控制和管理大规模的机械。这涵盖了从工厂到数字农业的诸多案例。

工厂以许多不同的方式使用物联网设备。机器可以用多个传感器进行监测, 以跟踪温度、振动和转速等项目。然后这些数据可以被监测, 以便设备数据在超出某些公差时被停止。例如, 机器会因为运行过热而被关闭。这些数据也可以被收集起来, 并随着时间的推移进行分析, 以便进行预测性维护, 其中人工智能模型将查看导致故障的数据, 并利用这些数据在发生故障之前预测其他故障。

> 🖊️ 还有哪些物联网设备可以帮助农民?

如果地球要养活不断增长的人口，那么数字农业是很重要的，特别是对于 5 亿家庭中靠自给自足的农业生存的 20 亿人口。数字化农业的范围可以从几个几元钱的传感器到大规模的商业设备。农民可以从监测温度开始，利用生长度日来预测作物何时可以收获。他们可以将土壤湿度监测与自动浇水系统连接起来，给植物提供所需的水，且不会过多，以确保他们的作物在不会干枯的同时也不会浪费水。农民甚至更进一步，使用无人机、卫星数据和人工智能来监测大片农田中的作物生长、疾病和土壤质量。

1.4.4　基础设施物联网

基础设施物联网（Infrastructure IoT）用于监测和控制人们每天使用的本地和全球基础设施。

智慧城市是指在城市范围内使用物联网设备来收集城市的数据，并利用这些数据来改善城市的运行方式。这些城市通常由当地政府、学术界和当地企业合作经营，跟踪和管理从交通到停车以及污染等各种领域。例如，在丹麦的哥本哈根，空气污染对当地居民很重要，所以物联网设备被广泛应用于测量，数据被用于提供出空气质量最好的自行车和慢跑路线信息。

智能电网通过收集个人家庭层面的使用数据，可以更好地分析电力需求。这些数据可以指导国家层面的决策，包括在哪里建设新的发电站，也可以指导个人层面的决策，让用户了解他们正在使用多少电力，何时使用，甚至建议如何降低成本，如在夜间为电动汽车充电等。

1.5　探究你身边的物联网设备

- 智能音箱。
- 冰箱、洗碗机、烤箱和微波炉。
- 太阳能电池板的电力监测器。
- 智能插头。
- 视频门铃和安防摄像头。
- 带有多个智能房间传感器的智能恒温器。
- 车库门开启器。
- 家庭娱乐系统和语音控制的电视。
- 灯光。
- 健身和健康追踪器。

> 你会用什么物联网设备来记录你生活的方方面面？

所有这些类型的设备都有传感器和 / 或执行器，并且有与互联网交流的功能。我可以从手机上知道车库门是否打开，并要求智能音箱关闭它。我甚至可以把它设置成一个定时器，这样如果它在晚上还开着，它就会自动关闭。当门铃响起时，我可以从手机上看到谁站在那里，无论我在哪里，都可以通过门铃内置的扬声器和麦克风与他们交谈。我可以监测我的血糖、心率和睡眠模式，在数据中寻找规律，以改善我的健康。我可以通过云计算控制我的灯光。但是当家里断网时，就无计可施了。

挑战

尽可能多地列举出你家中、学校或工作场所中的物联网设备——这可能比你想象中的要更多一些！

复习和自学

阅读有关消费级物联网项目的优劣信息。检索新闻门户网站上与消费级物联网有关的负面信息，如隐私问题、硬件问题或连接缺失造成的问题。一些例子如下。

- 查看推特账户 Internet of Sh*t 🔗 **[L1–24]**（警告：可能包含脏话），了解一些消费者物联网失败的好例子。
- c|net – 我的苹果手表救了我的命：5 人分享他们的故事 🔗 **[L1–25]**。
- c|net – ADT 技术员承认多年来偷窥客户的摄像头画面（触发警告——非自愿的偷窥）🔗 **[L1–26]**。

课后测验

（1）IoT 设备需要一直连接着网络。这个说法（　　）。
　A. 正确
　B. 错误

（2）IoT 设备总是安全的。这个说法（　　）。
　A. 正确
　B. 错误

（3）人工智能（AI）可以在低功耗的 IoT 设备中运行。这个说法（　　）。
　A. 正确
　B. 错误

作业

调查一个物联网项目。

说明

有许多大大小小的物联网项目正在全球范围内展开，涉及智能农场、智能城市，存在于医疗监控、交通以及公共场所使用的方方面面。

在网上搜索你感兴趣的项目的细节，最好是你身边的项目。解释这个项目的优点和缺点。例如，它可以带来什么好处，它会造成什么样的问题，以及如何考虑到隐私。

评分标准

标准	优秀	合格	需要改进
解释优点和缺点	对项目的优点和缺点作了明确的解释	对优点和缺点作了简要的解释	没有解释优点或缺点

第 2 课
深入了解物联网

本课是微软 Reactor 的 Hello IoT 系列课程的一部分。课程通过 2 个视频（英文）对物联网做了深入探讨。

观看视频：更深入地了解物联网 [L2-1]

观看视频：自学时间 [L2-2]

课前测验

（1）IoT（物联网）中的"T"代表（　）。

A. 晶体管（Transistors）

B. 万物（Things）

C. 火鸡（Turkeys）

（2）IoT 设备使用（　）获取其周围世界的信息。

A. 传感器

B. 执行器

C. 信鸽

（3）IoT 设备通常比台式计算机或笔记本更耗电。这个说法（　）。

A. 正确

B. 错误

简介

本课深入探讨了上一课中所涉及的一些概念。

在本课中，我们的学习内容将涵盖：

2.1　物联网应用的组成部分

2.2　深入了解微控制器

2.3　深入了解单板计算机

2.1　物联网应用的组成部分

物联网应用的两个组成部分是"互联网"和"物"。让我们更详细地了解一下这两个组成部分。

2.1.1　物

物联网的"物"是指能够与物理世界互动的设备，如图 2-1 所示的树莓派。这些设备通常是小型、低价的计算机，它们以低速运行，功耗很低。例如，简单的微控制器，有几千字节的内存（相对于 PC 的几吉字节的内存），运行速度只有几百兆赫（相对于 PC 的几千兆赫），

图 2-1　树莓派 4

但功耗却小得多，可以用电池运行几周、几个月甚至几年。

这些设备与物理世界互动，通过传感器从其周围环境收集数据，或者通过控制输出或执行器来进行物理控制。这方面的典型例子是自动调温器，这种设备有一个温度传感器、一个设置所需温度的设备，如表盘（或触摸屏），以及将表盘和温度传感器与加热或冷却系统相连接，当检测到的温度超出所需范围时便会启动。若温度传感器检测到房间太冷，会通过一个执行器将加热功能打开，如图2-2所示。

✍ 做点研究

想一想你身边有哪些从传感器中读取数据，并利用这些数据来做出控制的物联网系统。例如，烤箱上的恒温器。除此之外，你能找到更多吗？

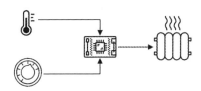

图 2-3　温度传感器和表盘作为物联网设备的输入，
以及控制加热器作为输出

有多种设备可以作为物联网设备，从感知事件的专用硬件，到通用设备，甚至是你的智能手机！一部智能手机可以使用传感器来检测房间的温度。智能手机可以使用传感器来检测周围的世界，并使用执行器与世界进行互动——例如，使用 GPS 传感器来检测你的位置，并使用扬声器向你提供前往目的地的导航指示。

2.1.2　互联网

物联网应用的互联网方面包括物联网设备可以连接的用于发送和接收数据的应用程序，以及其他可以处理来自物联网设备数据的应用程序，并帮助决定向物联网设备的执行器发送什么请求。

一种典型的设置是让物联网设备连接到某种云服务，这种云服务处理包括安全、接收来自物联网设备的消息以及将消息发送回设备等问题。然后，该云服务将连接到其他应用程序，这些应用程序可以处理或存储传感器数据，或者将传感器数据与其他系统的数据一起使用，以做出决策。

设备也不总是通过 Wi-Fi 或有线网络连接直接连接到互联网本身。一些设备使用多跳网络（Mesh Network），通过蓝牙等技术相互交流，再通过一个有互联网连接的枢纽设备进行连接。

以智能自动调温器为例，它将使用家庭 Wi-Fi 连接到在云中运行的云服务。它将把温度数据发送到该云服务，并在云服务中将其写入某种数据库，以便能够让房主使用手机应用程序查询当前温度和历史温度。云中的另一项服务是可以知道房主想要什么温度，并通过云服务向物联网设备发送消息，控制供暖或制冷系统打开或关闭，如图2-3所示。

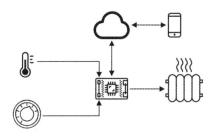

图 2-2　云服务引入物联网系统

一个更智能的版本可以在云中使用人工智能，将其他传感器的数据连接到其他物联网设备上，如检测哪些房间正在使用人体感应传感器、天气甚至你的日历等数据，来决定如何以智能的方式设置温度，如图 2-4 所示。例如，如果它从你的日历中读到你在度假，它就可以关闭你的暖气，或者根据你使用的房间逐个关闭暖气，随着时间的推移，它将通过学习数据变得越来越准确。

✍ 做点研究

还有哪些数据可以使互联网连接的自动调温器更加智能？

2.1.3 边缘物联网

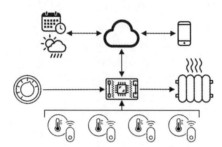

图 2-4 多个温度传感器和一个表盘作为物联网设备的输入，物联网设备与云端进行双向通信，云端又与手机、日历和天气服务进行双向通信，控制加热器作为物联网设备的输出

虽然 IoT 中的 I 代表互联网，但这些设备不一定要时刻连接到互联网。在某些情况下，设备可以连接到"边缘（Edge）"设备——在你的本地网络上运行的网关设备，这意味着你可以处理数据而不需要通过互联网连接。当你有大量数据或互联网连接缓慢时，这种模式可能会更快，它允许你在无法连接互联网的地方离线运行，如在船上或在应对人道主义危机的灾区，并允许你保持数据的隐私。一些设备将包含使用云工具创建的处理代码，并在本地运行这些代码来收集和响应数据，而不使用互联网连接来做出决策。

这方面的一个例子是智能家居设备，如苹果 HomePod、亚马逊的 Alexa、谷歌的 Home 或小米的米家等，它将使用在云端训练的人工智能模型聆听你的声音，但在设备上本地运行。这些设备会在说某个单词或短语时被"唤醒"，然后才通过互联网发送你的语音进行处理。该设备将在适当的时候停止发送语音，当它检测到你的语音暂停时。你在用唤醒词唤醒设备之前所说的一切，以及你在设备停止监听之后所说的一切，都不会通过互联网发送给设备提供商，因为这些都是隐私。

> **做点研究**
>
> 想一想其他的场景，在这些场景中，隐私是很重要的，所以数据的处理最好在边缘而不是在云端进行。作为一个提示——想想物联网设备上的摄像头或其他成像设备。

2.1.4 物联网安全

对于任何互联网连接，安全是一个重要的考虑因素。有一个老梗："IoT（物联网）中的 S 代表安全（Security）"——因为 IoT 中没有"S"，所以意味着它不安全。

物联网设备要连接到云服务，因此只有该云服务才是安全的——如果你的云服务允许任何设备连接，那么恶意数据就能够被发送，或者可能出现病毒攻击。这可能会产生非常现实的后果，因为物联网设备与其他设备进行互动和控制。例如，Stuxnet 蠕虫病毒操纵离心机的阀门来破坏它们（这个病毒对伊朗的核计划造成重大危害）。黑客们还利用糟糕的安全性来访问婴儿监视器和其他家庭监控设备 🔗 [L2-3]。

> 有时，物联网设备和边缘设备在一个与互联网完全物理隔离的网络上运行，以保持数据的私密性和安全性，这被称为 air-gapping（气隙）。

2.2 深入了解微控制器

在上一课中，我们介绍了微控制器。现在让我们更深入地了解它们。

2.2.1 中央处理器 CPU

CPU 是单片机的"大脑"。它是运行代码的处理器，可以向任何连接的设备发送数据和接收数据。CPU 可以包含一个或多个内核——基本上是一个或多个 CPU，它们可以一起工作来运行你的代码。

CPU 依靠时钟信号每秒跳动数百万至数十亿次不等。每个滴答声

> 🎓 CPU 速度通常以兆赫（MHz，1MHz 是 100 万赫兹）或千兆赫（GHz，1GHz 是 10 亿赫兹）为单位。

或循环都会同步 CPU 可以执行的操作。在每一个时钟周期中，CPU 都可以执行来自程序的指令，如从外部设备检索数据或执行数学计算。此常规周期允许在处理下一条指令之前完成所有操作。

时钟周期越快，每秒可以处理的指令就越多，因此 CPU 的速度也越快。CPU 的速度以赫兹（Hz）为单位，这是一个标准单位，其中 1Hz 表示每秒一个时钟周期。

微控制器的时钟速度比台式计算机或笔记本，甚至大多数智能手机都要低得多。例如，Wio Terminal 的 CPU 运行速度为 120 兆赫（MHz），或者说每秒 1.2 亿次。

每个时钟周期都会耗费电能并产生热量。节拍越快，消耗的电力越多，产生的热量也越多。PC 有散热器和风扇来清除热量，如果没有这些，它们会在几秒钟内过热并关闭。微控制器通常没有这些，因为它们的运行温度低得多，因此速度也慢得多。PC 靠主电源或大电池运行几个小时，而微控制器靠小电池可以运行几天、几个月，甚至几年。微控制器也可以有以不同速度运行的内核，当对 CPU 的需求较低时，切换到较慢的低功率内核，以减小功耗。

一些 PC 正采用同样的快速高功率内核和较慢的低功率内核的组合，切换以节省电池。例如，最新的苹果笔记本中的 M1 芯片（见图 2-6）可以在 4 个性能核心和 4 个效率核心之间切换，以根据运行的任务优化电池寿命或速度。

任务：研究 Wio Terminal

研究 Wio Terminal。

如果你在这些课程中使用 Wio Terminal，那么可以试着找到 CPU。找到 Wio Terminal 的 Wiki 页面 🔗 [L2-5] 中"硬件概述"部分的内部图片，并尝试通过背面的透明塑料窗找到 CPU。

CPU 使用"获取—解码—执行"指令周期执行程序（见图 2-5）。每一个时钟节拍，CPU 将从内存中获取下一条指令，对其进行解码，然后执行它，例如使用算术逻辑单元（ALU）来添加 2 个数字。有些执行需要多个时钟节拍，所以下一个周期将在指令完成后的下一个节拍运行。

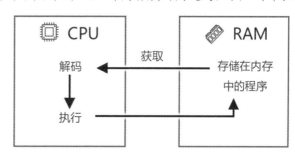

图 2-5　CPU 的"获取—解码—执行"指令周期执行程序

📝 做点研究

普通 PC 或 Mac 的 CPU 有多个核心，以多个千兆赫（GHz）的速度运行，这意味着时钟每秒跳动数十亿次。研究一下你计算机的时钟速度，比较一下它比 Wio Terminal 快多少。

图 2-6　M1 是第一款使用尖端 5 纳米工艺技术制造的 PC 芯片，其中包含惊人的 160 亿个晶体管

📝 做点研究

做一点研究。阅读百度百科 CPU（中央处理器）的文章 🔗 [L2-4]。

2.2.2　存储器

微控制器通常有两种类型的存储器 —— 程序存储器和随机存取存储器（RAM）。程序存储器是非易失性的，这意味着当设备没有电源时，写入它的任何内容都会保留。它是存储程序代码的存储器。

RAM 是程序运行时使用的内存，包含你的程序分配的变量和从外围设备收集的数据。RAM 是易失性的，当电源中断时，内容就会丢失，有效地重置了你的程序。

与 CPU 一样，微控制器的内存比 PC 小几个数量级。一台典型的 PC 可能有 8 GB 的 RAM，或者说 8 000 000 000 字节的 RAM，每个字节的空间足以存储一个字母或 0 ～ 255 的数字。一个微控制器只有几千字节（KB）的 RAM，一个千字节是 1 024 字节。上面提到的 Wio Terminal 有 192KB 的 RAM，约 192 000 字节。

图 2-7 所示显示了 192KB 和 8GB 之间的相对大小差异——中间的小点代表 192KB。

微控制器程序存储空间也比 PC 小。一台典型的 PC 可能有 500GB 的硬盘用于程序存储，而一个微控制器可能只有几千字节或几兆字节（MB）的存储空间（1MB 是 1 000KB，或 1 000 000 字节）。Wio Terminal 有 4MB 的程序存储空间。

🎓 程序存储器储存你的代码，在没有电源时保持不变。

🎓 RAM 用于运行你的程序，在没有电源时会被重置。

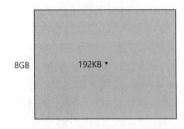

图 2-7 192KB 和 8GB 之间的比较
（超过 40 000 倍的大小）

2.2.3 输入 / 输出

微控制器需要输入和输出（I/O）连接，以便从传感器读取数据，并向执行器发送控制信号。它们通常包含一些通用的输入 / 输出（GPIO）引脚。这些引脚可以在软件中配置为输入（即接收信号）或输出（即发送信号）。

← 输入引脚用于从传感器读取数值。

→ 输出引脚向执行器发送指令。

任务：研究 Wio Terminal

如果你在这些课程中使用 Wio Terminal，则可以找到 Wio Terminal WiKi 页面 🔗 [L2-6] 的引脚图部分，如图 2-8 所示，了解那些引脚是什么。Wio Terminal 有一张贴纸，你可以把它贴在背面，上面有引脚编号，如果你还没有，可以现在就把它加上去。

2.2.4 物理尺寸

微控制器的尺寸通常较小，最小的飞思卡尔 Kinetis KL03 微控制器 🔗 [L2-7] 小到可以放在高

🔍 **做点研究**

你的 PC 有多少内存和存储空间？这与微控制器相比有什么不同？

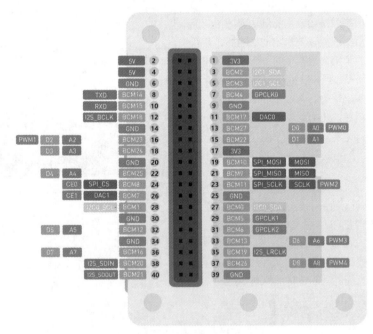

图 2-8 Wio Terminal 的引脚图

👨‍🎓 输入引脚用于从传感器读取数值。输出引脚向执行器发送指令。你将在随后的课程中了解更多信息。

尔夫球的凹陷处,如图2-9所示。而 PC 中仅仅 CPU 就可以达到 40mm × 40mm,这还不包括为确保 CPU 能够运行超过几秒钟而不会过热所需的散热器和风扇,其尺寸大大超过了一个完整的微控制器。包含微控制器、外壳、屏幕和一系列连接和组件的 Wio Terminal 开发套件并不比一个裸露的英特尔 i9 CPU 大多少,而且大大小于带有散热片和风扇的 CPU。

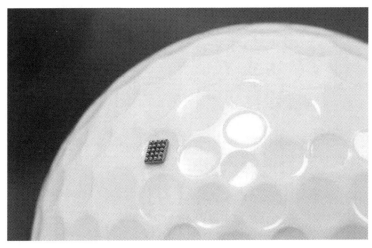

图 2-9   飞思卡尔 Kinetis KL03 在高尔夫球凹陷处

2.2.5   框架和操作系统

由于其低速和内存大小,微控制器并不运行桌面意义上的操作系统(OS)。使计算机运行的操作系统(Windows、Linux 或 macOS)需要大量的内存和处理能力来运行对于微控制器来说完全不必要的任务。记住,微控制器通常被编程为执行一个或多个非常具体的任务,不像 PC 这样的通用计算机需要支持用户界面、播放音乐

器件	尺寸
飞思卡尔 Kinetis KL03	1.6 mm × 2 mm × 0.56 mm
Wio Terminal	72 mm × 57 mm × 12 mm
英特尔 i9 CPU,散热器和风扇	136 mm × 145 mm × 103 mm

或电影、提供编写文档或代码的工具,玩游戏或浏览互联网。

要为没有操作系统的微控制器编程,你确实需要一些工具,让你以微控制器可以运行的方式构建你的代码,使用可以与任何外设对话的 API。每个微控制器都是不同的,所以制造商通常支持标准的框架,允许你按照标准的"配方"来构建你的代码,让它在任何支持该框架的微控制器上运行。

你可以使用操作系统对微控制器进行编程——通常被称为实时操作系统(RTOS),因为这些操作系统被设计为实时处理与外设之间的数据发送。这些操作系统非常轻量级,并提供以下功能。

- 多线程,允许你的代码同时运行一个以上的代码块,可以在多个核心上运行,也可以在一个核心上轮流运行。
- 网络,允许在互联网上安全地进行通信。
- 图形用户界面组件,用于在有屏幕的设备上构建用户界面(UI)。

2.2.6   Arduino

Arduino 🖉 [L2-11] 可能是最流行的微控制器框架,特别是在学生、业余爱好者和创客中,标志如图 2-10 所示。Arduino 是一个开源的电子平台,结合了软件和硬件。你可以从 Arduino 本身或其他制造商处购买 Arduino 兼容板,然后使用 Arduino 框架进行编码。

Arduino 板是用 C 或 C++ 编码的。使用 C/C++ 允许你的代码被编译得非常小,而且运行速度快,这是在微控制器这样的受限设备上需要的特性。Arduino 应用程序的核心被称为 sketch (代码),是具

🛠 做点研究

了解一些不同的实时操作系统。例如,Azure RTOS 🖉 [L2-8],FreeRTOS 🖉 [L2-9],Zephyr 🖉 [L2-10] 等。

图 2-10   Arduino 的标志

有两个函数的 C/C++ 代码——
setup（设置）和 **loop**（循环）。
当电路板启动时，Arduino 框架
代码将运行一次设置函数，然后它
将一次又一次地运行循环函数，连
续运行直到电源关闭，如图 2-11
所示。

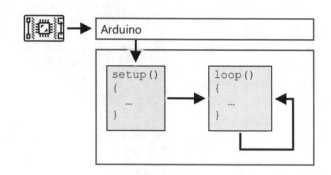

图 2-11　一个 Arduino 代码先运行 setup（设置）部分的程序，然后再重复运行 loop（循环）部分的程序

你将在 **setup** 函数中编写你
的设置代码，如连接到 Wi-Fi 和
云服务，或初始化输入和输出的
引脚。然后，你的循环代码将包
含处理代码，如从传感器中读取
数值并将其发送到云端。通常会在每个循环中包含一个延迟，例如，如果你只想每 10 秒发送一次传感器
数据，则在循环结束时添加一个 10 秒的延迟，这样微控制器就可以休眠，节省电量，然后在 10 秒后需
要时再次运行循环。

Arduino 提供了与微控制器和 I/O 引脚交互的标准库，在不同的微控制器上运行不同的实现。例如，
delay（延迟）函数将暂停程序一段时间，**digitalRead**（数字读取）
函数将从给定的引脚读取一个 **HIGH**（高）或 **LOW**（低）的值，无论
代码在哪个板上运行。这些标准库意味着为一个板子编写的 Arduino 代
码可以为任何其他 Arduino 板子重新编译并运行，但前提是引脚相同，
板子支持同样的功能。

Arduino 有一个庞大的基于第三方 Arduino 库的生态系统，允许你
为你的 Arduino 项目添加额外的功能，如使用传感器和执行器或连接
到物联网云服务。

任务：研究 Wio Terminal

如果你在这些课程中使用 Wio Terminal，则重新阅读你在上一课
中写的代码。找到 **setup** 和 **loop** 的功能。监测反复调用的循环函
数的串行输出。试着在 **setup** 函数中添加代码以输出（字符串）到串口，
并观察到每次重启时只调用一次该代码。试着用侧面的电源开关重启你的设备，以证明每次设备重启时都会
调用这部分内容。

📖 做点研究

这种程序结构被称为事件循环或
消息循环。许多应用程序都内在
地使用它，它是大多数运行在
Windows、macOS 或 Linux 等操作
系统上的桌面应用程序的标准。循
环监听来自用户界面组件（如按
钮）或设备（如键盘）的消息，并
对其做出响应。你可以在这篇文章
🔗 **[L2-12]** 中阅读更多关于事件
循环的内容。

2.3　深入了解单板计算机

在上一课中，我们介绍了单板计算机。现在让我们更深入地了解
它们。

2.3.1　树莓派

树莓派基金会 🔗 **[L2-13]** 是英国的一个慈善机构，成立于 2009
年，旨在促进计算机科学的学习，特别是在学校层面，图标如图 2-12
所示。作为这一使命的一部分，他们开发了一种称为 Raspberry Pi（树
莓派）的单板计算机。树莓派目前有三个版本，即全尺寸版本、较小的
Pi Zero，以及可以内置到你的最终物联网设备中的计算模块 CM4。另

图 2-12　树莓派的标志

外还有一个内置了树莓派 4B 的看着像个键盘的一体机设备 Pi 400，如图 2-13 所示。

树莓派 4B	Pi Zero	Compute Module 4	Pi 400 一体机

图 2-13　树莓派的三个版本和一体机设备

树莓派 4

全尺寸树莓派的最新迭代版本是树莓派 4B。它有一个 1.5GHz 的四核 CPU，2GB、4GB 或 8GB 的内存，千兆以太网，Wi-Fi，两个支持 4K 屏幕的 HDMI 端口，一个音频和复合视频输出端口，USB 端口（两个 USB 2.0，两个 USB 3.0），40 个 GPIO 引脚，一个用于树莓派相机模块的摄像头

🎓 这几款产品的 CPU 都是 ARM 处理器，而不是你在大多数 PC 和 Mac 中常见的英特尔 /AMD x86 或 x64 处理器。这些 CPU 类似于一些微控制器中的 CPU，以及几乎所有的手机、微软 Surface X 和新的基于苹果硅芯片的苹果 Mac 中的 CPU。

连接器，以及一个 SD 卡插槽。所有这些都集成在一个 88mm×58mm×19.5mm 的板子上，由一个 3A USB-C 电源供电。这些产品起价为 35 美元，比 PC 便宜得多。

Pi Zero

Pi Zero 的体积更小，功率更低。它有一个单核 1GHz CPU，512MB 内存，Wi-Fi（Zero W 型号），一个 HDMI 端口，一个微型 USB 端口，40 个 GPIO 引脚，一个用于树莓派相机模块的相机连接器，以及一个 SD 卡插槽。它的尺寸为 65mm×30mm×5mm，耗电量非常小。Zero 大约是 5 美元，带 Wi-Fi 的 W 版本约 10 美元。

树莓派的所有变种都运行一个名为 Raspberry Pi OS 的 Debian Linux 版本。它有一个没有桌面的精简版，非常适合不需要屏幕展示的"无头"项目，也有一个完整的桌面环境版本，包括网络浏览器、办公应用程序、编码工具和游戏。由于操作系统是 Debian Linux 的一个版本，因此你可以安装任何在 Debian 上运行并为 Pi 内部的 ARM 处理器构建的应用程序或工具。

任务：研究树莓派

如果你在这些课程中使用树莓派，请阅读关于电路板上不同的硬件组件。

- 你可以在树莓派硬件文档 🔗 [L2-14] 页面上找到所使用的处理器的详细信息。了解一下你所使用的树莓派中的处理器。
- 在树莓派硬件文档中找到有关 GPIO 引脚的信息，根据 GPIO 部分的文档 🔗 [L2-15] 来识别你树莓派上的不同引脚。树莓派的 GPIO 引脚定义图如图 2-14 所示。

2.3.2　为单板计算机编程

单板计算机是完整的计算机，运行一个完整的操作系统。这意味着有广泛的编程语言、框架和工具可以用来为它们编码，而不像微控制器那样依赖于 Arduino 等框架对电路板的支持。大多数编程语言都有库，

📝 **做点研究**

你熟悉哪些编程语言？它们支持 Linux 吗？

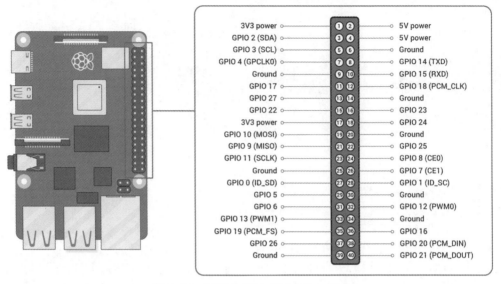

图 2-14 树莓派 GPIO 引脚序号定义图

可以访问 GPIO 引脚,发送和接收来自传感器和执行器的数据。

在树莓派上构建物联网应用最常用的编程语言是 Python。有一个为树莓派设计的巨大的硬件生态系统,而且几乎所有这些硬件都包括使用它们所需的相关代码的 Python 库。其中一些生态系统是基于"hats"("帽子")的扩展板,因为它们像一顶帽子一样戴在树莓派的上面,用一个大插座连接到 40 个 GPIO 引脚。这些"帽子"提供了额外的功能,如屏幕、传感器、遥控汽车或适配器,让你用标准化的电缆接入传感器。如图 2-15 所示为树莓派的 Sensor HAT。

图 2-15 树莓派的 Sensor HAT

2.3.3 在专业物联网部署中使用单板计算机

单板计算机用于专业物联网部署,而不仅仅是作为开发者套件。它们可以提供一种强大的方式来控制硬件和运行复杂的任务,如运行机器学习模型。例如,有一个树莓派 4 计算模块——Raspberry Pi Compute Module 4(也称 CM4),如图 2-16 所示。该模块提供了树莓派 4 的所有功能,但外形紧凑,价格便宜,没有大部分端口,旨在安装到定制硬件中。

图 2-16 树莓派 CM4 计算模块

挑战

上一课的挑战是，尽可能多地列出你家里、学校或工作场所的物联网设备。对于清单中的每一个设备，你认为它们是围绕着微控制器还是单板计算机建立的，还是两者的混合？

复习和自学

● 阅读 Arduino 入门指南 ✐ [L2-16]，了解更多关于 Arduino 平台的信息。
● 阅读树莓派 4 的介绍 ✐ [L2-17]，了解更多关于树莓派的信息。
● 在《电气工程杂志》的"CPU、MPU、MCU 和 GPU 是什么"的文章 ✐ [L2-18] 中，了解更多概念和缩略语。

使用这些指南，以及按照硬件指南中的链接所显示的费用，来决定你想使用什么硬件平台，或者你是否愿意使用虚拟设备。

课后测验

（1）一个 CPU 指令周期的三个步骤包括（　）。

　　A. 译码、执行、提取
　　B. 提取、译码、执行
　　C. 停止、协作、聆听

（2）树莓派运行的是什么操作系统？（　）

　　A. 它们不运行操作系统
　　B. Windows 95
　　C. Raspberry Pi OS

（3）IoT 设备通常比台式计算机和笔记本运行得更快且需要更多的内存。这个说法（　）。

　　A. 正确
　　B. 错误

作业

比较和对比微控制器和单板计算机。

说明

本课涉及微控制器和单板计算机。创建一个表格，对它们进行比较，并指出至少两个理由，为什么你会使用微控制器而不是单板计算机；以及至少 2 个理由，为什么你会使用单板计算机而不是微控制器。

评分标准

标准	优秀	合格	需要改进
创建一个比较单片机和单板计算机的表格	创建一个有多个项目的列表，正确地进行比较和对比	创建一个只有几个项目的列表	只能想出一个项目，或没有项目进行比较和对比
使用一个比另一个好的理由	能够为单片机提供两个或更多的理由，为单板计算机提供两个或更多的理由	只能提供 1～2 个关于单片机的理由，和 1～2 个关于单板计算机的理由	不能为单片机或单板计算机提供一个或更多理由

第 3 课
通过传感器和执行器与物质世界交互

课前准备

本课是作为微软 Reactor 的 Hello IoT 系列课程的一部分。课程通过两个视频（英文）对通过传感器及执行器与物质世界交互做了探讨。

观看视频：用传感器和执行器与物理世界互动

 [L3-1]

观看视频：自学时间

 [L3-2]

课前测验

（1）发光二极管（LED）是传感器。这个说法（　　）。

　A. 正确

　B. 错误

（2）传感器被用来（　　）。

　A. 收集来自物质世界的数据

　B. 控制物质世界

　C. 只用来监测温度

（3）执行器被用来（　　）。

　A. 收集来自物质世界的数据

　B. 控制物质世界

　C. 计算保险的风险

简介

本课介绍了物联网设备的两个重要概念——传感器和执行器。你还将亲身体验这两个概念，为你的物联网项目添加一个光传感器，然后添加一个由光照度控制的 LED，有效地建立一个夜灯。

在本课中，我们的学习内容将涵盖：

3.1　什么是传感器

3.2　使用一个传感器

3.3　传感器类型

3.4　什么是执行器

3.5　使用一个执行器

3.6　执行器类型

3.1　什么是传感器

传感器是感知物理世界的硬件设备——它们测量其周围的一个或多个属性，并将信息发送到物联网设备上。传感器涵盖了大量的设备，因为有许多东西可以被测量，从自然属性（如空气温度）到物理互动（如运动）。

一些常见的传感器如下。

- 温度传感器：这些传感器感应空气温度或浸泡的东西的温度。对于业余爱好者和开发者来说，通常温度、气压和湿度结合在一个传感器中。
- 按钮：这些传感器感应它们被按下的状态。
- 光传感器：这些传感器检测光的水平，可以是特定的颜色、紫外光、红外光或一般可见光。
- 摄像头：这些传感器通过拍摄照片或流媒体视频感知世界的视觉表现。
- 加速计：这些传感器可以感应多个方向的运动。
- 麦克风：这些传感器可以感应声音，无论是一般的声音水平还是定向的声音。

所有的传感器都有一个共同点——它们将其感应到的东西转换成可由物联网设备解释的电信号。如何解释这个电信号取决于传感器，以及用于与物联网设备通信的通信协议。

✍ **做点研究**

想一想你平时使用的手机都包含了哪些传感器？被用于实现何种功能？

3.2 使用一个传感器

按照下面的指南，将一个传感器添加到你的物联网设备上。

连接设备：读取光传感器值

读取 Wio Terminal 上光传感器的测量值

在这一部分，你将在 Wio Terminal 上使用光传感器。

硬件

本课使用的传感器是 Wio Terminal 自带的光传感器，如图 3-1 所示，它使用一个光电二极管将光转换为电信号。这是一个模拟传感器，发送一个从 0 ~ 1023 的整数值以表示相对的光通量，这个值并不对应于任何标准的光测量单位，如勒克斯等。

对光传感器进行编程

现在可以对该设备进行编程，以使用内置的光传感器。

任务：对设备进行编程

（1）在 VS Code 的 PlatformIO 中打开你在第 1 课创建的 Arduino 程序 nightlight 项目。

（2）在 `setup` 函数内的底部添加以下一行代码。

图 3-1　Wio Terminal 中的光线传感器

```
pinMode(WIO_LIGHT, INPUT);
```

这一行配置了用于与传感器硬件通信的引脚。

 WIO_LIGHT 引脚是连接到板载光传感器 GPIO 引脚的编号。这个引脚被设置为 INPUT ，意味着它连接到一个传感器，数据将从该引脚读取。

（3）删除 loop 函数里的内容。

（4）在目前空的 loop 函数中加入以下代码。

```
int light = analogRead(WIO_LIGHT);
Serial.print("Light value: ");
Serial.println(light);
```

这段代码从 WIO_LIGHT 引脚读取一个模拟值。这样可以从板载光照传感器中读取一个 0～1023 的值。然后这个值被发送到串行端口，以便在该代码运行时，可以在串行监视器中读取该值。 Serial.print 写出的文本末尾没有新行，所以每一行将以 Light value: 开头，以实际的灯光值结束。

（5）在 loop 结束时添加一个一秒钟（1000ms）的小延迟，因为不需要连续检查光强度。加入延迟可以减少设备的耗电量。

```
delay(1000);
```

（6）重新将 Wio Terminal 连接到计算机上，像之前那样上传新的代码。

（7）连接串行监控器，光的强度值将被输出到终端，盖上和揭开 Wio Terminal 背面的光传感器，数值将会发生变化。

```
> Executing task: platformio device monitor <

--- Available filters and text transformations: colorize, debug, default, direct, hexlify,
log2file, nocontrol, printable, send_on_enter, time
--- More details at http://bit.ly/pio-monitor-filters
--- Miniterm on /dev/cu.usbmodem101  9600,8,N,1 ---
--- Quit: Ctrl+C | Menu: Ctrl+T | Help: Ctrl+T followed by Ctrl+H ---
Light value: 4
Light value: 5
Light value: 4
Light value: 158
Light value: 343
Light value: 348
Light value: 344
```

你可以在 code-sensor/wio-terminal 文件夹🔗 [L3-3] 中找到这个代码。

☺ 恭喜，在你的 nightlight 程序中成功地添加了一个传感器！

用树莓派读取光传感器的测量值

在这一部分，你将在你的树莓派上添加一个光传感器。

硬件

本课使用的传感器是一个 Grove 光传感器，如图 3-2 所示。它使用一个光电二极管将光信号转换为电信号。这是一个模拟传感器，它会发送一个 0 ~ 1000 的整数值，表示一个相对的光通量，并不映射到任何标准的测量单位，如勒克斯等。

光传感器是一个经典的 Grove 传感器，需要通过 Grove Base HAT 连接到树莓派。

图 3-2　Grove 光传感器

连接光传感器

用于检测光强水平的 Grove 光传感器需要连接到树莓派上。

任务：连接光传感器

（1）将 Grove 电缆的一端插入光传感器模块的插座上。它只能从一个方向插入。

（2）在树莓派关闭电源的情况下，将 Grove 电缆的另一端连接到插在树莓派上的 Grove Base HAT 上标有 A0 的模拟插座，如图 3-3 所示。这个插座是右数第二个，在 GPIO 引脚旁边的一排插座上。

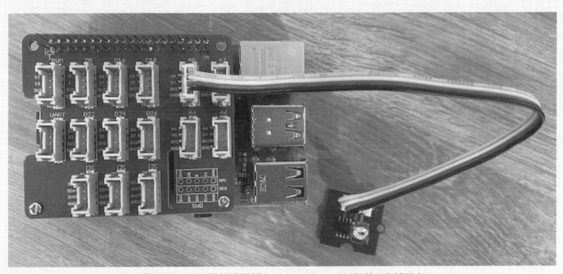

图 3-3　将光线传感器插入 Grove Base HAT 的 A0 接口上

对光传感器进行编程

现在可以通过对设备进行编程来使用 Grove 光传感器。

任务：对光传感器进行编程

对设备进行编程。

（1）给树莓派上电，等待它启动。

（2）在 VS Code 中打开你在第 1 课创建的树莓派 `nightlight` 项目，可以直接在树莓派上运行或使用远程 SSH 扩展连接。

（3）打开 `app.py` 文件并删除其中的所有代码。

（4）在 `app.py` 文件中添加以下代码，导入一些必要的库。

```
import time
from grove.grove_light_sensor_v1_2 import GroveLightSensor
```

`import time` 语句导入了本作业中稍后将使用的时间模块。

`from grove.grove_light_sensor_v1_2 import GroveLightSensor` 语句从 Grove Python 库中导入了 `GroveLightSensor`。这个库有与 Grove 光传感器交互的代码，在树莓派安装时已经进行了全局安装。

（5）在上面的代码后面添加以下代码，创建一个管理光传感器的类的实例。

```
light_sensor = GroveLightSensor(0)
```

`light_sensor = GroveLightSensor(0)` 这一行创建了一个 GroveLightSensor 类的实例，连接到 A0 针脚——光传感器所连接的模拟 Grove 针脚。

（6）在上面的代码后添加一个无限循环，轮询光传感器的值，并将其打印到控制台。

```
while True:
    light = light_sensor.light
    print('Light level:', light)
```

这样将使用 `GroveLightSensor` 类的 `light` 属性在 0 ~ 1023 的范围内读取当前的光线水平。这个属性从针脚上读取模拟值。这个值会被反馈到控制台。

（7）在 `loop` 结束时添加 1 秒钟的暂停。因为不需要连续检查光强水平，所以暂停可以减少设备的耗电量。

```
time.sleep(1)
```

（8）从 VS 代码终端，通过运行以下程序来运行你的 Python 应用程序。

```
python3 app.py
```

注意：如果你运行 Python3 无响应，可以检查下载的 python3.exe 文件是否叫做 python.exe，并使用对应文件名来运行程序。

现在传感器的光照值将被输出到控制台。盖上和揭开光传感器，可以看到数值会发生变化。

```
pi@raspberrypi:~/nightlight $ python3 app.py
Light level: 634
Light level: 634
Light level: 634
Light level: 230
Light level: 104
Light level: 290
```

你可以在 `code-sensor/pi` 文件夹 🔗 [L3-4] 中找到这个代码。

😊 恭喜你已经成功地将传感器添加到你的 nightlight 程序中！

ⓒ 为虚拟设备添加光传感器并读取测量值传感器。

在本课的这一部分，你将为你的虚拟物联网设备添加一个光传感器。

虚拟硬件

这个 nightlight 程序需要一个在 CounterFit 应用程序中创建的传感器。

该传感器是一个光传感器。在一个物理的物联网设备中，它将是一个光电二极管，将光转换为电信号。光传感器是模拟传感器，它发送一个整数值，表示相对的光通量，并不与任何标准的测量单位（如勒克斯等）对应。

添加虚拟光传感器到 CounterFit

如果要使用虚拟光传感器，需要将其添加到 CounterFit 应用程序中。

任务：将传感器添加到 CounterFit 中

（1）确保第一课中有关虚拟设备部分的 CounterFit 网络应用程序正在浏览器中运行。如果没有，请启动它。

（2）创建一个光传感器。

- 在 "Create Sensor"（创建传感器）窗格区域，下拉 "Sensor Type"（传感器类型）框，选择 "Light"（光传感器），如图 3-4 所示。
- 将 "Units"（单位）设置为 "NoUnits"。
- 确保 "Pin"（引脚）被设置为 0。
- 单击 "Add" 按钮，在 Pin 0 上创建光传感器。
- 光传感器将被创建并出现在传感器列表中，如图 3-5 所示。

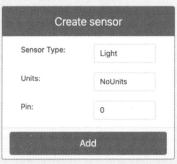

图 3-4　单击 "Add" 按钮创建光传感器

图 3-5　完成创建后的光传感器

对光传感器进行编程

现在可以对该设备进行编程，从而使用内置的光传感器。

任务：对光传感器进行编程

对设备进行编程。

（1）在 VS Code 中打开在第 1 课创建的虚拟设备 `nightlight` 项目。如必要请在 VS Code 中关闭并重新创建终端，确保其在虚拟环境下运行。

（2）打开 `app.py` 文件。

（3）将以下代码添加到 `app.py` 文件的顶部，与其余的 `import` 语句连接，以导入一些所需的库。

```
import time
from counterfit_shims_grove.grove_light_sensor_v1_2 import GroveLightSensor
```

`import time` 语句导入了 Python `time` 模块，该模块将在本作业的后续进行使用。

`from counterfit_shims_grove.grove_light_sensor_v1_2 import GroveLightSensor` 语句从 CounterFit Grove shim Python 库中导入 `GroveLightSensor`。这个库有与 CounterFit 应用程序中创建的光传感器互动的代码。

（4）在文件的底部添加以下代码，以创建管理光传感器的类的实例。

```
light_sensor = GroveLightSensor(0)
```

`light_sensor = GroveLightSensor(0)` 这一行创建了一个 `GroveLightSensor` 类的实例，连接到引脚 0，即光传感器所连接的 CounterFit Grove 引脚。

（5）在上面的代码后添加一个无限循环，轮询光传感器的值，并将其打印到控制台。

```
while True:
    light = light_sensor.light
    print('Light level:', light)
```

这将使用 `GroveLightSensor` 类的 `light` 属性读取当前的光强值。这个属性从引脚读取模拟值。然后这个值会被打印到控制台。

（6）在 `while` 循环的最后添加个 1 秒钟的暂停。因为不需要连续检查光强值，因此暂停可以减少设备的耗电量。

```
time.sleep(1)
```

（7）从 VS Code 终端，通过运行以下程序来运行你的 Python 应用程序。

```
python3 app.py
```

光照值将被输出到 VS Code 的终端，最初这个值将是 0，如图 3-6 所示。

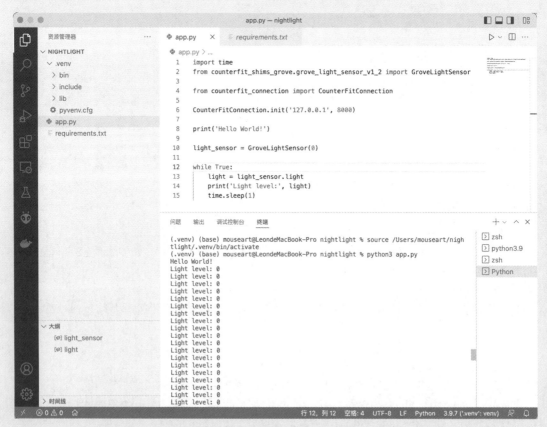

图 3-6　将虚拟光线传感器值输入到 VS Code 终端

（8）从运行在浏览器里的 CounterFit 应用程序中，改变将被应用程序读取的光传感器的值。可以通过以下两种方式之一来实现。

● 在光传感器的值框中输入一个数字，然后单击"Set"按钮。你输入的数字将是传感器返回的值。
● 勾选"Random"（随机）复选框，并输入最小和最大值，然后单击"Set"按钮。每次传感器读取数值时，它都会在最小值和最大值之间读取一个随机数字。

你设置的数值将被输出到 VS code 终端。改变 "值"或 "随机"设置，使数值发生变化，如图 3-6 所示。

```
(.venv) → GroveTest python3 app.py
Light level: 143
Light level: 244
Light level: 246
Light level: 253
```

你可以在 `code-sensor/virtual-device` 文件夹 🔗 **[L3-5]** 中找到这个代码。

😀 恭喜，你的 nightlight 程序编写成功了！

3.3　传感器类型

传感器要么是模拟的，要么是数字的。

3.3.1　模拟传感器

一些最基本的传感器通常都是模拟传感器。这些传感器从物联网设备接收一个电压，传感器组件调整这个电压，然后测量从传感器返回的电压，从而得到传感器的数值。

🧑 电压是一种测量将电力从一个地方转移到另一个地方所需推力的方法，比如从电池的正极端子转移到负极端子。例如，一个标准的 AA 电池是 1.5 伏（常见会用 "V"表示伏特，也可写作 1.5V），可以用 1.5V 的力量将电力从它的正极推向负极。不同的电气硬件需要不同的电压来工作。例如，一个 LED 可以在 2～3V 的电压下发光，但一个 100W 的灯丝灯泡需要 240V。你可以在百度百科的电压词条 🔗 **[L3-6]** 上阅读更多关于电压的信息。

如图 3-7 所示，以电位器举例，这是一个可以在两个位置之间旋转的刻度盘，传感器测量旋转的变化。

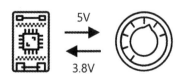

图 3-7　电位器调整改变输出电压

物联网设备将向电位器发送一个电压的电信号，如 5V。随着电位器的调整，它改变了从另一端输出的电压。想象一下，你有一个表盘标示为从 0 到 11 的电位器，好比功率放大器上的音量旋钮。当电位器处于完全关闭的位置（0）时，输出电压就是 0V。当它处于全开位置（11）时，会有 5V 的电压出来。

从传感器出来的电压被物联网设备读取，设备可以对其做出反应。根据传感器的不同，这个电压可以是一个任意的值，也可以映射到一个标准单位。例如，基于热敏电阻的模拟温度传感器会根据温度改变它的电阻。然后，输出电压可以通过代码计算转换为开氏的温度，并相应地转换为℃或℉。

这是过度简化，你可以在百度百科的电位器词条 🔗 [L3-7] 上阅读更多关于电位器和可变电阻器的信息。

模数转换

物联网设备是数字的——它们不能用模拟值工作，它们只能用数字值 0 和 1 工作。这意味着模拟传感器值在处理之前需要被转换为数字信号。许多物联网设备都有模数转换器（ADC），用于将模拟输入转换为数字的大小来表示。传感器也可以通过一个连接器板与模数转换器一起工作。例如，在使用树莓派的 Seeed Grove 生态系统中，模拟传感器连接到一个安装在树莓派 GPIO 引脚上的 Grove Base HAT 扩展板上的特定端口，这个扩展板上就有一个模数转换器，将电压转换成数字信号并送入树莓派的 GPIO 引脚。

想象一下，你有一个连接到物联网设备的模拟光传感器，它使用 3.3V 电压，并返回一个 1V 的值。这个 1V 在数字世界中没有任何意义，所以需要进行转换。电压将被转换为数字值，其比例取决于设备和传感器。一个例子是 Seeed Grove 光线传感器，它的输出值为 0 ～ 1023。对于这个运行在 3.3V 的传感器来说，1V 的输出将对应一个 300 的值。物联网设备无法处理 300 的数字值，因此该值将被转换为 0000000100101100，即 Grove Base HAT 扩展板对 300 的二进制表示。然后由物联网设备来处理。

从编码的角度来看，所有这些通常都由传感器附带的库来处理，所以你不需要自己操心如何做这种转换。对于 Grove 光传感器，你可以使用 Python 库并调用 `light` 属性，或者使用 Arduino 库并调用 `analogRead` 来获得 300 的值。

⚠ 注意
不要真的尝试测试这个！

🎮 做点研究
如果传感器返回的电压比发送的电压高（例如来自外部电源），你认为会发生什么？

🎮 做点研究
如果你不知道二进制，那就稍稍做一点研究，了解数字是如何由 0 和 1 表示的。阅读"10 分钟带你了解什么是二进制" 🔗 [L3-8] 是一个很好的开始。

3.3.2 数字传感器

像模拟传感器一样，数字传感器使用电压的变化来检测它们周围的世界。不同的是数字传感器输出一个数字信号，或者只测量两种状态，或者使用一个内置的模数转换器。数字传感器正变得越来越普遍，以避免在连接器板或物联网设备本身上使用模数转换器的需要。

最简单的数字传感器是一个按钮或开关，这是一个只有两种状态的传感器——对应状态开或关，如图 3-8 所示。

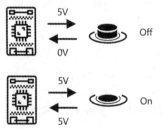

图 3-8　数字传感器开关的工作原理

物联网设备上的引脚，如 GPIO 引脚，可以直接测量这个信号为 0 或 1，如果发送的电压与返回的电压相同，则读取的值为 1，否则读取的值为 0。它不需要转换信号，测量结果只能是 1 或 0。

> 电压从来都不是精确的，尤其是传感器中的元件会有一些电阻，所以电压通常会有一个公差。例如，树莓派上的 GPIO 引脚工作在 3.3V 上，读取高于 1.8V 的电压信号时，返回信号为 1，反之为 0。

- 3.3V 进入按钮，按钮关闭，输出 0V，数值为 0。
- 3.3V 进入按钮，按钮打开，输出 3.3V，数值为 1。

更先进的数字传感器读取模拟值，然后使用板载模数转换器将其转换为数字信号。例如，温度传感器仍将以与模拟传感器相同的方式使用热电偶，并且仍将测量在当前温度下由热电偶的电阻引起的电压变化。传感器内置的模数转换器将转换数值，并产生一系列数字值 0 和 1 发送到物联网设备，而不是返回一个模拟值并依靠设备或连接器板转换为数字信号。这些 0 和 1 的发送方式与按钮的数字信号相同，数字值 1 是 5V，数字值 0 是 0V，如图 3-9 所示。

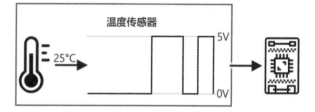

图 3-9　温度传感器工作原理

发送数字数据使传感器变得更加复杂，并且可以发送更详细的数据，甚至是安全传感器的加密数据。照相机是一个例子。它是一个捕捉图像的传感器，并将其作为包含该图像的数字数据发送，通常以 JPEG 等压缩格式，由物联网设备读取。它甚至可以通过捕捉图像并逐帧发送完整的图像或压缩的视频流来传输视频。

3.4　什么是执行器

执行器与传感器相反——它们将来自于你物联网设备的电信号转换成与物理世界的互动，如发出光或声音，或转动电动机。一些常见的执行器如下。

- **LED：** 通常会在打开时发出光。
- **扬声器：** 这些扬声器根据发送到它们的信号发出声音，从蜂鸣器到可以播放音乐的音频扬声器。
- **步进电机：** 它们将信号转换为规定的旋转量，如将表盘转动 90°。
- **继电器：** 它是可以通过电信号打开或关闭的开关，允许来自物联网设备的小电压开启更大的电压。
- **屏幕：** 这些是更复杂的执行器，在多段显示器上显示信息。屏幕类型从简单的 LED 显示屏到高分辨率的视频显示器不等。

> 🔍 **做点研究**
>
> *看看你的手机有哪些执行器？*

3.5　使用一个执行器

按照下面的指南，在你的物联网设备上添加一个执行器，由传感器控制，以建立一个物联网的小夜灯项目。它将从光传感器收集光强度，当检测到的光强度过低时，控制一个 LED 执行器来发光，过程如图 3-10 所示。

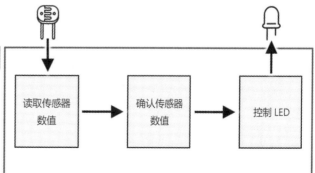

图 3-10　一个结合了传感器和执行器的小夜灯项目

连接设备: 物联网小夜灯

用 Wio Terminal 制作一个智能小夜灯

在本课的这一部分，你将在你的 Wio Terminal 上添加一个 LED，并使用它来创建一个智能小夜灯。

硬件

现在 nightlight（小夜灯）项目需要一个执行器。

执行器是一个 Grove LED，一种发光二极管，当电流流过它时就会发光。这是一个数字执行器，有两种状态，即开和关。发送数值 1 可以打开 LED，发送 0 则可以关闭 LED。这是一个外部 Grove 执行器，需要连接到 Wio Terminal。

nightlight 项目的逻辑伪代码如下。

```
检查光照水平。
if 光线小于 300
    打开 LED
除此以外
    关闭 LED
```

连接 LED

Grove LED 是以模块的形式出现的，有多种颜色的 LED 可供选择。

任务: 连接 LED

（1）挑选你喜欢颜色的 LED，并将其引脚插入 LED 模块上的两个孔中，如图 3-11 所示。LED 是发光二极管，而二极管是只能单向承载电流的电子装置。这意味着 LED 需要以正确的方式连接，否则它无法工作。LED 的一个脚是正极，另一个脚是负极。LED 不是完美的圆形，它的一侧略微扁平，稍微平坦的一面就是负极。当 LED 连接到模块上时，确保圆边的引脚连接到模块外侧标有"+"的插座上，而较平的一边则连接到靠近模块中间有"−"的插座上。

图 3-11　Grove LED 模块

（2）LED 模块有一个旋转按钮，允许你控制亮度。开始时，用一把小的十字头螺丝刀将其逆时针旋转到底，把亮度调到最高。

（3）将 Grove 线的一端插入 LED 模块的插座上。它只能从一个方向插入。

（4）在 Wio Terminal 与计算机或其他电源断开的情况下，将 Grove 电缆的另一端连接到当你面向屏幕时 Wio Terminal 右侧的 Grove 插座上。这是离电源按钮最远的一个插座，如图 3-12 所示。

对小夜灯进行编程

现在可以使用内置的光传感器和 Grove LED 对小夜灯进行编程。

图 3-12　Grove LED 模块连接到 Wio Terminal

任务：对小夜灯进行编程

（1）在 VS Code 的 PlatformIO 中打开你在本课创建的光传感器 Arduino 程序，即 `nightlight` 项目。

（2）在 `steup` 函数的底部添加以下一行代码。

```
pinMode(D0, OUTPUT);
```

这一行配置了用于 Grove 端口与 LED 通信的引脚。

`D0` 引脚是右侧 Grove 插座的数字引脚。这个引脚被设置为 `OUTPUT`，意味着它连接到一个执行器，数据将被写入该引脚。

（3）紧接着在 `loop` 函数的 `delay` 之前添加以下代码。

> ✎ Wio Terminal 右侧的 Grove 插座可用于模拟或数字传感器和执行器。左边的插座只用于 I²C 和数字传感器和执行器。I²C 将在以后的课程中进行介绍。

```
if (light < 300)
{
    digitalWrite(D0, HIGH);
}
else
{
    digitalWrite(D0, LOW);
}
```

这段代码检查 `light` 值。如果这个值小于 300，它就向 `D0` 数字引脚发送一个 `HIGH` 值。这个 `HIGH` 值为 1，打开 LED。如果光强度大于或等于 300，则向该引脚发送一个值为 0 的 `LOW` 值，关闭 LED。

（4）重新将 Wio Terminal 连接到计算机上，像以前一样上传新代码。

（5）连接串行显示，光线值将被输出到终端。

> ✎ 当向执行器发送数字值时，LOW 值为 0V，HIGH 值为该设备的最大电压。对于 Wio Terminal，高电压是 3.3V。

```
> Executing task: platformio device monitor <

--- Available filters and text transformations: colorize, debug, default, direct, hexlify,
log2file, nocontrol, printable, send_on_enter, time
--- More details at http://bit.ly/pio-monitor-filters
--- Miniterm on /dev/cu.usbmodem101  9600,8,N,1 ---
--- Quit: Ctrl+C | Menu: Ctrl+T | Help: Ctrl+T followed by Ctrl+H ---
Light value: 4
Light value: 5
Light value: 4
Light value: 158
Light value: 343
Light value: 348
Light value: 344
```

（6）尝试遮挡和露出 Wio Terminal 背面透明塑料盖下的光传感器，如图 3-13 所示。请注意，如果光强度在 300 或以下，LED 会亮起，而当光强度大于 300 时，LED 会关闭。

你可以在 `code-actuator/wio-terminal` 文件夹中 🔗 **[L3-9]** 找到这个代码。

☺ 恭喜，你的智能小夜灯程序编写成功了。

图 3-13　Wio Terminal 小夜灯实际效果

用树莓派制作一个智能小夜灯

在本课的这一部分，你将在你的树莓派上添加一个 LED，并使用它来创建一个智能小夜灯。

硬件

nightlight（小夜灯）项目需要一个执行器。

执行器是一个 LED，一种发光二极管，当电流流过它时就会发光。它是一个数字执行器，有两种状态，即开和关。发送 1 的数值可以打开 LED，发送 0 则可以关闭 LED。这是一个外部 Grove 执行器，需要连接到树莓派上的 Grove Base HAT 扩展板。nightlight 项目的逻辑伪代码如下。

```
检查光照水平。
if 光线小于 300
    打开 LED
除此以外
    关闭 LED
```

连接 LED

Grove LED 是以模块的形式出现的，有多种颜色的 LED 可供选择。

任务：连接 LED

（1）挑选你喜欢颜色的 LED，并将其引脚插入 LED 模块上的两个孔中，如图 3-14 所示。LED 是发光二极管，而二极管是只能单向承载电流的电子装置。这意味着 LED 需要以正确的方式连接，否则它无法工作。LED 的一个脚是正极，另一个是负极。LED 不是完美的圆形，它的一侧略微扁平。稍微平坦的一面就是负极。当你把 LED 连接到模块上时，确保圆边的引脚连接到模块外侧标有 "＋" 的插座上，而较平的一边则连接到靠近模块中间标有 "－" 的插座上。

（2）LED 模块有一个旋转按钮，允许你控制亮度。开始时，用一把小的十字头螺丝刀将其逆时针旋转到底，将亮度调到最高。

（3）将 Grove 线的一端插入 LED 模块的插座上。它只能从一个方向插入。

（4）在树莓派断电的情况下，将 Grove 电缆的另一端连接到插在树莓派上的 Grove Base HAT 扩展板标有 D5 的数字插座上。这个插座是左边第二个，在靠近 GPIO 引脚旁边的那排插座上，如图 3-14 所示。

对小夜灯进行编程

现在可以使用 Grove 光传感器和 Grove LED 对小夜灯进行编程。

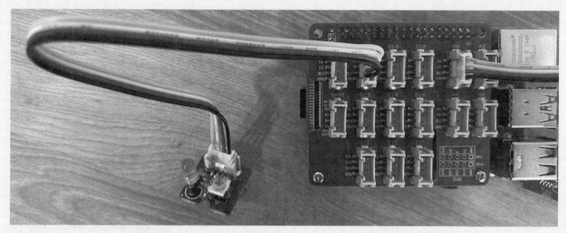

图 3-14　把 LED 模块连接 Grove Base HAT 扩展板的 D5 插座

任务：对小夜灯进行编程

（1）给树莓派上电并等待它启动。

（2）在 VS Code 中打开你在本课创建的光传感器的树莓派程序，即 `nightlight` 项目，可以直接在树莓派上运行或使用远程 SSH 扩展连接。

（3）在 `app.py` 文件中添加以下代码，以导入一个必要的库。它应该被添加到程序的顶部，在其他 `import` 行的下面。

```
from grove.grove_led import GroveLed
```

`from grove.grove_led import GroveLed` 语句从 Grove Python 库中导入 `GroveLED`。这个库中有与 Grove LED 互动的代码。

（4）在 `light_sensor` 声明后添加以下代码，创建一个管理 LED 的类的实例。

```
led = GroveLed(5)
```

`led = GroveLed(5)` 这一行创建了一个 GroveLed 类的实例，连接到 `D5` 引脚，即 LED 连接的数字 Grove 引脚。

（5）在 `while` 循环内和 `time.sleep` 前添加一个检查，以检查光强度并打开或关闭 LED。

```
if light < 300:
    led.on()
else:
    led.off()
```

> 💡 所有的插座都有唯一的引脚编号，0、2、4 和 6 号引脚是模拟引脚，5、16、18、22、24 和 26 号引脚是数字引脚。

这段代码检查 light 值。如果小于 300，它就会调用 `GroveLED` 类的 `on` 方法，向 LED 发送一个数字值 1，把它打开。如果光照值大于或等于 300，它就会调用 `off` 方法，向 LED 发送一个数字值 0，将其关闭。

> 💡 这段代码应缩进到与 `print('Light level:', light)` 行相同的水平，以便保持其在 `while` 循环内。

（6）在 VS Code 的终端，通过运行下面的程序来运行你的 Python 应用程序。

```
python3 app.py
```

传感器获取的光测量值将被输出到控制台。

```
pi@raspberrypi:~/nightlight $ python3 app.py
Light level: 634
Light level: 634
Light level: 634
Light level: 230
Light level: 104
Light level: 290
```

📖 向执行器发送数字值时，数字值0是0V，数字值1是设备的最大电压。对于带有Grove传感器和执行器的树莓派，数字值1的电压是3.3V。

（7）尝试遮挡和露出光传感器。请注意：如果光照度在300或以下，LED会亮起，而当光照度大于300时，LED会关闭，如图3-15所示。

📖 如果LED不亮，则应确保它的连接方式是正确的，而且LED上的旋钮设置在最大位置。

你可以在 `code-actuator/pi` 文件夹 🔗 [L3-10] 中找到这个代码。

😊 恭喜，你的智能小夜灯程序编写成功了！

图3-15 测试树莓派小夜灯实际效果

ⓖ 用虚拟硬件制作一个智能小夜灯

在这一部分，你将在你的虚拟物联网设备上添加一个LED，并使用它来创建一个智能小夜灯。

虚拟硬件

nightlight（小夜灯）项目需要一个执行器，可在CounterFit应用程序中创建。

执行器是一个LED。在实际物联网设备中，它是一个发光二极管，当电流流过它时就会发光。这是一个数字执行器，有两种状态，即开和关。发送数字值1可以打开LED，发送数字值0则可以关闭。

Nightlight项目的逻辑伪代码如下。

```
检查光照水平。
if 光线小于 300
    打开 LED
除此以外
    关闭 LED
```

将执行器添加到 CounterFit 中

如果要使用一个虚拟的LED，你需要把它添加到CounterFit应用程序中。

任务：将执行器添加到 CounterFit 中

将 LED 添加到 CounterFit 应用程序中。

（1）确保本课上一任务的 CounterFit 网络应用程序在浏览器里运行。如果没有，则启动它并重新添加光传感器。

（2）创建一个 LED。

① 在"Create actuator"（创建执行器）窗格中，下拉"Actuator Type"（执行器类型）框并选择"LED"，如图 3-16 所示。

② 将"Pin"（引脚）设置为 5。

③ 单击"Add"按钮，在"Pin 5"上创建 LED。

一旦 LED 被创建，你可以使用颜色选择器来改变颜色。选择喜欢的颜色后，单击"Set"按钮来改变颜色，如图 3-17 所示。

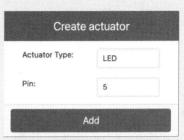

图 3-16　单击"Add"按钮创建 LED

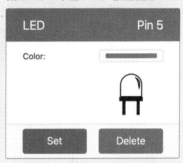

图 3-17　LED 将被创建并出现在执行器列表中

为小夜灯编程

任务：为小夜灯编程

（1）在 VS Code 中打开你在本课已在虚拟物联网设备添加光传感器任务的 `nightlight` 项目。如果必要的话可以在 VS Code 里关掉并重新创建终端，以确保它在使用虚拟环境运行。

（2）打开 `app.py` 文件。

（3）在 `app.py` 文件中添加以下代码，以导入一个必要的库。它应该被添加到程序的顶部，在其他 `import` 行的下面。

```
from counterfit_shims_grove.grove_led import GroveLed
```

`from counterfit_shims_grove.grove_led import GroveLed` 语句从 CounterFit Grove shim Python 库导入 `GroveLed`。这个库中包含与 CounterFit 应用程序中创建的 LED 互动的代码。

（4）在 `light_sensor` 声明后添加以下代码，创建一个管理 LED 的类的实例。

```
led = GroveLed(5)
```

`led = GroveLed(5)` 这一行创建了一个 `GroveLed` 类的实例，连接到引脚 **5**，即 LED 所连接的 CounterFit Grove 引脚。

（5）在 `while` 循环内和 `time.sleep` 前添加一个检查，以检查光强度并打开或关闭 LED。

```
if light < 300:
    led.on()
else:
    led.off()
```

🕮 这段代码应缩进到与 `print('Light level:', light)` 行相同的水平，以便保持其在 `while` 循环内！

这段代码检查 `light` 值。如果小于 300，它就会调用 `GroveLed` 类的 `on` 方法，向 LED 发送一个数字值 1，把它打开。如果光强值大于或等于 300，它就会调用 `off` 方法，向 LED 发送一个数字值 0，将其关闭。

（6）在 VS Code 的终端，通过运行下面的程序来运行你的 Python 应用程序。

```
python3 app.py
```

光强值将被输出到控制台。

```
(.venv) → GroveTest python3 app.py
Light level: 143
Light level: 244
Light level: 246
Light level: 253
```

（7）尝试改变 Value 或 Random 设置，将其修改到 300 以上和 300 以下的光照水平，查看 LED 打开和关闭的变化，如图 3-18 所示。

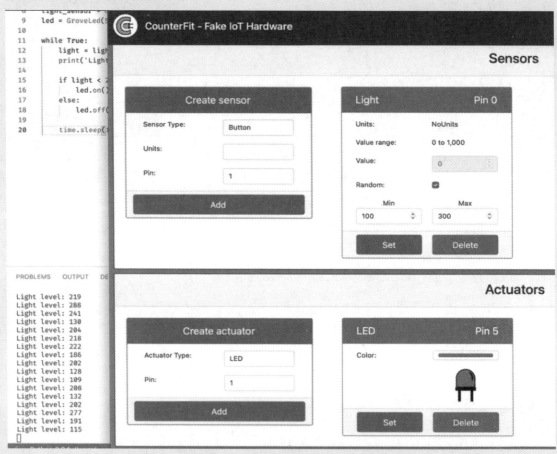

图 3-18　改变虚拟 LED 光传感器的数值检验虚拟 LED 灯灯开关变化

你可以在 `code-actuator/virtual-device` 文件夹 🔗 **[L3-11]** 中找到这个代码。

😊 恭喜，你的智能小夜灯程序编写成功了！

3.6 执行器类型

与传感器一样，执行器也可以是模拟的或数字的。

3.6.1 模拟执行器

模拟执行器采用模拟信号并将其转换为某种互动，其中互动根据所提供的电压发生变化。例如，你家里可能有的可调光灯，提供给灯的电压量决定了它的亮度，如图 3-19 所示。

与传感器一样，实际的物联网设备在数字信号上工作，而不是模拟信号。这意味着要发送一个模拟信号，物联网设备需要一个数模转换器（DAC），可以直接在安装在物联网设备上，也可以安装在一个连接器板上。它将把来自物联网设备的数字值 0 和 1 转换为执行器可以使用的模拟电压。

脉冲宽度调制 PWM

将数字信号从物联网设备转换为模拟信号的另一个选择是脉宽调制（Pulse-Width Modulation，PWM）。它涉及发送大量短的数字脉冲，就像它是一个模拟信号一样。

例如，你可以使用 PWM 来控制一个电动机的速度。

想象一下，你正在用 5V 电源控制一个电动机。向电动机发送一个短脉冲，将电压切换到高电平（5V），时间为百分之一秒（0.02s）。在这段时间内，你的电动机可以旋转十分之一圈，或 36°。然后信号暂停百分之一秒（0.02s），发送低信号（0V）。每个先开后关的周期持续 0.04s。然后循环往复，如图 3-20 所示。

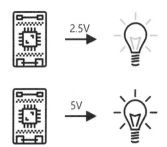

图 3-19　电压决定了灯的亮度

做点研究

如果物联网设备发送的电压高于执行器可以处理的电压，你认为会发生什么情况？

⚠ 注意

不要真的尝试测试过压试验！

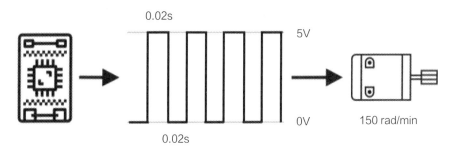

图 3-20　使用 PWM 来控制电机速度

这意味着在 1s 内，你有 25 个 0.02s 的 5V 脉冲来旋转电动机，每个脉冲后有 0.02s 的 0V 暂停，不驱动电动机。每个脉冲使电动机旋转十分之一，这意味着马达每秒钟完成 2.5 次旋转。你用数字信号使电动机每秒旋转 2.5 圈，或每分钟旋转 150 圈（一种非标准的旋转速度测量）。

> （25 个脉冲 /s）× 每个脉冲 **0.1** 转 = **2.5** 转 /s
>（**2.5** 转 /s）× 60s = **150** 转

> 当一个 PWM 信号有一半时间处于开启状态，一半时间处于关闭状态时，称为 50% 占空比。占空比是以信号处于开启状态与关闭状态的时间百分比来衡量的。

你可以通过改变脉冲的大小来改变电动机的速度。例如，对于同一个电动机，你可以保持相同的周期时间 0.04s，开启脉冲减半到 0.01s，关闭脉冲增加到 0.03s，如图 3-21 所示。现在你有相同的每秒脉冲数（25 个），但每个开启脉冲的长度是减半。一个半长的脉冲只能使电动机转动二十分之一圈，在每秒 25 个脉冲的情况下，每秒将完成 1.25 圈或 75 转（每分钟）。通过改变数字信号的脉冲速度，你已经成功模拟了将电动机的速度减半。

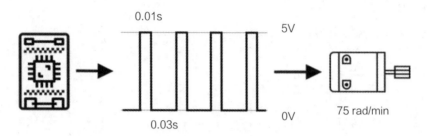

图 3-21　通过改变数字信号的脉冲素材，将电动机速度减半

（25 个脉冲 /s）× 每个脉冲 0.05 转 = 1.25 转 /s
（1.25 转 /s）× 60s = 75 转

🖭 有些传感器也使用 PWM 将模拟信号转换成数字信号。

🖭 你可以在百度百科的脉宽调制词条　🔗 [L3-12] 上阅读更多关于脉宽调制的内容。

📝 做点研究

想想现在你将如何保持电动机转动的平稳，特别是在低速时？你会使用少量的长脉冲和长停顿，还是大量的非常短的脉冲和非常短的停顿？

3.6.2　数字执行器

数字执行器，像数字传感器一样，要么有两个由高电压或低电压控制的状态，要么有一个内置的数模转换器，因此可以将数字信号转换成模拟信号。

一个简单的数字执行器是 LED。当一个设备发出数字信号 1 时，就会发出一个高电压，点亮 LED。当发送数字信号 0 时，电压下降到 0V，LED 就会关闭，如图 3-22 所示。

更高级的数字执行器（如屏幕），需要以某些格式发送数字数据。它们通常带有库，使其更容易发送正确的数据来控制它们。

📝 做点研究

你还能想到哪些简单的二态执行器？例如电磁阀，它是一个可被激活的电磁铁，可以用来进行一些诸如上锁 / 解锁车门的任务。

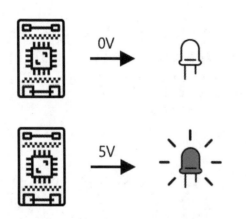

图 3-22　通过数字信号控制 LED 的开关

挑战

上两节课的挑战是，尽可能多地列出家中、学校或工作场所的物联网设备，并确定它们是围绕微控制器还是单板计算机，甚至是两者的混合构建的。

对于你列出的每一个设备，它们都与哪些传感器和执行器相连接？连接到这些设备的每个传感器和执行器的目的是什么？

复习和自学

● 在 ThingLearn 🔗 [L3-13]（英文）上阅读关于电力和电路的基础知识。
● 在 Seeed Studios 的温度传感器指南 🔗 [L3-14]（英文）上查阅不同类型的温度传感器。
● 在百度百科的发光二极管（LED）词条 🔗 [L3-15] 上阅读关于 LED 的内容。

作业

研究传感器和执行器。

说明

本课涉及传感器和执行器，研究并描述一个可用于物联网开发工具套件的传感器和一个执行器，包括以下内容。

● 它的作用。
● 内部使用的电子/硬件。
● 它是模拟的还是数字的。
● 输入或测量的单位和范围是什么。

评分标准

标准	优秀	合格	需要改进
描述了一个传感器	描述了一个传感器，包括上面列出的所有 4 个部分的细节	描述了一个传感器，但只能提供上述 2～3 个部分的细节	描述了一个传感器，但只能提供上述 1 个部分的细节
描述了一个执行器	描述了一个执行器，包括上面列出的所有 4 个部分的细节	描述了一个执行器，但只能提供上述 2～3 个部分的细节	描述了一个执行器，但只能提供上述的 1 个部分的细节

课后测验

（1）数字传感器以什么方式传递数据？（　）
　　A. 连续电压范围
　　B. 仅高低电平
　　C. 电子邮件

（2）当按键被按下时会发送什么数字信号？（　）
　　A. 0
　　B. 1

（3）你可以使用数字器件的脉冲宽度调制（PWM）功能控制模拟执行器。这个说法（　）。
　　A. 正确
　　B. 错误

第 4 课
将你的设备连接到互联网

课前准备

本课作为微软 Reactor 的 Hello IoT 系列课程的一部分，课程通过两个视频（英文）对通过传感器及执行器与物质世界交互做了探讨。

观看视频：将你的设备连接到互联网 🎥 [L4-1]

观看视频：自学时间
🎥 [L4-2]

 简介

IoT 中的"I"代表 Internet（互联网），即云连接和服务，实现了物联网设备的很多功能，从收集与设备相连的传感器的测量数据，到发送消息控制执行器。物联网设备通常使用标准通信协议连接到单一的云物联网服务，而该服务也与你物联网应用的其余部分紧密相连，从围绕数据做出智能决策的人工智能服务，到用于控制或报告的网络应用。

物联网设备可以接收来自云的信息。这些信息通常包含命令，即执行内部（如重启或更新固件）或使用执行器（如开灯）的动作的指令。

本课介绍了一些物联网设备可用于连接到云的通信协议，以及它们可能发送或接收的数据类型。你将亲身体验它们，为你的小夜灯添加互联网控制，将 LED 控制逻辑转移到本地运行的"服务器"代码中。

在本课中，我们的学习内容将涵盖：

4.1　通信协议

4.2　消息队列遥测传输 (MQTT) 协议

4.3　遥测

4.4　命令

4.1 通信协议

有许多流行的通信协议被物联网设备用来与互联网通信。最流行的方式是通过某些代理发布/订阅消息，将物联网设备连接到代理，发布遥测数据和订阅命令。云服务也连接到代理，订阅所有遥测信息，并向特定设备或设备组发布命令，如图 4-1 所示。

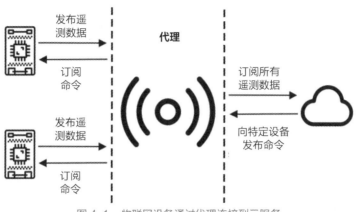

图 4-1 物联网设备通过代理连接到云服务

MQTT 是物联网设备最流行的通信协议，在本课中会有涉及。其他协议还有 AMQP 和 HTTP/HTTPS 等。

4.2 消息队列遥测传输协议（MQTT）

MQTT （ 🔗 https://mqtt.org/ ）是一个轻量级、开放标准的消息传输协议，可以在设备之间发送消息。它最初设计于 1999 年，用于监测石油管道，15 年后才由 IBM 作为开放标准发布。

MQTT 有一个代理和多个客户端。所有的客户端都连接到代理，代理则将消息路由到相关的客户端。消息是使用命名的主题进行路由的，而不是直接发送到单个客户端。客户端可以发布到一个主题，任何订阅该主题的客户端都会收到该消息，如图 4-2 所示。

✏️ 做点研究

如果你有大量的物联网设备，如何确保你的 MQTT 代理能够处理所有的消息？

图 4-2 MQTT 代理使用命名的主题将消息路由到相关到客户端

4.2.1 将你的物联网设备连接到 MQTT 上

给你的智能小夜灯添加互联网控制的第一部分是将它连接到 MQTT 代理。

任务：将你的设备连接到一个 MQTT 代理

在这一部分，你将把上一课的智能物联网小夜灯连接到互联网上，使它能够被远程控制。在本课的后续部分，你的物联网设备将通过 MQTT 向一个公共的 MQTT 代理发送一个遥测信息，其光强度数据会被你将编写的一些服务器代码所接收。该代码将检查光强度，并向设备发送一个命令信息，告诉它打开或关闭

LED，如图 4-3 所示。

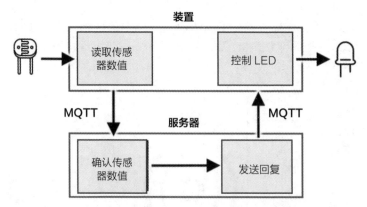

图 4-3　光传感器的读数通过 MQTT 协议发送到服务器并做出判断，
再通过 MQTT 协议向 LED 发送控制开关的指令

这种设置在现实世界中的用处是：在一个有大量灯光的地方，如体育场，在决定开灯之前，可以从多个灯光传感器收集数据。如果只有一个传感器被云或鸟类覆盖，但其他传感器检测到足够的光线，便可以阻止整场灯光的开启。

你可以使用一个运行 Eclipse Mosquitto　🔗 [L4-3] 的公共测试服务器，这是一个开源的 MQTT 代理，而不是作为这个任务的一部分来处理设置 MQTT 代理的复杂问题。这个测试代理在 `test.mosquitto.org` 上是公开可用的，而且不需要设置账户，是测试 MQTT 客户端和服务器非常不错的工具。

按照下面的步骤，将你的设备连接到 MQTT 代理。

● 为 Wio Terminal 接入 MQTT 代理。
● 为虚拟物联网硬件和树莓派接入 MQTT 代理。

📝 做点研究

还有哪些情况需要在发送命令前对来自多个传感器的数据进行评估？

⚠ 注意

这个测试代理是公开的并且不安全，任何人都可以监听你发布的内容，所以它不应该被用于任何需要保密的数据。

连接设备：连接 MQTT 代理

🔲 为 Wio Terminal 接入 MQTT 代理

物联网设备需要进行编码，以便使用 MQTT 与 🔗 https://test.mosquitto.org/ 进行通信，发送带有光传感器读数的遥测值，并接收控制 LED 的命令。

在这一部分，你将把你的 Wio Terminal 接入 MQTT 代理。

升级 Wio Terminal 的 Wi-Fi 固件

第 1 步 – 擦除初始出厂固件

当你第一次接触 Wio Terminal 时，需要擦除初始 RTL8720 固件并刷新最新固件。为此我们准备了一个名为 `ambd_flash_tool` 的工具，当你运行此工具时，它首先启用从 SAMD51 到 RTL8720 的串行连接，以便将固件安装在 RTL8720 上。这样做是因为你无法直接与 RTL8720 通信。之后，该工具可用于擦除 RTL8720 上的现有固件，并刷新最新固件。

> ⚠ **注意**
>
> 你只需要在第一次擦除出厂固件。之后，你可以刷新新固件以覆盖现有固件。

对于 Windows 用户

（1）在你的 PC 上打开 Windows PowerShell 并执行以下命令，以下载刷机工具。

```
cd ~
git clone https://gitee.com/seeed-projects/ambd_flash_tool
```

> ⚠ **注意**
>
> 这里 cd ~ 命令将定向到你的主目录，而 git clone 命令从 GitHub 下载 ambd_flash_tool。

（2）导航到 `ambd_flash_tool` 目录。

```
cd ambd_flash_tool
```

（3）将 Wio Terminal 连接到 PC 并打开它。

（4）执行以下命令擦除初始固件。

```
.\ambd_flash_tool.exe erase
```

> ⚠ **注意**
>
> 初始擦除过程可能需要一段时间。请耐心等待，不要关闭窗口。

Wio Terminal 连接的串口会被自动检测！

如果需要打开帮助用法，请执行 `.\ambd_flash_tool.exe` 命令，如图 4-4 所示。

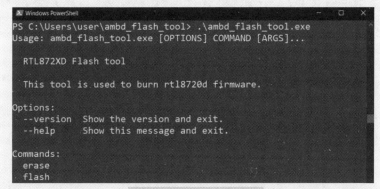

图 4-4　执行 `.\ambd_flash_tool.exe` 命令打开帮助

对于 macOS/Linux 用户

（1）在 macOS/Linux 系统上打开终端并通过执行以下命令下载刷机工具。

```
cd ~
git clone https://gitee.com/seeed-projects/ambd_flash_tool
```

（2）导航到 `ambd_flash_tool` 目录。

```
cd ambd_flash_tool
```

（3）将 Wio Terminal 连接到 PC 并打开它。

（4）执行以下命令擦除初始固件。

```
python3 ambd_flash_tool.py erase
```

> ⚠ **注意**
>
> 确保你的 macOS/Linux 系统上安装了 Python 3，脚本将自动下载所有依赖库。

在某些情况下，你的 PC 上可能只有 Python 3，需要替换 `python3 ambd_flash_tool.py` 为 `python ambd_flash_tool.py`。

> ⚠ **注意**
>
> 初始擦除过程可能需要一段时间。请耐心等待，不要关闭窗口。

Wio Terminal 连接的串口会被自动检测！

如果要打开帮助用法，请执行 `python3 ambd_flash_tool.py` 命令，效果如图 4-5 所示。

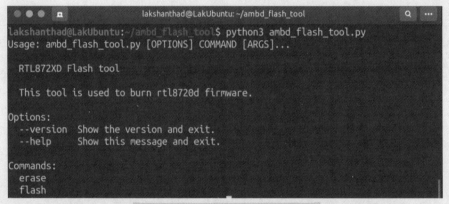

图 4-5　执行 `python3 ambd_flash_tool.py` 命令打开帮助

第 2 步 – 刷新最新固件

对于 Windows 用户

当你在 `ambd_flash_tool` 目录中时，执行以下命令，将最新固件刷新到 RTL8720。

```
.\ambd_flash_tool.exe flash
```

对于 macOS/Linux 用户

当你在 `ambd_flash_tool` 目录中时，执行以下命令，将最新固件刷新到 RTL8720。

```
python3 ambd_flash_tool.py flash
```

安装 Wi-Fi 和 MQTT 的 Arduino 库

为了与 MQTT 代理通信，你需要安装一些 Arduino 库来使用 Wio Terminal 的 Wi-Fi 芯片，并与 MQTT 通信。在为 Arduino 设备开发时，可以使用包含开源代码的各种库，并实现各种功能。Seeed 发布了 Wio Terminal 的库，使其能够通过 Wi-Fi 进行通信。其他开发人员已经发布了与 MQTT 代理通信的库，你将在设备上使用这些库。

这些库以源代码的形式提供，可以自动导入 PlatformIO 并为你的设备进行编译。这样 Arduino 库就可以在任何支持 Arduino 框架的设备上工作，前提是该设备有该库需要的特定硬件。例如，Seeed 的 Wi-Fi 库，是特定于某些硬件的。

库可以在全局范围内安装，并在需要时进行编译，也可以安装在一个特定的项目中。在本作业中，库将被安装到项目中。

> 📓 **做点研究**
>
> 你可以在 PlatformIO 库的文档 🔗 **[L4-4]** 中了解更多关于库的管理以及如何寻找和安装库。

任务：安装 Wi-Fi 和 MQTT 的 Arduino 库

安装 Arduino 库。

（1）在 VS Code 中的 PlatformIO 中打开你在上一课创建的 Arduino 程序，即 `nightlight` 项目。

（2）在 platformio.ini 文件的末尾添加以下内容。

```
lib_deps =
    seeed-studio/Seeed Arduino rpcWi-Fi @ 1.0.5
    seeed-studio/Seeed Arduino FS @ 2.1.1
    seeed-studio/Seeed Arduino SFUD @ 2.0.2
    seeed-studio/Seeed Arduino rpcUnified @ 2.1.3
    seeed-studio/Seeed_Arduino_mbedtls @ 3.0.1
```

这些代码用于导入 Seeed Wi-Fi 库，`@ <number>` 语句指的是库的特定版本号。

> ✍ 你可以去掉 `@<number>`，始终使用最新版本的库，但不能保证后来的版本能与下面的代码一起工作。这里的代码已经用这个版本的库测试过了。

以上就是你需要做的添加库的全部工作。下次 PlatformIO 构建项目时，它将下载这些库的源代码并将其编译到你的项目中。

（3）在 `lib_deps` 中加入以下内容。

```
knolleary/PubSubClient @ 2.8
```

这行代码导入了 PubSubClient 🔗 **[L4-5]**，一个 Arduino MQTT 客户端。

连接到 Wi-Fi

Wio Terminal 现在可以连接到 Wi-Fi 了。

任务：连接到 Wi-Fi

将 Wio Terminal 连接到 Wi-Fi。

（1）在 `src` 文件夹中创建一个名为 `config.h` 的新文件。你可以通过选择 `src` 文件夹或其中的

main.cpp 文件，然后从 VS Code 的资源管理器中单击新建文件按钮来完成。这个按钮只在你的光标在资源管理器上时出现，如图 4-6 所示。

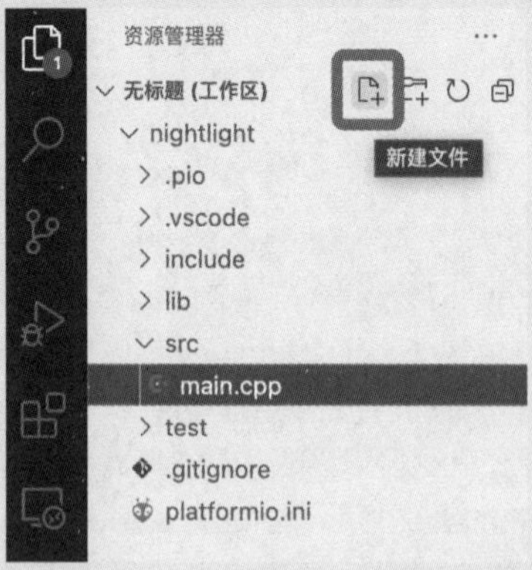

（2）在该文件中添加以下代码，为你的 Wi-Fi 凭证定义常量。将 <SSID> 替换为你 Wi-Fi 的 SSID，用你的 Wi-Fi 密码替换 <PASSWORD>。

```
#pragma once

#include <string>

using namespace std;

// Wi-Fi credentials
const char *SSID = "<SSID>";
const char *PASSWORD = "<PASSWORD>";
```

图 4-6　VS Code 的资源管理器中创建新文件的按钮位置

（3）打开 main.cpp 文件。

（4）在文件的顶部添加以下 #include 指令。

```
#include <PubSubClient.h>
#include <rpcWi-Fi.h>
#include <SPI.h>

#include "config.h"
```

其中包括你先前添加的库的头文件，以及配置头文件。需要这些头文件来告诉 PlatformIO 从库中引入代码。如果不明确包括这些头文件，一些代码将不会被编译进来，你会得到编译器错误的提示。

（5）在 setup 函数上方添加以下代码。

```
void connectWi-Fi()
{
    while (Wi-Fi.status() != WL_CONNECTED)
    {
        Serial.println("Connecting to Wi-Fi..");
        Wi-Fi.begin(SSID, PASSWORD);
        delay(500);
    }

    Serial.println("Connected!");
}
```

这段代码在设备未连接到 Wi-Fi 时进行循环，并尝试使用头文件中的 SSID 和密码进行连接。

（6）在引脚配置完毕后，在 setup 函数的底部添加对该函数的调用。

```
connectWi-Fi();
```

（7）把这段代码上传到你的设备上，检查 Wi-Fi 连接是否正常。你应该在串行监视器中看到类似于下面的信息。

```
> Executing task: platformio device monitor <


--- Available filters and text transformations: colorize, debug, default, direct, hexlify,
log2file, nocontrol, printable, send_on_enter, time
--- More details at http://bit.ly/pio-monitor-filters
--- Miniterm on /dev/cu.usbmodem1101  9600,8,N,1 ---
--- Quit: Ctrl+C | Menu: Ctrl+T | Help: Ctrl+T followed by Ctrl+H ---
Connecting to Wi-Fi..
Connected!
```

连接到 MQTT

一旦 Wio Terminal 连上 Wi-Fi，它就可以连接到 MQTT 代理。

任务：连接到 MQTT

连接到 MQTT 代理。

（1）在 `config.h` 文件的底部添加以下代码，定义 MQTT 代理的连接细节。

```
// MQTT settings
const string ID = "<ID>";

const string BROKER = "test.mosquitto.org";
const string CLIENT_NAME = ID + "nightlight_client";
```

用一个唯一的 ID 来代替 `<ID>`，这个 ID 将被作为这个设备客户端的名称，以后也将被作为这个设备发布和订阅的主题。`test.mosquitto.org` 代理是公开的，许多人都在使用，包括通过这个作业的其他学生。拥有一个独特的 MQTT 客户端名称和主题名称可以确保你的代码不会与其他人的代码发生冲突。当你在本作业后面创建服务器代码时，你也需要这个 ID。

`BROKER` 是 MQTT 代理的链接。
`CLIENT_NAME` 是代理上这个 MQTT 客户端的唯一名称。

> 🐟 你可以使用 GUIDGen 🔗 [L4-6] 这样的网站来生成一个唯一的 ID。

（2）打开 `main.cpp` 文件，在 `connectWi-Fi` 函数和 `setup` 函数之间添加以下代码。

```
Wi-FiClient wioClient;
PubSubClient client(wioClient);
```

这段代码使用 Wio Terminal Wi-Fi 库创建一个 Wi-Fi 客户端，并使用它来创建一个 MQTT 客户端。

（3）在这段代码下面，添加以下内容。

```
void reconnectMQTTClient()
{
    while (!client.connected())
    {
        Serial.print("Attempting MQTT connection...");

        if (client.connect(CLIENT_NAME.c_str()))
```

```
        {
            Serial.println("connected");
        }
        else
        {
            Serial.print("Retying in 5 seconds - failed, rc=");
            Serial.println(client.state());

            delay(5000);
        }
    }
}
```

这个函数测试与 MQTT 代理的连接，如果没有连接就重新连接。如果没有连接上就会一直循环，并尝试使用配置头文件中定义的唯一客户端名称进行连接。

如果连接失败，它会在 5 秒后重试。

（4）在 `reconnectMQTTClient` 函数的下面添加以下代码。

```
void createMQTTClient()
{
    client.setServer(BROKER.c_str(), 1883);
    reconnectMQTTClient();
}
```

这段代码为客户端设置了 MQTT 代理，同时也设置了收到消息时的回调。然后它试图连接到代理。

（5）在 Wi-Fi 连接后，在 `setup` 函数中调用 `createMQTTClient` 函数。

（6）将整个 `loop` 函数替换为以下内容。

```
void loop()
{
    reconnectMQTTClient();
    client.loop();

    delay(2000);
}
```

这段代码首先是重新连接到 MQTT 代理。这些连接很容易中断，所以需要定期检查并在必要时重新连接。然后，它调用 MQTT 客户端的 `loop` 方法来处理订阅的主题上传来的任何消息。这个应用程序是单线程的，所以消息不能在后台线程上接收，因此需要分配主线程上的时间来处理正在等待网络连接的任何消息。

最后，2 秒的延迟保证了光照度的发送不会太频繁，并降低了设备的功耗。

（7）将代码上传到你的 Wio Terminal，并可以在串行监视器看到设备连接到了 Wi-Fi 和 MQTT。

```
> Executing task: platformio device monitor <

source /Users/jimbennett/GitHub/IoT-For-Beginners/1-getting-started/lessons/4-connect-internet/
code-mqtt/wio-terminal/nightlight/.venv/bin/activate
--- Available filters and text transformations: colorize, debug, default, direct, hexlify,
```

```
log2file, nocontrol, printable, send_on_enter, time
--- More details at http://bit.ly/pio-monitor-filters
--- Miniterm on /dev/cu.usbmodem1201  9600,8,N,1 ---
--- Quit: Ctrl+C | Menu: Ctrl+T | Help: Ctrl+T followed by Ctrl+H ---
Connecting to Wi-Fi..
Connected!
Attempting MQTT connection...connected
```

你可以在 `code-mqtt/wio-terminal` 文件夹 🔗 **[L4-7]** 中找到这个代码。

😊 恭喜你成功地将你的设备连接到了 MQTT 代理。

🖋️ 🇨 为虚拟设备和树莓派接入 MQTT 代理

物联网设备需要进行编码，以便使用 MQTT 与 🔗 `test.mosquitto.org` 进行通信，发送带有光传感器读数的遥测值，并接收控制 LED 的命令。

在这一部分，你将把你的树莓派或虚拟物联网设备连接到 MQTT 代理。

安装 MQTT 客户端软件包

为了与 MQTT 代理进行通信，你需要在你的树莓派上安装一个 MQTT 库的 Pip 包，如果你使用的是虚拟设备，则需要在你的虚拟环境中进行安装。

任务：安装 Pip 包

（1）在 VS Code 中打开 `nightlight` 项目。

（2）如果你使用的是虚拟物联网设备，则要确保终端运行的是虚拟环境。如果你使用的是树莓派，将无须使用虚拟环境。

（3）在 VS Code 的终端运行下面的命令来安装 MQTT 的 Pip 包。

```
pip3 install paho-mqtt
```

对设备进行编码

设备已准备好进行编码。

任务：编写设备代码

（1）在 `app.py` 文件的顶部添加以下导入。

```
import paho.mqtt.client as mqtt
```

`paho.mqtt.client` 库允许你的应用程序通过 MQTT 进行通信。

（2）在光传感器和 LED 的定义后添加以下代码。

```
id = '<ID>'

client_name = id + 'nightlight_client'
```

用一个唯一的 ID 来代替 <ID>，这个 ID 将被用作这个设备客户端的名称，以及以后这个设备发布和订阅的主题。test.mosquitto.org 代理是公开的，许多人都在使用，包括通过这个作业的其他学生。拥有一个独特的 MQTT 客户端名称和主题名称，可以确保你的代码不会与其他人的代码发生冲突。当你在本作业后面创建服务器代码时，你也需要这个 ID。

💡 你可以使用 GUIDGen 🔗 [L4-6] 这样的网站来生成一个唯一的 ID。

client_name 是代理登录这个 MQTT 客户端的唯一名称。

（3）在这段新代码下面添加以下代码，创建一个 MQTT 客户端对象并连接到 MQTT 代理。

```
mqtt_client = mqtt.Client(client_name)
mqtt_client.connect('test.mosquitto.org')

mqtt_client.loop_start()

print("MQTT connected!")
```

这段代码创建了客户端对象，连接到了公共 MQTT 代理，并启动了一个处理循环，在后台线程中运行，监测任何订阅主题的消息。

（4）运行该代码的方式与你运行前面课程任务的代码相同。如果你使用的是虚拟物联网设备，那么请确保 CounterFit 应用程序正在运行，并且光线传感器和 LED 已经在正确的引脚上被创建。

```
(.venv) ➜ nightlight python app.py
MQTT connected!
Light level: 0
Light level: 0
```

你可以在 code-mqtt/virtual-device 文件夹 🔗 [L4-8] 或 code-mqtt/pi 文件夹 🔗 [L4-9] 中找到这个代码。

😊 恭喜你已经成功地将你的设备连接到了 MQTT 代理。

4.2.2 深入了解 MQTT

主题可以有一个层次结构，客户端可以使用通配符订阅不同层次结构的不同级别主题。例如：你可以向 /telemetry/temperature 主题发送温度遥测信息，向 /telemetry/humidity 主题发送湿度信息，然后在你的云应用程序中订阅 /telemetry/* 主题以接收温度和湿度遥测信息。

消息发送时可指定服务质量（QoS），它决定了消息被接收的保证质量。

● 最多一次：消息只发送一次，客户端和代理不采取额外的步骤来确认交付（即发即弃）。

● 至少一次：消息由发送方多次重试，直到收到确认（确认送达）信息。

● 完全一次：发送方和接收方进行两级握手，以确保只收到一份消息的副本（保证送达）。

虽然消息队列遥测传输（Message Queuing Telemetry Transport，MQTT）名称里有"消息队列"（MQTT 中的前两个字母），但它实际上并不支持消息队列。这意味着，如果一个客户端断开连接，然后重新连接，它将不会收到在断开连接期间发送的消息，除了那些已经开始使用 QoS 流程处理的消息。用户可以在消息上面设置一个保留标志。如果设置了此标志，MQTT 代理将存储在带有此标志的主题上发送的最后一条消息，并将其发送给以后订阅该主题的任何客户端。这样，客户机将始终获得最新消息。

MQTT 还支持保持在线的功能，在消息之间的长间隔期间检查连接是否仍然处于在线状态。

📖 **做点研究**

哪些情况下可能需要在即发即弃消息的情况下传递消息？

🦟 Eclipse 基金会的 Mosquitto 有一个免费的 MQTT 代理，你可以自己运行来试验 MQTT，同时还有一个公共的 MQTT 代理，你可以用来测试你的代码，它托管在 **test.mosquitto.org** 上。

MQTT 连接可以是公开的，也可以使用用户名、密码或证书进行加密和保护。

📝 MQTT 通过 TCP/IP 协议进行通信，与 HTTP 的底层网络协议相同，但端口不同。你也可以通过 websockets 上的 MQTT 与在浏览器中运行的网络应用程序进行通信，或者在防火墙或其他网络规则阻止标准 MQTT 连接的情况下进行通信。

4.3 遥测

遥测（Telemetry）这个词来自于希腊语词根，意思是远程测量。遥测是指从传感器收集数据并将其发送到云端的行为。

📝 最早的遥测设备之一是 1874 年在法国发明的，从勃朗峰向巴黎发送实时天气和雪深度数据。由于当时还没有无线技术，因此它使用了物理导线。

让我们回顾一下第 1 课中的智能自动调温器的例子，如图 4-7 所示。

自动调温器由温度传感器来收集遥测数据。它很可能有一个内置的温度传感器，并可能通过低功耗蓝牙（BLE）等无线协议连接到多个外部温度传感器。

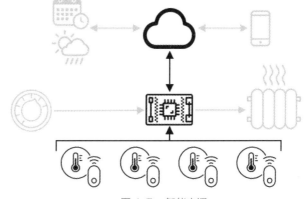

图 4-7　智能空调

它将要发送的遥测数据的一个举例详见表 4-1。

表 4-1　课程表

名称	数值	说明
空调_温度	18° C	由空调的内置温度传感器测量的温度
客厅_温度	19° C	由一个被命名为 livingroom，表示其所在房间的远程温度传感器测量的温度
卧室_温度	21° C	由一个被命名为 bedroom，表示其所在房间的远程温度传感器测量的温度

然后，云服务可以使用这些遥测数据来决定发送什么命令来控制空调降温或加热。

4.3.1 从你的物联网设备发送遥测信息

给你的小夜灯添加互联网控制的下一步，是将光强度遥测数据发送到遥测主题的 MQTT 代理。

任务：从你的物联网设备发送遥测信息

向 MQTT 代理发送光强水平遥测数据。

数据被编码为 JSON（JavaScript Object Notation）格式，这是一种使用 key/value 对文本进行数据编码的标准。

按照下面的步骤，从你的设备发送遥测数据到 MQTT 代理。

- 从 Wio Terminal 向 MQTT 代理发送遥测信息。
- 从树莓派或虚拟物联网设备向 MQTT 代理发送遥测信息。

📖 **做点研究**

如果你以前没有接触过 JSON，你可以在 **JSON.org** 文档 🔗 **[L4-10]** 中了解更多关于它的信息。

连接设备：向 MQTT 代理发送遥测信息

📖 从 Wio Terminal 向 MQTT 代理发送遥测信息

在这一部分，你将从你的 Wio Terminal 向 MQTT 代理发送带有光强度的遥测信息。

安装 Arduino JSON 库

通过 MQTT 发送消息的一种流行方式是使用 JSON。Arduino 库中有一个用于 JSON 的库，可以使读写 JSON 文件更容易。

任务：安装 Arduino JSON 库

（1）在 VS Code 的 PlatformIO 中打开你在本课的 Arduino 程序，即 `nightlight` 项目。

（2）在 platformio.ini 文件的 lib_deps 列表中添加以下内容作为附加行。

```
bblanchon/ArduinoJson @ 6.17.3
```

这样便导入了 ArduinoJson 🔗 **[L4-11]**，一个 Arduino JSON 库。

发布遥测数据

下一步是创建一个带有遥测数据的 JSON 文档，并将其发送到 MQTT 代理。

任务：发布遥测数据

将遥测数据发布到 MQTT 代理。

（1）在 `config.h` 文件的底部添加以下代码，以定义 MQTT 代理的遥测主题名称。

```
const string CLIENT_TELEMETRY_TOPIC = ID + "/telemetry";
```

CLIENT_TELEMETRY_TOPIC 是设备将要发布光强度的主题。

（2）打开 main.cpp 文件。

（3）在文件的顶部添加以下 #include 指令。

```
#include <ArduinoJSON.h>
```

（4）在 loop 函数中添加以下代码，就在 delay 之前。

```
int light = analogRead(WIO_LIGHT);

DynamicJsonDocument doc(1024);
doc["light"] = light;

string telemetry;
serializeJson(doc, telemetry);

Serial.print("Sending telemetry ");
Serial.println(telemetry.c_str());

client.publish(CLIENT_TELEMETRY_TOPIC.c_str(), telemetry.c_str());
```

这段代码用于读取光强度，并使用 ArduinoJson 创建一个包含该光强度的 JSON 文档。然后将其序列化为一个字符串，由 MQTT 客户端发布到遥测 MQTT 主题上。

（5）将代码上传到你的 Wio Terminal，并使用串行监控器来查看被发送到 MQTT 代理的光强度。

```
Connecting to Wi-Fi..
Connected!
Attempting MQTT connection...connected
Sending telemetry {"light":652}
Sending telemetry {"light":612}
Sending telemetry {"light":583}
```

你可以在 code-telemetry/wio-terminal 文件夹 🔗 [L4-12] 中找到这个代码。

☺ 恭喜，你已经成功地从你的设备发送了遥测数据。

🖇 ⓖ 从树莓派或虚拟设备向 MQTT 代理发送遥测信息

在这一部分，你将从你的树莓派或虚拟物联网设备向 MQTT 代理发送带有光强度的遥测信息。

发布遥测信息

接下来是创建一个带有遥测数据的 JSON 文档，并将其发送给 MQTT 代理。

任务：发布遥测数据到 MQTT 代理

（1）在 VS Code 中打开 `nightlight` 项目。

（2）如果你使用的是虚拟物联网设备，则要确保终端运行的是虚拟环境。如果你使用的是树莓派，则无须使用虚拟环境。

（3）在 `app.py` 文件的顶部添加以下信息导入。

```
import json
```

json 库是用于将遥测数据编码为 JSON 文档的。

（4）在 `client_name` 声明后添加以下内容。

```
client_telemetry_topic = id + '/telemetry'
```

`client_telemetry_topic` 是设备将发布光照度的 MQTT 主题。

（5）将文件末尾 `while True:` 循环的内容替换为以下内容。

```
while True:
    light = light_sensor.light
    telemetry = json.dumps({'light' : light})

    print("Sending telemetry ", telemetry)

    mqtt_client.publish(client_telemetry_topic, telemetry)

    time.sleep(5)
```

这段代码将光强度打包成一个 JSON 文档，并将其发布到 MQTT 代理。然后，它会进入睡眠状态以减少消息的发送频率。

（6）运行该代码的方式与你运行作业前一部分的代码相同。如果你使用的是虚拟物联网设备，那么请确保 CounterFit 应用程序正在运行，并且光传感器和 LED 已经在正确的引脚上被创建。

```
(.venv) ➜ nightlight python app.py
MQTT connected!
Sending telemetry  {"light": 0}
Sending telemetry  {"light": 0}
```

你可以在 `code-telemetry/virtual-device` 文件夹 🔗 [L4-13] 或 `code-telemetry/pi` 文件夹 🔗 [L4-14] 中找到这个代码。

☺ 恭喜，你已经成功地从你的设备开始发送遥测数据了。

4.3.2　接收来自 MQTT 代理的遥测数据

如果另一端没有任何东西来侦听，那么发送遥测信息就没有意义。光强水平遥测需要有设备来侦听它，以处理数据。这个"服务器"代码是你将要部署到云服务的代码，作为更大的物联网应用的一部分，但在这里，你将在你的计算机上运行服务器代码（如果你直接在树莓派上编码，则是在树莓派上运行）。服务器代码由一个 Python 应用程序组成，它通过 MQTT 监听带有光照度的遥测信息。在本课的后续部分，你将使它回复一个命令信息，其中包含打开或关闭 LED 的指示。

✅ **做点研究**

如果没有侦听器，MQTT 消息会怎样？

安装 Python 和 VS Code

如果你没有在本地安装 Python 和 VS Code，你需要安装它们来编写服务器的代码。如果你使用的是虚拟物联网设备，或者在你的树莓派上工作，那么你可以跳过这一步，因为你应该已经安装和配置好了。

任务：安装 Python 和 VS Code

安装 Python 和 VS Code。

（1）安装 Python。请参考 Python 下载页面 🔗 **[L1-19]**，了解安装最新版本 Python 的说明。

（2）安装 Visual Studio Code (VS Code)。这是你将用于在 Python 中编写虚拟设备代码的编辑器。关于安装 VS Code 的说明，请参考 VS Code 文档 🔗 **[L4-15]**。

（3）装 VS Code Pylance 扩展。这是 VS Code 的一个扩展，提供 Python 语言支持。请参考 Pylance 扩展文档 🔗 **[L4-16]**，了解在 VS Code 中安装该扩展的说明。

> 如果你有喜欢的工具，你可以自由地使用任何 Python IDE 或编辑器来学习这些课程，但本课程将基于 VS Code 给出指导。

配置一个 Python 虚拟环境

Python 的强大功能之一是安装 Pip 包的能力，这些是由其他人员编写并发布到互联网的代码包。你可以用一个命令将一个 Pip 包安装到你的计算机上，然后在你的代码中使用这个包。你将使用 Pip 来安装一个通过 MQTT 进行通信的包。

默认情况下，当你安装一个包时，它在你的计算机上各个应用程序中都是可用的，这可能会导致包的版本问题，比如一个应用程序依赖于一个包的某个版本，而当你为不同的应用程序安装这个包的一个新的版本时，之前的应用程序便无法正常工作。为了解决这个问题，你可以使用一个 Python 虚拟环境 🔗 **[L1-12]**，基本上它是在一个专门的文件夹中的 Python 副本，当你安装 Pip 包时，它们就会被安装到该文件夹中。

任务：配置一个 Python 虚拟环境

配置一个 Python 虚拟环境并安装 MQTT Pip 软件包。

（1）从你的终端或命令行，在你选择的位置运行以下程序，创建并导航到一个新的目录。

```
mkdir nightlight-server
cd nightlight-server
```

（2）现在运行以下程序，在 .venv 文件夹中创建一个虚拟环境。

```
python3 -m venv .venv
```

> 你需要明确地调用 Python3 来创建虚拟环境，以防你除了安装 Python3（最新版本）之外还安装了 Python2。如果你安装了 Python2，那么调用 Python 时将使用 Python2 而不是 Python3。

（3）激活虚拟环境。
- **在 Windows 上运行。**
    - º 如果你正在使用命令提示符，或通过 Windows 终端使用命令提示符，请运行以下命令。

```
.venv\Scripts\activate.bat
```

    º 如果你使用的是 PowerShell，请运行以下命令。

```
.\.venv\Scripts\Activate.ps1
```

- **在 macOS 或 Linux 上，运行以下命令。**

```
source ./.venv/bin/activate
```

> 这些命令应该在你运行创建虚拟环境命令的同一位置处运行。你永远不需要导航到 .venv 文件夹，你应该总是在你创建虚拟环境时所在的文件夹中运行激活命令和任何安装包或运行代码的命令。

（4）一旦虚拟环境被激活，默认的 python 命令将运行用于创建虚拟环境的 Python 版本。运行下面的命令来获取版本。

```
python --version
```

输出结果将与以下内容类似。

```
(.venv) → nightlight-server python --version
Python 3.9.1
```

> 你的 Python 版本可能不同，但只要是 3.6 或更高版本就可以了。如果不是，请删除这个文件夹，安装一个较新版本的 Python，然后再试一次。

（5）运行以下命令来安装 Paho-MQTT 🔗 [L4-17] 的 Pip 包，这是一个流行的 MQTT 库。

```
pip install paho-mqtt
```

这个 Pip 包只安装在虚拟环境中，在虚拟环境之外将无法使用。

编写服务器代码

现在可以用 Python 编写服务器代码。

任务：编写服务器代码

（1）从你的终端或命令行，在虚拟环境中运行以下内容，创建一个名为 app.py 的 Python 文件。
- **在 Windows 上，运行以下命令。**

```
type nul > app.py
```

- **在 macOS 或 Linux 上，运行以下命令。**

```
touch app.py
```

（2）在 VS Code 中打开当前文件夹。

```
code .
```

（3）当 VS Code 启动时，它会激活 Python 虚拟环境。

（4）如果 VS Code 启动时，VS Code 终端已经在运行，就不会进行虚拟环境的激活。最简单的做法是单击"关闭活动终端实例"按钮关闭终端。

（5）通过选择顶部菜单的**终端**→**新建终端**，或按 `Ctrl+` 组合键，启动一个新的 VS Code 终端。新的终端将加载虚拟环境，终端中会出现激活该环境的调用。虚拟环境的名称（`.venv`）也将出现在提示中。

```
→  nightlight source .venv/bin/activate
(.venv) →  nightlight
```

（6）从 VS Code 资源管理器中打开 **app.py** 文件，添加以下代码。

```python
import json
import time

import paho.mqtt.client as mqtt

id = '<ID>'

client_telemetry_topic = id + '/telemetry'
client_name = id + 'nightlight_server'

mqtt_client = mqtt.Client(client_name)
mqtt_client.connect('test.mosquitto.org')

mqtt_client.loop_start()

def handle_telemetry(client, userdata, message):
    payload = json.loads(message.payload.decode())
    print("Message received:", payload)

    mqtt_client.subscribe(client_telemetry_topic)
    mqtt_client.on_message = handle_telemetry

    while True:
    time.sleep(2)
```

用你在创建设备代码时使用的唯一 ID 替换第 6 行的 `<ID>`。

⚠️**注意**

这里的 ID 必须是你在设备上使用的同一个 ID，否则服务器代码就不会订阅或发布到正确的主题。

这段代码创建了一个具有唯一名称的 MQTT 客户端，并连接到 `test.mosquitto.org` 代理。然后它启动一个处理循环，在后台线程中运行，监测所有订阅主题的消息。

然后，客户端订阅遥测主题上的消息，并定义了一个函数，当收到消息时被调用。当收到一个遥测消息时，调用 `handle_telemetry` 函数，将收到的消息打印到控制台。

最后，使用一个无限循环保持应用程序的运行。MQTT 客户端在一个后台线程上监听消息，并在主程序运行时一直运行。

（7）从 VS Code 终端，通过运行以下程序来运行你的 Python 应用程序。

```
python app.py
```

该应用程序将开始监听来自物联网设备的信息。

（8）确保你的设备正在运行并发送遥测信息，调整你的物理或虚拟设备检测到的光强程度，则正在接收的信息将被反馈到终端。

```
(.venv) → nightlight-server python app.py
Message received: {'light': 0}
Message received: {'light': 400}
```

在 nightlight 虚拟环境中的 `app.py` 文件必须运行，以便 nightlight-server 虚拟环境中的 `app.py` 文件能够接收正在发送的消息。

你可以在 `code-server/server` 文件夹 🔗 [L4-18] 中找到这个代码。

4.3.3 遥测应该多长时间发送一次

遥测时一个需要仔细考量的问题是：多长时间测量和发送一次数据？答案是：这取决于被监测的设备。如果你经常测量，的确可以更快地响应测量的变化，但会让设备消耗更多的电力，更大的带宽，产生更多的数据，需要更多的云资源来处理。你需要在足够频繁的测量和不能太频繁之间取得一个平衡。

对于一个自动调温器来说，每隔几分钟测量一次可能就足够了，因为温度不会经常变化。如果你每天只测量一次，那么你可能会在阳光明媚的日子里为了夜间的温度加热你的房子，而如果你每秒测量一次，你会有成千上万不必要的重复温度测量，这将吞噬用户的互联网速度和带宽（对于带宽计划有限的人来说是个问题），同时也会消耗更多的电力，这对于远程传感器等需要电池供电的设备来说是个问题，同时也进一步增加了供应商云计算资源处理和存储它们的成本。

你正在监测工厂里一台机器周围的数据，如果它发生故障，可能会造成灾难性的破坏和数百万元的收入损失，那么一秒钟测量多次可能是必要的。浪费带宽总比错过遥测数据要好，因为遥测数据会进行提示，在机器发生故障之前需要停止和修复。

> 在这种情况下，你可以考虑先用一个边缘设备来处理遥测数据，以减少对互联网的依赖。

4.3.4 失去连接

互联网连接可能是不可靠的，在有些地方停电很常见。在这种情况下，物联网设备应该怎么做？它应该丢失数据，还是应该存储数据，直到连接恢复？同样，答案是取决于被监测的设备。

对于自动调温器来说，一旦进行了新的温度测量，数据可能就会丢失。如果现在的温度是 19℃，加热系统并不关心 20 分钟前的温度是 20.5℃，而是现在的温度决定了加热是否应该打开或关闭。

对于一些机器来说，你可能想保留这些数据，特别是它被用来寻找趋势时。有一些机器学习模型可以通过查看定义时间段（如最近一小时）的数据，发现数据流中的异常情况。这样的模型通常用于预测性维护，寻找某些东西可能很快就会损坏的迹象，这样你就可以在故障发生之前修理或更换它。你可能想让一台机器的每一点遥测数据都被发送，这样就可以用于异常检测，所以一旦物联网设备可以重新连接，它将发送互联网中断期间产生的所有遥测数据。

物联网设备设计者还应该考虑物联网设备是否可以在互联网中断或因位置而失去信号期间使用，如图 4-8 所示。如果一个智能自动调温器因断网而无法向云端发送遥测数据，它应该能够做出一些有限的决定来控制加热。

图 4-8　法拉利车在地下车库升级时没有手机信号

对于 MQTT 处理连接中断的问题，如果需要，设备和服务器代码将需要负责确保消息的传递。例如，要求所有发送的消息都由回复主题上的额外消息来回复，如果没有，则手动排队，以便后期重发。

4.4　命令

命令是由云向设备发送的指示它做一些事情的消息。大多数情况下，它涉及通过执行器提供某种输出，但它可以是设备本身的指令，如重新启动，或收集额外的遥测数据，并将其作为对命令的响应。

如图 4-9 所示，自动调温器可以从云端收到打开暖气的命令。根据来自所有传感器的遥测数据，如果云服务已经决定暖气应该打开，那么它就会发送相关的命令。

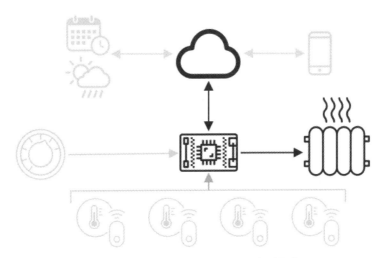

图 4-9　空调从云端收到打开暖气的指令

4.4.1　向 MQTT 代理发送命令

我们使用互联网控制智能小夜灯的下一步是让服务器代码向物联网设备发送命令，根据它所感知的光照度来控制灯光。

（1）在 VS Code 中打开服务器代码。

（2）在 `client_telemetry_topic` 的声明后添加以下一行代码，以定义向哪个主题发送命令。

```
server_command_topic = id + '/commands'
```

（3）在 handle_telemetry 函数的末尾添加以下代码。

```
command = { 'led_on' : payload['light'] < 300 }
print("Sending message:", command)

client.publish(server_command_topic, json.dumps(command))
```

> ⚠ 注意
>
> 这三行代码的缩进需要和上一行保持一致。

这样将向命令主题发送一条 JSON 消息，根据光线是否小于 300，将 led_on 的值设置为 true 或 false。如果光线小于 300，则发送 true 以指示设备打开 LED。

（4）像以前一样重新运行服务器代码。

（5）调整你的物理或虚拟设备检测到的光照强度，正在接收的信息和正在发送的命令将被写入终端。

```
(.venv) → nightlight-server python app.py
Message received: {'light': 0}
Sending message: {'led_on': True}
Message received: {'light': 400}
Sending message: {'led_on': False}
```

🏸 遥测和命令分别在一个主题上发送。这意味着来自多个设备的遥测信息将出现在同一个遥测主题上，而对多个设备的命令将出现在同一个命令主题上。如果你想向一个特定的设备发送命令，你可以使用多个主题，用一个唯一的设备 ID 命名，比如 /commands/device1、/commands/device2。这样，一个设备就可以监听只针对该设备的信息。

你可以在 `code-commands/server` 文件夹 🔗 [L4-19] 中找到这段代码。

4.4.2　在物联网设备上处理命令

现在，命令正从服务器发出，你现在可以在物联网设备上添加代码来处理它们并控制 LED 的打开和关闭。按照下面的相关步骤来听取来自 MQTT 代理的命令。

● 在 Wio Terminal 上订阅并执行从 MQTT 代理发送的命令。

● 在树莓派或虚拟物联网设备上订阅并执行从 MQTT 代理发送的命令。

一旦这段代码写好并运行，就进行改变光照度的实验。观察来自服务器和设备的输出，并在改变光照度时观察 LED。

连接设备：设备端订阅并执行 MQTT 代理发出的命令

在 Wio Terminal 上订阅并执行从 MQTT 代理发送的命令

在这一部分，你将订阅从 MQTT 代理发送的命令到你的 Wio Terminal 中，并执行收到的命令。

订阅命令

接下来我们要订阅从 MQTT 代理处发出的命令，并对它们做出反应。

任务：订阅命令

（1）在 VS Code 中的 PlatformIO 中打开你在本课的 Arduino 程序，即 `nightlight` 项目。

（2）在 `config.h` 文件的底部添加以下代码来定义命令的主题名称。

```
const string SERVER_COMMAND_TOPIC = ID + "/commands";
```

`SERVER_COMMAND_TOPIC` 是设备将订阅的主题，用于接收 LED 命令。

（3）在 `reconnectMQTTClient` 函数的末尾添加以下一行，以便在 MQTT 客户端重新连接时订阅命令主题。

```
client.subscribe(SERVER_COMMAND_TOPIC.c_str());
```

（4）在 `reconnectMQTTClient` 函数的下面添加以下代码。

```
void clientCallback(char *topic, uint8_t *payload, unsigned int length)
{
    char buff[length + 1];
    for (int i = 0; i < length; i++)
    {
        buff[i] = (char)payload[i];
    }
    buff[length] = '\0';

    Serial.print("Message received:");
    Serial.println(buff);

    DynamicJsonDocument doc(1024);
    deserializeJson(doc, buff);
    JsonObject obj = doc.as<JsonObject>();

    bool led_on = obj["led_on"];

    if (led_on)
        digitalWrite(D0, HIGH);
```

```
    else
        digitalWrite(D0, LOW);
}
```

这个函数将是 MQTT 客户端从服务器收到消息时调用的回调函数。

接收到的消息是一个无符号 8 位整数的数组，所以需要将其转换成一个字符数组来作为文本处理。

该消息包含一个 JSON 文档，并使用 Arduino JSON 库进行解码。JSON 文档的 **led_on** 属性被读取，根据其值，LED 将被打开或关闭。

（5）在 **createMQTTClient** 函数中添加以下代码。

```
client.setCallback(clientCallback);
```

这段代码将 **clientCallback** 设置为从 MQTT 代理处收到消息时要调用的回调。

clientCallback 处理程序会对所有订阅的主题进行调用。如果你以后需要写代码监听多个主题，你可以从传递给回调函数的主题参数中获得消息被发送到的主题。

（6）将代码上传到你的 Wio Terminal，并使用串行监控器来查看被发送到 MQTT 代理的光强度。

（7）调整的物理设备或虚拟设备检测到的光强。你将在终端中看到正在接收的消息和正在发送的命令。你还会看到 LED 被打开和关闭，这取决于光强水平。

你可以在 **code-commands/wio-terminal** 文件夹 🔗 **[L4-20]** 中找到这段代码。

😊 *恭喜，你已经成功地对你的设备进行编码，以响应来自 MQTT 代理的命令。*

🖥️ ⓒ 在树莓派或虚拟物联网设备上订阅并执行从 MQTT 代理发送的命令

在这一部分，你将订阅从 MQTT 代理发送的命令到你的树莓派或虚拟物联网设备上，并执行收到的命令。

订阅命令

接下来我们要订阅从 MQTT 代理处发出的命令，并对它们做出反应。

任务：订阅命令

（1）在 VS Code 中打开 **nightlight** 项目。

（2）如果你使用的是虚拟物联网设备，则要确保终端运行的是虚拟环境。如果你使用的是树莓派，则无须使用虚拟环境。

（3）在 **client_telemetry_topic** 的定义后添加以下代码。

```
server_command_topic = id + '/commands'
```

server_command_topic 是设备将要订阅的 MQTT 主题，用于接收 LED 命令。

（4）在 **mqtt_client.loop_start()** 行之后，在主循环的上方添加以下代码。

```
def handle_command(client, userdata, message):
    payload = json.loads(message.payload.decode())
```

```
        print("Message received:", payload)

        if payload['led_on']:
            led.on()
        else:
            led.off()

    mqtt_client.subscribe(server_command_topic)
    mqtt_client.on_message = handle_command
```

这段代码定义了一个函数 `handle_command` ，它以 JSON 文档的形式读取一个消息，并寻找 `led_on` 属性的值。如果它被设置为 `True` ，LED 就会被打开，否则 LED 就会被关闭。

MQTT 客户端在服务器将发送消息的主题上进行订阅，并设置 `handle_command` 函数，以便在收到消息时被调用。

> 🔖 `on_message` 处理函数对，所有订阅的主题都会被调用。如果你以后编写了监测多个主题的代码，那么你可以从传递给处理函数的 `message` 对象中获得消息被发送到的主题。

（5）运行代码的方式与你运行本课之前的代码时一样。如果你使用的是虚拟物联网设备，那么请确保 CounterFit 应用程序正在运行，并且光传感器和 LED 已经在正确的引脚上创建。

（6）调整你的物理设备或虚拟设备检测到的光强程度。正在接收的信息和正在发送的命令将被写入终端。LED 也将根据光强度的不同而开启或关闭。

你可以在 `code-commands/virtual-device` 文件夹 🔗 [L4-21] 或 `code-commands/pi` 文件夹 🔗 [L4-22] 中找到这段代码。

> 😃 恭喜你已经成功地对你的设备进行了编码，以响应来自 MQTT 代理的命令。

4.4.3　失去连接

如果云服务需要向离线的物联网设备发送命令，它应该怎么做？同样，答案是视情况而定。

如果最新的命令覆盖了先前的命令，那么先前的命令可能会被忽略。如果云服务发送了一条打开暖气的命令，然后又发送了一条关闭暖气的命令，那么打开的命令可以被忽略，不需要重新发送。

如果命令需要按顺序处理，如先把机器人手臂移上去，然后关闭抓取器，那么一旦恢复连接，就需要按顺序发送。

> 📓 **做点研究**
>
> 如果需要，设备或服务器代码如何确保命令总是按顺序通过 MQTT 发送和处理？

课后练习

挑战

前三节课的挑战是，尽可能多地列出家中、学校或工作场所的物联网设备，并确定它们是围绕微控制器还是单板计算机，甚至是两者的混合体构建，并思考它们使用了哪些传感器和执行器。

对于这些设备，它们可能发送或接收什么信息？它们发送什么遥测信息？它们可能收到什么信息或命令？你认为它们是安全的吗？

复习和自学

在百度百科页面上阅读更多关于 MQTT 词条 🔗 [L4-23] 的内容。

尝试自己使用 Mosquitto 🔗 [L4-3] 运行一个 MQTT 代理，并从你的物联网设备和服务器代码中连接到它。

提示：默认情况下，Mosquitto 不允许匿名连接（即没有用户名和密码的连接），也不允许从它所运行的计算机之外的地方连接。你可以在 mosquitto.conf 配置文件中加入以下内容来解决这个问题。

```
listener 1883 0.0.0.0
allow_anonymous true
```

课后测验

（1）从传感器采集数据并传到云端叫作（　）。
A. 遥测（Telemetry）
B. 指令（Command）
C. 测量（Measurement）

（2）因 IoT 设备离线导致指令不可达时应该怎么办？（　）
A. 总是在设备恢复在线时重传
B. 即使设备恢复在线，也不重传
C. 取决于指令、设备及 IoT 应用的需求，不能一概而论

（3）消息队列遥测传输（MQTT）有消息队列。这个说法（　）。
A. 正确
B. 错误

作业

比较和对比 MQTT 与其他通信协议。

说明

本课介绍了 MQTT 作为一种通信协议的相关应用。还有其他的协议，包括 AMQP 和 HTTP/HTTPS 等。

研究这些协议并将其与 MQTT 进行比较/对比。思考一下电源的使用、安全性、以及连接丢失时的信息持久性。

评分标准

标准	优秀	合格	需要改进
比较 AMQP 和 MQTT	能够比较和对比 AMQP 和 MQTT，并涵盖电源、安全和消息持久性	部分能够比较和对比 AMQP 和 MQTT，并涵盖了功率、安全和消息持久性中的两项	部分能够比较和对比 AMQP 和 MQTT，并涵盖功率、安全和消息持久性中的一项
比较 HTTP/HTTPS 和 MQTT	能够比较和对比 HTTP/HTTPS 和 MQTT，并涵盖功率、安全和消息持久性	部分能够比较和对比 HTTP/HTTPS 和 MQTT，并涵盖电源、安全和消息持久性这两个方面	部分能够比较和对比 HTTP/HTTPS 和 MQTT，并涵盖了功率、安全和消息持久性中的一项

农场篇

随着人口的增长，人们对农业的需求也在增加。可用的土地数量不会改变，但气候会改变——这给农民带来更大的挑战，特别是 20 亿自给自足的农民，他们依靠自己种植的东西得以吃饭和养家。物联网可以帮助农民提高产量，在种植什么和何时收获方面做出更明智的决定，减少人工劳动量，并检测和处理虫害。

在这六节课中，你将学习如何应用物联网来改善农业并实现自动化。

课程简介

本篇包含以下课程：

感谢

本篇所有的课程都是由 Jim Bennett 用♥编写。

第 5 课
用物联网预测植物生长

课前准备

简介

植物需要满足某些条件才能正常生长——水分、养分、二氧化碳，以及光和热。在本课中，你将学习如何通过测量空气温度来得出植物的生长率和成熟率。

在本课中，我们将介绍：

5.1　数字农业

5.2　为什么温度对耕作很重要

5.3　测量环境温度

5.4　生长度日 (GDD)

5.5　使用温度传感器数据计算 GDD

课前测验

（1）IoT 设备可以用来支援农业。这个说法(　　)。

　　A. 正确　　B. 错误

（2）植物需要的东西包括(　　)（请选择最佳选项）。

　　A. 二氧化碳、水、养分

　　B. 二氧化碳、水、养分、光照

　　C. 二氧化碳、水、养分、光照、适宜的温度

（3）传感器对于发达国家的农民来说过于昂贵。这个说法(　　)。

　　A. 错误　　B. 正确

5.1　数字农业

数字农业不同于我们传统的耕作方式，它使用工具来收集、存储和分析耕作数据。我们目前正处于被世界经济论坛描述为"第四次工业革命"的时期，而数字农业的崛起也被称为"第四次农业革命"或"农业4.0"。

> 数字农业一词还包括整个"农业价值链"，即从农场到餐桌的整个过程。它包括在食品运输和加工过程中跟踪农产品质量，仓储和电子商务系统，甚至是拖拉机租赁应用程序！

这些变化使农民能够提高产量，减少化肥和农药用量，并且更有效地用水。虽然数字农业暂时主要被部署于较富裕的国家，但随着传感器和其他设备的价格慢慢降低，它们也变得更容易被发展中国家使用。

下面是促成数字农业的一些技术。

● **温度测量：** 测量温度，使农民能够预测植物的生长和成熟度。

● **自动灌溉：** 测量土壤湿度，在土壤过于干燥时打开灌溉系统，而不是定时浇水。定时浇水可能导致作物在高温干旱时无法及时获得水分，或在下雨时仍然进行灌溉。通过监测土壤湿度，可以只在土壤需要时才进行灌溉，农民可以使水资源被更充分地利用。

● **虫害控制：** 农民可以使用自动机器人或无人机上的摄像头来检查虫害，然后只在需要的地方施用杀虫剂，减少杀虫剂的使用量，并减少杀虫剂流入当地水源。

> "精准农业"一词被用于定义在一块田地，甚至是在一块田地的部分区域进行独立的观察、测量和

响应。其中包括测量土壤水分、养分和害虫水平，并做出准确的响应，如根据各区域土壤湿度的不同而只对一小部分田地进行灌溉。

✅ **做点研究**

还有哪些技术是用来提高农业产量的？

5.2 为什么温度对耕作很重要

在学习植物相关知识时，大多数学生被告知水、光、二氧化碳（CO_2）和养分的必要性。植物的生长也需要适宜的温度——这就是为什么植物在春天随着温度的升高而开花，为什么雪莲花或水仙能因短暂的暖流而提前发芽，以及为什么暖房和温室能使植物更好生长的原因。

🔖 暖房和温室的作用类似，但有一个重要区别：暖房是人工加热的，使农民能够更准确地控制温度，而温室依靠太阳取暖，通常控制温度的唯一手段是使用窗户或其他通风开口，控制热量的散发。

植物有一个基点温度（或最低温度）、最佳温度和最高温度，所有这些都是基于日平均温度而言的。
- **基点温度**：这是植物生长所需的最低日平均温度。
- **最佳温度**：这是获得最多生长的最佳日平均温度。
- **最高温度**：这是植物能够承受的最高温度。超过这个温度，植物就会停止自身生长以节省水分，维持自身存活。

🖂 这些是平均温度，是每日和每夜温度的平均值。植物在昼夜也需要不同的温度，以帮助它们在白天更有效地进行光合作用，并在夜间节省能量。

✅ **做点研究**

看看你能否找到你在花园、学校或当地公园中见到的某种植物的基点温度。

每种植物的基点温度、最佳温度和最高温度都不同。这就是一些植物在炎热的国家茁壮成长，而另一些则在寒冷的国家能够更快生长的原因。

图 5-1 所示为一个生长速度与温度关系图的例子。在基点温度之前，植物不会生长。生长速度随着温度逐渐上升，直到到达最佳温度，然后在达到这个峰值后开始下降。在最高温度时，生长停止。

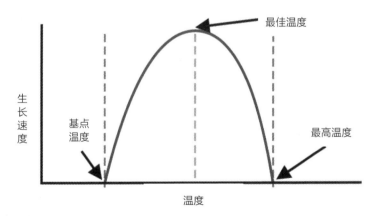

图 5-1　一张显示生长速度随着温度的升高而上升, 然后随着温度继续升高而下降

该图的曲线形状因植物种类而异。有些植物在超过最佳温度后生长速度有较明显的下降，而有些植物从基点温度到最佳温度的增长较为缓慢。

🖂 农民要想获得植物最佳的生长速度，他们就需要知道植物的三个温度值，并了解他们所种植的植物的曲线形状。

如果农民能够控制温度，如在商业暖房中，那么他们就可以对植物的生长速度进行优化。例如，一个种植西红柿的商业暖房会在白天将温度设置为25℃左右，晚上设置为20℃，以获得最快的生长速度。

🍅 将这些温度与人工照明、肥料和受控的二氧化碳水平相结合，意味着商业种植者可以实现全年种植和收获。

5.3 测量环境温度

温度传感器可与物联网设备一起使用，测量环境温度。

任务：测量温度

按照相关教程做一遍，使用你的物联网设备监测温度。
● 用 Wio Terminal 测量温度。
● 用树莓派测量温度。
● 用虚拟物联网硬件测量温度。

连接设备：用传感器测量温度

▱ 用 Wio Terminal 测量温度

在这一部分，你将在 Wio Terminal 上外接一个温度传感器，并从中读取温度值。

硬件

Wio Terminal 需要一个温度传感器。

你将使用的传感器是一个 SHT40 型号的温湿度传感器 🔗 **[L5-1]**，如图 5-2 所示。此传感器模块合并了两个传感器，这在传感器中是比较常见的，有许多商业用的传感器整合了温度、湿度甚至还有气压等多种测量。SHT40 温湿度传感器是使用热电偶法来测量温度的。热电偶由两种不同材料的金属丝组成。两根导线的一端焊接在一起形成工作端，工作端接触待测量温度的环境；另一端称为自由端，与主控制器连接形成闭环。当工作端与自由端的温度不同时，回路中会出现一个热电动势，这个电压的变化将通过电路转换传送到单片机，并转换成机器能够识别的数字信号。

SHT40 温湿度传感器使用的是 I^2C 的通信协议，所以需要使用板载的 I^2C，接收包含温度和湿度的数据信息。

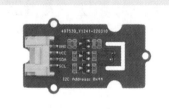

图 5-2　一个 Grove 的 SHT40 型温湿度传感器

连接温度传感器

Grove 温湿度传感器可以连接到 Wio Terminal 的数字端口。

任务：连接温度传感器

连接温湿度传感器。

（1）如图 5-3 所示，将 Grove 电缆的一端插入温湿度传感器的插

图 5-3　连接到 Wio Terminal 右边插座的 Grove 温湿度传感器

口，它只能从一个方向插入。

（2）在 Wio Terminal 与计算机或其他电源断开的情况下，当你看屏幕时，将 Grove 电缆的另一端连接到 Wio Terminal 右侧的 Grove 插座上。这是离电源按钮最远的一个插座。

对温湿度传感器进行编程

现在可以对 Wio Terminal 进行编程，以使用附加的温湿度传感器。

任务：对温湿度传感器进行编程

（1）使用 PlatformIO 创建一个全新的 Wio Terminal 项目。我们把这个项目称为 `temperature-sensor`。在 `setup` 函数中添加代码，配置串口。

⚠ **注意**

如果需要的话，你可以参考第 1 课中创建 PlatformIO 项目的说明。

（2）在项目的 `platformio.ini` 文件中添加 Seeed Grove 温湿度传感器库的依赖库。

```
platform_packages = framework-arduino-samd-seeed@https://github.com/Seeed-Studio/ArduinoCore-
samd.git
lib_deps =
    https://github.com/Sensirion/arduino-core
    https://github.com/Sensirion/arduino-i2c-sht4x
```

⚠ **注意**

如果需要的话，你可以参考第 4 课中关于向 PlatformIO 项目添加库的说明。

（3）在文件的顶部，在现有的 `#include <Arduino.h>` 下面添加以下 `#include` 指令。

```
#include <SensirionI2CSht4x.h>
#include <Wire.h>
```

这样就导入了与传感器交互所需的文件，`SensirionI2CSht4x.h` 头文件包含了传感器本身的代码，而添加 `Wire.h` 头文件可以确保在编译应用程序时，与传感器对话所需的代码被链接进来。

（4）在 `setup` 函数之前，声明 SHT 传感器。

```
SensirionI2CSht4x sht4x;
```

这样声明了一个管理温湿度传感器的 `SensirionI2CSht4x` 类的实例。它被连接到板载的 I^2C 端口，即 Wio Terminal 左侧的 Grove 插座。

（5）在 `setup` 函数中，添加以下代码来设置串行连接。

```
void setup()
{
    Serial.begin(9600);

    while (!Serial)
```

```
    ; // Wait for Serial to be ready

  delay(1000);
}
```

（6）在 `setup` 函数最后的 `delay` （延迟）之后，添加下面的代码来检查传感器是否有异常，并启动 SHT 传感器。

```
Wire.begin();

uint16_t error;
char errorMessage[256];

sht4x.begin(Wire);

uint32_t serialNumber;
error = sht4x.serialNumber(serialNumber);
if (error) {
    Serial.print("Error trying to execute serialNumber(): ");
    errorToString(error, errorMessage, 256);
    Serial.println(errorMessage);
} else {
    Serial.print("Serial Number: ");
    Serial.println(serialNumber);
}
```

这段代码声明了一个无符号 16 位的变量 `error` 、一个能存放 256 个字符的数组 `errorMessage` ，以及一个无符号 32 位的变量 `serialNumber` 。变量 `error` 用于存放温湿度传感器的错误代码编号；数组 `errorMessage` 的作用是存放错误信息，输出给用户；变量 `serialNumber` 则表示当前所使用的串行端口编号。

（7）在 `loop` 函数中，添加调用传感器的代码，并将温度打印到串行端口。

```
void loop()
{
    uint16_t error;
    char errorMessage[256];

    delay(1000);

    float temperature;
    float humidity;
    error = sht4x.measureHighPrecision(temperature, humidity);
    if (error) {
        Serial.print("Error trying to execute measureHighPrecision(): ");
        errorToString(error, errorMessage, 256);
        Serial.println(errorMessage);
    } else {
        Serial.print("Temperature:");
        Serial.print(temperature);
    }
}
```

这段代码同样声明了一个变量 `error` 和数组 `errorMessage` 。它们的作用与 `setup` 函数中使用它们时的作用一样，如果在传感器使用过程中发生了异常，能够让用户及时了解错误信息。

后面声明的两个变量 `temperature` 和 `humidity` 是浮点数。它们通过使用函数 `sht4x.measureHighPrecision()` ，将获得的传感器温度和湿度值分别传递到这两个变量中。最后，将温度的值打印到串行端口。

（8）建立并上传代码到 Wio Terminal。

（9）一旦上传，你就可以用串行监视器监测温度了。

⚠ 注意

如有需要，你可以参考第 1 课中创建 PlatformIO 项目的说明。

```
> Executing task: platformio device monitor <

--- Available filters and text transformations: colorize, debug, default, direct, hexlify,
log2file, nocontrol, printable, send_on_enter, time
--- More details at http://bit.ly/pio-monitor-filters
--- Miniterm on /dev/cu.usbmodem1201  9600,8,N,1 ---
--- Quit: Ctrl+C | Menu: Ctrl+T | Help: Ctrl+T followed by Ctrl+H ---
Temperature: 25.00°C
Temperature: 25.00°C
Temperature: 25.00°C
Temperature: 24.00°C
```

你可以在 `code-temperature/wio-terminal` 文件夹 🔗 [L5-2] 中找到这段代码。

😀 恭喜，你的温度传感器程序很成功。

用树莓派测量温度

在这一部分，你将在树莓派上外接一个温度传感器。

硬件

你将使用的传感器是一个 DHT11 型号的温湿度传感器（合并了两个传感器 🔗 [5-3]），如图 5-4 所示。这在传感器中是比较常见的，有许多商业用的传感器整合了温度、湿度甚至还有气压等多种测量。温度传感器组件是一个负温度系数（NTC）热敏电阻，这种热敏电阻的电阻值随着温度升高而降低。

这是一个数字传感器，所以有一个板载 ADC，用来创建一个微控制器可以读取的包含了温度和湿度数据的数字信号。

图 5-4　一个 Grove DHT11 型号温湿度传感器

连接温度传感器

将 Grove 温湿度传感器连接到树莓派上。

任务：连接温度传感器

（1）如图 5-5 所示，将 Grove 电缆的一端插入温湿度传感器的插口，它只能从一个方向插入。

（2）在树莓派电源关闭的情况下，将 Grove 电缆的另一端连接到树莓派 Grove Base HAT 上标有 D5 的数字插座上。这个插座在 GPIO 引脚旁边的那排插座上从左边数第二个接口。

图 5-5　连接到 A0 插座的 Grove 温湿度传感器

对温湿度传感器进行编程

现在可以对设备进行编程以使用所连接的温湿度传感器。

任务：对温湿度传感器进行编程

（1）给树莓派上电并等待它启动。

（2）启动 VS Code，可以直接在树莓派上启动，也可以通过远程 SSH 扩展连接。

⚠ 注意

如果需要，你可以参考第 1 课中关于设置和启动 VS Code 的说明。

（3）在终端上，在树莓派用户的主目录下创建一个新的文件夹，名为 temperature-sensor。在这个文件夹中创建一个名为 app.py 的文件。

```
mkdir temperature-sensor
cd temperature-sensor
touch app.py
```

（4）在 VS Code 中打开这个文件夹。

（5）为了使用温湿度传感器，需要安装一个额外的 Pip 包。在 VS Code 中的终端运行下面的命令，在树莓派上安装这个 Pip 包。

```
pip3 install seeed-python-dht
```

（6）在 app.py 文件中添加以下代码，导入所需的库。

```
import time
from seeed_dht import DHT
```

`from seeed_dht import DHT` 语句导入了 `DHT` 传感器类，以便与 `seed_dht` 模块中的 Grove 温湿度传感器进行交互。

（7）在上面的代码后面添加以下代码，创建一个管理温湿度传感器的类的实例。

```
sensor = DHT("11", 5)
```

这行代码声明了一个管理数字温湿度传感器的 DHT 类的实例。第一个参数告诉代码正在使用的传感器是 DHT11 传感器——你所使用的库支持该传感器的其他型号。第二个参数告诉代码，传感器被连接到 Grove 底座上的数字端口 `D5` 。

📖 注意：所有的插座都有唯一的引脚编号。其中，0、2、4、6 号引脚是模拟引脚；5、16、18、22、24、26 号引脚是数字引脚。

（8）在上面的代码后添加一个无限循环，轮询温度传感器的值，并将其打印到控制台。

```
while True:
    _, temp = sensor.read()
    print(f'Temperature {temp}°C')
```

对 `sensor.read()` 的调用返回一个湿度和温度的元组。因为你只需要温度值，所以湿度被忽略了。然后温度值会被打印到控制台。

（9）在循环结束时添加一个 10 秒的睡眠，这是因为温度值不需要连续检查。睡眠可以减少设备的功率消耗。

```
time.sleep(10)
```

在 VS Code 终端，通过运行以下程序来运行你的 Python 应用程序。

```
python3 app.py
```

你应该看到温度值被输出到了控制台。用一些东西来加热传感器，如用拇指按住它，或者用风扇吹一吹，同时观察数值的变化。

```
pi@raspberrypi:~/temperature-sensor $ python3 app.py
Temperature 26°C
Temperature 26°C
Temperature 28°C
```

你可以在 code-temperature/pi 文件夹 🔗 [L5-4] 中找到这个代码。

😃 恭喜，你的温度传感器程序运行成功了！

ⓖ 用虚拟设备测量温度

在这一部分，你将在你的虚拟物联网设备上添加一个温度传感器。

虚拟硬件

虚拟物联网设备将使用一个模拟的 Grove 数字湿度和温度传感器。这使得本实验与使用树莓派和物理的 Grove DHT11 传感器保持一致。

该传感器结合了温度传感器和湿度传感器，但在本实验室中，你只对温度传感器部分感兴趣。在物理物联网设备中，温度传感器将是一个热敏电阻，通过感应温度变化时的电阻变化来测量温度。温度传感器通常是数字传感器，在内部将测量的电阻转换为摄氏度（或开尔文、华氏度）的温度。

添加传感器到 CounterFit

要使用虚拟湿度和温度传感器，你需要将这两个传感器添加到 CounterFit 应用程序中。

任务：将传感器添加到 CounterFit 中

将湿度和温度传感器添加到 CounterFit 应用程序中。

（1）在你的计算机上创建一个新的 Python 应用程序，文件夹名为 `temperature-sensor`，其中有一个名为 `app.py` 的文件和一个 Python 虚拟环境，并添加 CounterFit Pip 软件包。

（2）安装一个额外的 Pip 包，为 DHT11 传感器安装一个 CounterFit Shim，确保你是在激活了虚拟环境的终端上安装的。

> ⚠ **注意**
>
> 如果需要，你可以参考第 1 课中创建和设置 CounterFit Python 项目的说明。

```
pip install counterfit-shims-seeed-python-dht
```

（3）确保 CounterFit 的网络应用程序正在运行。

（4）创建一个湿度传感器，如图5-6所示。

①在"Sensor"（传感器）窗格的"Creat sensor"框中，下拉"Sensor Type"（传感器类型）框，选择"Humidity"（湿度）。

②将单位设置为"Percent"（百分比）。

③确保"Pin"（引脚）被设置为5。

④单击"Add"（添加）按钮，在引脚5上创建湿度传感器。湿度传感器将被创建并出现在传感器列表中，如图5-7所示。

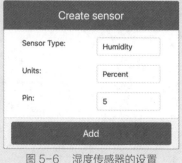

图 5-6　湿度传感器的设置

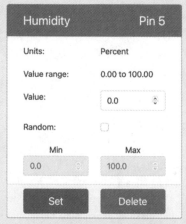

图 5-7　创建的湿度传感器

（5）创建一个温度传感器，如图5-8所示。

①在"Sensor"（传感器）窗格的"Creat sensor"框中，下拉"Sensor Type"（传感器类型）框，选择"Temperature"（温度）。

②将单位设置为"Celsius"（摄氏度）。

③确保引脚被设置为6。

④单击"Add"（添加）按钮，在引脚6上创建温度传感器。温度传感器将被创建并出现在传感器列表中，如图5-9所示。

图 5-8　温度传感器的设置

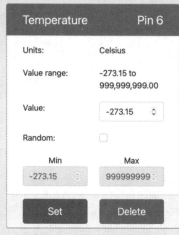

图 5-9　创建的温度传感器

对温度传感器应用程序进行编程

现在可以使用 CounterFit 传感器对温度传感器应用程序进行编程。

任务：为温度传感器应用程序编程

对温度传感器应用程序进行编程。

（1）确保在 VS Code 中打开 `temperature-sensor` 应用程序。

（2）打开 `app.py` 文件。

（3）在 `app.py` 的顶部添加以下代码，将应用程序连接到 CounterFit。

```
from counterfit_connection import CounterFitConnection
CounterFitConnection.init('127.0.0.1', 5000)
```

（4）在 `app.py` 文件中添加以下代码以导入所需的库。

```
import time
from counterfit_shims_seeed_python_dht import DHT
```

`from seeed_dht import DHT` 语句导入 **DHT** 传感器类，以便与使用 `counterfit_shims_` `seeed_python_dht` 模块 shim 的虚拟 Grove 温度传感器进行交互。

（5）在上面的代码之后添加以下代码，以创建一个管理虚拟湿度和温度传感器的类的实例。

```
sensor = DHT("11", 5)
```

这行代码声明了一个管理虚拟数字湿度和温度传感器的 DHT 类的实例。第一个参数告诉代码正在使用的传感器是一个虚拟的 DHT11 传感器。第二个参数告诉代码传感器被连接到端口 **5** 。

> CounterFit 通过连接两个传感器来模拟这个组合的湿度和温度传感器，湿度传感器在创建 DHT 类时给定的引脚上，而温度传感器则在下一个引脚运行。

（6）在上面的代码后添加一个无限循环，轮询温度传感器的值，并将其打印到控制台。

```
while True:
    _, temp = sensor.read()
    print(f'Temperature {temp}°C')
```

对 `sensor.read()` 的调用返回一个湿度和温度的元组。因为只需要温度值，所以湿度被忽略了。然后温度值会被打印到控制台。

（7）在 `loop` 结束时添加一个 10 秒的睡眠，这是因为温度不需要连续检查。睡眠可以减少设备的功率消耗。

```
time.sleep(10)
```

（8）在激活了虚拟环境的 VS Code 终端，通过运行以下程序来运行你的 Python 应用程序。

```
python app.py
```

（9）从 CounterFit 应用程序中，改变将被应用程序读取的温度传感器的值。你可以通过以下两种方式之一来完成这项工作。

　　①在温度传感器的值框中输入一个数字，然后单击 **Set**（设置）按钮。你输入的数字将成为传感器返回的值。

　　②勾选 `Random`（随机）复选框，并输入 Min（最小）和 Max（最大值），然后单击 `Set` 按钮。这样每次传感器会读到一个随机的数字。

你应该看到你设置的值出现在了控制台。改变数值或随机设置以看到数值的变化。

```
(.venv) → temperature-sensor python app.py
Temperature 28.25°C
Temperature 30.71°C
Temperature 25.17°C
```

你可以在 `code-temperature/virtual-device` 文件夹 🔗 **[L5-5]** 中找到这段代码。

> 😊恭喜，你的温度传感器程序运行成功了！

5.4 生长度日 (GDD)

生长度日（Growing Degree Days，GDD）也称为生长度单位，是一种根据温度衡量植物生长情况的方法。该方法假定植物有足够的水、养分和二氧化碳，只由温度作为变量来决定其生长速度。

生长度日，是以高于植物基点温度的一天的平均温度（摄氏度）来计算的。每种植物需要一定数量的生长度日来生长、开花或结果并使作物成熟。每天的 GDD 越高，植物成熟所需要的时间就越短。

GDD 的完整公式有点复杂，但有一个简化方程，经常被用于获得近似值，即

- **GDD**：生长度日的数量；
- T_{MAX}：这是每日最高温度，摄氏度；
- T_{MIN}：这是每日最低温度，摄氏度；
- T_{BASE}：这是植物的基点温度，摄氏度。

$$GDD = \frac{T_{MAX}+T_{MIN}}{2} - T_{BASE}$$

有一些变化涉及 T_{MAX} 高于 30℃ 或 T_{MIN} 低于 T_{BASE}，但我们现在不考虑这些。

示例：玉米 🌽

根据不同的品种，玉米（或苞谷）需要 800 至 2700 GDD 才能成熟，基点温度为 10℃。

在高于基点温度的第一天，如表 5-1 所示，测量以下温度。

表 5-1　高于基点温度第一天测量的最高和最低温度

测量	温度 /℃
最高	16
最低	12

将这些数字插入到我们的计算中，有

$T_{MAX} = 16$
$T_{MIN} = 12$
$T_{BASE} = 10$

这就得出了一个计算结果：玉米在这一天获得了 4 个 GDD。假设一个玉米品种需要 800 GDD 才能成熟，那么它还需要 796 GDD 才能达到成熟。

$$GDD = \frac{16+12}{2} - 10 = 4$$

📖 做点研究

对于你在花园、学校或当地公园里见到的任何植物，看看你能否找到其达到成熟所需的 GDD 数量。

5.5 使用温度传感器数据计算 GDD

植物生长所花费的时间是不确定的。例如，你无法种下一粒种子并准确预测该植物将在 100 天后开花结果。相反地，作为一个农民，你对植物需要多长时间才能完成生长会有一个粗略的概念，然后你会每天检查，根据具体情况来推测作物何时成熟。这对大型农场来说会产生巨大的劳动力负担，而且农民有可能会错过意外提前成熟的作物。通过测量温度，农民可以计算出植物每日所接受的 GDD，让它们只在接近预期成熟度时检查。

通过使用物联网设备收集温度数据，农民可以在植物接近成熟期时自动得到通知。如图 5-10 所示，这方面的典型架构是让物联网设备测量温度，然后使用类似于 MQTT（消息队列遥测传输协议）的协议在互联网上发布这些遥测数据。然后服务器代码监听这些数据并将其保存在某个地方，如数据库中。这意味着以后可以对数据进行分析，如每晚计算当天的 GDD，计算到目前为止每种作物的 GDD，并在作物接近成熟时发出警报。

发布温度数据　　　　保存数据到一个数据库

图 5-10　遥测数据被发送到服务器，然后保存到数据库中

服务器代码也可以通过添加额外的信息来增强数据。例如，物联网设备可以发布一个标识符，以表明它是哪个设备，而服务器代码可以利用这个标识符来查询设备的位置，以及它正在监测哪些作物。服务器代码还可以添加一些基本数据，如当前时间，因为一些物联网设备没有必要的硬件来跟踪准确的时间，或者需要额外的代码来通过互联网读取当前时间。

做点研究

为什么你认为不同的田地可能会有不同的温度？

5.5.1 任务：发布温度信息

通过相关指南，使用你的物联网设备通过 MQTT 发布温度数据，以便日后可以进行分析。
- 用 Wio Terminal 发布温度数据。
- 用虚拟物联网硬件和树莓派发布温度数据。

连接设备: 用物联网设备发布温度数据

用 Wio Terminal 发布温度数据

在这一部分，你将通过 MQTT 协议发布 Wio Terminal 检测到的温度值，这样它们就可以在以后被用于计算 GDD。

发布温度

一旦温度被传感器读取，就可以通过 MQTT 协议发布给"服务器"一些代码，这些代码将读取这些值，并存储它们，以便用于 GDD 计算。微控制器不用开箱就能从互联网上读取时间并用实时时钟来维护时间信息，设备需要被编程才能做这件事，并假设它有必需的硬件。

为了简化本课的内容，时间不会与传感器数据一起发送，而是由服务器代码在收到信息后添加。

任务：对设备进行编程以发布温度数据

（1）打开 temperature-sensor 的 Wio Terminal 项目。

（2）重复你在第 4 课中的步骤，连接到 MQTT 并发送遥测数据，你将使用相同的公共 Mosquitto 代理。操作的步骤如下。

- 在 .ini 文件中添加 Seeed Wi-Fi 和 MQTT 库。
- 添加配置文件和代码以连接到 Wi-Fi。
- 添加代码以连接到 MQTT 代理。
- 添加代码来发布遥测信息。

> **⚠ 注意**
>
> 如果需要的话，请参考连接到 MQTT 的说明和第 4 课的发送遥测的说明。

（3）确保 config.h 头文件中的 CLIENT_NAME 体现了这个项目的主题。

```
const string CLIENT_NAME = ID + "temperature_sensor_client";
```

（4）对于遥测，不发送亮度值，而是通过改变 main.cpp 中的 loop （循环）函数，将从 SHT 传感器读取的温度值发送到 JSON 文档中的一个名为 temperature （温度）的属性中。

```
float temperature;
```

```
float humidity;
sht4x.measureHighPrecision(temperature, humidity);

DynamicJsonDocument doc(1024);
doc["temperature"] = temperature;
```

（5）温度值不需要经常被读取。它在短时间内不会有太大变化，所以在 `loop` 函数中设置 `delay`（延迟）为10分钟。

```
delay(10 * 60 * 1000);
```

> 💬 `delay`（延迟）函数取的是以毫秒为单位的时间，所以为了方便阅读，传递的是该表达式的计算结果。一秒钟为1000毫秒，一分钟为60秒，所以 10 ×（一分钟60秒）×（一秒钟1000毫秒）就得到了10分钟的延迟。

（6）将该程序上传到你的 Wio Terminal，并使用串口监视器来查看被发送到 MQTT 代理的温度。

```
> Executing task: platformio device monitor <

--- Terminal on COM5 | 9600 8-N-1
--- Available filters and text transformations: colorize, debug, default, direct, hexlify,
log2file, nocontrol, printable, send_on_enter, time
--- More details at https://bit.ly/pio-monitor-filters
--- Quit: Ctrl+C | Menu: Ctrl+T | Help: Ctrl+T followed by Ctrl+H
Serial Number: 274563796
Connecting to Wi-Fi..
Connected!
Attempting MQTT connection...connected
Sending telemetry {"temperature":26.54879}
Sending telemetry {"temperature":26.49538}
```

你可以在 `code-publish-temperature/wio-terminal` 文件夹 🔗 [L5-6] 中找到这个代码。

> 😊 恭喜，你已经将温度作为遥测数据从你的设备上成功发布了。

🏷️ 🄖 用虚拟设备和树莓派发布温度数据

在这部分课程中，你将通过 MQTT 发布由树莓派或虚拟物联网设备检测到的温度值，这样它们以后就可以用于计算 GDD。

发布温度

一旦温度被读取，就可以通过 MQTT 发布给"服务器"一些代码，这些代码将读取这些值，并存储它们，以便用于 GDD 计算。

任务：发布温度

对设备进行编程以发布温度数据。

（1）如果温度传感器应用项目还没有打开的话，应先打开温度传感器应用项目。

（2）重复你在第 4 课中的步骤，连接到 MQTT 并发送遥测数据，你将使用相同的公共 Mosquitto 代理。

⚠ **注意**

如果需要的话，请参考连接到 MQTT 的说明和第 4 课的发送遥测的说明。

操作步骤如下。

- 添加 MQTT pip 包。
- 添加连接到 MQTT 代理的代码。
- 添加代码来发布遥测信息。

（3）确保 `client_name` 体现了这个项目的主题。

```
client_name = id + 'temperature_sensor_client'
```

（4）对于遥测，不发送亮度值，而是将从 DHT 传感器读取的温度值放到 JSON 记录中的一个名为 temperature（温度）的属性中。

```
_, temp = sensor.read()
telemetry = json.dumps({'temperature' : temp})
```

（5）温度值不需要经常被读取，它在短时间内不会有太大变化，所以将 time.sleep 设置为 10 分钟。

```
time.sleep(10 * 60);
```

📖 `sleep`（睡眠）函数取的是以秒为单位的时间，所以为了方便阅读，该值是作为计算结果传递的。一分钟有 60 秒，所以 10 × 60 得到 10 分钟的延迟。

（6）以与你运行作业前一部分代码同样的方式运行代码。如果你使用的是虚拟物联网设备，那么请确保 CounterFit 应用程序正在运行，并且湿度和温度传感器已经在正确的引脚上被创建。

```
pi@raspberrypi:~/temperature-sensor $ python3 app.py
MQTT connected!
Sending telemetry  {"temperature": 25}
Sending telemetry  {"temperature": 25}
```

你 可 以 在 `code-publish-temperature/virtual-device` 文件夹 🔗 **[L5-7]** 或 `code-publish-temperature/pi` 文件夹 🔗 **[L5-8]** 中找到这个代码。

😄 你已经将温度作为遥测数据从你的设备上成功发布了。

5.5.2　任务：捕获和存储温度信息

一旦物联网设备发布遥测数据，就可以编写服务器代码来订阅这些数据并存储它。服务器代码不是将其保存到数据库，而是将其保存到一个逗号分隔值格式（CSV）文件中。CSV 文件以文本形式存储数据，每个值用逗号隔开，每条记录在一个新行上。它们是一种方便的、人类可读的、受到良好支持的将数据保存为文件的方式。

CSV 文件将有两列，即日期和温度。日期列被设置为服务器收到信息的当前日期和时间，温度来自于遥测信息。

⚠ **注意**

如果需要的话，你可以参考第 4 课的"接收来自 MQTT 代理的遥测数据"部分的内容。

（1）重复第 4 课的步骤，创建服务器代码以接收遥测信息。你不需要添加代码来发布命令。操作步骤如下。

- 配置并激活一个 Python 虚拟环境。

- 安装 paho-mqtt Pip 包。
- 编写代码来监听发布在遥测主题上的 MQTT 消息。

为这个项目的文件夹命名为 `temperature-sensor-server`。

（2）确保 `client_name` 体现了这个项目的主题。

```
client_name = id + 'temperature_sensor_server'
```

（3）在文件的顶部添加以下导入库的代码。

```
from os import path
import csv
from datetime import datetime
```

这样便导入了一个读取文件的库，一个与 CSV 文件交互的库，以及一个帮助处理日期和时间的库。

（4）在 `handle_telemetry` 函数前添加以下代码。

```
temperature_file_name = 'temperature.csv'
fieldnames = ['date', 'temperature']


if not path.exists(temperature_file_name):
    with open(temperature_file_name, mode='w') as csv_file:
        writer = csv.DictWriter(csv_file, fieldnames=fieldnames)
        writer.writeheader()
```

这段代码为要写入的文件名和 CSV 文件的表头声明了一些常量。通常 CSV 文件的第一行包含由逗号分隔的表头。

然后，代码检查 CSV 文件是否已经存在。如果它不存在，就用第一行的表头来创建它。

（5）在 `handle_telemetry` 函数的末尾添加以下代码。

```
with open(temperature_file_name, mode='a') as temperature_file:
    temperature_writer = csv.DictWriter(temperature_file, fieldnames=fieldnames)
    temperature_writer.writerow({'date' : datetime.now().astimezone().replace(microsecond=0).
isoformat(), 'temperature' : payload['temperature']})
```

这段代码打开了 CSV 文件，然后在最后添加了新的一行。该行有当前的数据和时间，并被格式化为人类可读的格式，随后是从物联网设备上接收的温度。该数据以 ISO 8601 格式 🔗 **[L5-9]** 存储，带有时区，但没有微秒。

（6）以与之前相同的方式运行这段代码，确保你的物联网设备正在发送数据。一个名为 `temperature.csv` 的 CSV 文件将在同一文件夹中被创建。如果你查看它，你会看到日期／时间和测量温度。

```
date,temperature
2021-04-19T17:21:36-07:00,25
2021-04-19T17:31:36-07:00,24
2021-04-19T17:41:36-07:00,25
```

（7）运行这段代码一段时间以捕获数据。理想情况下，你应该运行一整天，以收集足够多的数据用于 GDD 计算。

📝 如果使用的是虚拟物联网设备（见图 5-11），请选择随机复选框并设置一个范围，以避免每次返回温度值时得到相同的温度。

📝 如果想运行一整天，那么需要确保运行服务器代码所用的计算机不会进入休眠状态，可以改变电源设置，或者运行像链接中这样保持系统活跃的 Python 脚本 🔗 [L5-10]。

你可以在 `code-server/temperature-sensor-server` 文件夹 🔗 [L5-11] 中找到完整的程序代码。

5.5.3 任务：使用存储的数据计算 GDD

一旦服务器采集了温度数据，就可以计算出植物的 GDD。
手动操作的步骤如下。
（1）找到该植物的基点温度。例如，草莓的基点温度是 10℃。
（2）从 `temperature.csv` 中找到当天的最高温度和最低温度。
（3）使用前面给出的 GDD 计算方法来计算 GDD。
例如，如果当天的最高温度为 25℃，最低温度为 12℃，则有
25 + 12 = 37
37 / 2 = 18.5
18.5 − 10 = 8.5

$$GDD = \frac{25+12}{2} - 10 = 8.5$$

因此，草莓已经收到了 8.5 个 GDD。草莓需要大约 250 GDD 才能开花结果，所以还需要一段时间。

图 5-11　在虚拟物联网设备中可以设置返回的温度范围

💡 **课后练习**

🚀 **挑战**

植物生长需要的不仅仅是热量。除了热量之外还需要哪些必要条件？
对于这些条件，寻找是否有可以测量它们的传感器，以及控制这些条件水平的执行器呢？你将如何组合一个或多个物联网设备来优化植物生长？

📖 **复习和自学**

在数字农业百度百科 🔗 [L5-12] 页面上阅读更多关于数字农业的内容。还可以阅读更多关于精准农业 🔗 [L5-13] 的内容。
完整的生长度日数 GDD 计算比这里给出的简化计算更为复杂。在生长度日百度百科 GDD 页面 🔗 [L5-14] 上阅读更多关于生长度目的更复杂的方程式以及如何处理低于基线的温度的内容。
即使我们使用如此高效的耕作方法，未来我们也可能会面临食物短缺的危机。在 bilibili 上的《未来的高科技农场》视频 🎥 [L5-15] 中了解更多关于高科技耕作的技术。

使用 Jupyter Notebook 工具，将 GDD 数据可视化。

说明

在本课中，你使用物联网传感器收集了 GDD 数据。为了获得良好的 GDD 数据，你需要收集多天的数据。为了帮助可视化温度数据和计算 GDD，你可以使用 Jupyter Notebook 🔗 [L5-16] 等工具来分析数据。

从收集几天的数据开始，你将需要确保你的服务器代码在你的物联网设备运行期间持续运行，你可以通过调整你的电源管理设置或运行像链接中这样保持系统活跃的 Python 脚本 🔗 [L5-10]。

一旦你有了温度数据，就可以使用 Jupyter Notebook 将其可视化并计算出 GDD。Jupyter Notebook 通常是将 Python 的代码和指令混合在称为单元的块中。你可以阅读指令，然后逐块运行每个代码块；也可以编辑代码。例如，在这个代码笔记本中，你可以编辑用于计算你植物对应 GDD 的基础温度。

（1）创建一个名为 `gdd-Calculation` 的文件夹。

（2）下载 `gdd.ipynb` 文件 🔗 [L5-17]，并将其复制到 `gdd-calculation` 文件夹中。

（3）复制由 MQTT 服务器创建的 `temperature.csv` 文件。

（4）在 `gdd-calculation` 文件夹下创建一个新的 Python 虚拟环境。

（5）安装一些用于 Jupyter Notebooks 的 Pip 包，以及管理和绘制数据所需的库。

```
pip install --upgrade pip
pip install pandas
pip install matplotlib
pip install jupyter
```

（6）在 Jupyter Notebook 中运行代码笔记本。

```
jupyter notebook gdd.ipynb
```

Jupyter Notebook 将启动并在你的浏览器中打开代码笔记本。通过代码笔记本中的说明，将测量的温度可视化，并计算出生长度日，如图 5-12 所示。

课后测验

（1）植物的生长取决于温度。这个说法（　　）。

　　A. 正确

　　B. 错误

（2）植物生长需要考虑的温度包括（　　）。

　　A. 最低温度、最高温度

　　B. 植物发育基点温度、最适温度、最高温度

　　C. 仅最高温度

（3）下列哪个公式可以计算生长度日？（　　）

　　A.（日内最高温度 + 日内最低温度）- 植物发育基点温度

　　B.（（日内最高温度 + 日内最低温度）/ 2）- 植物发育基点温度

　　C.（日内最低温度 + 植物发育基点温度）/ 2

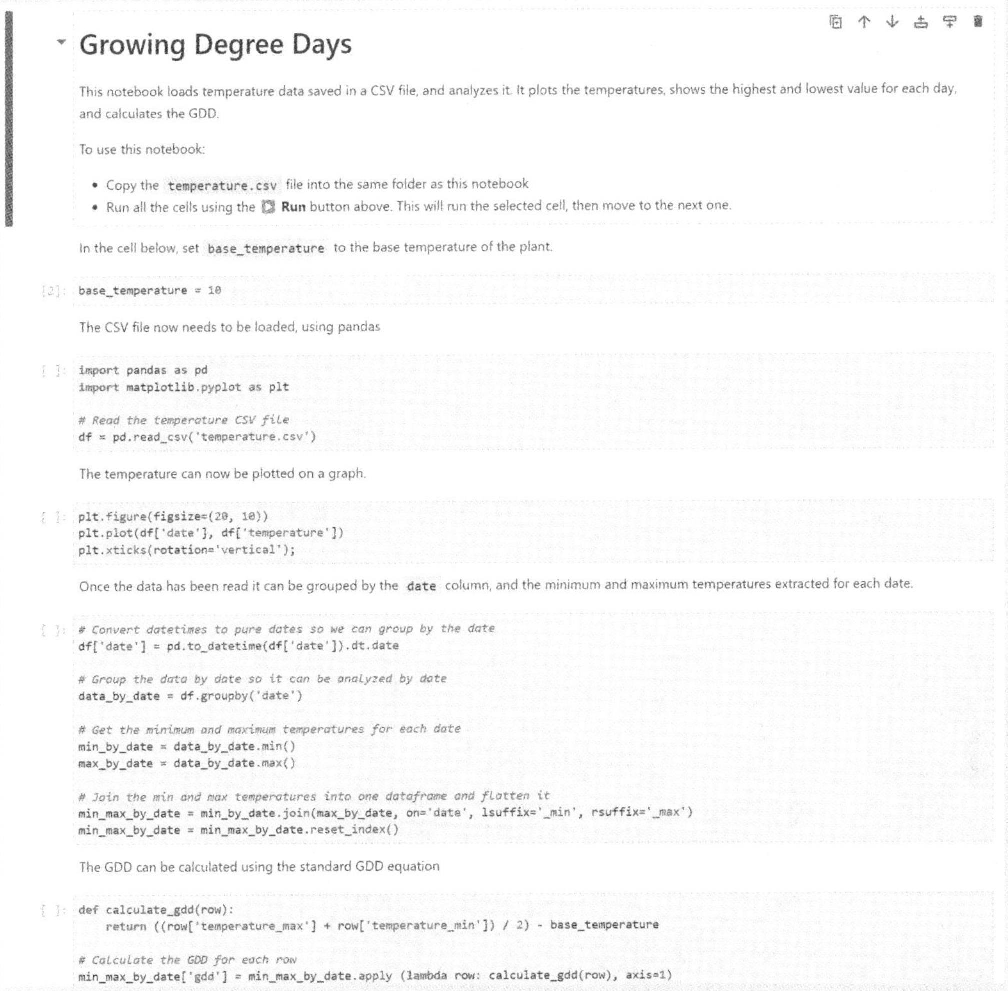

Growing Degree Days

This notebook loads temperature data saved in a CSV file, and analyzes it. It plots the temperatures, shows the highest and lowest value for each day, and calculates the GDD.

To use this notebook:

- Copy the `temperature.csv` file into the same folder as this notebook
- Run all the cells using the ▶ **Run** button above. This will run the selected cell, then move to the next one.

In the cell below, set `base_temperature` to the base temperature of the plant.

```
[2]: base_temperature = 10
```

The CSV file now needs to be loaded, using pandas

```
[ ]: import pandas as pd
     import matplotlib.pyplot as plt

     # Read the temperature CSV file
     df = pd.read_csv('temperature.csv')
```

The temperature can now be plotted on a graph.

```
[ ]: plt.figure(figsize=(20, 10))
     plt.plot(df['date'], df['temperature'])
     plt.xticks(rotation='vertical');
```

Once the data has been read it can be grouped by the `date` column, and the minimum and maximum temperatures extracted for each date.

```
[ ]: # Convert datetimes to pure dates so we can group by the date
     df['date'] = pd.to_datetime(df['date']).dt.date

     # Group the data by date so it can be analyzed by date
     data_by_date = df.groupby('date')

     # Get the minimum and maximum temperatures for each date
     min_by_date = data_by_date.min()
     max_by_date = data_by_date.max()

     # Join the min and max temperatures into one dataframe and flatten it
     min_max_by_date = min_by_date.join(max_by_date, on='date', lsuffix='_min', rsuffix='_max')
     min_max_by_date = min_max_by_date.reset_index()
```

The GDD can be calculated using the standard GDD equation

```
[ ]: def calculate_gdd(row):
         return ((row['temperature_max'] + row['temperature_min']) / 2) - base_temperature

     # Calculate the GDD for each row
     min_max_by_date['gdd'] = min_max_by_date.apply (lambda row: calculate_gdd(row), axis=1)
```

图 5-12　在 Jupyter Notebook 中运行将测量温度可视化的程序

评分标准

标准	优秀	合格	需要改进
采集数据	采集至少两个完整天数的数据	采集至少一个完整天数的数据	采集一些数据
计算 GDD	成功地运行代码笔记本并计算 GDD	成功地运行代码笔记本	不能运行代码笔记本

第6课
检测土壤水分

简介

在上一节课程中，我们研究了如何测量环境属性，并利用它们来预测植物生长状况。在现实的种植业中，你虽然可以通过改变物理环境来控制环境温度，但这需要投入大量的资金。对植物来说，最容易控制的环境属性是土壤水分——大到大规模的植物灌溉系统，小到拿着水壶浇灌花园的年轻孩子（见图6-1），其实我们可以每天都对该环境属性进行控制。

图6-1 浇灌花园的孩子

课前测验

（1）IoT设备可被用来检测如土壤水分之类的环境属性。这个说法（　　）。

A. 正确

B. 错误

（2）以下哪一项可能导致植物生长问题？（　　）

A. 浇水太少

B. 浇水太多

C. 浇水太少或太多

（3）所有的传感器都根据标准单位预先标定好了。这个说法（　　）。

A. 正确

B. 错误

在本节课程中，你将学习如何测量土壤水分，在下一节课程中，你将学习如何搭建一个自动灌溉系统。在之前的课程中你已经使用了光线传感器、温度传感器，而在这节课程中你将使用第三种传感器——土壤水分传感器。为了了解土壤水分传感器如何向物联网设备发送数据，在本节课程中，你还将学习更多关于传感器和执行器如何与物联网设备通信的知识。

在本课中，我们的学习内容将涵盖：

6.1　土壤水分

6.2　传感器如何与物联网设备通信

6.3　测量土壤中的水分

6.4　传感器校准

植物需要水来生长。虽然植物的所有部位都可以吸收水分，但植物生长所需的大部分水分仍然由根系吸收。如图 6-2 所示，水被植物用来做以下三件事。

● **光合作用：** 植物与水、二氧化碳和光产生化学反应，产生碳水化合物和氧气。了解更多详见 🔗[L6-1]。
● **蒸腾作用：** 植物利用水将空气中的二氧化碳通过叶片中的孔隙扩散到植物体内。这一过程也将营养物质带到植物各处，并对植物进行冷却，这一冷却方式类似于人类利用出汗降温。了解更多详见 🔗 **[L6-2]**。
● **维持结构：** 植物也需要水来维持其结构，通常植物的组织内 90% 是水（而人类平均只有 60%），这些水可以保持细胞的刚性。如果植物没有足够的水，那么植物就会枯萎，并最终死亡。

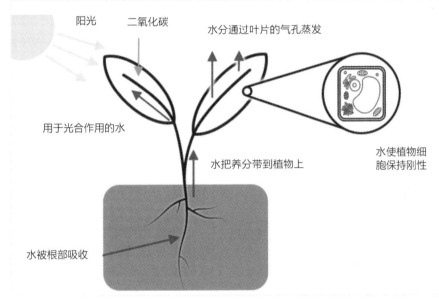

图 6-2　水通过植物的根系吸收，然后被带到植物组织的周围，用于光合作用和维持植物结构

根系从植物生长的土壤中提取水分。如果土壤中的水太少，根系不能吸收足够的水来维持生长。如果水太多，根系不能吸收足够的氧气来发挥作用，这样会导致植物根系死亡，使得植物无法获得足够的营养物质来维持生存。

对于农民来说，要想获得最快的植物生长速度，就需要保持土壤水分不能太湿，也不能太干。而物联网设备可以通过测量土壤水分来帮助农民解决这个问题，让农民只在植物需要时才进行灌溉。

📝 做点研究

植物有多少水是通过蒸腾作用流失的？

测量土壤水分的方法

有一系列不同类型的传感器可以用于测量土壤水分。

● **电阻式：** 电阻式传感器有两个探针可以插入土壤中，如图 6-3 所示。电流从传感器的一个探头发出，并被另一个探头接收。传感器通过测量电流在第二个探头处下降的程度来测量出土壤的电阻值。水是电的良好导体，土壤的含水量越高，电阻值越小。

📌 你甚至可以用两块金属，如钉子，隔开几厘米，用万用表测量它们之间的电阻，来建立一个电阻式土壤水分传感器。

图 6-3　一个 Grove 电阻式土壤水分传感器

● **电容式：** 如图 6-4 所示，电容式湿度传感器
测量的是可储存在正负两块极板上的电荷量，
即电容。土壤的电容随着湿度的变化而变化，
这种变化可以转换为一个电压值进而被物联网
设备测量。土壤越湿，输出的电压值就越低。

图 6-4　一个 Grove 电容式土壤水分传感器

以上提到的传感器都是模拟传感器，它们通过返
回一个电压值来反映土壤水分。那么，这个电压值该
如何引入你的代码呢？在进一步了解这些传感器之前，让我们看看传感器和执行器如何与物联网设备通信。

6.2　传感器如何与物联网设备通信

在本次课程中，你已经了解了一些传感器和执行器，如果你一直在使用物理硬件进行课程学习，那么这
些传感器和执行器已经与你的物联网开发套件进行过通信。但这种通信具体是如何进行的？来自土壤水分传
感器测量出的电阻值如何变成一个你可以在代码中使用的数字呢？

为了与大多数传感器和执行器进行通信，你需要一些硬件和通信协议——这是一种定义良好的数据发送
和接收方式。让我们以一个电容式土壤水分传感器为例介绍如下。

● 这个传感器如何连接到物联网设备上？
● 如果它测量的电压是一个模拟信号，它将需要一个 ADC （模数转换器）来创建一个数字表示的值，
并且该数值通过交替变化的电压作为发送 0 和 1 的方式，但是每位数字发送的时间有多长？
● 如果传感器返回一个数字值，那将是一个 0 和 1 的数据流，同样，每个比特的发送时间是多长？
● 如果电压在 0.1 秒内处于高位，那代表 1 比特，还是两个连续的 1 比特，还是 10 个？
● 数字在什么时候开始发送？ `00001101` 是 25，还是前 5 位是前一个值的结束？

硬件提供了发送数据的物理连接，不同的通信协议确保了数据以正确的方式发送或接收，从而可以对其
进行解释。

6.2.1　通用输入输出（GPIO）引脚

GPIO 是一组引脚，可以用于把硬件连接到你的物联网设备，通常在物联网开发套件中提供，如树莓
派或 Wio Terminal。你可以通过 GPIO 引脚使用本节中涉及的各种通信协议。通常一些 GPIO 引脚能
够提供 3.3V 或 5V 的电压，一些引脚为接地引脚，而其他引脚可以通过编程设置为发送电压（输出）或
接收电压（输入）。

> 🐞 一个完整的电路需要通过你搭建的任何通道将电压接地。你可以把输出电压的引脚看做是电池的正极
> （+ve），而将接地引脚看做是电池的负极（−ve）。

当你只关心电压值的开或关时，你可以直接使用 GPIO 引脚控制一些数字传感器和执行器——开指的是
高电平，关指的是低电平。下面是一些常见的例子。

● **按钮：** 你可以在一个 5V 引脚和一个设置为
输入的引脚之间连接一个按钮。当你按下按
钮时，它会在 5V 引脚和输入引脚之间形成
一个完整的电路，如图 6-5 所示。从代码中
你可以读取输入引脚的电压，如果它是高电
平（5V），那么按钮就被按下了，如果它是
低电平（0V），那么按钮就没有被按下。请
记住，实际的电压值本身并没有被读取，你

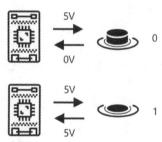

图 6-5　一个按钮被发送了 5V 电压

只会得到一个数值为 1 或 0 的数字信号，这取决于电压是否高于阈值。

- **LED**：你可以在输出引脚和接地引脚之间连接一个 LED（需要使用一个电阻与 LED 串联，否则会烧坏 LED）。在代码中，你可以将输出引脚设置为高电平，它将发送 3.3V 电压，形成一个从 3.3V 引脚通过 LED 到接地引脚的电路。这样将点亮 LED，如图 6-6 所示。

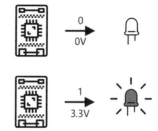

图 6-6　LED 被发送一个 1（3.3V）或 0（0V）的信号

对于更高级的传感器，你可以使用 GPIO 引脚直接与数字传感器和执行器发送和接收数字信号，或通过带有 ADC（模数转换器）和 DAC（数模转换器）的控制器板与模拟传感器和执行器通信。

> 🐭 如果你使用树莓派进行这些实验，Grove Base HAT 有可以将通过 GPIO 发送的模拟信号转换成数字信号的硬件。

6.2.2　模拟引脚（Analog pins）

一些设备，提供了模拟引脚，如 Arduino 设备。这些引脚与 GPIO 引脚相同，但这些模拟引脚并不仅支持数字信号，而且它们有一个 ADC 可以将电压值转换为数值。通常 ADC 有 10 位的分辨率，这意味着它可以将电压值转换为 0 ～ 1023 的数值。

例如，在一个 3.3V 的板子上，如果传感器返回 3.3V，通过 ADC 返回的值将是 1023。如果返回的电压是 1.65V，通过 ADC 返回的值将是 511，如图 6-7 所示。

> 🐭 回到第 3 课的项目，光照传感器返回的数值是 0 ～ 1023。如果你使用的是 Wio Terminal，那么传感器会被连接到 Wio Terminal 的一个模拟引脚上。如果你使用的是树莓派，那么传感器会被连接到 Grove Base HAT 上的一个模拟引脚上，Grove Base HAT 有一个集成的 ADC，可以通过 GPIO 引脚进行通信。如果你使用虚拟设备来进行项目，它会被设置发送一个 0 ～ 1023 的数值来模拟模拟引脚。

📐 做点研究

如果你有一个带有 GPIO 引脚的物联网设备，请找到这些 GPIO 引脚，并找到标明哪些引脚是电压、接地或可编程的引脚的引脚注释图。

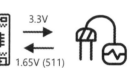

图 6-7　一个土壤水分传感器发送 3.3V，返回 1.65V，或者读数为 511

土壤水分传感器依赖于电压值，所以它将使用模拟引脚，并给出 0 ～ 1023 的数值。

6.2.3　集成电路总线（I²C）

I²C（发音为 I-squared-C 或 I- 方 -C），是一个多控制器、多外设协议，任何连接的设备都能作为控制器或外设通过 I²C 总线（传输数据的通信系统名称）进行通信。数据以寻址数据包的形式发送，每个数据包都包含它所要连接的设备的地址。

> 🐭 这种模式曾经被称为主 / 从模式，但由于与奴隶制有关，因此这一术语正在被放弃。开源硬件协会已经采用了控制器 / 外设的说法，但你仍然可能看到对旧术语的引用。

所有需要使用 I²C 总线进行连接的设备都需要一个设备地址，该设备地址通常被直接硬编码到设备上。例如，矽递公司为各个种类的 Grove 传感器分别设置了相同的设备地址，所以所有的光传感器都有相同的设备地址，所有的按钮都有相同的且与光传感器不同的设备地址。有些设备可以通过改变跳线设置或将引脚焊接在一起来改变地址。

I^2C 有一条由两条主线组成的总线，同时还有两条电源线，其线路描述见表 6-1。I^2C 设备之间的连接模式如图 6-8 所示。

表 6-1 I^2C 线路的名称与描述

线路	名称	描述
SDA	串行数据	这条线用于在设备之间发送数据
SCL	串行时钟	这条线以控制器设定的速率发送时钟信号
VCC	电源线	器件的电源。这条线连接到 SDA 和 SCL 线，通过一个上拉电阻为它们提供电源，当没有设备是控制器时，它会停止供电
GND	地线	这为电路提供了一个公共地线

为了发送数据，一个设备将发出一个起始信号，表明它已经准备好发送数据。然后，它将成为控制器。接下来控制器将发送 8 位数据，其中 7 位是从设备的地址，1 位表示此次控制器是要读取数据还是接收数据。数据传输完毕后，控制器发送一个停止信号，表示此次通信已经完成。在这之后，另一个设备才可以发送起始信号成为控制器并发送或接收数据。

I^2C 有速度限制，有三种不同的模式以固定速度运行。最快的是高速模式，最高速度为 3.4Mbit/s（兆比特 / 秒），但很少有设备支持这个速度。例如，树莓派被限制在 400kbit/s（千比特 / 秒）的快速模式下。标准模式以 100kbit/s 的速度运行。

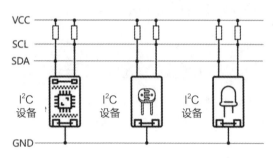

图 6-8　I^2C 总线，3 个设备连接到 SDA 和 SCL 线，共享一个公共地线

> 如图 6-9 所示，如果使用带有 Grove Base HAT 的树莓派作为你的物联网硬件，将能看到板上有 3 个 I^2C 接口，可以用这些接口来与 I^2C 传感器通信。其他模拟信号的 Grove 传感器也可以使用 I^2C 与 ADC 接口，将模拟值转换为数字数据发送，所以你使用的光传感器模拟了一个模拟引脚，由于树莓派只支持数字引脚，所以该值通过 I^2C 发送。

图 6-9　Grove Base HAT 上有 3 个 I^2C 接口

6.2.4　通用异步收发传输器

通用异步收发传输器（Universal Asynchronous Receiver/Transmitter，UART）涉及允许两个设备进行通信的物理电路。每个设备有 2 个通信引脚——发送（Tx）和接收（Rx），第一个设备的 Tx 引脚与第二个设备的 Rx 引脚相连，第二个设备的 Tx 引脚与第一个设备的 Rx 引脚相连，如图 6-10 所示。这样可以允许数据在两个方向上被发送。

● 设备 1 从它的 Tx 引脚发送数据，设备 2 从它的 Rx 引脚接收数据。

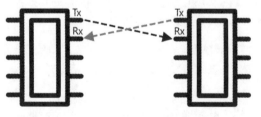

图 6-10　UART，一个芯片的 Tx 引脚与另一个芯片的 Rx 引脚相连，反之亦然

- 设备 1 在其 Rx 引脚上接收由设备 2 从其 Tx 引脚发送的数据。

📌 数据每次发送一个比特，这样的通信被称为串行通信。大多数操作系统和微控制器都有串行端口，它可以建立发送和接收串行数据的连接以供你的代码使用。

UART 设备有一个波特率（也被称为传符号速率）参数，这是数据发送和接收的速度，单位是比特/秒。常见的波特率是 9600bit/s，意味着每秒钟发送 9600 比特（0 和 1）的数据。

UART 使用起始位和停止位。也就是说，它发送一个起始位以表明它要发送一个字节（8 位）的数据，然后在发送完 8 位数据后发送一个停止位来表示结束发送。

UART 的速度取决于硬件，但即使是最快它也不会超过 6.5 Mbit/s（兆比特 / 秒，或每秒发送数百位的 0 或 1）。

你可以通过 GPIO 引脚使用 UART。你可以将一个引脚设置为 Tx，另一个设置为 Rx，然后将这些引脚连接到另一个设备。

📖 如果你使用带有 Grove Base HAT 的树莓派作为你的物联网硬件，你将能看到板子上的 UART 插座，你可以利用它与使用 UART 协议的传感器进行通信，如图 6-11 所示。

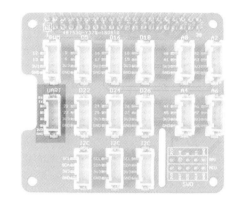

图 6-11　Grove Base HAT 的 UART 接口

6.2.5　串行外设接口

串行外设接口（Serial Peripheral Interface，SPI）是为短距离通信而设计的通信协议，如在微控制器上与闪存等存储设备对话。它基于一个控制器/外设模型，由一个控制器（通常是物联网设备的处理器）与多个外设互动。控制器通过选择一个外设并发送或请求数据来控制一切。

SPI 控制器使用 3 根线，同时每个外设使用 1 根额外的线，如图 6-12 所示。外设使用 4 根线。这些线的描述见表 6-2。

CS 线用于一次激活一个外设，通过 COPI 和 CIPO 线进行通信。当控制器需要改变连接到的外设时，它停用连接到当前活动外设的 CS 线，然后激活连接到它想与之通信的外设的线。

SPI 是全双工的，这意味着控制器可以同时使用 COPI 和 CIPO 线从同一个外设发送和接收数据。SPI 使用 SCLK 线上的时钟信号来保持设备的同步，所

📖 与 I²C 一样，控制器和外设这两个术语是最近的变化，所以你可能会看到仍在使用旧的术语。

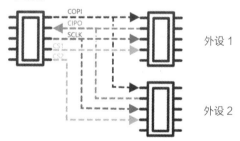

图 6-12　带有控制器和两个外设的 SPI

表 6-2　SPI 线路的名称与描述

线路	名称	描述
COPI	控制器输出，外设输入	这条线用于从控制器向外设发送数据
CIPO	控制器输入，外设输出	这条线用于从外设向控制器发送数据
SCLK	串行时钟	这条线以控制器设定的速率发送一个时钟信号
CS	芯片选择	控制器有多条线，每个外设一条，每条线连接到相应外设上的 CS 线

以与直接通过 UART 发送不同，它不需要启动和停止位。

SPI 没有明确的速度限制，其实施方案通常能够每秒传输多兆字节的数据。

通常物联网开发套件支持通过一些 GPIO 引脚进行 SPI 通信。例如，在树莓派上，你可以使用 GPIO 引脚 19、21、23、24 和 26 进行 SPI 通信。

6.2.6 无线

一些传感器可以通过标准的无线协议进行通信，如蓝牙（主要是 Bluetooth Low Energy ，BLE）、LoRaWAN（一种长距离低功耗网络协议）或 Wi-Fi。这些无线协议允许没有物理连接到物联网设备的远程传感器与设备进行连接。

一个例子是商业土壤水分传感器。这些传感器将测量田地中的土壤水分，然后通过 LoRaWan 将数据发送到一个中心设备，该设备将处理数据或通过互联网发送数据。这使得传感器可以远离管理数据的物联网设备，减少功耗和对大型 Wi-Fi 网络或长电缆的需求。

BLE 在先进的传感器中很受欢迎，如装备在手腕上的健身追踪器。这类设备结合了多个传感器，并通过 BLE 将传感器数据发送到类似于手机形式的物联网设备上。

商业设备之间进行连接的一种流行的方式是 Zigbee 协议。Zigbee 协议使用 Wi-Fi 在设备之间形成 Mesh 网络，每个设备尽可能多地连接到附近的设备，形成像蜘蛛网一样的大量连接。当一个设备想向互联网发送信息时，它可以将信息发送给最近的设备，然后由这些设备转发给附近的其他设备，以此类推，直到信息到达协调器，并被发送到互联网上。

> **做点研究**
>
> 你的身上、家里或学校里有任何使用蓝牙的传感器吗？常见的蓝牙传感器有温度传感器、感应传感器、设备追踪器和健身设备。

> Zigbee 这个名字起初是指蜜蜂返回蜂巢后的摇摆舞。

6.3 测量土壤中的水分

你可以用土壤水分传感器、物联网设备和一棵室内植物或附近的一片土壤来测量土壤中的湿度水平。

通过相关指南，使用你的物联网设备测量土壤水分。

- 用 Wio Terminal 测量土壤水分。
- 用树莓派测量土壤水分。
- 用虚拟设备测量土壤水分。

连接设备：测量土壤水分

用 Wio Terminal 测量土壤水分

在这一部分，你将在你的 Wio Terminal 上添加一个电阻式土壤水分传感器，并从中读取数值。

硬件

Wio Terminal 需要连接一个电阻式土壤水分传感器。

你将使用的传感器是一个电阻式土壤水分传感器，如图 6-13 所示。

图 6-13　一个电阻式土壤水分传感器

它通过检测土壤的电阻来测量土壤水分，这一特性随着土壤湿度的变化而变化。随着土壤湿度的增加，电阻值减小，电压上升。

这是一个模拟传感器，所以连接到 Wio Terminal 的模拟引脚，使用板载的 ADC 来输出一个 0 ～ 1023 的值。

连接土壤水分传感器

Grove 土壤水分传感器（Grove soil moisture sensor）可以连接到 Wio Terminal 的可配置模拟 / 数字端口。

任务：连接土壤水分传感器

连接土壤水分传感器。

（1）将 Grove 电缆的一端插入土壤水分传感器的插座上。它只能从一个方向插入。

（2）在 Wio Terminal 与计算机或其他电源断开的情况下，当你面向屏幕时，将 Grove 电缆的另一端连接到 Wio Terminal 上右侧的 Grove 插座上，这是离电源按钮最远的一个插座，如图 6-14 所示。

（3）将土壤水分传感器插入土壤中。它有一条"最高位置线"—— 一条分割黄色区域和蓝色区域的灰色虚线。将传感器插入到这条线但不要超过这条线的位置上，如图 6-15 所示。

（4）现在你可以将 Wio Terminal 连接到你的计算机。

对土壤水分传感器进行编程

现在可以对 Wio Terminal 进行编程，以使用附加的土壤水分传感器。

任务：对土壤水分传感器进行编程

对设备进行编程。

（1）使用 PlatformIO 创建一个全新的 Wio Terminal 项目。把这个项目命名为 `soil-moisture-sensor`（土壤水分传感器）。在 `setup` 函数中添加代码，以配置串口。

（2）每个传感器并没有一个对应的库，相反，你可以使用 Arduino 内置的 `analogRead` 函数从模拟引脚读取数据。首先将模拟引脚配置为输入，这样就可以通过在 `setup` 函数中添加以下代码从它那里读取数值。

图 6-14　连接到右手边 A0 插座的 Grove 土壤水分传感器

图 6-15　插入土壤中的 Grove 土壤水分传感器

⚠️ **注意**

如果需要的话，你可以参考第一章，第 1 课中创建 PlatformIO 项目的说明。

```
pinMode(A0, INPUT);
```

这样将 `A0` 引脚（即模拟 / 数字组合引脚）设置为输入引脚，可以从中读取电压。

（3）在 `loop` 函数中加入以下内容，从该引脚读取电压。

```
int soil_moisture = analogRead(A0);
```

（4）在这段代码下面，添加以下代码，将该值打印到串行端口。

```
Serial.print("Soil Moisture: ");
Serial.println(soil_moisture);
```

（5）最后在最后添加一个 10 秒的延迟。

```
delay(10000);
```

（6）建立并上传代码到 Wio Terminal。

（7）一旦上传，你就可以用串行监视器监测土壤水分。在土壤中加入一些水，或者把传感器从土壤中移走，观察数值的变化。

```
> Executing task: platformio device monitor <

--- Available filters and text transformations: colorize, debug, default, direct, hexlify,
log2file, nocontrol, printable, send_on_enter, time
--- More details at http://bit.ly/pio-monitor-filters
--- Miniterm on /dev/cu.usbmodem1201  9600,8,N,1 ---
--- Quit: Ctrl+C | Menu: Ctrl+T | Help: Ctrl+T followed by Ctrl+H ---
Soil Moisture: 0
Soil Moisture: 31
Soil Moisture: 48
Soil Moisture: 139
Soil Moisture: 155
Soil Moisture: 124
Soil Moisture: 236
Soil Moisture: 264
Soil Moisture: 309
Soil Moisture: 391
```

在上面的输出示例中，你可以看到随着水的加入，电阻值减小，电压升高。

你可以在 `code/wio-terminal` 文件夹 🔗 [L6-3] 中找到这段代码。

☺恭喜，你的土壤水分传感器程序能正常工作了！

🎛 用树莓派测量土壤水分

在这一部分，你将在你的树莓派上添加一个电阻式土壤水分传感器，并从中读取数值。

硬件

树莓派需要一个电阻式土壤水分传感器。

你将使用的传感器是一个电阻式土壤水分传感器，如图 6-16 所示。它通过检测土壤的电阻来测量土壤水分，这一特性随着土壤湿度的变化而变化。随着土壤湿度的增加，电阻值降低，电压升高。

这是一个模拟传感器，所以使用一个模拟引脚和树莓派上 Grove Base HAT 扩展板的 10 位 ADC 将电压转换为 1 ～ 1023 的数字信号。

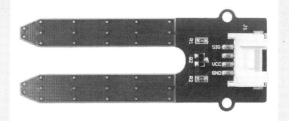

图 6-16 一个电阻式 Grove 土壤水分传感器

连接土壤水分传感器

现在可以将 Grove 土壤水分传感器连接到树莓派上。

任务：连接土壤水分传感器

连接土壤水分传感器。

（1）将 Grove 电缆的一端插入土壤水分传感器的插座上。它只能从一个方向插入。

（2）在树莓派关闭电源的情况下，将 Grove 电缆的另一端连接到插在树莓派上的 Grove Base HAT 扩展板标有 A0 的模拟口插座上。这个插座是右数第二个，在 GPIO 引脚旁边的那排插座上，如图 6-17 所示。

图 6-17 连接到 A0 插座的 Grove 土壤水分传感器

（3）将土壤水分传感器插入土壤中。它有一条"最高位置线"—— 一条分割黄色区域和蓝色区域的灰色虚线。将传感器插入到这条线上，但不要超过这条线，如图 6-18 所示。

对土壤水分传感器进行编程

现在可以对树莓派进行编程，以使用所连接的土壤水分传感器。

任务：对土壤水分传感器进行编程

对设备进行编程。

（1）给树莓派上电，等待它启动。

（2）启动 VS Code，可以直接在树莓派上启动，也可以通过远程 SSH 扩展连接。

图 6-18 插入土壤中的 Grove 土壤水分传感器

⚠️ **注意**

如果需要，你可以参考第 1 课中关于设置和启动 VS Code 的说明。

（3）在终端界面上，在树莓派用户的主目录下创建一个新的文件夹，名为 `soil-moisture-sensor` 。在这个文件夹中创建一个名为 `app.py` 的文件。

（4）在 VS Code 中打开这个文件夹。

（5）在 `app.py` 文件中添加以下代码，以导入一些必要的库。

```
import time
from grove.adc import ADC
```

`import time` 语句导入了本作业中稍后将使用的时间模块。

`from grove.adc import ADC` 语句从 Grove Python 库中导入 ADC。这个库有代码与 Grove Base HAT 上的模数转换器交互，并从模拟传感器中读取电压。

（6）在下面添加以下代码，创建一个 ADC 类的实例。

```
adc = ADC()
```

（7）添加一个无限循环，从这个 ADC 的 `A0` 引脚上读取数据，并将结果写到控制台。然后这个循环可以在两次读取之间休眠 10 秒。

```
while True:
    soil_moisture = adc.read(0)
    print("Soil moisture:", soil_moisture)

    time.sleep(10)
```

运行 Python 应用程序。你会看到土壤水分的测量值被写到控制台。在土壤中加入一些水，或者将传感器从土壤中取出，看看数值的变化。

```
pi@raspberrypi:~/soil-moisture-sensor $ python3 app.py
Soil Moisture: 0
Soil Moisture: 31
Soil Moisture: 48
Soil Moisture: 139
Soil Moisture: 155
Soil Moisture: 124
Soil Moisture: 236
Soil Moisture: 264
Soil Moisture: 309
Soil Moisture: 391
```

在上面的输出示例中，你可以看到随着水的加入，电阻值降低，电压升高。

你可以在 `code/pi` 文件夹 🔗 [L6-4] 中找到这段代码。

😊 恭喜，你的土壤水分传感器程序成功运行了！

ⓒ 用虚拟设备测量土壤水分

在这一部分，你将添加一个电阻式土壤水分传感器的虚拟物联网设备，并从中读取数值。

虚拟硬件

虚拟物联网设备将模拟 Grove 电阻式土壤水分传感器。这使本实验与使用树莓派和物理 Grove 电阻式土壤水分传感器的情况相同。

在实际物理物联网设备中，电阻式土壤水分传感器通过检测土壤的电阻来测量土壤水分，这一特性随着土壤水分的变化而变化。随着土壤水分的增加，电阻值降低，电压升高。

这是一个模拟传感器，所以用模拟的 10 位模数转换器产生 0 ～ 1023 的数值。

将土壤水分传感器添加到 CounterFit 中

要使用虚拟土壤水分传感器，你需要将其添加到 CounterFit 应用程序中。

任务：将土壤水分传感器添加到 CounterFit 中

将土壤水分传感器添加到 CounterFit 应用程序中。

（1）在你的计算机上创建一个新的 Python 应用程序，文件夹名为 `soil-moisture-sensor`，有一个名为 `app.py` 的文件和一个 Python 虚拟环境，并添加 CounterFit Pip 软件包。

（2）确保 CounterFit 网络应用程序正在运行。

（3）创建一个土壤水分传感器。

> ⚠ 注意
>
> 如果需要，你可以参考第 1 课中虚拟设备编程之 Hello World。

① 在"传感器"窗格的"Create sensor"（创建传感器）框中，下拉"Sensor Type"（传感器类型）框，选择"Soil Moisture"（土壤水分），如图 6-19 所示。

② 将单位设置为"NoUnits"。

③ 确保"Pin"被设置为 0。

④ 单击"Add"（添加）按钮，在引脚 0 上创建土壤水分传感器，创建后的土壤水分传感器将出现在传感器列表中，如图 6-20 所示。

图 6-19　土壤水分传感器设置

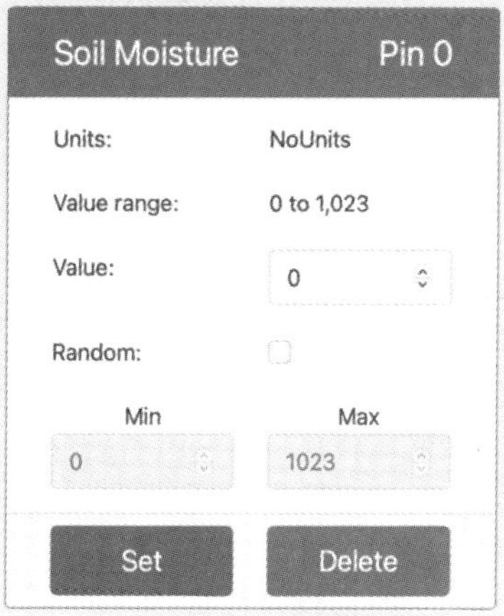

图 6-20　土壤水分传感器将被创建并出现在传感器列表中

对土壤水分传感器应用程序进行编程

现在可以使用 CounterFit 传感器对土壤水分传感器应用程序进行编程。

任务：对土壤水分传感器应用程序进行编程

对土壤水分传感器应用程序进行编程。

（1）确保 `soil-moisture-sensor` 在 VS Code 中打开。

（2）打开 `app.py` 文件。

（3）在 `app.py` 的顶部添加以下代码，将应用程序连接到 CounterFit。

```
from counterfit_connection import CounterFitConnection
CounterFitConnection.init('127.0.0.1', 5000)
```

（4）在 `app.py` 文件中添加以下代码，以导入一些必要的库。

```
import time
from counterfit_shims_grove.adc import ADC
```

`import time` 语句导入了本作业中稍后将使用的时间模块。
`from counterfit_shims_grove.adc import ADC` 语句导入了 ADC 类，从而与一个虚拟的模拟数字转换器互动，该转换器可以连接到 CounterFit 传感器。

（5）在下面添加以下代码，创建一个 ADC 类的实例。

```
adc = ADC()
```

（6）添加一个无限循环，从这个 ADC 的 `0` 引脚上读取数据，并将结果写到控制台。然后这个循环可以在两次读取之间休眠 10 秒。

```
while True:
    soil_moisture = adc.read(0)
    print("Soil moisture:", soil_moisture)

    time.sleep(10)
```

（7）在 CounterFit 应用程序中，改变将由该应用程序读取的土壤水分传感器的值。你可以通过以下两种方式之一来实现。

- 在土壤水分传感器的数值框中输入一个数字，然后单击"Set"（设置）按钮。你输入的数字将是传感器返回的值。
- 勾选随机复选框，并输入 Min（最小）和 Max（最大值），然后单击"Set"（设置）按钮。每次传感器读取数值时，它将读取一个介于最小值和最大值之间的随机数字。

（8）运行 Python 应用程序。你会看到土壤水分测量值被写入控制台。改变数值或随机设置以看到数值的变化。

```
pi@raspberrypi:~/soil-moisture-sensor $ python3 app.py
Soil Moisture: 0
Soil Moisture: 31
Soil Moisture: 48
Soil Moisture: 139
Soil Moisture: 155
Soil Moisture: 124
Soil Moisture: 236
Soil Moisture: 264
Soil Moisture: 309
Soil Moisture: 391
```

在上面的输出示例中，你可以看到随着水的加入，电阻值降低，电压升高。
你可以在 `code/virtual-device` 文件夹 🔗 [L6-5] 中找到这段代码。

☺恭喜，你的虚拟土壤水分传感器程序运行成功了！

6.4 传感器校准

传感器通过测量诸如电阻或电容的电气特性来反映具体的物理状况。

这些测量值并不总是有用的——想象一下，一个温度传感器给你的测量值是 22.5kΩ 而并不是你要的温度值！测量值需要通过校准转换为有用的单位——也就是将测量值与被测量的数量相匹配，以使新的测量值转换为正确的单位。

一些传感器是预先校准过的。例如，你在上一课中使用的温度传感器就是校准过的，因此它可以返回正确的温度测量值，单位为℃。在工厂里，创建的第一个传感器将被暴露在已知的温度范围内，并测量其电阻。然后，它将被用于建立一个计算公式，该公式可以将以 Ω（电阻的单位）为单位的测量值转换为 ℃。

> 🔖 根据温度计算电阻的公式称为斯坦哈特－哈特公式 🔗 [L6-8] 。

> 🎓 电阻：以欧姆（Ω）为单位，是指电流通过某物时的阻力有多大。当电压施加在一种材料上时，通过它的电流大小取决于该材料的电阻。你可以在百度百科的电阻页面 🔗 [L6-6] 上阅读更多内容。

> 🎓 电容：以法拉（F）为单位，是指一个元件或电路收集和储存电能的能力。你可以在百度百科的电容 🔗 [L6-7] 页面上阅读更多关于电容的信息。

土壤水分传感器校准

土壤水分是用重量或体积含水量来标定的。

- 重量法是指在单位重量的土壤中测量的水的重量，即每千克干土中的水量。
- 体积是指在单位体积的土壤中所测得的水的体积，即每立方米干土中的水量。

土壤水分传感器测量电阻或电容不仅因土壤水分而异，也因土壤类型而异，因为土壤中的成分可以改变其电气特性。理想情况下，应该对传感器进行校准，即从传感器上获取读数，并将其与使用更科学的方法找到的测量值进行比较。例如，实验室可以通过每年在特定田地中采集几次样本来计算土壤水分，这些数字用于校准传感器，将传感器的读数与土壤水分的重量进行比对。

图 6-21 所示显示了如何校准一个传感器。采集土壤样品的电压，然后在实验室中通过比较湿重和干重（通过测量湿重，然后在烘箱中干燥并测量干重）进行测量。一旦采集了一些读数，就可以将其绘制在图表上，并在这些点上拟合出一条线。然后，这条直线对应的公式可以用于将物联网设备采集的土壤水分传感器读数转换成实际的土壤水分测量值。

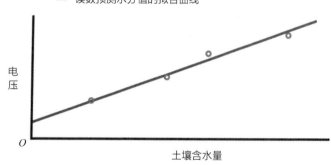

图 6-21 电压与土壤含水量的关系图

> 🔖 对于电阻式土壤水分传感器，电压会随着土壤水分的增加而增加。对于电容式土壤水分传感器，电压会随着土壤水分的增加而降低，所以这些图表会向下倾斜，而不是向上倾斜。

图6-22 所示为土壤水分传感器的电压读数，按照该读数与图上的线相接，便可以计算出实际的土壤水分。

这种方法意味着农民只需要对一块田地进行一些实验室测量[①]，然后他们就可以使用物联网设备来测量土壤水分，这样大大缩短了测量的时间。

---

① 土壤的实验室测量是一种科学方法，旨在确定土壤的物理、化学和生物学性质。这些测量通常在实验室中进行，使用各种仪器和试剂来测量土壤的各种特性。

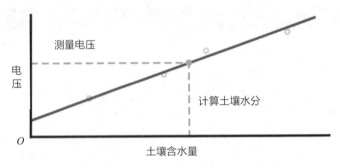

测量电压

电压

计算土壤水分

O

土壤含水量

图 6-22　图中插值的土壤水分值

 课后练习

🚀 挑战

电阻式和电容式土壤水分传感器有一些区别。这些差异是什么？哪种类型（如果有的话）最适合农民使用？这个答案在发展中国家和发达国家之间是否有变化？

📖 复习和自学

阅读关于传感器和执行器所使用的硬件和协议。

- GPIO 百度百科页面 🔗 [L6-9]。
- UART 百度百科页面 🔗 [L6-10]。
- SPI 百度百科页面 🔗 [L6-11]。
- I^2C 百度百科页面 🔗 [L6-12]。
- Zigbee 百度百科页面 🔗 [L6-13]。

👥 作业

校准你的传感器。

说明

在本课中，你收集了土壤水分传感器的读数，测量值为 0 ～ 1023。为了将这些数据转换为实际的土壤水分读数，你需要校准你的传感器。你可以通过从土壤样本中获取读数，然后从这些样本中计算出土壤水分含量。

你需要多次重复这些步骤以获得所需的读数，每次的土壤水分都不同。

（1）使用土壤水分传感器获取土壤水分读数，写下这个读数。

（2）取一个土壤样本，并对其进行称重，写下这个重量。

课后测验

（1）在测量土壤水分的时候，电阻式和电容式湿度传感器的一个不同点是（　　）。

A. 当湿度上升时，电阻式传感器的电压值会上升，电容式传感器的电压值会下降

B. 当湿度上升时，电阻式传感器的电压值下降，电容式传感器的电压值上升

C. 随着湿度的增加，电阻式和电容式传感器的电压值都会上升

（2）SPI 协议支持（　　）。

A. 一个控制器和一个外设

B. 一个控制器和多个外设

C. 多个控制器和多个外设

（3）I^2C 协议支持（　　）。

A. 一个控制器和一个外设

B. 一个控制器和多个外设

C. 多个控制器和多个外设

（3）干燥土壤——在 110℃ (230°F) 的烤箱中干燥几个小时是最好的方法，也可以在阳光下进行，或者将其放置在温暖干燥的地方，直到土壤完全干燥，此时它应该是粉状且松散的。

> 在实验室里，为了获得最准确的结果，需要将土壤在烤箱里干燥 48 ～ 72 小时。如果你的学校有干燥箱，看看你是否可以使用这些干燥箱来干燥。时间越长，样品就越干燥，结果就越准确。

（4）再次称量土壤。

> 如果你用烤箱烘干，请确保它已经冷却下来。

土壤水分的计算方法是

$$土壤湿度\% = \frac{W_{土壤湿度} - W_{土壤干重}}{W_{土壤干重}} \times 100$$

例如，假设你有一个土壤样本，湿重 212 克，干重 197 克。

计算结果填入，有

$W_{土壤湿重}$ = 212 克

$W_{土壤干重}$ = 197 克

212 − 197 = 15 克

15 / 197 = 0.076

0.076 x 100 = 7.6%

在这个例子中，土壤的土壤水分为 7.6%。

一旦你有了至少 3 个样本的读数，绘制土壤水分百分比与土壤水分传感器读数的图表，并添加最适合这些点的线。然后，你可以用它来计算给定传感器读数的土壤水分含量，从线上读取数值。

评分标准

标准	优秀	合格	需要改进
收集校准数据	采集至少 3 个校准样品	采集至少 2 个校准样品	采集至少 1 个校准样品
绘制校准读数	成功地绘制校准图，并从传感器上读取读数，将其转换为土壤含水量数据	成功地绘制校准图	不能绘制图表

第 7 课
自动浇灌植物

简介

在上一课中，你学会了如何监测土壤湿度。在本课中，你将学习如何建立一个对土壤湿度做出反应的自动浇灌系统的核心部件。你还将学习计时——传感器如何需要一段时间来响应变化，以及执行器如何需要时间来改变传感器所测量的属性。

在本课中，我们的学习内容将涵盖：

7.1 用低功率物联网设备控制高功率设备

7.2 控制一个继电器

7.3 通过 MQTT 控制你的植物

7.4 控制传感器和执行器的浇水周期时间

7.5 在你的植物控制服务器上添加对浇水周期时间的控制

课前测验

（1）IoT 设备的功率足以直接控制水泵。这个说法（　）。

A. 正确

B. 错误

（2）执行器可以控制其他设备的电源。这个说法（　）。

A. 正确

B. 错误

（3）传感器可以立即检测到执行器的变化。这个说法（　）。

A. 正确

B. 错误

7.1 用低功率物联网设备控制高功率设备

物联网设备使用低电压。虽然这样的低电压对传感器和低功率执行器（如 LED）来说是足够的，但这对于控制较大的硬件（如用于灌溉的水泵）来说就太低了。即使是你可以用于家庭植物的小型水泵，对于物联网开发套件来说也会承受太大的电流，并且会烧毁电路板。

> 📌 电流：以安培（A）为单位，是指在电路中移动的电量。电压提供推动力，电流是推动力的大小。你可以在百度百科的电流页面 🔗 [L7-1] 上阅读更多关于电流的内容。

解决这个问题的方法是将一个泵连接到外部电源，并使用一个执行器来打开泵，类似于你打开一盏灯的方式。你的手指拨动开关需要很小的能量（以你体内的能量形式），而可以去控制连接到 220V 主电源上的电灯，如图 7-1 所示。

> 🎓 市电是指在世界许多地方通过国家基础设施向家庭和企业输送的电力。

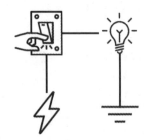

图 7-1　灯具开关为灯接通电源

物联网设备通常以 3.3V 或 5V,小于 1 安培(1A)的电流供电。与市电相比,中国市电的电压多为 220V(北美为 110V,日本为 100V),可以为消耗 30A 的设备提供电源。

有许多执行器可以做到这一点,包括你可以连接到现有开关上的机械装置,模仿手指打开它们。其中应用最为广泛的是继电器。

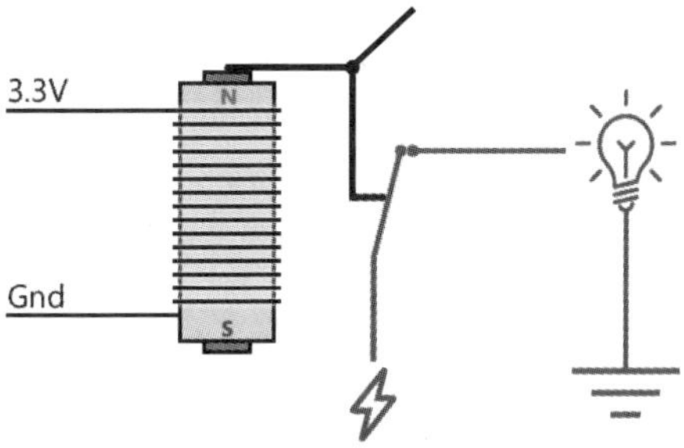

7.1.1 继电器

继电器是一种机电开关,它将电信号转换为机械运动,打开开关。继电器的核心是一个电磁铁。

🔖 电磁铁是通过电流流过电线线圈而产生磁性的磁铁。当通电时,线圈被磁化。当断电时,线圈就失去了磁性。

在继电器中,一个控制电路为电磁铁提供动力。当电磁铁通电时,磁力会拉动一个杠杆,移动一个开关,闭合一对触点,接通一个输出电路,如图7-2所示。

当控制电路关闭时,电磁铁关闭,松开杠杆并打开触点,断开输出电路,如图7-3所示。继电器是数字执行器——给继电器一个高电平信号使其打开,一个低电平信号使其关闭。

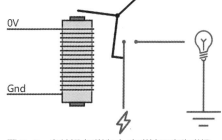

图 7-2　通电时,电磁铁产生一个磁场,
接通输出电路的开关

图 7-3　当关闭电磁铁时,电磁铁不产生磁场,
断开输出电路的开关

输出电路可用于为其他硬件供电,如灌溉系统。物联网设备可以打开继电器,闭合为灌溉系统供电的输出电路,植物就会得到浇灌。然后,物联网设备可以关闭继电器,切断灌溉系统的电源,停止浇灌。

在图 7-4 中,一个继电器被打开。继电器上的 LED 灯亮起,表示它已开启(有些继电器板上有 LED 灯,表示继电器是开启还是关闭),电被送到泵上,打开泵把水抽到植物中。

🖱 继电器也可以用于在两个输出电路之间进行切换,而不是打开和关闭一个电路。当杠杆移动时,它将开关从闭合一个输出电路移动到闭合另一个输出电路,通常共享一个共同的电源连接或共同的接地连接。

当杠杆移动时,你通常可以听到它与电磁铁接触时发出明确的咔嗒声。

🔖 继电器的接线方式实际上中断了对继电器的持续供电,使继电器关闭,然后再向继电器送电,使其再次打开,如此反复。这意味着继电器会以难以

图 7-4　继电器开启,打开水泵向植物供水

📖 做点研究

继电器有多种类型,其区别在于,当电源接通时,控制电路是否将继电器打开或关闭,或支持多个输出电路。了解一下这些不同的类型。

置信的速度进行开关,发出嗡嗡的高频声音。这就是最早一些用于电动门铃的蜂鸣的工作原理。

7.1.2 继电器电源

电磁铁不需要很大的功率来激活和拉动杠杆，它可以使用物联网开发套件的 3.3V 或 5V 输出来控制。输出电路可以承载更大的功率，这取决于继电器，包括市电电压甚至更高的工业用途的功率水平。这样，一个物联网开发套件就可以控制一个灌溉系统，从一个单一植物的小泵，到整个商业农场的大规模工业系统。

图 7-5 所示为一个 Grove 继电器。控制电路连接到一个物联网设备，使用 3.3V 或 5V 电压打开或关闭继电器。输出电路有两个端子，其中一个可以是电源或地线。输出电路可以处理高达 250V/10A 的电流，足以满足一系列主电源设备的需要。你甚至可以找到能处理高功率水平的继电器。

在图 7-6 中，电源通过一个继电器提供给一个泵。有一条红线将 USB 电源的 +5V 端子连接到继电器输出电路的一个端子，另一条红线将输出电路的另一个端子连接到泵上。一根黑线将泵连接到 USB 电源的地线上。当继电器打开时，它接通了电路，向泵发送 5V 电压，使泵开始工作。

图 7-5　标有控制电路、输出电路和继电器的 Grove 继电器

图 7-6　一个泵通过一个继电器和电源连接

7.2 控制一个继电器

你可以从你的物联网开发套件中找到一个继电器。

通过相关指南，使用你的物联网设备控制一个继电器。

- 用 Wio Terminal 控制一个继电器。
- 用树莓派控制一个继电器。
- 用虚拟物联网硬件控制一个继电器。

连接设备：控制一个继电器

用 Wio Terminal 控制一个继电器

在这一部分，除了土壤湿度传感器外，你还将在 Wio Terminal 上添加一个继电器，并根据土壤湿度水平对其进行控制。

硬件

Wio Terminal 需要连接一个继电器。

你将使用的继电器是一个 Grove 继电器，一个动合继电器（意味着输出电路是开路的，或者在没有信号发送到继电器时断开），可以处理高达 250V 和 10A 的输出电路，如图 7-7 所示。

这是一个数字执行器，因此与 Wio Terminal 的数字引脚相连接。模拟 / 数字组合端口已经与土壤湿度传感器一起使用了，所以它可以插入另一个端口，这是一个 I²C 总线和数字组合端口。

图 7-7　一个 Grove 继电器

连接继电器

Grove 继电器可以连接到 Wio Terminal 的数字端口。

任务：连接继电器

（1）将 Grove 电缆的一端插入继电器的插座上。它只能从一个方向插入。

（2）在 Wio Terminal 与计算机或其他电源断开的情况下，在你面向屏幕的时候，将连接继电器的 Grove 电缆的另一端连接到 Wio Terminal 左侧的 Grove 插座上，让土壤湿度传感器连接到右侧的插座上，如图 7-8 所示。

（3）将土壤湿度传感器插入土壤中（如果它在上一课中还没有插入）。

对继电器进行编程

现在可以对 Wio Terminal 进行编程，以使用所附的继电器。

图 7-8　Grove 继电器连接到左侧的插座上，土壤湿度传感器连接到右侧的插座上

任务：对继电器进行编程

（1）在 VS Code 中打开上一课的 `soil-moisture-sensor` 项目，如果还没有打开，那么你需要向这个项目添加内容。

（2）这个执行器没有用到任何库——它是一个数字执行器，由一个高电平或低电平信号控制。要打开它，你需要向引脚发送一个高电平信号（3.3V）；要关闭它，你需要发送一个低电平信号（0V）。你可以使用 Arduino 内置的 `digitalWrite` 功能来完成这个任务。首先，在 `setup` 函数的底部添加以下内容，将 I²C/ 数字端口组合设置为输出引脚，向继电器发送电压。

```
pinMode(PIN_WIRE_SCL, OUTPUT);
```

`PIN_WIRE_SCL` 是组合 I²C/ 数字端口的端口号。

（3）为了测试继电器是否工作，在 `loop` 函数中最后的 `delay` 下面添加以下内容。

```
digitalWrite(PIN_WIRE_SCL, HIGH);
delay(500);
digitalWrite(PIN_WIRE_SCL, LOW);
```

这段代码向继电器连接的引脚写入一个高电平信号以打开它，等待 500 毫秒（半秒），然后写入一个低电平信号以关闭继电器。

（4）建立并上传代码到 Wio Terminal。

（5）一旦上传，继电器将每 10 秒开启和关闭一次，开启和关闭之间有半秒的延迟。你将会听到继电器开启的咔嚓声，然后又咔嚓一声关闭。继电器开启时，Grove 板上的 LED 会亮起，继电器关闭时 LED 则会熄灭，如图 7-9 所示。

根据土壤湿度控制继电器

现在继电器已经开始工作，可以根据土壤湿度的读数来控制它。

图 7-9　继电器开启的时候 LED 灯
会亮起，关闭时会熄灭

任务：控制继电器

（1）删除你为测试继电器而添加的 3 行代码。用下面的代码代替它们。

```
if (soil_moisture > 450)
{
    Serial.println("Soil Moisture is too low, turning relay on.");
    digitalWrite(PIN_WIRE_SCL, HIGH);
}
else
{
    Serial.println("Soil Moisture is ok, turning relay off.");
    digitalWrite(PIN_WIRE_SCL, LOW);
}
```

这段代码检查来自土壤湿度传感器的土壤湿度水平。如果它高于 450，就打开继电器，当它低于 450 时就关闭继电器。

> 记住，电阻式土壤湿度传感器读取的土壤湿度数值越高，土壤中的水分就越多，反之亦然。

（2）建立并上传代码到 Wio Terminal。

（3）通过串行监控器监控该设备。你会看到继电器的开启或关闭取决于土壤湿度水平。先在干燥的土壤中尝试，然后加水。

```
Soil Moisture: 638
Soil Moisture is too low, turning relay on.
Soil Moisture: 452
Soil Moisture is too low, turning relay on.
Soil Moisture: 347
Soil Moisture is ok, turning relay off.
```

你可以在 **code-relay/wio-terminal** 文件夹 🔗 **[L7-2]** 中找到这个代码。

> ☺ 恭喜，你的土壤湿度传感器控制一个继电器的程序运行成功了！

用树莓派控制一个继电器

在这一部分，除了土壤湿度传感器外，你还将在树莓派上添加一个继电器，并根据土壤湿度水平对其进行控制。

硬件

树莓派需要连接一个继电器。

你将使用的继电器是一个 Grove 继电器，一个动合继电器（意味着输出电路是开路的，或者在没有信号发送到继电器时断开），可以处理高达 250V 和 10A 的输出电路，如图 7-10 所示。

这是一个数字执行器，所以连接到 Grove Base HAT 扩展板上的一个数字引脚。

图 7-10　一个 Grove 继电器

连接继电器

Grove 继电器可以通过 Grove Base HAT 扩展板连接到树莓派上。

任务：连接继电器

（1）将 Grove 电缆的一端插入 Grove 继电器的插座上。它只能从一个方向插入。

（2）在树莓派关闭电源的情况下，将 Grove 电缆的另一端连接到连接在树莓派 Grove Base HAT 扩展板上标有 `D5` 的数字插座。这个插座是左边第二个，在 GPIO 引脚旁边的那排插座上。将土壤湿度传感器连接到 `A0` 插座上，如图 7-11 所示。

图 7-11　Grove 继电器连接到 Grove Base Hat 扩展板的 D5 插座上，土壤湿度传感器连接到 A0 插座上

（3）将土壤湿度传感器插入土壤中（如果它在上一课中还没有插入）。

对继电器进行编程

现在可以对树莓派进行编程，以使用所附的继电器。

任务：对继电器进行编程

（1）给树莓派上电并等待它启动。

（2）在 VS Code 中打开上一课的 `soil-moisture-sensor` 项目，如果它还没有打开，那么你需要向这个项目中添加内容。

（3）将以下代码添加到 `app.py` 文件中，在现有的导入文件下面。

```
from grove.grove_relay import GroveRelay
```

这个语句从 Grove Python 库中导入 `GroveRelay`，以便与 Grove 继电器进行交互。

（4）在 ADC 类的声明下面添加以下代码，创建一个 `GroveRelay` 实例。

```
relay = GroveRelay(5)
```

这样就用 D5 针脚创建了一个继电器，也就是你连接继电器的数字针脚。

（5）为了测试继电器是否工作，在 soil_moisture = adc.read(0) 后面添加以下循环内容。

```
relay.on()
time.sleep(.5)
relay.off()
```

这段代码将继电器打开，等待 0.5 秒，然后将继电器关闭。

（6）运行 Python 应用程序。继电器将每 10 秒开启和关闭一次，开启和关闭之间有半秒的延迟。你将会听到继电器咔嚓一声开启，然后咔嚓一声关闭。继电器开启时，Grove 板上的 LED 会亮起，继电器关闭时 LED 则会熄灭，如图 7-12 所示。

图 7-12　继电器开启的时候 LED 灯会亮起，关闭时会熄灭

根据土壤湿度控制继电器

现在继电器已经开始工作，可以根据土壤湿度的读数来控制它。

任务：控制继电器

（1）删除你为测试继电器而添加的 3 行代码。用下面的代码代替它们。

```
if soil_moisture > 450:
    print("Soil Moisture is too low, turning relay on.")
    relay.on()
else:
    print("Soil Moisture is ok, turning relay off.")
    relay.off()
```

这段代码检查来自土壤湿度传感器的土壤湿度水平。如果它高于 450，就打开继电器，当它低于 450 时就关闭继电器。

> 🐾 记住，电阻式土壤湿度传感器读取的土壤湿度数值越高，土壤中的水分就越多，反之亦然。

（2）建立并上传代码到 Wio Terminal。

（3）通过串行监控器监控该设备。你会看到继电器的开启或关闭取决于土壤湿度水平。先在干燥的土壤中尝试，然后加水。

```
Soil Moisture: 638
Soil Moisture is too low, turning relay on.
Soil Moisture: 452
Soil Moisture is too low, turning relay on.
Soil Moisture: 347
Soil Moisture is ok, turning relay off.
```

可以在 code-relay/pi 文件夹 🔗 [L7-3] 中找到这个代码。

> 😄 恭喜你成功地使用土壤湿度传感器控制了一个继电器！

ⓒ 用虚拟物联网硬件控制一个继电器

在这一部分，除了土壤湿度传感器外，你还将在你的虚拟物联网设备上添加一个继电器，并根据土壤湿度水平来控制它。

虚拟硬件

虚拟物联网设备将使用一个模拟的 Grove 继电器。这样可以使本实验与使用树莓派和物理 Grove 继电器的情况相同。

在物理物联网设备中，继电器将是一个动合继电器（意味着输出电路是开路的，或在没有信号发送到继电器时断开）。像这样的继电器可以处理高达 250V 和 10A 的输出电路。

图 7-13　虚拟继电器的设置

添加继电器到 CounterFit

要使用虚拟继电器，你需要将其添加到 CounterFit 应用程序中。

任务：将继电器添加到 CounterFit 应用程序中

（1）在 VS Code 中打开上一课的 `soil-moisture-sensor` 项目，如果它还没有打开，你需要向项目中添加内容。

（2）确保 CounterFit 网络应用程序正在浏览器中运行。

（3）创建一个继电器，如图 7-13 所示。

　①在执行器窗格中的创建执行器框中，下拉执行器类型框，选择"Relay"（继电器）。

　②将引脚设置为 5。

　③单击"Add"按钮，在引脚 5 上创建继电器。

继电器将被创建并出现在执行器列表中，如图 7-14 所示。

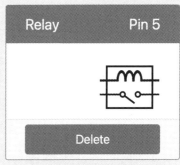

图 7-14　创建后的虚拟继电器

对继电器进行编程

现在可以对土壤湿度传感器应用程序进行编程以使用虚拟继电器。

任务：对虚拟设备进行编程

（1）在 VS Code 中打开上一课的 `soil-moisture-sensor` 项目，如果它还没有打开，你需要向项目中添加内容。

（2）将以下代码添加到 `app.py` 文件中，在现有的导入文件下面。

```
from counterfit_shims_grove.grove_relay import GroveRelay
```

这个语句从 Grove Python 库中导入 `GroveRelay`，以便与 Grove 继电器进行交互。

（3）在 ADC 类的声明下面添加以下代码，创建一个 `GroveRelay` 实例。

```
relay = GroveRelay(5)
```

这样将使用引脚 5 创建一个继电器，也就是你所连接的继电器的引脚。

（4）为了测试继电器是否工作，在 `while True` 中添加以下循环内容。

```
relay.on()
time.sleep(.5)
relay.off()
```

这段代码将继电器打开，等待 0.5 秒，然后将继电器关闭。

（5）运行 Python 应用程序。继电器将每 10 秒开启和关闭一次，开启和关闭之间有半秒的延迟。你将看到 CounterFit 应用程序中的虚拟继电器随着继电器的开启和关闭而关闭和打开，如图 7-15 所示。

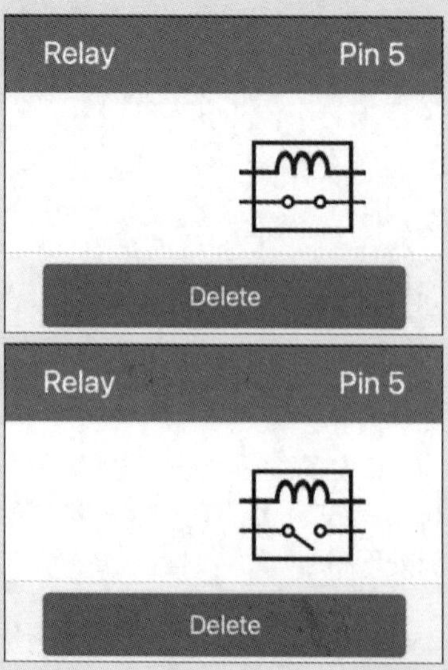

根据土壤湿度控制继电器

现在继电器已经开始工作，你可以根据土壤湿度的读数来控制它。

任务：控制继电器

删除你为测试继电器而添加的 3 行代码。用下面的代码代替它们。

图 7-15　开启和关闭的虚拟继电器

```
if soil_moisture > 450:
    print("Soil Moisture is too low, turning relay on.")
    relay.on()
else:
    print("Soil Moisture is ok, turning relay off.")
    relay.off()
```

这段代码检查来自土壤水分传感器的土壤水分水平。如果它高于 450，就打开继电器，如果它低于 450，就关闭继电器。

> 🖳 记住，电阻式土壤水分传感器读取的土壤水分水平越高，土壤中的水分就越多，反之亦然。

运行 Python 应用程序。你会看到继电器根据土壤湿度水平而开启或关闭。改变土壤湿度传感器的值或随机设置，看看数值的变化。

```
Soil Moisture: 638
Soil Moisture is too low, turning relay on.
Soil Moisture: 452
Soil Moisture is too low, turning relay on.
Soil Moisture: 347
Soil Moisture is ok, turning relay off.
```

你可以在 **code-relay/virtual-device** 文件夹 🔗 **[L7-4]** 中找到这个代码。

> 😊 恭喜，你的虚拟土壤湿度传感器控制一个继电器程序运行成功了！

7.3 通过 MQTT 控制你的植物

到目前为止，你的继电器是由物联网设备直接根据单个土壤湿度读数进行控制的。在一个商业灌溉系统中，控制逻辑将是集中的，允许它利用来自多个传感器的数据做出是否浇水的决定，并且允许在一个地方改变任何配置。为了模拟这一点，可以通过 MQTT 控制继电器。

（1）添加相关的 MQTT 库 /pip 包和代码到你的 `soil-moisture-sensor` 项目，以连接到 MQTT。将客户端 ID 命名为 `soilmoisturesensor_client` ，前缀为你的 ID。

⚠ 如果需要的话，你可以参考第一篇第 4 课中连接到 MQTT 的相关说明。

（2）添加相关的设备代码来发送带有土壤湿度设置的遥测信息。对于遥测信息，将属性命名为 `soil_moisture` 。

⚠ 如果需要的话，你可以参考第一篇第 4 课中关于发送遥测信息到 MQTT 的相关说明。

（3）创建一些本地服务器代码来订阅遥测信息，并发送命令来控制文件夹中名为 `soil-moisture-sensor-server` 的继电器。将命令信息中的属性命名为 `relay_on` ，并将客户端 ID 设置为以你的 ID 为前缀的 `soilmoisturesensor_server` 。保持与你为第一篇第 4 课所写的服务器代码相同的结构，因为你将在本课的后面加入这个代码。

⚠ 如果需要的话，你可以参考第一篇第 4 课中关于向 MQTT 发送遥测数据和通过 MQTT 发送命令的相关说明。

（4）添加相关的设备代码，从收到的命令中控制继电器，使用消息中的 `relay_on` 属性。如果土壤湿度大于 450，则 `relay_on` 发送 **True**，否则发送 **False**，与你之前为物联网设备添加的逻辑相同。

⚠ 如果需要的话，你可以参考第一篇第 4 课中关于响应 MQTT 的命令的相关说明。

你可以在 `code-mqtt` 文件夹 🔗 [L7-5] 中找到这段代码。

确保代码在你的设备和本地服务器上运行，并通过改变土壤湿度来测试它，你可以通过改变虚拟传感器发送的数值，或者通过加水或从土壤中移走传感器来改变土壤的湿度读数。

7.4   控制传感器和执行器的浇水周期时间

早在第 3 课时，你已经建立了一个夜灯—— 一个 LED，一旦光传感器检测到低照度的光，它就会打开。光照传感器即时检测到了光照度的变化，设备能够快速响应，只受限于循环函数或 `while True:` 循环中的延迟长度。作为一个物联网开发者，你不能总是依赖这样一个快速的反馈循环。

7.4.1   土壤湿度的时间安排

如果你用物理传感器做了关于土壤湿度的最后一课，你会注意到，在你给植物浇水后，土壤湿度读数需要几秒钟才能下降。这不是因为传感器的反应很慢，而是因为水浸透到土壤中需要时间。

🐭 如果你浇水时离传感器太近，你可能会看到读数迅速下降，然后又回升——这是由于传感器附近的水扩散到土壤的其他部分，减小了传感器旁的土壤湿度。

如图 7-16 所示，一个土壤湿度传感器的读数显示为 180。植物被浇水后，这个读数并没有立即改变，因为水还没有到达传感器。浇水动作甚至可以在水到达传感器之前完成，数值上升反映了新的湿度水平。

图 7-16　浇水位置如果离土壤湿度传感器较远，则需要过段时间才能看到读数变化

如果你在为通过一个基于土壤湿度水平的继电器控制灌溉系统编写代码，你需要考虑到这种延迟，并在你的物联网设备中建立更智能的计时策略。

📖 做点研究

花点时间考虑一下你如何做到这一点。

7.4.2　控制传感器和执行器的时间

想象一下，你的任务是为一个农场建立一个灌溉系统。根据土壤类型，发现种植植物的理想土壤湿度水平与 300 ～ 450 的模拟电压读数相匹配。

你可以用与夜灯相同的方法对该设备进行编程——当传感器的读数低于 180 时，就打开一个继电器以开启水泵。问题是，水从泵通过土壤到传感器需要一段时间。当传感器检测到 320 的水位时，它才停止供水，但湿度读数将持续上升，因为泵送的水还在不断浸透土壤。最终的结果是浇水过量，以及根部受损的风险增加。

📝 记住，水太多和水太少一样对植物有害，而且水太多会浪费宝贵的资源。

更好的解决方案是理解在执行器打开到传感器读取的属性变化之间存在延迟。这意味着不仅传感器在再次测量数值之前应等待一段时间，而且在进行下一次传感器测量之前，执行器需要关闭一段时间。

继电器每次应该开启多长时间？最好是谨慎行事，只把继电器打开一小段时间，然后等待水浸透，再重新检查湿度水平。毕竟，你总是可以再次打开它来添加更多的水，但你不能从土壤中抽出水分。

📝 这种定时控制方式非常特定于你正在构建的物联网设备、你正在测量的属性以及所使用的传感器和执行器。

如图 7-17 所示，我有一个草莓植物，有一个土壤湿度传感器和一个由继电器控制的泵。我观察到，当我加水时，土壤水分读数需要大约 20 秒才能稳定下来。这意味着我需要关闭继电器，等待 20 秒后再检查湿度。我宁愿水太少，也不愿意水太多——我可以随时再次打开水泵，但我不能把水从植物中取出。

图 7-17　一株草莓通过泵与水相连，泵与一个继电器相连，继电器和植物中的土壤湿度传感器都连接到树莓派上

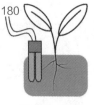

第 1 步：测量

第 2 步：加水

第 3 步：等待水浸透土壤

第 4 步：重新测量

图 7-18　一个浇水周期分为了四个步骤

这意味着更好的过程是使用浇水周期策略，即类似于图 7-18 所示的四个步骤。

（1）开启水泵 5 秒钟。

（2）等待 20 秒。

（3）检查土壤湿度。

（4）如果水平仍然低于我需要的水平，则重复上述步骤。

5 秒对泵来说可能太长了，特别是如果湿度水平只是略低于所需水平的情况下。知道使用什么时间的最好方法是尝试，然后在有传感器数据时进行调整，以此建立一个持续的反馈循环；甚至可以尝试建立更精细化的计时策略，例如，每次低过所需的土壤湿度 50（更干）时，就多开启泵 1 秒，而不是固定的 5 秒。

📖 **做点研究**

还有其他的时间策略吗？是否在土壤湿度过低的任何时候都能给植物浇水，或者一天中是否有特定的时间是给植物浇水的好时机或坏时机呢？

🖊 在控制室外种植的自动浇水系统时，也可以考虑天气预报。如果预计会下雨，那么浇水程序就可以设置搁置，直到雨结束后再打开程序。这时土壤可能已经足够湿润，无需浇水，这就避免了在下雨前浇水导致水资源的浪费。

7.5 在你的植物控制服务器上添加对浇水周期时间的控制

你可以修改服务器代码，以增加对浇水周期时间的控制，并等待土壤湿度水平的变化。控制继电器计时的服务器逻辑如下。

（1）收到遥测信息。

（2）检查土壤湿度水平。

（3）如果没有问题，什么都不做。如果读数太高（意味着土壤太干），那么进行以下操作。

    ①发送一个命令，打开继电器（开始浇水）。

    ②等待 5 秒钟。

    ③发出关闭继电器的命令。

    ④等待 20 秒，使土壤水分水平稳定下来。

浇水周期，即从接收遥测信息到准备再次处理土壤湿度水平的过程，大约需要 25 秒。我们每 10 秒发送一次土壤湿度水平，所以在服务器等待土壤湿度水平稳定时，会有一个信息接收的重叠，这时可能会启动另一个浇灌周期。

有以下两种方法可以解决这个问题。

● 改变物联网设备代码，使其每分钟只发送遥测信息。这样，在发送下一条信息之前，浇水周期就会完成。

● 在浇水周期内取消遥测的订阅。

第一种方法对于大型农场来说并不总是一个好的解决方案。农场主可能希望在浇灌土壤时捕捉到土壤湿度，以便日后分析，如了解农场不同区域的土壤湿度情况，以指导更有针对性的浇灌。第二种方案更好——代码只是在无法使用遥测时忽略它，但遥测仍然存在，供其他可能订阅的服务使用。

🖊 物联网数据不是只从一个设备发送到一个服务，相反地，许多设备可以将数据发送到一个代理，而许多服务可以从代理那里监听数据。例如，一个服务可以监听土壤湿度数据，并将其存储在数据库中，以便日后进行分析；另一个服务也可以监听相同的遥测数据，以控制一个灌溉系统。

任务：给你的植物控制服务器添加定时

更新你的服务器代码，使继电器运行 5 秒，然后等待 20 秒。

（1）打开 VS Code 中的 `soil-moisture-sensor-server` 文件夹（如果它还没有打开的话），确保虚拟环境被激活。

（2）打开 `app.py` 文件。

（3）在 `app.py` 文件中，在现有的文件导入下面添加以下代码。

```
import threading
```

这条语句从 Python 库中导入线程，线程允许 Python 在等待时执行其他代码。

（4）在处理服务器代码收到遥测信息的 `handle_telemetry` 函数前添加以下代码。

```
water_time = 5
wait_time = 20
```

这两条语句定义了继电器运行多长时间（water_time），以及之后等待多长时间来检查土壤湿度（wait_time）。

（5）在这段代码下面，添加以下内容。

```
def send_relay_command(client, state):
    command = { 'relay_on' : state }
    print("Sending message:", command)
    client.publish(server_command_topic, json.dumps(command))
```

这段代码定义了一个名为 `send_relay_command` 的函数，通过 MQTT 发送命令以控制中继。遥测数据被创建为一个字典，然后转换为 JSON 字符串。传递给 `state` 的值决定了继电器应该开启还是关闭。

（6）在 `send_relay_command` 函数之后，添加以下代码。

```
def control_relay(client):
    print("Unsubscribing from telemetry")
    mqtt_client.unsubscribe(client_telemetry_topic)

    send_relay_command(client, True)
    time.sleep(water_time)
    send_relay_command(client, False)

    time.sleep(wait_time)

    print("Subscribing to telemetry")
    mqtt_client.subscribe(client_telemetry_topic)
```

这段代码定义了一个函数，基于时间顺序来控制继电器。它首先取消对遥测的订阅，以便在浇水的时候不处理土壤湿度信息。接下来，它发送一个命令，将继电器打开。然后，在发送关闭继电器的命令之前，它将等待 `water_time` 时长。最后，它等待土壤湿度水平稳定 `wait_time` 秒时长，然后重新订阅遥测。

（7）将 `handle_telemetry` 函数改为以下代码。

```
def handle_telemetry(client, userdata, message):
    payload = json.loads(message.payload.decode())
```

```
print("Message received:", payload)

if payload['soil_moisture'] < 180:
    threading.Thread(target=control_relay, args=(client,)).start()
```

这段代码用于检查土壤水分水平。如果它小于 180，则土壤需要浇水，所以它调用 `control_relay` 函数。这个函数是在一个单独的线程上运行的，线程在后台运行。

（8）确保你的物联网设备正在运行，然后下面运行这段代码。改变土壤湿度，观察继电器的情况。应该可以观察到继电器打开 5 秒钟，然后保持关闭至少 20 秒，只有在土壤湿度不够的情况下才会打开。

```
(.venv) → soil-moisture-sensor-server × python app.py
Message received: {'soil_moisture': 457}
Unsubscribing from telemetry
Sending message: {'relay_on': True}
Sending message: {'relay_on': False}
Subscribing to telemetry
Message received: {'soil_moisture': 302}
```

在模拟灌溉系统中测试的一个好方法是使用干燥的土壤，然后在继电器开启时手动倒水，在继电器关闭时停止倒水。

你可以在 `code-timing` 文件夹 🔗 [L7-6] 中找到这段代码。

> 🖎 如果你想用泵来建立一个真正的灌溉系统，那么你可以使用一个带有 USB 终端电源的 6V 水泵，确保通往或来自水泵的电源是通过继电器连接的。

课后练习

🚀 挑战

你应该能想到任何其他物联网或其他电气设备有类似的问题，即执行器的结果需要一段时间才能到达传感器。你的家里或学校里可能有一些这样的设备。

- 它们测量的是什么属性？
- 使用推杆后，属性需要多长时间才能改变？
- 属性的变化超过要求的值可以吗？
- 如果需要的话，如何将其恢复到所需值？

📖 复习和自学

- 阅读更多百度百科关于继电器的知识 🔗 [L7-7]。

作业

建立一个更有效的浇水循环系统。

说明

本课介绍了如何通过传感器数据控制一个继电器,该继电器可以反过来控制一个灌溉系统的泵。对于一个确定的土壤体,水泵运行一个固定的时间长度,对土壤湿度的影响应该总是相同的。这意味着你可以知道多少秒的灌溉对应于土壤湿度读数的特定上升值。利用这些数据,你可以建立一个更可控的灌溉系统。

在这项作业中,你将计算出土壤湿度特定上升时水泵应该运行多长时间。

⚠️ **注意**

如果你使用的是虚拟物联网硬件,你可以跳过这个过程,但通过手动增加土壤水分读数,在继电器开启的每一秒钟增加一个固定的数量来模拟结果。

（1）从干燥的土壤开始,测量土壤湿度。

（2）加入固定数量的水,可以通过让水泵运行1秒或倒入固定数量的水进行观察。

⚠️ **注意**

泵应始终以恒定的速度运行,因此,泵运行的每一秒钟都应提供相同数量的水。

（3）等到土壤湿度稳定下来,再进行读数。

（4）重复多次,并建立一个如表7-1所列的结果表。

（5）计算出泵每多开1秒钟的水对土壤湿度影响的平均值。在上面的例子中,水泵每秒钟开启平均使土壤湿度读数增加了20.3。

（6）使用这个数据可以提高你服务器代码的效率,自动计算使土壤湿度达到所需水平时水泵运行所需的时间。

表7-1 土壤湿度读数与水泵开启时间记录

泵开启的总时间	土壤湿度读数	增加量
干燥	179	0
1s	201	22
2s	221	20
3s	243	22
4s	262	19
5s	283	21
6s	301	18

课后测验

（1）继电器是什么类型的开关?（ ）

A. 电子开关（Electrical）

B. 机电开关（Electromechanical）

C. 机械开关（Mechanical）

（2）继电器允许（ ）。

A. 低功率的设备控制高功率的设备

B. 高功率的设备控制低功率的设备

C. 运动员跑一场接力赛

（3）执行器总是对传感器的读取立即做出反应。这个说法（ ）。

A. 正确

B. 错误

评分标准

标准	优秀	合格	需要改进
获取土壤水分的数据	在加入固定数量的水后能够读取多个读数	能够用固定数量的水获取一些读数	只能捕获一个或两个读数,或者无法使用固定数量的水
校准服务器代码	能够计算出土壤水分读数的平均升幅,并使用该值更新服务器代码	能够计算出平升降幅,但不能更新服务器代码,或者不能正确计算出平均值,但使用该值正确更新服务器代码	不能计算出平均值,也不能更新服务器代码

第 8 课
将你的种植数据迁移到云端

课前准备

简介

在上一课中,你学会了如何将你的植物连接到 MQTT 代理,并通过本地运行的一些服务器代码控制一个继电器。这样构成了互联网连接的自动浇水系统的核心,从家里的个别植物一直到商业农场都在使用。

物联网设备与一个公共的 MQTT 代理进行通信,作为演示原理的一种方式尚可,但这并不是最可靠或最安全的方式。在本课中,你将了解云,以及公共云服务提供的物联网功能。你还会学习如何将你的种植数据从公共 MQTT 代理迁移到这些云服务中的一个。

在本课中,我们的学习内容将涵盖:

8.1 什么是云
8.2 创建一个云订阅
8.3 云物联网服务
8.4 在云中创建一个物联网服务
8.5 与 IoT 中心进行通信
8.5 将你的设备连接到物联网服务

课前测验

(1)公共 MQTT 代理可用于商业物联网项目。这个说法( )。

A. 正确

B. 错误

(2)使用云计算,( )。

A. 只能租赁计算机

B. 只能租赁计算机和应用平台

C. 可以租赁计算机、应用平台、软件、无服务器计算平台以及其他服务

(3)有多家云平台供应商拥有遍布六大洲许多国家的数据中心。这个说法( )。

A. 正确

B. 错误

8.1 什么是云

在云计算出现之前,当一个公司想为其员工提供如数据库或文件存储服务,或为公众提供如网站服务时,需要建设和运行一个数据中心。其中包括从一个有少量计算机的房间,到一个有许多计算机的建筑物。该公司将管理一切,包括:

● 购买计算机。
● 硬件维护。
● 解决电源和冷却问题。

● 网络。
● 安全,包括保护建筑安全和保护计算机上的软件安全。
● 软件安装和更新。

所有事项加起来成本可能是非常昂贵的,还需要各种专业员工,并且在需求变化时反应非常迟缓。例如,一个网上商店要为繁忙的假日季节做计划,需要提前几个月计划购买更多的硬件,并配置和安装,还要安装软件来运行在线销售平台。假期结束后,销售量回落,就会下架已经付过钱的计算机,打包送到仓库存放,直到下一个旺季的到来。

8.1.1 别人的计算机

云通常被戏称为"别人的计算机"。最初的想法很简单——与其购买计算机，不如租用别人的计算机。这个"别人"即云计算供应商，管理着巨大的数据中心。云计算供应商将负责购买和安装硬件，管理电力和冷却系统，搭建网络，建立安全机制，负责硬件和软件更新等一切事项。作为客户，你只需租用你需要的计算机，当需求激增时，你会租用更多的计算机，如果需求下降，你就会减少租用的数量。这种云数据中心遍布世界各地。

这些数据中心的面积可以达到数平方千米。图8-1是几年前在微软云数据中心拍摄的，显示了最初的规模。图8-2所示是一个计划扩建中的微软云数据中心。为扩建而清理的区域超过5平方千米。

> 👥 这些数据中心需要如此大量的电力，以至于有些中心拥有自己的发电站。由于它们的规模和云供应商的投资水平，因此它们通常是非常环保的。它们比大量的小型数据中心更有效，它们主要依靠可再生能源运行，而且云供应商努力减少浪费，减少用水量，并重新种植森林，以弥补那些为提供空间建造数据中心而砍伐的森林。你可以在 Azure 的可持续发展网站 🔗 [L8-1] 上阅读更多关于一个云供应商在可持续发展方面的工作。

使用云计算可以降低公司的成本，并使公司专注于自己最擅长的事情，把云计算的专业知识交给供应商。公司不再需要租用或购买数据中心空间，向不同的供应商支付连接和电力费用或雇用专家。相反，公司只需每月向云计算供应商支付一笔费用，就可以搞定一切。

然后，云供应商可以利用规模经济来降低成本，以较低的成本大量购买计算机，投资于工具，以减少其维护工作量，甚至设计和建造自己的硬件来改善自己的云服务。

8.1.2 微软 Azure

Azure 是微软的开发者云，这也是你将在这些课程中使用的云。视频 🎥 [L8-4] 简要介绍了 Azure 的情况，如图 8-3 所示。

8.2 创建一个云订阅

要使用云中的服务，你就需要向云供应商注册一个订阅。在本课中，你将注册一个微软的 Azure 订阅。

💡 做点研究

你认为这能让公司快速发展吗？如果一个在线服装零售商的某种服装由于某个名人穿了之后而突然流行起来，它是否能够迅速增加其计算能力以支持突然涌入的订单？

图 8-1　一个微软云数据中心

图 8-2　一个在计划扩建中的微软云数据中心

💡 做点研究

阅读关于主要云的资料，如微软的 Azure 🔗 [L8-2] 或谷歌的 GCP 🔗 [L8-3]。它们有多少个数据中心，它们在世界的什么地方？

图 8-3　观看介绍微软 Azure 的视频

如果你已经有一个 Azure 订阅，则可以跳过这个任务。这里描述的订阅细节在写作时是正确的，但可能会改变。

> 🐾 如果你是通过学校获取这些课程的，那么你可能已经有一个 Azure 订阅。请向你的老师查询。

有以下两种不同类型的免费 Azure 订阅，你可以根据自己的情况注册获取。

- **学生版 Azure：** 这是为 18 岁以上学生设计的订阅。你不需要信用卡来注册，你用你的学校电子邮件地址即可验证你是一个学生。当你注册时，你会得到 100 美元用于购买云资源，以及免费的服务，包括一个免费的物联网服务版本。这些服务将持续 12 个月，你可以在你仍然是学生的情况下每年更新。
- **Azure 免费订阅：** 这是为非学生的人群提供的订阅。你将需要一张信用卡来注册订阅，但不会向你的卡收费，这只是用来验证你是一个真正的人，而不是一个机器人。你将获得 200 美元的信用额度，可在前 30 天内用于任何服务，以及免费的 Azure 服务层级。一旦你的信用额度用完了，你的银行卡也不会被扣款，除非你转为随用随取的订阅方式。

> 🐾 微软确实为 18 岁以下的学生提供了 Azure for Students Starter 订阅服务，但在撰写本文时，它并不支持任何物联网服务。

如果你是一个 18 岁以上的学生，那么你可以注册一个 Azure for Students 的订阅。你将需要用学校的电子邮件地址进行验证。你可以通过以下几种方式之一来完成验证。

- 在 🔗 `https://education.github.com/pack` （需要能够访问 github 网站）上注册一个 GitHub 学生开发者包。这样可以让你使用一系列的工具和优惠，包括 GitHub 和微软 Azure。一旦你注册了开发者包，你就可以激活 Azure for Students 的优惠。
- 直接在 🔗 `https://azure.microsoft.com/zh-cn/free/students/` 注册学生专用 Azure 账户。

如果你不是学生，或者你没有一个有效的学校电子邮件地址，那么你可以注册一个 Azure 免费订阅。

- 在 🔗 `https://azure.microsoft.com/zh-cn/free/` 注册 Azure 免费订阅。

> ⚠ **注意**
>
> 如果你的学校电子邮件地址不被认可，请在此上报问题 🔗 **[L8-4-2]**，我们将看看是否能将其添加到 Azure for Students 的允许列表中。

8.3　云物联网服务

你一直在使用的公共测试 MQTT 代理，在学习时是一个很好的工具，但作为一个在商业环境中使用的工具，却有很多缺点。

- 可靠性——它是一个没有任何保证的免费服务，而且可以随时关闭。
- 安全性——它是公开的，所以任何人都可以监听你的遥测数据或发送命令来控制你的硬件。
- 性能——它只为少数测试信息而设计，所以无法应付大量的信息发送。
- 发现——无法知道连接了哪些设备。

云中的物联网服务解决了这些问题。它们由大型云供应商维护，这些供应商在可靠性方面投入了大量资金，并随时修复可能出现的任何问题。它们具有安全性，以阻止黑客读取你的数据或发送恶意命令。它们也是高性能的，每天能够处理数以百万计的信息。利用云的优势，也可以随时根据需要进行扩展。

> 🐾 虽然你要为这些优点支付月费，但大多数云供应商都提供每天的信息量或可连接设备受限的免费版物联网服务。这种免费版本通常足以让开发者了解该服务。在本课中，你将使用一个免费版本。

物联网设备可以使用设备 SDK（提供代码以使用服务功能的库），或直接通过如 MQTT 或 HTTP 等通信协议连接到云服务。设备 SDK 通常是最简单的途径，因为它为你打理一切，如知道要发布或订阅什么主题,以及如何处理安全问题。

然后你的设备通过这个服务与你应用程序的其他部分进行通信,类似于你通过 MQTT 发送遥测和接收命令的方式。它通常是使用一个服务 SDK 或类似的库。消息从你的设备发送到服务,然后你应用程序的其他组件可以读取它们,当然消息也可以被送回你的设备,如图 8-4 所示。

图 8-4　设备使用设备 SDK 连接到一个服务,服务器代码也通过 SDK 连接到云上

这些服务通过了解所有可以连接和发送数据的设备来实现安全性,或者通过让这些设备预先在服务中注册,或者通过给这些设备提供密钥或证书,让它们在第一次连接时可以用于在服务中注册。未知的设备无法连接,如果它们尝试连接,服务会拒绝连接并忽略它们发送的信息,如图 8-5 所示。

图 8-5　有效密钥的物联网设备被允许与物联网服务连接,无效密钥的设备则会被拒绝连接

你的应用程序的其他组件可连接到物联网服务,了解所有连接或注册的设备,并直接与它们进行批量通信或单独通信。

> 🐾 物联网服务还实现了附加功能,云供应商有可以连接到该服务的附加服务和应用程序。例如,如果你想把所有设备发送的遥测信息存储在数据库中,那么通常只需在云供应商的配置工具中单击几下,就可以把服务连接到数据库,并把数据传进去。

📝 做点研究

如果有一个开放的物联网服务,任何设备或代码都可以连接,这有什么坏处?你能找到黑客利用这一点的具体例子吗?

8.4　在云中创建一个物联网服务

现在你有一个 Azure 订阅,你可以注册一个物联网服务。微软的物联网服务被称为 Azure IoT Hub(也称为 IoT 中心),图标如图 8-6 所示。

图 8-7 所示的视频简要介绍了 Azure IoT Hub(IoT 中心)的情况,链接见 🎥 **[L8-5]**。

Azure 中可用的云服务可以通过基于 Web 的门户,或通过命令行界面(CLI)进行配置。对于这项任务,你将使用到 CLI。

图 8-6　Azure IoT Hub 的图标

图 8-7　Azure IoT Hub 的概述视频

8.4.1　任务：安装 Azure CLI

要使用 Azure CLI，首先必须在你的 PC 上安装它。

（1）按照 Azure CLI 文档 🔗 **[L8-7]** 中的说明安装 CLI。

（2）Azure CLI 支持许多扩展，这些扩展增加了管理各种 Azure 服务的功能，通过在命令行或终端运行以下命令来安装物联网扩展。

✍️ **做点研究**

花点时间做一些研究，阅读微软 IoT 概念和 Azure IoT 中心文档 🔗 **[L8-6]** 中的概述部分。

```
az extension add --name azure-iot
```

（3）从你的命令行或终端，运行以下命令，从 Azure CLI 登录到你的 Azure 订阅。

```
az login
```

这样将在你的默认浏览器中启动一个网页。使用你注册 Azure 订阅时使用的账户登录。登录后，你可以关闭浏览器标签。

（4）如果你有多个 Azure 订阅，如学校提供的订阅，以及你自己的 Azure for Students 订阅，那么你需要选择你要使用的订阅。运行下面的命令，列出你可以使用的所有订阅。

```
az account list --output table
```

在输出中，你会看到每个订阅的名称以及它的 `SubscriptionId` 。

```
→  ~ az account list --output table
Name                    CloudName    SubscriptionId                         State     IsDefault
----------------------  -----------  -------------------------------------  -------   ----------
-
School-subscription     AzureCloud   cb30cde9-814a-42f0-a111-754cb788e4e1   Enabled   True
Azure for Students      AzureCloud   fa51c31b-162c-4599-add6-781def2e1fbf   Enabled   False
```

要选择你要使用的订阅，请使用以下命令。

```
az account set --subscription <SubscriptionId>
```

将 `<SubscriptionId>` 替换为你想使用的订阅的 Id。运行这个命令后，重新运行该命令，列出你的账户。你将看到 `IsDefault` 列将被标记为 `True` ，用于你刚刚设置的订阅。

8.4.2　任务：创建一个资源组

Azure 服务，如 IoT 中心实例、虚拟机、数据库或 AI 服务等，被称为资源。每个资源都必须在一个资源组内，它是由一个或多个资源组成的逻辑分组。

> 💾 使用资源组意味着你可以同时管理多个服务。例如，一旦你完成了这个项目的所有课程，你便可以删除资源组，里面的所有资源都会自动删除。

（1）世界各地有多个 Azure 数据中心，被划分为不同的区域。当你创建 Azure 资源或资源组时，你必须指定你希望它在哪里创建。运行下面的命令可以得到地点的列表。

```
az account list-locations --output table
```

你会看到一个地点的列表。这个列表会很长。

🝒 在撰写本文时,有 65 个地点可以部署。

```
  →  ~ az account list-locations --output table
DisplayName              Name                  RegionalDisplayName
-----------------------  --------------------  ------------------------------------
East US                  eastus                (US) East US
East US 2                eastus2               (US) East US 2
South Central US         southcentralus        (US) South Central US
...
```

记下离你最近的地区的"Name"栏中的值。你可以在 Azure 地域页面 🔗 [L8-10] 的地图上找到这些地区。

（2）运行以下命令,创建一个名为 soil-moisture-sensor 的资源组。资源组名称在你的订阅中必须是唯一的。(⚠ 下面命令中的"\"是由于书籍排版问题而使用的,实际操作过程中将"\"替换为空格。)

```
az group create --name soil-moisture-sensor \
                --location <location>
```

将 <location> 替换为你在上一步时选择的位置。

8.4.3 任务：创建一个 IoT 中心

现在你可以在你的资源组中创建一个 IoT 中心。

使用下面的命令来创建你的 IoT 中心资源。

```
az iot hub create --resource-group soil-moisture-sensor \
                  --sku F1 \
                  --partition-count 2 \
                  --name <hub_name>
```

将 <hub_name> 替换为你的 IoT 中心的名称。这个名称需要是全球唯一的——也就是说,任何人创建的其他 IoT 中心都不能有相同的名称。这个名称被用于指向 IoT 中心的 URL(网址),所以需要是唯一的。使用像 soil-moisture-sensor 这样的名字,并在末尾添加一个独特的标识符,比如一些随机的单词或你的名字。

--sku F1 选项告诉它使用一个免费层。免费层支持每天 8000 条信息,以及全价层的大部分功能。

🎓 Azure 服务的不同定价水平被称为层级。每个层级都有不同的费用,提供不同的功能或数据量。

🝒 如果你想了解更多关于定价的信息,你可以查看 Azure IoT 中心定价指南 🔗 [L8-11]。

--partition-count 2 选项定义了 IoT 中心支持多少个数据流,当多个事物从 IoT 中心读写时,更多的分区会减少数据阻塞。分区不在这些课程的范围内,但需要设置这个值来创建一个免费层的 IoT 中心。

🝒 每个订阅者只能有一个免费层级的 IoT 中心。

至此,IoT 中心将被创建。它需要 1 分钟左右的时间来完成。

8.5　与 IoT 中心进行通信

在上一课中，你使用 MQTT 并在不同的主题上来回发送消息，不同的主题有不同的目的。比起在不同的主题上发送消息，IoT 中心有许多定义好的方式让设备与 IoT 中心通信，或者让 IoT 中心与设备通信。

> 🖳 在底层，IoT 中心与你设备之间的这种通信可以使用 MQTT、HTTPS 或 AMQP 协议。

设备到云（D2C）消息：从设备发送到 IoT 中心的消息，如遥测信息。它们可以通过你的应用程序代码被 IoT 中心读取。

> 🎓 在底层，IoT 中心使用一个名为 Azure 事件中心 🔗 **[L8-12]** 的 Azure 服务。当你写代码来读取发送到 Hub 的消息时，这些消息通常被称为 events（事件）。

- **云到设备（C2D）消息：** 被应用程序代码通过 IoT 中心发送到物联网设备的消息。
- **直接请求法：** 这些是从应用程序代码通过 IoT 中心向物联网设备发送的消息，请求该设备做一些事情，如控制一个执行器。这些消息需要一个响应，所以你的应用程序代码可以知道它是否被成功处理。
- **孪生设备（Device Twins）：** 这些 JSON 格式文档在设备和 IoT 中心之间保持同步，用于存储设备报告的设置或其他属性，以及 IoT 中心应在设备上设置的属性（称为所需）。

IoT 中心可以将消息和直接方法请求存储一段时间（默认为一天），因此，如果设备或应用程序代码失去连接，它仍然可以在重新连接后检索它离线时发送的消息。孪生设备被永久地保存在 IoT 中心，所以在任何时候，设备都可以重新连接并获得最新的孪生设备。

> 📖 **做点研究**
>
> 在 IoT Hub 文档中的设备到云通信指南 🔗 **[8-13]** 和云到设备通信指南 🔗 **[8-14]** 中阅读更多关于这些消息类型的内容。

8.6　将你的设备连接到物联网服务

一旦 IoT 中心被创建，你的物联网设备就可以连接到它。只有注册的设备才能连接到服务，所以你需要先注册你的设备。当你注册时，你可以得到可以用它来连接一个设备的连接字符串。这个连接字符串是特定于设备的，包含 IoT 中心、设备和允许该设备连接的密钥信息。

> 🎓 连接字符串是指包含连接详细信息的一段文本的通用术语。这些字符串在连接 IoT 中心、数据库和许多其他服务时使用。它们通常由服务的标识符（如 URL）和安全信息（如密钥）组成。这些信息被传递给 SDK 以连接到服务。

> ⚠️ **注意**
>
> 连接字符串应该保持安全！安全问题将在后续的课程中详细介绍。

8.6.1　任务：注册你的物联网设备

物联网设备可以使用 Azure CLI 在你的 IoT 中心进行注册。

（1）运行下面的命令来注册一个设备。

```
az iot hub device-identity create --device-id soil-moisture-sensor \
                          --hub-name <hub_name>
```

将 **<hub_name>** 替换为你用于 IoT 中心的名称。

这样将创建一个 ID 为 **soil-moisture-sensor** 的设备。

（2）当你的物联网设备使用 SDK 连接到你的 IoT 中心时，它需要使用一个连接字符串，提供集线器的

URL，以及一个密钥。运行下面的命令来获取连接字符串。

```
az iot hub device-identity connection-string show --device-id soil-moisture-sensor \
                                                  --output table \
                                                  --hub-name <hub_name>
```

将 `<hub_name>` 替换为你用于 IoT 中心的名称。

（3）保存输出中显示的连接字符串，因为以后你会需要它。

```
HostName=<hub_name>.azure-devices.net;DeviceId=soil-moisture-sensor;SharedAccessK
ey=**************=
```

8.6.2　任务：将你的物联网设备连接到云端

通过相关的指南工作，将你的物联网设备连接到云端。
- 用 Wio Terminal 将你的物联网设备连接到云端。
- 用虚拟物联网硬件或树莓派将你的物联网设备连接到云端。

连接设备：将你的物联网设备连接到云端

◆ 用 Wio Terminal 将你的物联网设备连接到云端

在这一部分，你将把 Wio Terminal 连接到你的 IoT Hub，以发送遥测数据和接收命令。

将你的设备连接到 IoT Hub

下一步是将你的设备连接到 IoT Hub。

任务：连接到 IoT Hub

（1）在 VS Code 中打开 `soil-moisture-sensor` 项目。

（2）打开 `platformio.ini` 文件。删除 `kolleary/PubSubClient` 库的依赖关系。这是用于连接到公共 MQTT 代理，而不需要连接到 IoT Hub。

（3）添加以下库的依赖关系。

```
seeed-studio/Seeed Arduino RTC @ 2.0.0
arduino-libraries/AzureIoTHub @ 1.6.0
azure/AzureIoTUtility @ 1.6.1
azure/AzureIoTProtocol_MQTT @ 1.6.0
azure/AzureIoTProtocol_HTTP @ 1.6.0
azure/AzureIoTSocket_Wi-Fi @ 1.0.2
```

`Seeed Arduino RTC` 库提供了与 Wio Terminal 中实时时钟互动的代码，用于跟踪时间。其余的库允许你的物联网设备连接到 IoT Hub。

（4）在 `platformio.ini` 文件的底部添加以下内容。

```
build_flags =
    -DDONT_USE_UPLOADTOBLOB
```

这会设置编译 Arduino IoT Hub 代码时需要的编译器标志。

（5）打开 `config.h` 头文件。删除所有的 MQTT 设置，为设备连接字符串添加以下常量。

```
// IoT Hub settings
const char *CONNECTION_STRING = "<connection string>";
```

用你之前复制的设备的连接字符串替换 **<connection string>**。

（6）与 IoT Hub 的连接使用了一个基于时间的令牌。这意味着物联网设备需要知道当前的时间。与 Windows、macOS 和 Linux 等操作系统不同，微控制器不会通过互联网自动同步当前时间。这意味着你需要添加代码，从 NTP 服务器获取当前时间。一旦检索到时间，就可以把它储存在 Wio Terminal 的实时时钟中，允许在以后请求正确的时间，前提是设备不断电。添加一个名为 `ntp.h` 的新文件，代码如下。

```
#pragma once

#include "DateTime.h"
#include <time.h>
#include "samd/NTPClientAz.h"
#include <sys/time.h>

static void initTime()
{
    Wi-FiUDP _udp;
    time_t epochTime = (time_t)-1;
    NTPClientAz ntpClient;

    ntpClient.begin();

    while (true)
    {
        epochTime = ntpClient.getEpochTime("0.pool.ntp.org");

        if (epochTime == (time_t)-1)
        {
            Serial.println("Fetching NTP epoch time failed! Waiting 2 seconds to retry.");
            delay(2000);
        }
        else
        {
            Serial.print("Fetched NTP epoch time is: ");

            char buff[32];
            sprintf(buff, "%.f", difftime(epochTime, (time_t)0));
            Serial.println(buff);
```

```
            break;
        }
    }

    ntpClient.end();

    struct timeval tv;
    tv.tv_sec = epochTime;
    tv.tv_usec = 0;

    settimeofday(&tv, NULL);
}
```

这段代码的细节超出了本课的范围。它定义了一个名为 `initTime` 的函数，从 NTP 服务器获取当前时间，并使用它来设置 Wio Terminal 的时钟。

（7）打开 `main.cpp` 文件，删除所有的 MQTT 代码，包括 `PubSubClient.h` 头文件、`PubSubClient` 变量的声明、`reconnectMQTTClient` 和 `createMQTTClient` 方法，以及对这些变量和方法的任何调用。这个文件应该只包含连接到 Wi-Fi 的代码，获得土壤水分并创建一个包含它的 JSON 格式文档。

（8）在 `main.cpp` 文件的顶部添加以下 `#include` 指令，以包含 IoT Hub 库的头文件，并设置时间。

```
#include <AzureIoTHub.h>
#include <AzureIoTProtocol_MQTT.h>
#include <iothubtransportmqtt.h>
#include "ntp.h"
```

（9）将以下调用添加到 `setup` 函数末尾以设置当前时间。

```
initTime();
```

（10）在文件的顶部添加以下变量声明，就在 `include` 指令的下面。

```
IOTHUB_DEVICE_CLIENT_LL_HANDLE _device_ll_handle;
```

这行代码声明了 `IOTHUB_DEVICE_CLIENT_LL_HANDLE`，一个连接到 IoT Hub 的句柄。
（11）在它下面，添加以下代码。

```
static void connectionStatusCallback(IOTHUB_CLIENT_CONNECTION_STATUS result, IOTHUB_CLIENT_
CONNECTION_STATUS_REASON reason, void *user_context)
{
    if (result == IOTHUB_CLIENT_CONNECTION_AUTHENTICATED)
    {
        Serial.println("The device client is connected to iothub");
    }
    else
    {
        Serial.println("The device client has been disconnected");
```

```
        }
    }
```

这段代码声明了一个回调函数,当与 IoT Hub 的连接改变状态,如连接或断开连接时,该函数将被调用。该状态被发送到串行端口。

(12)接下来在下面,添加一个连接到 IoT Hub 的函数。

```
void connectIoTHub()
{
    IoTHub_Init();

    _device_ll_handle = IoTHubDeviceClient_LL_CreateFromConnectionString(CONNECTION_STRING,
MQTT_Protocol);

    if (_device_ll_handle == NULL)
    {
        Serial.println("Failure creating Iothub device. Hint: Check your connection string.");
        return;
    }

    IoTHubDeviceClient_LL_SetConnectionStatusCallback(_device_ll_handle,
connectionStatusCallback, NULL);
}
```

这段代码初始化了 IoT Hub 库的代码,然后使用 config.h 头文件中的连接字符串创建一个连接。这个连接是基于 MQTT 的。如果连接失败,它将被发送到串行端口 —— 如果你在输出中看到这个提示,请检查连接字符串。最后设置了连接状态回调。

(13)在调用 `initTime` 下面的 `setup` 函数中调用下面这个函数。

```
connectIoTHub();
```

(14)与 MQTT 客户端一样,这段代码在单线程上运行,所以需要时间来处理由 Hub 发送的消息,并发送到 Hub 上。在 `loop` 函数的顶部添加以下内容来完成这个任务。

```
IoTHubDeviceClient_LL_DoWork(_device_ll_handle);
```

(15)建立并上传这段代码。你将在串行监视器中看到连接。

```
Connecting to Wi-Fi..
Connected!
Fetched NTP epoch time is: 1619983687
Sending telemetry {"soil_moisture":391}
The device client is connected to iothub
```

在输出中,你可以看到 NTP 时间被获取,然后是设备客户端连接。它可能需要几秒钟的时间来连接,所以你可能会在设备连接时看到输出中的土壤湿度。

> 你可以使用 [L8-15] 这样的网站将 NTP 的 UNIX 时间转换为更可读的版本。

发送遥测信息

现在你的设备已经连接好了，你可以向 IoT Hub 而不是 MQTT 代理发送遥测数据。

（1）在 `setup` 函数上方添加以下函数。

```
void sendTelemetry(const char *telemetry)
{
    IOTHUB_MESSAGE_HANDLE message_handle = IoTHubMessage_CreateFromString(telemetry);
    IoTHubDeviceClient_LL_SendEventAsync(_device_ll_handle, message_handle, NULL, NULL);
    IoTHubMessage_Destroy(message_handle);
}
```

这段代码从作为参数传递的字符串中创建了一个 IoT Hub 消息，将其发送到 Hub，然后清理了消息对象。

（2）在 `loop` 函数中调用下面这段代码，就在向串行端口发送遥测数据的一行代码之后。

```
sendTelemetry(telemetry.c_str());
```

处理命令

你的设备需要处理来自服务器代码的命令，以控制继电器。这将作为一个直接方法请求被发送。

任务：处理一个直接方法请求

（1）在 `connectIoTHub` 函数前添加以下代码。

```
int directMethodCallback(const char *method_name, const unsigned char *payload, size_t size,
unsigned char **response, size_t *response_size, void *userContextCallback)
{
    Serial.printf("Direct method received %s\r\n", method_name);

    if (strcmp(method_name, "relay_on") == 0)
    {
        digitalWrite(PIN_WIRE_SCL, HIGH);
    }
    else if (strcmp(method_name, "relay_off") == 0)
    {
        digitalWrite(PIN_WIRE_SCL, LOW);
    }
}
```

此代码定义 IoT Hub 在收到直接方法请求时可以调用的回调方法。请求的方法在 `method_name` 参数中发送。此函数将调用的方法打印到串行端口，然后根据方法名称打开或关闭继电器。

> 这样的请求也可以在一个直接的方法请求中实现，在一个 payload（就是协议报文中的有效载荷所占报文的百分比，用报文中去除协议的长度 / 报文总长度）中传递所需的继电器状态，可以和方法请求一起传递，并从 `payload` 参数中获得。

（2）在 `directMethodCallback` 函数的末尾添加以下代码。

```
char resultBuff[16];
sprintf(resultBuff, "{\"Result\":\"\"}");
*response_size = strlen(resultBuff);
```

```
*response = (unsigned char *)malloc(*response_size);
memcpy(*response, resultBuff, *response_size);

return IOTHUB_CLIENT_OK;
```

直接方法请求需要一个 `respones` （响应），响应分为两部分——作为文本的响应，和一个 `return`
（返回）代码。这段代码将创建一个结果作为以下 JSON 文档。

```
{
    "Result": ""
}
```

然后将其复制到 `response` 参数中，并在 `response_size` 参数中设置该响应的大小。然后这段代
码返回 `IOTHUB_CLIENT_OK` ，以显示该方法被正确处理。

（3）通过在 `connectIoTHub` 函数的末尾添加以下内容来连接回调。

```
IoTHubClient_LL_SetDeviceMethodCallback(_device_ll_handle, directMethodCallback, NULL);
```

（4） `loop` 函数将调用 `IoTHubDeviceClient_LL_DoWork` 函数来处理 IoT Hub 发送的事件。由
于延迟的原因，它只是每 10 秒调用一次，这意味着直接方法每 10 秒才会被处理。为了提高效率，10 秒的
延迟可以被实现为许多更短的延迟，每次都调用 `IoTHubDeviceClient_LL_DoWork` 。要做到这一点，
请在 `loop` 函数的上方添加以下代码。

```
void work_delay(int delay_time)
{
    int current = 0;
    do
    {
        IoTHubDeviceClient_LL_DoWork(_device_ll_handle);
        delay(100);
        current += 100;
    } while (current < delay_time);
}
```

这段代码将重复循环，调用 `IoTHubDeviceClient_LL_DoWork` ，每次延迟 100 毫秒。它将根据需
要多次这样执行，以延迟在 `delay_time` 参数中给出的时间量。这意味着设备最多等待 100 毫秒来处理
直接方法请求。

（5）在 `loop` 函数中，删除对 `IoTHubDeviceClient_LL_DoWork` 的调用，并将 `delay(10000)`
的调用替换为以下内容来调用这个新函数。

```
work_delay(10000);
```

你可以在 `code/wio-terminal` 文件夹🔗 [L8-16] 中找到这段代码。

😊 你的土壤湿度传感器程序已经连接到你的 IoT Hub 了！

✦ ⓖ 用虚拟物联网硬件或树莓派将你的物联网设备连接到云端

在这一部分，你将把你的虚拟物联网设备或树莓派连接到你的 IoT Hub，以发送遥测数据和接收命令。

将你的设备连接到 IoT Hub

下一步是将你的设备连接到 IoT Hub。

（1）在 VS Code 中打开 **soil-moisture-sensor** 文件夹。如果你使用的是虚拟物联网设备，应确保虚拟环境在终端运行。

（2）安装一些额外的 Pip 软件包。

```
pip3 install azure-iot-device
```

azure-iot-device 是一个库，用于与你的 IoT Hub 进行通信。

（3）在 **app.py** 文件的顶部，在现有导入的下面添加以下导入。

```
from azure.iot.device import IoTHubDeviceClient, Message, MethodResponse
```

这段代码将导入 SDK 以便与你的 IoT Hub 进行通信。

（4）删除 **import paho.mqtt.client as mqtt** 一行，因为这个库不再需要了。删除所有 MQTT 代码，包括主题名称，以及所有使用 **mqtt_client** 和 **handle_command** 的代码。保留 **while True:** 循环，只是删除这个循环中的 **mqtt_client.publish** 一行。

（5）在导入语句的下面添加以下代码。

```
connection_string = "<connection string>"
```

将 **<connection string>** 替换为你在本课前面为设备检索的连接字符串。

🔖 这不是最佳做法。连接字符串永远都不应该存储在源代码中，因为它可以被任何有源代码访问权限的人发现。在这里我们这样做是为了简单起见。理想情况下，你应该使用像环境变量和 python-dotenv ⧉ **[L8-17]** 这样的工具。你将在接下来的课程中了解更多这方面的知识。

（6）在这段代码下面，添加以下内容来创建一个可以与 IoT Hub 通信的设备客户端对象，并连接它。

```
device_client = IoTHubDeviceClient.create_from_connection_string(connection_string)

print('Connecting')
device_client.connect()
print('Connected')
```

运行这段代码。你将看到你的设备连接提示如下。

```
pi@raspberrypi:~/soil-moisture-sensor $ python3 app.py
Connecting
Connected
Soil moisture: 379
```

发送遥测数据

现在你的设备已经连接好了，你可以向 IoT Hub 而不是 MQTT 代理发送遥测数据。
在 while True 循环中 sleep 之前添加以下代码。

```
message = Message(json.dumps({ 'soil_moisture': soil_moisture }))
device_client.send_message(message)
```

这段代码创建了一个 IoT Hub 消息，其中包含土壤湿度读数的 JSON 字符串，然后将其作为设备到云的消息发送到 IoT Hub。

处理命令

你的设备需要处理来自服务器代码的命令，以控制继电器。这将作为一个直接方法请求发送。

任务：处理一个直接的方法请求

（1）在 while True 循环之前添加以下代码。

```
def handle_method_request(request):
    print("Direct method received - ", request.name)

    if request.name == "relay_on":
        relay.on()
    elif request.name == "relay_off":
        relay.off()
```

这段代码定义了一个方法 handle_method_request ，当 IoT Hub 调用直接方法时将调用该方法。每个直接方法都有一个名称，这段代码期望一个叫做 relay_on 的方法来打开继电器，而 relay_off 则是关闭继电器。

> 📖 这也可以在一个直接方法请求中实现，在一个 payload 中传递所需的中继状态，该 payload 可以与方法请求一起传递，并从 request 对象中获得。

（2）直接方法需要一个响应来告诉调用代码它们已经被处理了。在 handle_method_request 函数的末尾添加以下代码，以创建一个对请求的响应。

```
method_response = MethodResponse.create_from_method_request(request, 200)
device_client.send_method_response(method_response)
```

这段代码以 HTTP 状态代码 200 发送对直接方法请求的响应，并将其发回给 IoT Hub。
在这个函数定义下面添加以下代码。

```
device_client.on_method_request_received = handle_method_request
```

这段代码告诉 IoT Hub 客户端，当一个直接方法被调用时，便调用 handle_method_request 函数。你可以在 code/pi 🔗 [L8-18] 或 code/virtual-device 文件夹 🔗 [L8-19] 中找到这段代码。

> 😊 恭喜，你的土壤湿度传感器程序已经连接到你的 IoT Hub 了！

8.6.3 任务：监测事件

现在，你不会更新你的服务器代码。相反，你可以使用 Azure CLI 来监测来自你物联网设备的事件。

（1）确保你的物联网设备正在运行并发送土壤湿度遥测值。

（2）在你的命令提示符或终端中运行以下命令，以监测发送到 IoT Hub 的消息。

```
az iot hub monitor-events --hub-name <hub_name>
```

将 **<hub_name>** 替换为你用于 IoT Hub 的名称。

你会看到信息出现在控制台输出中，因为它们是由你的物联网设备发送的。

```
Starting event monitor, use ctrl-c to stop...
{
    "event": {
        "origin": "soil-moisture-sensor",
        "module": "",
        "interface": "",
        "component": "",
        "payload": "{\"soil_moisture\": 376}"
    }
},
{
    "event": {
        "origin": "soil-moisture-sensor",
        "module": "",
        "interface": "",
        "component": "",
        "payload": "{\"soil_moisture\": 381}"
    }
}
```

payload 的内容将与你物联网设备所发送的消息相匹配。

（3）这些消息有一些自动附加的属性，如它们被发送的时间戳。这些消息被称为注释。要查看所有的消息注释，请使用以下命令。

```
az iot hub monitor-events --properties anno --hub-name <hub_name>
```

将 **<hub_name>** 替换为你用于 IoT Hub 的名称。你会看到信息出现在控制台输出中，因为它们是由你的物联网设备发送的。

```
Starting event monitor, use ctrl-c to stop...
{
    "event": {
        "origin": "soil-moisture-sensor",
        "module": "",
        "interface": "",
        "component": "",
        "properties": {},
        "annotations": {
            "iothub-connection-device-id": "soil-moisture-sensor",
            "iothub-connection-auth-method": "{\"scope\":\"device\",\"type\":\"sas\",\"issuer\"
```

```
":\"iothub\",\"acceptingIpFilterRule\":null}",
            "iothub-connection-auth-generation-id": "637553997165220462",
            "iothub-enqueuedtime": 1619976150288,
            "iothub-message-source": "Telemetry",
            "x-opt-sequence-number": 1379,
            "x-opt-offset": "550576",
            "x-opt-enqueued-time": 1619976150277
        },
        "payload": "{\"soil_moisture\": 381}"
    }
}
```

注释中的时间值是 UNIX 时间 🔗 [L8-20]，代表自 1970 年 1 月 1 日午夜后的秒数。完成后退出事件监视器。

8.6.4 任务：控制你的物联网设备

你也可以使用 Azure CLI 来直接调用物联网设备上的方法。在你的命令提示符或终端中运行以下命令，从而在物联网设备上调用 `relay_on` 方法。

```
az iot hub invoke-device-method --device-id soil-moisture-sensor \
                        --method-name relay_on \
                        --method-payload '{}' \
                        --hub-name <hub_name>
```

将 <hub_name> 替换为你用于 IoT Hub 的名称。这将为 `method-name` 指定的方法发送一个直接请求方法。直接法可以接受一个包含该方法数据的有效载荷，它可以在 `method-payload` 参数中以 JSON 格式指定。你将看到继电器打开，以及来自你的物联网设备的相应输出。

```
Direct method received - relay_on
```

重复上述步骤，但将 `--method-name` 设为 `relay_off`。你将看到继电器关闭，以及物联网设备的相应输出。

挑战

IoT Hub 的免费层允许每天发送 8,000 条信息。你写的代码每 10 秒发送一次遥测信息。按照每 10 秒一条信息计算,一天有多少条信息?

想一想,土壤湿度的测量应该多久发送一次?你如何改变你的代码以保持信息量在免费层范围内,做到根据需要经常检查,但不要太频繁?如果你想添加第二个设备该怎么做?

复习和自学

IoT Hub SDK 对 Arduino 和 Python 都是开源的。在 GitHub 上的代码库中,有许多样本展示了如何使用不同的 IoT Hub 功能。

- 如果你使用的是 Wio Terminal,请查看 GitHub 上的 Arduino 示例 [L8-21]。
- 如果你使用的是树莓派或虚拟设备,请查看 GitHub 上的 Python 示例 [L8-22] 。

作业

了解云服务。

课后测验

(1)为了控制执行器以及从 IoT 设备获取反馈,程序代码可以使用( )。

A. 设备到云平台的消息

B. 设备孪生(device twins)

C. 直接方法请求

(2)任何设备都可以以不安全的方式连接 IoT Hub。这个说法( )。

A. 错误

B. 正确

(3)IoT Hub 的名字必须是唯一的。这个说法( )。

A. 正确

B. 错误

说明

云,如微软的 Azure,提供的不仅仅是计算的租赁。云产品的主要类型还包括以下几种。

- 基础设施即服务 (IaaS)。
- 无服务器。
- 平台即服务 (PaaS)。
- 软件即服务(SaaS)。

了解这些不同类型的产品,并解释它们是什么以及它们有什么不同。解释哪些产品与物联网开发者有关。

评分标准

标准	优秀	合格	需要改进
解释不同的云服务	对所有四种类型的服务都有清晰的解释	能够解释三种类型的服务	只能够解释一种或两种服务
解释哪种产品与物联网有关	描述了哪些产品与物联网开发者有关,以及为什么	描述了哪些产品与物联网开发者有关,但没有说明原因	无法描述哪些产品与物联网开发者有关

将你的应用逻辑迁移到云端

课前准备

在开始本课学习之前，可以先观看如图 9-1 所示的视频：使用无服务器代码控制您 IoT 设备的介绍。

简介

在上一课中，你学会了如何将你的植物土壤水分监测和继电器控制连接到基于云的物联网服务。下一步是将控制继电器计时的服务器代码转移到云端。在本课中，你将学习如何使用serverless（微服务运算）函数来实现这一目标。

在本课中，我们的学习内容将涵盖：

9.1 什么是 Serverless

9.2 创建一个 Serverless 应用程序

9.3 创建一个 IoT 中心事件触发器

9.4 从 Serverless 代码中直接发送方法请求

9.5 将你的 Serverless 代码部署到云端

图 9-1 使用无服务器代码控制您 IoT 设备的介绍视频 🎥 [L9-1]

课前测验

（1）无服务器计算代码可以用于回应 IoT 事件。这个说法（ ）。

　　A. 正确

　　B. 错误

（2）当 IoT 事件发送到 IoT 中心时，（ ）。

　　A. 只有一个服务可以从 IoT 中心读取事件

　　B. 任意多的服务可以从 IoT 中心读取事件

　　C. 服务无法从 IoT 中心读取事件，它们只能与设备直连

（3）只有运行在云端的代码才能从 IoT 中心读取事件。这个说法（ ）。

　　A. 正确

　　B. 错误

9.1 什么是 Serverless

Serverless 的全称是 Serverless computing（无服务器运算），又被称为函数即服务（Function-as-a-Service，FaaS），是云计算的一种模型。它涉及创建小块的代码，这些代码在云端运行，以响应不同种类的事件。当事件发生时，你的代码会被运行，并传递有关该事件的数据，如图 9-2 所示。这些事件可以来自许多不同的消息，包括网络请求、放在队列中的消息、数据库中数据的变化，或由物联网设备发送到物联网服务的

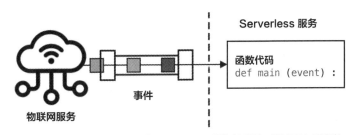

图 9-2 从物联网服务发送到 Serverless 服务的事件，都被正在运行的多个函数同时处理

消息。

从物联网服务发送到Serverless 服务的事件，都被正在运行的多个函数同时处理，如图9-3 所示。

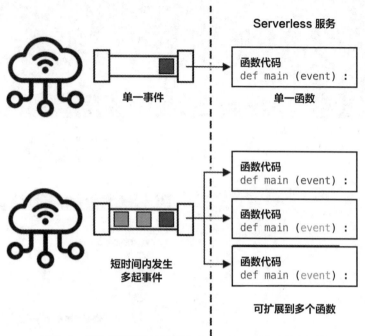

Serverless 服务

单一事件　　单一函数

函数代码
def main (event):

短时间内发生
多起事件

函数代码
def main (event):

函数代码
def main (event):

函数代码
def main (event):

可扩展到多个函数

图 9-3　当许多事件同时发送时, Serverless 服务会扩大规模以同时运行所有事件

> 📖 如果你之前使用过数据库触发器，你可以将其视为同一件事，代码由诸如插入行之类的事件触发。

你的代码只在事件发生时运行，在其他时间没有任何消息能让你的代码保持活动状态。事件发生时，你的代码被加载并运行。这使得 Serverless 的可扩展性非常强——如果同时发生许多事件，云提供商可以根据你的需要，在他们可用的任何服务器上同时多次运行你的函数。这样做的缺点是：如果你需要在事件之间共享信息，则需要将其保存在数据库之类的地方，而不是将其存储在内存中。

你的代码被写成一个函数，该函数将有关事件的详细信息作为参数。你可以使用多种编程语言来编写这些 Serverless 函数。

> 🎓 Serverless 也被称为函数即服务（FaaS），因为每个事件触发器都是作为代码中的一个函数实现的。

尽管名字如此，但实际上 Serverless 是使用服务器的。如此命名的原因是作为开发者的你无须操心运行代码所需的服务器，只需关注你的代码是在响应事件时运行的。云提供商有一个 Serverless runtime（无服务器计算运行时）服务，负责管理分配服务器、网络、存储、CPU、内存和运行你的代码所需的一切。这种模式意味着你不能为这个服务按服务器付费，因为没有服务器。相反，你要为你代码运行的时间以及使用的内存量付费。

> 💰 Serverless 是在云服务中运行代码最便宜的方式之一。例如，在撰写本文时，一家云计算供应商允许你的所有 Serverless 功能在一个月内总共执行 100 万次才开始收费，之后每执行 100 万次收费 0.2 美元。当你的代码没有运行时，你就不需要付费。

作为一个物联网开发者，Serverless 模式是理想选择。你可以写一个函数，响应从任何连接到你云托管物联网服务的物联网设备发出的消息。你的代码将处理所有发送的消息，但仅在需要时运行。

> 📝 **做点研究**
>
> 回顾一下你写的通过 MQTT 监听消息的服务器代码。这是否可以在云中使用 Serverless 运行？你认为该如何修改代码以支持 Serverless 计算？

> 📖 Serverless 模式除了运行代码外，还在向其他云服务发展。例如，Serverless 数据库可以在云中使用 Serverless 的定价模式，即根据对数据库的请求（如查询或插入）付费，通常使用基于为请求提供服务而完成的工作量定价。例如，针对一个主键选择一条记录的费用将低于连接许多表并返回数千条记录的复杂操作花费。

9.2 创建一个 Serverless 应用程序

微软的 Serverless 计算服务被称为 Azure Functions，图标如图 9-4 所示。

首先请你观看 Azure Functions 概述视频 🎬 **[L9-2]**。

要编写 Azure Functions，首先要用你选择的语言编写一个 Azure Functions 应 用。Azure Functions 支 持 Python、JavaScript、TypeScript、C#、F#、Java 和 Powershell 等语言。在本课中，你将学习如何用 Python 编写 Azure Functions 应用。

Azure Functions

图 9-4　Azure Functions 的标志

📖 Azure Functions 还支持自定义处理程序，因此你可以用任何支持 HTTP 请求的语言编写函数，包括 COBOL 等旧语言。

Functions 应用由一个或多个触发器组成响应事件的"函数"。你可以在一个 Functions 应用中拥有多个触发器，所有的触发器都共享通用的配置。例如，在 Functions 的配置文件中，你可以有 IoT 中心的连接详细信息，应用中的所有函数都可以用它来连接和监听事件。

📌 **做点研究**

阅读微软 Azure Functions 文档中关于 Azure Functions 的概述 🔗 **[L9-3]**。

9.2.1　任务：安装 Azure Functions 工具

Azure Functions 的一个最大特点是你可以在本地运行它们。在云端使用的相同运行时可以在你的计算机上运行，允许你编写响应物联网消息的代码并在本地运行。你甚至可以在处理事件时调试你的代码。一旦你对你的代码感到满意，它就可以被部署到云端。

Azure Functions 工具以 CLI 的形式提供，被称为 Azure Functions Core Tools（Azure Functions 核心工具）。

（1）按照 Azure Functions 核心工具文档 🔗 **[L9-4]** 中的说明来安装 Azure Functions 核心工具。

⚠️ **注意**

若出现安装失败 2502/2503，其原因是权限不足，请以管理员权限打开命令提示符，输入 `msiexec / package "你的 msi 文件的路径"` 以得到解决。

（2）安装 VS Code 的 Azure Functions 扩展。这个扩展提供了对创建、调试和部署 Azure Functions 的支持。关于在 VS Code 中安装这个扩展的说明，请参考 Azure Functions 扩展文档 🔗 **[L9-5]**。

当你把 Azure Functions 应用部署到云端时，它需要使用少量的云存储来存储应用文件和日志文件等内容。当你在本地运行你的 Functions 应用时，你仍然需要连接到云存储，但你可以使用一个叫做 Azurite 的存储仿真器，而不是使用实际的云存储。它在本地运行，但作用类似于云存储。

🎓 在 Azure 中，Azure Functions 使用的存储是一个 Azure 存储账户。这些账户可以存储文件、Blobs（Azure Blob 存储是微软提供的适用于云的对象存储解决方案，Blob 存储最适合存储巨量的非结构化数据）、表格中的数据或队列中的数据。你可以在许多应用之间共享一个存储账户，如一个 Functions 应用和一个网络应用之间。

①Azurite 是一个 Node.js 应用，所以你需要安装 Node.js。你可以在 Node.js 网站 🔗 **[L9-6]** 上找到下载和安装说明。如果你使用的是 macOS，你也可以从 Homebrew 🔗 **[L9-7]** 中安装它。

②使用以下命令安装 Azurite（ `npm` 是安装 Node.js 时安装的工具）。

```
npm install -g azurite
```

（3）创建一个叫做 azurite 的文件夹，让 Azurite 用于存储数据。

```
mkdir azurite
```

（4）运行 Azurite，把这个新文件夹传给它。

```
azurite --location azurite
```

Azurite 存储仿真器将启动，并准备好让本地 Functions 运行时连接。

```
→  ~ azurite --location azurite
Azurite Blob service is starting at http://127.0.0.1:10000
Azurite Blob service is successfully listening at http://127.0.0.1:10000
Azurite Queue service is starting at http://127.0.0.1:10001
Azurite Queue service is successfully listening at http://127.0.0.1:10001
Azurite Table service is starting at http://127.0.0.1:10002
Azurite Table service is successfully listening at http://127.0.0.1:10002
```

9.2.2　任务：创建一个 Azure Functions 项目

可以使用 Azure Functions CLI 来创建一个新的 Functions 应用。

（1）为你的 Functions 应用创建一个文件夹并导航到它，将其命名为 `soil-moisture-trigger`。

```
mkdir soil-moisture-trigger
cd soil-moisture-trigger
```

（2）在这个文件夹中创建一个 Python 虚拟环境。

```
python3 -m venv .venv
```

（3）激活这个虚拟环境。

- **在 Windows 上。**
  ° 如果你使用命令提示符，或通过 Windows 终端使用命令提示符，运行以下代码。

```
.venv/Scripts/activate.bat
```

  ° 如果你使用的是 PowerShell，请运行以下代码。

```
.\.venv\Scripts\Activate.ps1
```

- **在 macOS 或 Linux 上，运行以下代码。**

```
source ./.venv/bin/activate
```

> 这些命令应该在你运行创建虚拟环境命令的同一位置运行。你永远不需要导航到 .venv 文件夹中，你应该总是从你创建虚拟环境时所在的文件夹中，运行激活命令和任何安装包或运行代码的命令。

（4）运行以下命令，在这个文件夹中创建一个 Functions。

```
func init --worker-runtime python soil-moisture-trigger
```

这样将在当前文件夹中创建以下三个文件。

- **host.json**：这个 JSON 文件包含了对你的 Functions 的设置。你无须修改这些设置。
- **local.settings.json**：这个 JSON 文档包含你的应用程序在本地运行时使用的设置，如 IoT 中心的连接字符串。这些设置只是本地的，不应该被添加到源代码控制中。当你将应用部署到云端时，这些设置不会被部署，而是从应用设置中加载你的设置。这将在本课后续内容中讲到。
- **requirements.txt**：这是一个 Pip 需求文件 🔗 **[9-8]**，包含运行你的 Functions 时所需的 Pip 包。

（5）**local.settings.json** 文件有一个关于 Functions 应用将使用的存储账户的设置。这个设置的默认值是空的，所以需要进行设置。要连接到 Azurite 本地存储模拟器，请将此值设置为以下内容。

```
"AzureWebJobsStorage": "UseDevelopmentStorage=true",
```

（6）使用需求文件安装必要的 Pip 包。

```
pip install -r requirements.txt
```

📖 所需的 Pip 包需要在这个文件中，这样当 Functions 应用部署到云端，运行时可以确保它安装了正确的包。

（7）为了测试一切工作是否正常，你可以启动 Functions 运行时，通过运行下面的命令来执行此操作。

```
func start
```

你会看到运行时启动并报告说它没有发现任何工作函数（触发器）。

```
(.venv) → soil-moisture-trigger func start
Found Python version 3.9.1 (python3).

Azure Functions Core Tools
Core Tools Version:       3.0.3442 Commit hash: 6bfab24b2743f8421475d996402c398d2fe4a9e0  (64-
bit)
Function Runtime Version: 3.0.15417.0

[2021-05-05T01:24:46.795Z] No job functions found.
```

⚠️**注意**

如果你收到防火墙通知，请授予访问权限，因为 func 应用程序需要能够读写你的网络。

⚠️**注意**

如果你收到的错误信息如下。

```
Value cannot be null. (Parameter 'provider')
```

则可以运行以下命令来得到具体错误信息。

```
func start --verbose
```

你可能会得到以下错误信息。

```
[2022-08-08T07:10:56.697Z] 1 functions loaded
[2022-08-08T07:10:56.705Z] Looking for extension bundle Microsoft.Azure.Functions.
ExtensionBundle at C:\Users\seeed\.azure-functions-core-tools\Functions\ExtensionBundles\
Microsoft.Azure.Functions.ExtensionBundle
[2022-08-08T07:10:56.708Z] Fetching information on versions of extension bundle Microsoft.
Azure.Functions.ExtensionBundle available on https://functionscdn.azureedge.net/public/
ExtensionBundles/Microsoft.Azure.Functions.ExtensionBundle/index.json
[2022-08-08T07:11:09.156Z] Downloading extension bundle from https://functionscdn.azureedge.
net/public/ExtensionBundles/Microsoft.Azure.Functions.ExtensionBundle/3.11.0/Microsoft.Azure.
Functions.ExtensionBundle.3.11.0_any-any.zip to C:\Users\seeed\AppData\Local\Temp\5e6513e4-
0933-4a33-b3d0-309cb8f3b32f\Microsoft.Azure.Functions.ExtensionBundle.3.11.0.zip
```

请于最后一行所给链接处手动下载对应版本的 Microsoft.Azure.Functions.ExtensionBundle 压缩包，并解压于
C:\Users\Administrator\.azure-functions-core-tools\Functions\ExtensionBundles
Microsoft.Azure.Functions.ExtensionBundle\3.11.0 文件夹内（最后的版本号请根据报错情况
进行更改，如无此文件夹，请手动创建）。

⚠ **注意**

如果你使用的是 macOS，输出中可能会有以下警告。

```
(.venv) → soil-moisture-trigger func start
Found Python version 3.9.1 (python3).

Azure Functions Core Tools
Core Tools Version:       3.0.3442 Commit hash: 6bfab24b2743f8421475d996402c398d2fe4a9e0  (64-
bit)
Function Runtime Version: 3.0.15417.0

[2021-06-16T08:18:28.315Z] Cannot create directory for shared memory usage: /dev/shm/
AzureFunctions
[2021-06-16T08:18:28.316Z] System.IO.FileSystem: Access to the path '/dev/shm/AzureFunctions'
is denied. Operation not permitted.
[2021-06-16T08:18:30.361Z] No job functions found.
```

只要 Functions 能正确启动并列出运行中的功能，就可以忽略这些警告。正如在微软文档问答的这个问
题 🔗 **[L9-9]** 中提到的，此处可以忽略。

（8）按 Ctrl+C 组合键停止 Functions 应用程序。

（9）在 VS Code 中打开当前文件夹，可以先打开 VS Code，再打开这个文件夹，或者运行以下程序。

```
code .
```

VS Code 会 检 测 到 你 的
Functions 项目，并显示一个通知，
如图 9-5 所示。在这个通知中选
择 "Yes" 选项。

（10）确保 Python 虚拟环境正
在 VS Code 终端中运行。终止它，
如果需要的话，可以重新启动它。

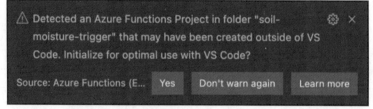

图 9-5　通知（中文大意: 检测到文件夹 soil-moisture-trigger 中有一个
Azure Functions 项目，该项目可能是在 VS Code 之外创建的。是否初始化，
以便在 VS Code 中得到最佳使用? ）

9.3 创建一个 IoT 中心事件触发器

Functions 应用是你 Serverless 代码的外壳。为了响应 IoT 中心的事件（event），你可以在这个应用中添加一个 IoT 中心的触发器（trigger）。这个触发器需要连接至发送到 IoT 中心的消息流，并对其做出响应。为了获得这个消息流，你的触发器需要连接到 IoT 中心的事件中心（event hub）兼容端点（event hub compatible endpoint）。

IoT 中心基于另一个名为 Azure 事件中心的 Azure 服务。事件中心是一项允许你发送和接收消息的服务，IoT 中心对此进行了扩展以添加物联网设备的功能。连接以从 IoT 中心读取消息的方式进行，与使用事件中心时的方式相同。

物联网设备要连接到 IoT 中心，必须使用一个密钥，确保只有允许的设备才能连接。在连接读取信息时也是如此，你的代码需要一个包含密钥的连接字符串，以及 IoT 中心的详细信息。

连接触发器后，将针对发送到 IoT 中心的每条消息调用函数内部的代码，无论是哪个设备发送的。触发器将消息作为参数进行传递。

> 📖 **做点研究**
>
> 阅读 Azure 事件中心文档中的概述部分 🔗 **[L9-10]**。与 IoT 中心相比，其基本功能如何？
>
> ----
>
> 🔑 你得到的默认连接字符串具有 iothubowner 权限，这使得任何使用它的代码在 IoT 中心上具有完全的权限。理想情况下，你应该用所需的最低级别的权限进行连接。相关内容将在下一课中讲述。

9.3.1 任务：获取事件中心兼容端点连接字符串

（1）在 VS Code 终端运行以下命令，获取 IoT 中心事件中心兼容端点的连接字符串。

```
az iot hub connection-string show --default-eventhub \
                                  --output table \
                                  --hub-name <hub_name>
```

将 `<hub_name>` 替换为你用于 IoT 中心的名称，你将会得到以下输出。

```
ConnectionString
-----------------------------------------------------------------------------------------
-----------------------------------------------------------------------------------------
-------------------------
Endpoint=<Endpoint>;SharedAccessKeyName=<SharedAccessKeyName>;SharedAccessKey=<SharedAccessKey
>;EntityPath=<EntityPath>
```

（2）在 VS Code 中，打开 `local.settings.json` 文件，在 `Values` 部分添加以下附加值。

```
"IOT_HUB_CONNECTION_STRING": "<connection string>"
```

用上一步的值替换 `<connection string>`。
`<connection string>` 的格式如下，注意不要复制 EntityPath。

```
Endpoint=<Endpoint>;SharedAccessKeyName=<SharedAccessKeyName>;SharedAccessKey=<SharedAccessK
ey>
```

你需要在上面一行后面添加一个逗号，以使这个 JSON 有效。

9.3.2 任务：创建一个事件触发器

现在你已经准备好创建事件触发器了。

（1）在 VS Code 终端，从 `soil-moisture-trigger` 文件夹中运行以下命令。

```
func new --name iot-hub-trigger --template "Azure Event Hub trigger"
```

这行代码将创建一个名为 `iot-hub-trigger` 的新函数。该触发器将连接到 IoT 中心上的事件中心兼容端点，所以你可以使用事件中心触发器。这里没有特定的 IoT 中心触发器。

（2）这样将在包含此函数的 `soil-moisture-trigger` 文件夹中创建一个名为 `iot-hub-trigger` 的文件夹，这个文件夹中会有以下文件。

● `__init__.py`：这是包含触发器的 Python 代码文件，使用标准的 Python 文件名约定将此文件夹转换为一个 Python 模块。

这个文件将包含以下代码。

```python
from typing import List
import logging
import azure.functions as func

def main(events: List[func.EventHubEvent]):
    for event in events:
        logging.info('Python EventHub trigger processed an event: %s',
                        event.get_body().decode('utf-8'))
```

触发器的核心是 `main` 函数。正是这个函数被调用了来自 IoT 中心的事件。这个函数有一个名为 `events` 的参数，包含一个 `EventHubEvent` 的列表。这个列表中的每个事件都是发送给 IoT 中心的消息，以及与你在上一课看到的注释相同的属性。

这个触发器处理的是一个事件列表，而不是单个事件。当你第一次运行该触发器时，它将处理 IoT 中心上任何未处理的事件（记住：消息会存储一段时间，所以如果你的应用程序代码离线，它们不会丢失）。在这之后，它通常会处理一个只包含一个事件的列表，除非在很短的时间内有大量的事件被发送到 Hub 上。

这个函数的核心是循环处理这个列表并记录事件。

● `function.json`：包含了触发器的配置。主要的配置位于一个叫做 `bindings` 的部分。binding（绑定）是指 Azure Functions 和其他 Azure 服务之间的连接。这个函数有一个与事件中心的输入绑定——它连接到一个事件中心并接收数据。

● `bindings` 部分包括对绑定的配置。需要关注的值如下。

  ○ `"type": "eventHubTrigger"`：这告诉函数它需要监听来自事件中心的事件。

  ○ `"name": "events"`：这是用于事件中心事件的参数名称。这与 Python 代码 main 函数中的参数名称相匹配。

  ○ `"direction": "in"`：这是一个输入绑定，来自事件中心的数据会进入函数中。

  ○ `"connection": ""`：这定义了要从中读取连接字符串的设置名称。当本地运行时，它将从 `local.settings.json` 文件中读取这个设置。

（3）更新 `function.json` 文件中 `"connection"` 的值，使之指向你添加到 `local.settings.json` 文件中的新值。

```
"connection": "IOT_HUB_CONNECTION_STRING",
```

💁 你也可以有 `output bindings`（输出绑定），以便将函数的输出发送到另一个服务。例如，你可以添加一个输出绑定到数据库，并从函数中返回 IoT 中心事件，它将自动插入数据库。

🔍 **做点研究**

在 Azure Functions 的触发器和绑定概念文档 🔗 **[L9-11]** 中阅读有关绑定的内容。

💁 连接字符串不能存储在 `function.json` 文件中，它必须从设置中读取。这是为了防止你不小心暴露了你的连接字符串。

> 📝 记住：这个值需要指向设置，而不是包含实际的连接字符串。

📝 多个应用程序可以使用不同的消费者组（consumer groups）连接到 IoT 中心端点。这些将在后面的课程中进行介绍。

9.3.3 任务：运行事件触发器

（1）确保你没有运行 IoT 中心事件监视器。如果它与 Functions App 同时运行，那么 Functions App 将无法连接和使用事件。

（2）要运行 Functions App，需要从 VS Code 终端运行以下命令。

```
func start
```

Functions App 将启动，并将发现 `iot-hub-trigger` 函数。然后，它将处理过去一天中已经发送到 IoT 中心的所有事件。

```
(.venv) → soil-moisture-trigger func start
Found Python version 3.9.1 (python3).

Azure Functions Core Tools
Core Tools Version:       3.0.3442 Commit hash: 6bfab24b2743f8421475d996402c398d2fe4a9e0  (64-
bit)
Function Runtime Version: 3.0.15417.0

Functions:

        iot-hub-trigger: eventHubTrigger

For detailed output, run func with --verbose flag.
[2021-05-05T02:44:07.517Z] Worker process started and initialized.
[2021-05-05T02:44:09.202Z] Executing 'Functions.iot-hub-trigger' (Reason='(null)', Id=802803a5-
eae9-4401-a1f4-176631456ce4)
[2021-05-05T02:44:09.205Z] Trigger Details: PartionId: 0, Offset: 1011240-1011632,
EnqueueTimeUtc: 2021-05-04T19:04:04.2030000Z-2021-05-04T19:04:04.3900000Z, SequenceNumber:
2546-2547, Count: 2
[2021-05-05T02:44:09.352Z] Python EventHub trigger processed an event: {"soil_moisture":628}
[2021-05-05T02:44:09.354Z] Python EventHub trigger processed an event: {"soil_moisture":624}
[2021-05-05T02:44:09.395Z] Executed 'Functions.iot-hub-trigger' (Succeeded, Id=802803a5-eae9-
4401-a1f4-176631456ce4, Duration=245ms)
```

在输出中，对函数的每次调用都会被一个 `Executing 'Functions.iot-hub-trigger'` 到 `Executed 'Functions.iot-hub-trigger'` 的块所包围，所以你可以知道每次函数调用中处理了多少消息。

如果你得到以下错误：

```
The listener for function 'Functions.iot-hub-trigger' was unable to start. Microsoft.Windows
Azure.Storage: Connection refused. System.Net.Http: Connection refused. System.
Private.CoreLib: Connection refused.
```

中文大意是：函数 `'Functions.iot-hub-trigger'` 的监听器无法启动。Microsoft.WindowsAzure.Storage：连接被拒绝。System.Net.Http：连接被拒绝。System.Private.CoreLib: 连接被拒绝。

然后检查 Azurite 是否在运行，你是否在 `local.settings.json` 文件中把 `AzureWebJobsStorage` 设置为 `UseDevelopmentStorage=true`。

（3）确保你的物联网设备正在运行，你会看到 Functions App 中出现了新的土壤湿度信息。

（4）停止并重新启动 Functions App。你会看到它不会再处理以前的信息，它只会处理新的信息。

> 🖳 VS Code 也支持调试你的函数。你可以通过单击每行代码开始处的边框来设置断点，或者把光标放在某行代码上，选择"运行→切换断点"命令，或者按 F9 键。你可以通过选择"运行→开始调试"命令，按 F5 键，或选择运行和调试窗格，单击"开始调试"按钮来启动调试器。通过这样做，你可以看到正在处理的事件的细节。

9.4 从 Serverless 代码中直接发送方法请求

到目前为止，你的 Functions App 正在使用事件中心兼容端点监听来自 IoT 中心的消息。现在你需要向物联网设备发送命令。命令发送要通过注册表管理器与 IoT 中心的不同连接来完成。注册表管理器是一个工具，它允许你看到哪些设备在 IoT 中心注册，并通过发送云到设备消息、直接方法请求或更新设备孪生来与这些设备通信。你还可以用它来注册、更新或删除 IoT 中心的物联网设备。

要连接到注册表管理器，你需要一个连接字符串。

9.4.1 任务：获取注册表管理器的连接字符串

要获得连接字符串，请运行以下命令。

```
az iot hub connection-string show --policy-name service \
                                  --output table \
                                  --hub-name <hub_name>
```

将 `<hub_name>` 替换为你用于 IoT 中心的名称。

使用 `--policy-name service` 参数为 `ServiceConnect` 策略请求连接字符串。当你请求一个连接字符串时，你可以指定该连接字符串允许哪些权限。`ServiceConnect` 策略允许你的代码连接并向物联网设备发送消息。

> 📖 **做点研究**
>
> 阅读文档：控制 IoT 中心的访问权限 🔗 [9-12] 中的不同策略。

在 VS Code 中，打开 `local.settings.json` 文件。在 `Values` 部分添加以下附加值。

```
"REGISTRY_MANAGER_CONNECTION_STRING": "<connection string>"
```

用上一步的值替换 `<connection string>`。你需要在上面一行后面添加一个逗号，以使这个 JSON 有效。

9.4.2 任务：向设备直接发送方法请求

（1）注册表管理器的 SDK 是通过 Pip 包提供的。在 `requirements.txt` 文件中添加以下一行代码，以增加对该包的依赖性。

```
azure-iot-hub
```

（2）确保 VS Code 终端激活了虚拟环境，并运行以下命令来安装 Pip 包。

```
pip install -r requirements.txt
```

（3）在 `__init__.py` 文件中添加以下导入。

```
import json
import os
from azure.iot.hub import IoTHubRegistryManager
from azure.iot.hub.models import CloudToDeviceMethod
```

这段代码导入了一些系统库，以及与注册表管理器交互和发送直接方法请求的库。

（4）删除 `main` 方法里面的代码，但保留方法本身。

（5）当收到多条消息时，只有处理最后一条才有意义，因为这是当前的土壤湿度。处理之前的信息是没有意义的。添加以下代码，从 `events` 参数中获取最后一条消息。

```
event = events[-1]
```

（6）在下方继续添加以下代码。

```
body = json.loads(event.get_body().decode('utf-8'))
device_id = event.iothub_metadata['connection-device-id']

logging.info(f'Received message: {body} from {device_id}')
```

这段代码提取包含 IoT 设备发送的 JSON 消息的事件正文。

然后它从随消息传递的注释中获取设备 ID。事件正文包含作为遥测发送的消息，`iothub_metadata` 字典包含 IoT 中心设置的属性，如发送者的设备 ID，以及消息发送的时间。

然后这些信息被记录下来。当你在本地运行 Function App 程序时，你会在终端看到这种记录。

（7）在下方继续添加以下代码。

```
soil_moisture = body['soil_moisture']

if soil_moisture > 450:
    direct_method = CloudToDeviceMethod(method_name='relay_on', payload='{}')
else:
    direct_method = CloudToDeviceMethod(method_name='relay_off', payload='{}')
```

这段代码从信息中获得土壤湿度。然后检查土壤湿度，并根据数值，为直接方法请求 `relay_on` 或 `relay_off` 直接方法创建一个辅助类。该方法请求不需要有效载荷，所以会发送一个空的 JSON 文档。

（8）在下方继续添加以下代码。

```
logging.info(f'Sending direct method request for {direct_method.method_name} for device {device_id}')

registry_manager_connection_string = os.environ['REGISTRY_MANAGER_CONNECTION_STRING']
registry_manager = IoTHubRegistryManager(registry_manager_connection_string)
```

这段代码从 `local.settings.json` 文件加载 `REGISTRY_MANAGER_CONNECTION_STRING`。这个文件中的值是作为环境变量提供的，可以使用 `os.environ` 函数读取这些变量，该函数可以返回所有环境变量的字典。

然后，该代码使用连接字符串创建一个注册表管理器辅助类的实例。

（9）在下方继续添加以下代码。

> 📝 当这段代码被部署到云端时，`local.settings.json` 文件中的值将被设置为应用程序设置，这些值可以从环境变量中读取。

```
registry_manager.invoke_device_method(device_id, direct_method)
```

```
logging.info('Direct method request sent!')
```

这段代码告诉注册表管理器将直接方法请求发送给发送遥测数据的设备。

🔖 你在前面的课程中使用 MQTT 创建的应用程序版本中，继电器控制命令被发送到所有设备。该代码假设你只有一台设备。此版本的代码将方法请求发送到单个设备上，所以如果你有多个湿度传感器和继电器的设置，则可以将正确的直接方法请求发送到正确的设备上。

（10）运行 Functions App，并确保你的物联网设备正在发送数据。你会看到正在处理的消息和正在发送的直接方法请求。将土壤湿度传感器移入和移出土壤，以查看数值的变化和继电器的开启和关闭。

你可以在 `code/functions` 文件夹 🔗 **[L9-13]** 中找到这段代码。

9.5 将你的 Serverless 代码部署到云端

你的代码现在已经在本地工作了，所以下一步是将 Functions App 部署到云端。

9.5.1 任务：创建云资源

你的函数应用需要部署到 Azure 中的 Functions App 资源中，该资源位于你为 IoT 中心创建的资源组中。你还需要在 Azure 中创建一个存储账户，以取代你在本地运行的模拟账户。

（1）运行以下命令来创建一个存储账户。

```
az storage account create --resource-group soil-moisture-sensor \
                          --sku Standard_LRS \
                          --name <storage_name>
```

将 `<storage_name>` 替换为你的存储账户名称。这将需要是全局唯一的，因为它构成了用于访问存储账户的 URL 的一部分。这个名字只能使用小写字母和数字，不能使用其他字符，而且限制在 24 个字符以内。你可以使用类似 sms 的东西，并在末尾添加一个独特的标识符，如一些随机的单词或你的名字。

`--sku Standard_LRS` 选择定价层，选择了最低成本的通用账户。因为没有免费的存储层，所以你需要为你使用的产品付费，但成本相对较低。最贵的存储每月每 GB 字节的存储费用不到 0.05 美元。

> 🔍 **做点研究**
>
> 在 Azure Blob 存储账户定价页面 🔗 **[L9-14]** 上阅读定价情况。

（2）运行下面的命令来创建一个 Functions App。

```
az functionapp create --resource-group soil-moisture-sensor \
                       --runtime python \
                       --functions-version 3 \
                       --os-type Linux \
                       --consumption-plan-location <location> \
                       --storage-account <storage_name> \
                       --name <functions_app_name>
```

用你在上一课中创建资源组时使用的位置替换 `<location>`。

将 `<storage_name>` 替换为你在上一步骤中创建的存储账户的名称。

将 `<functions_app_name>` 替换为功能应用程序的唯一名称。这个名称必须是全局唯一的，因为它是访问 Functions App 的 URL 的一部分。使用类似 `soil-moisture-sensor-` 这样的名字，并在末尾添加一个独特的标识符，如一些随机的单词或你的名字。

--functions-version 3 选项设置了要使用的 Azure Functions 版本。版本 3 是最新的版本。

--os-type Linux 告诉 Functions 运行时使用 Linux 作为操作系统来托管这些函数。Functions 可以被托管在 Linux 或 Windows 上，这取决于所使用的编程语言。Python 应用程序只支持在 Linux 系统上运行。

9.5.2 任务：上传你的应用程序设置

当你开发你的 Functions 时，你在 local.settings.json 文件中为你 IoT 中心的连接字符串存储了一些设置。这些需要写入 Azure Functions App 中的应用设置，这样它们就可以被你的代码使用。

🎓 **local.settings.json** 文件仅用于本地开发设置，这些设置不应签入源代码控制中，如 GitHub。当部署到云端时，会使用应用程序设置。应用程序设置是托管在云中的键/值对，在你的代码中或在将你的代码连接到 IoT 中心时，由运行时从环境变量中读取。

（1）运行下面的命令，在 Functions 应用设置中设置 **IOT_HUB_CONNECTION_STRING** 设置。

```
az functionapp config appsettings set --resource-group soil-moisture-sensor \
                        --name <functions_app_name> \
                             --settings "IOT_HUB_CONNECTION_STRING=<connection
string>"
```

将 **<functions_app_name>** 替换为你为你的 Functions 设置的名称。

用你 **local.settings.json** 文件中 **IOT_HUB_CONNECTION_STRING** 的值替换 **<connection string>**。

（2）重复上述步骤，但将 **REGISTRY_MANAGER_CONNECTION_STRING** 的值设置为 **local. settings.json** 文件中的相应值。

当你运行这些命令时，它们也会输出一个功能应用的所有应用设置的列表。你可以用它来检查你的值是否设置正确。

🐿 你会看到 **AzureWebJobsStorage** 已经设置了一个值。在你的 **local.settings.json** 文件中，它被设置为一个使用本地存储仿真器的值。当你创建 Functions 时，把存储账户作为一个参数传递，这个参数在这个创建中被自动设置。

9.5.3 任务：将 Functions 部署到云端

现在 Functions App 已经准备好了，代码可以被部署了。

从 VS Code 终端运行以下命令来发布你的 Functions App。

```
func azure functionapp publish <functions_app_name>
```

将 **<functions_app_name>** 替换为你为 Functions App 使用的名称。

代码将被打包并发送至 Functions，在那里它将被部署和启动。将会有大量的控制台输出，最后确认部署，并列出所部署的函数列表。在这种情况下，这个列表只包含触发器。

```
Deployment successful.
Remote build succeeded!
Syncing triggers...
```

```
Functions in soil-moisture-sensor:
    iot-hub-trigger - [eventHubTrigger]
```

输出内容的中文译文如下。

```
部署成功。
远程构建成功！
正在同步触发器 ...
soil-moisture-sensor 中的函数：
    iot-hub-trigger - [eventHubTrigger]
```

确保你的物联网设备正在运行，通过调整土壤湿度，或将传感器移入和移出土壤来改变湿度水平，你会看到继电器随着土壤湿度的变化而开启和关闭。

 课后练习

挑战

在上一课中，你通过继电器开启时，以及关闭后的一小段时间内取消订阅 MQTT 消息来管理继电器的计时。但是你不能在这里使用这种方法——你不能退订你的 IoT 中心触发器。

想一想你可以在你的 Functions App 中用哪些不同的方法来处理这个问题？

复习和自学

● 在维基百科的 Serverless 计算页面 🔗 **[L9-15]** 上阅读关于 Serverless 计算的内容。
● 阅读关于在 Azure 中使用 Serverless 的信息，包括在 Go serverless for your IoT needs（无服务器满足你的 IoT 需求）博文 🔗 **[L9-16]** 中的一些例子。

作业

添加手动继电器控制。

说明

Serverless 代码可以由许多不同的信息触发，包括 HTTP 请求等。你可以使用 HTTP 触发器为你的继电器控制添加一个手动控制，允许别人通过网络请求打开或关闭继电器。

在这项任务中，你需要在你的 Functions 中添加两个 HTTP 触发器，以打开和关闭继电器，重新使用你在本课中学到的内容，向设备发送命令。

一些提示如下。

● 你可以用下面的命令在你现有的 Functions App 程序中添加一个 HTTP 触发器。

```
func new --name <trigger name> --template "HTTP trigger"
```

课后测验

（1）Azure Functions 可以在本地运行和调试。这个说法（　）。
   A. 正确
   B. 错误

（2）无服务器计算代码只能使用 JavaScript 和 COBOL 编写。这个说法（　）。
   A. 错误
   B. 正确

（3）为了部署 Functions App 到云端，需要创建和部署（　）。
   A. 仅 Functions App
   B. 仅 Functions App 和存储账户
   C. Functions App、存储账户以及应用程序配置

将 `<trigger name>` 替换为你 HTTP 触发器的名称。使用像 `relay_on` 和 `relay_off` 这样的名称。

- HTTP 触发器可以有访问控制。默认情况下，它们需要一个特定函数的 API 密钥与 URL 一起传递才能运行。对于这个任务，你可以取消这个限制，这样任何人都可以运行这个函数。要做到这一点，请将 HTTP 触发器 `function.json` 文件中的 `authLevel` 设置更新为以下内容。

```
"authLevel": "anonymous"
```

> 你可以在 Azure Functions HTTP 触发器文档 🔗 **[L9-17]** 中阅读更多关于这种访问控制的内容。

- HTTP 触发器默认支持 GET 和 POST 请求。这意味着你可以使用你的网络浏览器来调用它们——网络浏览器发出 GET 请求。

当你在本地运行你的 Functions App 时，你会看到触发器的 URL。

```
Functions:

    relay_off: [GET,POST] http://localhost:7071/api/relay_off

    relay_on: [GET,POST] http://localhost:7071/api/relay_on

    iot-hub-trigger: eventHubTrigger
```

将 URL 粘贴到浏览器中并按下回车键，或者在 VS Code 的终端窗口中按 `Ctrl+` 键同时单击（在 macOS 上按 `Cmd+` 键同时单击）链接，在默认的浏览器中打开它。这样将运行触发器。

当你部署 Functions App 的时候，HTTP 触发器的 URL 将是：
`https://<functions app name>.azurewebsites.net/api/<trigger name>`。
其中：`<functions app name>` 是你的 Functions App 的名称；而 `<trigger name>` 是你的触发器的名称。

⚠ **注意**
URL 中含有 /api——HTTP 触发器默认是在 api 子域。

评分标准

标准	优秀	合格	需要改进
创建 HTTP 触发器	创建两个触发器来打开和关闭继电器，并有适当的名称	创建一个有适当名称的触发器	无法创建任何触发器
通过 HTTP 触发器控制继电器	通过 HTTP 触发器控制继电器 能够将两个触发器连接到 IoT 中心并适当地控制继电器	能够将一个触发器连接到 IoT 中心并适当地控制继电器	无法将触发器连接到 IoT 中心

第 10 课
确保你的植物安全

简介

在过去的几节课中，你已经创建了一个土壤监测物联网设备并将其连接到云端。但是，如果为竞争对手农民而工作的黑客设法夺取了你的物联网设备的控制权该怎么办？如果他们发送高的土壤湿度读数，使你的植物永远得不到灌溉；或者打开你的浇水系统一直运行，让你的植物因过度灌溉而死亡，同时在水费开支方面再破费一笔，那该如何是好？

在本课中，你将学习如何确保物联网设备的安全。由于这是本项目的最后一课，你还将学习如何清理你的云资源，减少任何潜在的成本。

在本课中，我们的学习内容将涵盖：

10.1　为什么你需要保护物联网设备

10.2　密码学

10.3　保护你的物联网设备

10.4　生成和使用 X.509 证书

🗑 这是本篇的最后一课，所以在完成本课和作业后，不要忘记清理你的云服务。你将需要这些服务来完成作业，所以请确保已经完成了这些练习。如果有必要，请参考本课中"**清理你的项目**"部分的内容，了解如何做到这一点的说明。

课前测验

（1）IoT 设备总是安全的。这个说法（　　）。

A. 正确

B. 错误

（2）尚无充分证据表明黑客已成功利用 IoT 设备黑入网络。这个说法（　　）。

A. 正确

B. 错误

（3）可以将 IoT 设备的连接字符串分享给任何人。这个说法（　　）。

A. 正确

B. 错误

10.1　为什么你需要保护物联网设备

物联网安全涉及确保只有预期的设备可以连接到你的云端物联网服务并向它们发送遥测数据，而且只有你的云端服务可以向你的设备发送命令。物联网数据也可能是个人的，包括医疗或隐私数据，所以你的整个应用需要考虑安全问题，以阻止这些数据被泄露。

如果你的物联网应用不安全，会有以下很多风险。

● 伪造的设备可能会发送不正确的数据，导致你的应用程序做出错误的响应。例如，它们可以发送持续的高土壤湿度读数，这意味着你的灌溉系统永远不会打开，你的植物会因缺水而死亡。

● 未经授权的用户可以从物联网设备中读取数据，包括个人数据或业务关键数据。

● 黑客可以发送命令来控制设备，从而对设备或连接的硬件产生损害。

● 通过连接物联网设备，黑客可以利用它来访问其他网络，以获得对私人系统的访问权。

● 恶意用户可以访问个人数据，并利用这些数据进行勒索。

这些都是现实世界中的场景，而且一直在发生。在前面的课程中已经给出了一些例子，但这里还有一些，举例如下。

- 2018 年，黑客利用鱼缸恒温器上一个开放的 Wi-Fi 接入点，进入一家赌场的网络，窃取数据。参见：《黑客新闻》— 赌场通过其与互联网连接的鱼缸温度计被黑客入侵 🔗 **[L10-1]** 。
- 2016 年，Mirai 僵尸网络对互联网服务提供商 Dyn 发起了拒绝服务攻击，使互联网的大部分地区瘫痪。这个僵尸网络使用恶意软件连接到使用默认用户名和密码的 DVR 和摄像头等物联网设备，并从那里发起攻击。《卫报》— 专家称，此次扰乱互联网的 DDoS 攻击是历来最大的一次 🔗 **[L10-2]** 。
- Spiral Toys 公司 CloudPets 联网玩具的用户数据库在互联网上被公开。特洛伊·亨特连接的 CloudPets 泰迪熊的数据泄露并被勒索，暴露了孩子们的语音信息 🔗 **[L10-3]** 。
- Strava （Strava 是一项用于跟踪体育锻炼的美国互联网服务，其中包含社交网络功能。它主要用于使用 GPS 数据进行骑自行车和跑步。）记录了使用这个应用的用户跑步的路线，这个数据使陌生人能够方便地看到你的住址。基姆·科曼多——健身应用可能导致陌生人直接闯进你家，快快修改这个设置 🔗 **[L10-4]** 。

🐾 安全是一个庞大的话题，本课将只涉及将设备连接到云端的一些基础知识。其他不会涉及的主题包括监测传输中的数据变化，直接入侵设备，或改变设备配置。因为物联网黑客攻击的威胁，像 Azure Defender for IoT 这样的工具已经被开发出来。这些工具类似于你的计算机上可能已有的反病毒和安全工具，只是其专为小型、低功耗的物联网设备设计。

🖐 **做点研究**

搜索更多物联网黑客和物联网数据泄露的例子，特别是与互联网连接的牙刷或体重计等个人物品。想一想这些黑客攻击可能对受害者或客户产生的影响。

10.2 密码学

当一个设备连接到一个物联网服务时，它使用一个 ID 来识别自己。问题是这个 ID 可以被克隆——黑客可以建立一个恶意的设备，使用与真实设备相同的 ID，但发送的是假数据，如图 10-1 所示。

解决这个问题的方法是将正在发送的数据转换为扰乱的格式，使用某种值来扰乱只有设备和云端知道的数据。这个过程被称为加密，用于加密数据的值被称为加密密钥，如图 10-2 所示。

图 10-1　有效的和恶意的设备都可以使用相同的 ID 来发送遥测信息

然后，云服务可以将数据转换回可读格式，使用一个解密的过程，使用相同的加密密钥，或解密密钥。如果加密的信息不能被密钥解密，那么设备就被黑了，信息就会被拒绝。

进行加密和解密的技术被称为密码学。

图 10-2　如果使用了加密，那么只有加密的信息会被接受，其他的会被拒绝

10.2.1　早期的密码学

最早的密码学类型是替换式密码，可以追溯到 3500 年前。替换密码通常是用一个字母替换另一个字母。例如，**凯撒密码**（Caesar cipher）🔗 **[L10-5]** 涉及将字母表移动一个确定的数量，只有加密信息的发送

者和预期的接收者知道要移动多少个字母，如图 10-3 所示。

维吉尼亚密码（Vigenère cipher） 🔗 **[L10-6]** 则在此基础上更进一步，使用单词来加密文本，因此，原始文本中的每个字母都被偏移了不同的数量，而不是总是偏移相同数量的字母。

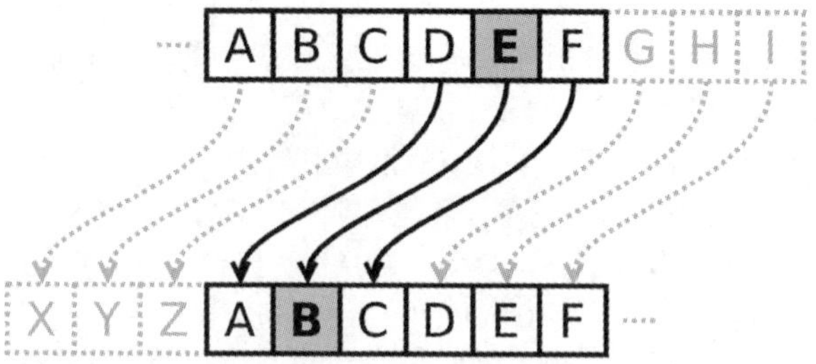

密码学用途广泛，例如在古代美索不达米亚被用于保护陶工的釉料配方，在印度被用于书写秘密的爱情笔记，或对古埃及的魔法咒语进行保密等。

图 10-3 　凯撒密码的原理是将每个明文字母替换为字母表中固定间隔数量的不同字母（此处说明的密码使用了左移 3 个偏移量，由此明文中每次出现的 E 都成为密文中的 B）

10.2.2　现代密码学

现代密码学要先进得多，比早期的方法更难破解。现代密码学使用复杂的数学来加密数据，可能的密钥太多，使暴力攻击成为可能。

密码学被用于各种不同的安全通信方式中。如果你在 GitHub 上阅读这个页面，你可能注意到网站地址以 https 开头，这意味着你的浏览器和 GitHub 的网络服务器之间的通信是加密的。如果有人能够读取你的浏览器和 GitHub 之间的互联网流量，他们也无法读取数据，因为数据是加密的。你的计算机甚至可能对你硬盘上的所有数据进行加密，所以如果有人偷了你的计算机，没有你的密码，他们就无法读取你的任何数据。

🎓 HTTPS 代表超文本传输协议安全。

不幸的是，并非所有东西都是安全的。有些设备没有安全保障，有些设备使用容易破解的密钥，有时甚至所有同类型的设备都使用相同的密钥。曾有账户显示，非常个人化的物联网设备都有相同的通用密码，可以通过 Wi-Fi 或蓝牙连接到它们。如果你能连接到自己的设备，你就能连接到别人的设备。一旦连接建立，你可以访问一些非常隐私的数据，甚至控制他们的设备。

🧑 尽管现代密码学很复杂，而且有人声称破解加密需要数十亿年的时间，但量子计算的兴起使人们有可能在很短的时间内破解所有已知的加密技术！

10.2.3　对称和非对称密钥

加密有两种类型，即对称和非对称。

对称加密使用相同的密钥来加密和解密数据。发送方和接收方都需要知道相同的密钥。这是最不安全的类型，因为密钥需要以某种方式共享。为了让发送方向接收方发送加密信息，发送方可能首先要向接收方发送密钥，如图 10-4 所示。

图 10-4　对称密钥加密使用相同的密钥来加密和解密信息

如果密钥在传输过程中被盗，或者发件人或收件人被黑客攻击并发现了密钥，加密就会被破解，如图 10-5 所示。

非对称加密使用两个密钥—— 一个加密密钥和一个解密密钥，被称为公共／私人密钥对。公钥用于加密信息，但不能用于解密；私钥用于解密信息，但不能用于加密，如图 10-6 所示。

对称加密比非对称加密快，非对称加密更安全。有些系统会同时使用两种加密——使用非对称加密来加

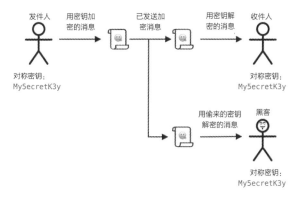

图 10-5　对称密钥加密只有在黑客没有得到密钥的情况下才是安全的（如果是这样的话，他们可以截获并解密信息）

密和共享对称密钥，然后使用对称密钥来加密所有数据。这使得在发送方和接收方之间共享对称密钥更加安全，并且在加密和解密数据时更快。

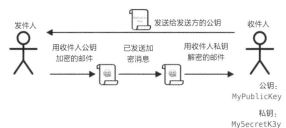

图 10-6　收件人分享他们的公钥，而发件人则用它来加密信息（一旦信息被发送，收件人就会用他们的私钥对其进行解密。非对称加密更安全，因为私钥由收件人保管，从不分享。任何人都可以拥有公共密钥，因为它只能用于加密信息）

10.3　保护你的物联网设备

物联网设备可以使用对称或非对称加密来保证安全。对称式更容易，但安全性较低。

10.3.1　对称密钥

当你设置你的物联网设备与 IoT 中心互动时，你使用了一个连接字符串。一个连接字符串的例子如下。

```
HostName=soil-moisture-sensor.azure-devices.net;DeviceId=soil-moisture-sensor;SharedAccessKey=
Bhry+ind7kKEIDxubK61RiEHHRTrPl7HUow8cEm/mU0=
```

这个连接字符串由三个部分组成，用分号隔开，每个部分有一个键和一个值，详见表 10-1。

表 10-1　连接字串的健值与描述

键	值	描述
HostName	soil-moisture-sensor.azure-devices.net	IoT 中心的 URL
DeviceId	soil-moisture-sensor	设备的唯一 ID
SharedAccessKey	Bhry+ind7kKEIDxubK61RiEHHRTrPl7HUow8cEm/mU0=	设备和 IoT 中心已知的对称密钥

该连接字符串的最后一部分，即 SharedAccessKey，是设备和 IoT 中心都知道的对称密钥。这个密钥从未从设备发送到云端，或

✔ 做点研究

做一个实验。如果你在连接你的物联网设备时改变连接字符串的 SharedAccessKey 部分，你认为会发生什么？试一试吧。

从云端发送到设备。相反，它被用于对发送或接收的数据进行加密。

当设备第一次尝试连接时，它会发送一个共享访问签名（SAS）令牌，由 IoT 中心的 URL、访问签名将过期的时间戳（通常是从当前时间起 1 天）和一个签名组成。该签名由 URL 与用连接字符串中的共享访问密钥加密的过期时间组成。

IoT 中心用共享访问密钥对该签名进行解密，如果解密值与 URL 和过期时间相匹配，则允许设备进行连接。它还会验证当前时间是否在过期之前，以阻止恶意设备捕获真实设备的 SAS 令牌并使用它。

这是验证发送者是正确设备的一种方法：通过以解密和加密的形式发送一些已知的数据，服务器可以通过确保当它解密加密数据时，其结果与发送的解密版本相匹配来验证设备。如果匹配，那么发送方和接收方都有相同的对称加密密钥。

连接后，所有从设备发送到 IoT 中心的数据，或从 IoT 中心发送到设备的数据都将用共享访问密钥进行加密。

> 在代码中存储这个密钥是不好的安全做法。如果黑客得到你的源代码，他们可以得到你的密钥。在发布代码时也比较困难，因为你需要为每个设备用更新的密钥重新编译。你最好从硬件安全模块中加载这个密钥——物联网设备上的一个芯片，它存储了可以被你的代码读取的加密值。

设备有两个密钥，和两个相应的连接字符串。这允许你轮流使用钥匙——也就是说，如果第一个钥匙被破坏，就从一个钥匙切换到另一个，并重新生成第一个钥匙。

10.3.2　X.509 证书

当你使用公钥 / 私钥对的非对称加密时，你需要向任何想向你发送数据的人提供你的公钥。问题是，你的接收者如何确定它确实是你的公钥，而不是其他人假装是你？你可以不提供钥匙，而是在经过受信任的第三方验证的证书中提供你的公钥，这样的提供方式被称为 X.509 证书。

X.509 证书是数字文件，包含公共 / 私人密钥对的公钥部分。它们通常由被称为认证机构（CA）一些受信任的组织之一签发，并由 CA 进行数字签名，以表明该钥匙是有效的，并且来自于你。你相信证书，相信公钥是来自证书上所说的人，因为你相信 CA，类似于你相信护照或驾驶执照，因为你相信颁发它的国家机构。证书是要付费的，所以你也可以"自我签名"，也就是自己创建一个由你签名的证书，用于测试。

这些证书中有许多字段，包括公钥来自谁、签发证书的 CA 的细节、证书的有效期以及公钥本身。在使用证书之前，最好的做法是通过检查证书是否由原始 CA 签署来验证它。

当使用 X.509 证书时，发送方和接收方都会有自己的公钥和私钥，以及都有包含公钥的 X.509 证。然后他们以某种方式交换 X.509 证书，使用对方的公钥来加密他们发送的数据，并使用自己的私钥来解密他们接收的数据，如图 10-7 所示。

> 由于过期时间，因此你的物联网设备需要知道准确的时间，通常从 NTP 服务器上读取。如果时间不准确，连接就会失败。

📖 做点研究

如果多个设备共享同一个连接字符串，你认为会发生什么情况？

⚠ 注意

在学习物联网时，把密钥放在代码中往往更容易，就像你在前面的课程中做的那样，但你必须确保这个密钥不被签入到公共源代码控制中。

⚠ 注意

你千万不要把自签的证书用于生产发布。

📖 做点研究

你可以在微软的《使用 X.509 证书》教程中阅读证书中的字段的完整列表 🔗 [L10-7]。

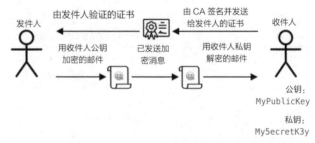

图 10-7　你可以共享一个证书，而不是共享一个公共密钥（证书的使用者可以通过与签署该证书的认证机构核对，来验证它是否来自于你）

使用 X.509 证书的一大优势是，它们可以在设备之间共享。你可以创建一个证书，将其上传到 IoT Hub，并将其用于你的所有设备。然后，每个设备只需要知道私钥，以解密它从 IoT 中心收到的信息。

你的设备用于加密它发送给 IoT 中心的信息证书是由微软发布的。它与很多 Azure 服务使用的证书相同，有时也被内置到 SDK 中。

> 📖 **做点研究**
>
> X.509 证书有很多专业术语。你可以在《X.509 证书术语外行指南（英文）》 🔗 **[L10-9]** 中阅读你可能遇到的一些术语的定义。

🔖 请记住，公钥就是这样——公开。Azure 公钥只能用于加密发送到 Azure 的数据，不能用于解密，所以它可以在任何地方共享，包括在源代码中。例如，你可以在 Azure IoT C SDK 的源代码 🔗 **[L10-8]** 中看到它。

10.4 生成和使用 X.509 证书

生成 X.509 证书的步骤如下。

（1）创建一个公钥 / 私钥对。一个最广泛使用的生成公钥 / 私钥对的算法被称为 Rivest-Shamir-Adleman（RSA 算法🔗 **[L10-10]**）。

（2）提交带有相关数据的公钥进行签名，可以由 CA 签名，也可以由自己签名。

Azure CLI 有一些命令可以在 IoT 中心创建一个新的设备身份，并自动生成公 / 私钥对以及创建一个自签证书。

🔖 如果你想看到详细的步骤，而不是使用 Azure CLI，你可以在微软 IoT 中心文档中使用 OpenSSL 创建自签名证书的教程 🔗 **[L10-11]** 中找到它。

10.4.1 任务：使用 X.509 证书创建设备身份

运行以下命令来注册新的设备身份，自动生成密钥和证书。

```
az iot hub device-identity create --device-id soil-moisture-sensor-x509 \
                                  --am x509_thumbprint \
                                  --output-dir . \
                                  --hub-name <hub_name>
```

将 **<hub_name>** 替换为你用于 IoT 中心的名称。

这段代码将创建一个 ID 为 `soil-moisture-sensor-x509` 的设备，以区别你在上一课创建的设备身份。这个命令还将在当前目录下创建两个文件。

● `soil-moisture-sensor-x509-key.pem`：该文件包含设备的私钥。
● `soil-moisture-sensor-x509-cert.pem`：这是该设备的 X.509 证书文件。

保持这些文件的安全！私钥文件不应该被签入到公共源代码控制中。

10.4.2 任务：在你的设备代码中使用 X.509 证书

通过相关指南的工作，使用 X.509 证书将你的物联网设备连接到云端。

● 在你的 Wio Terminal 设备代码中使用 X.509 证书。
● 在你的虚拟物联网硬件和树莓派设备代码中使用 X.509 证书。

连接设备: 在你的设备代码中使用 X.509 证书

◆ 在你的 Wio Terminal 设备代码中使用 X.509 证书

在撰写本文时，Azure Arduino SDK 不支持 X.509 证书。如果你想尝试使用 X.509 证书，可以参考下面的内容：在你的虚拟物联网硬件和树莓派设备代码中使用 X.509 证书。

✦ ⓒ 在你的虚拟物联网硬件和树莓派设备代码中使用 X.509 证书

在这一部分，你将使用 X.509 证书将你的虚拟物联网设备或树莓派接到你的 IoT 中心。

将你的设备连接到 IoT 中心

下一步是使用 X.509 证书将你的设备连接到 IoT 中心。

（1）将密钥和证书文件复制到包含你的物联网设备代码的文件夹中。如果你通过 VS Code 远程 SSH 使用树莓派，并在你的 PC 上创建了密钥，你可以将文件拖放到 VS Code 的资源管理器中来复制它们。

（2）打开 `app.py` 文件。

（3）要使用 X.509 证书进行连接，你就需要 IoT 中心的主机名和 X.509 证书。首先，在设备客户端创建之前添加以下代码，创建一个包含主机名的变量。

```
host_name = "<host_name>"
```

将 `<host_name>` 替换为你的 IoT 中心的主机名。你可以从 `connection_string` 中的 `HostName` 部分得到这个主机名。它将是你的 IoT 中心的名称，以 `.azure-devices.net` 结尾。

（4）接下来，用设备 ID 声明一个变量。

```
device_id = "soil-moisture-sensor-x509"
```

（5）你将需要一个包含 X.509 文件的 `X509` 类的实例。将 `X509` 添加到从 `azure.iot.device` 模块导入的类列表中。

```
from azure.iot.device import IoTHubDeviceClient, Message, MethodResponse, X509
```

（6）通过在 `host_name` 声明下面添加这段代码，使用你的证书和密钥文件创建一个 `X509` 类实例。

```
x509 = X509("./soil-moisture-sensor-x509-cert.pem", "./soil-moisture-sensor-x509-key.pem")
```

这行代码将使用之前创建的 `soil-moisture-sensor-x509-cert.pem` 和 `soil-moisture-sensor-x509-key.pem` 文件创建 `X509` 类。

（7）将从连接字符串中创建 device_client 的那行代码替换为以下内容。

```
device_client = IoTHubDeviceClient.create_from_x509_certificate(x509, host_name, device_id)
```

这行代码将使用 X.509 证书而不是 `connection_string` 进行连接。

（8）删除带有 `connection_string` 变量的那一行。

（9）运行你的代码。监控发送到 IoT 中心的消息，并像以前一样直接发送方法请求。你将看到设备连接并发送土壤湿度读数，以及接收直接方法请求。

你可以在 `code/pi` 🔗 **[L10-12]** 或 `code/virtual-device` 文件夹🔗 **[L10-13]** 中找到这段代码。

😄 恭喜，你的土壤湿度传感器程序使用 X.509 证书连接到你的 IoT 中心了！

清理 Azure 项目

在你完成每个项目后，最好及时删除你的云资源。

在每个项目的课程中，你可能已经创建了以下一些内容。

- 一个资源组。
- 一个 IoT 中心。
- 物联网设备的注册。
- 一个存储账户。
- 一个 Functions App。
- 一个 Azure 地图账户。
- 一个自定义的视觉项目。
- 一个 Azure 容器注册处。
- 一个认知服务资源。

这些资源中的大多数都没有成本——要么是完全免费的，要么是你在使用免费层。对于需要付费层的服务，你会一直使用不会超过在免费套餐中的水平，或者只会花费几分钱。

即使成本相对较低，但当你完成后也应该删除这些资源。例如，你使用免费层只能有一个物联网中心，所以如果你想创建另一个，你就需要使用付费层。

你的所有服务都是在资源组内创建的，这使它更容易管理。你可以删除资源组，该资源组中的所有服务都会被一起删除。

要删除资源组，可以在你的终端或命令提示符中运行以下命令：

```
az group delete --name <resource-group-name>
```

将 `<resource-group-name>` 替换为你感兴趣的资源组的名称。

之后会出现下面的确认。

```
Are you sure you want to perform this operation? (y/n):
```

中文大意为：你确定你要执行这个操作吗？（y/n）。

输入 **y** 以确认并删除资源组。

删除所有的服务将需要一些时间。

📖 你可以在 Microsoft Docs 上的 Azure 资源管理器资源组和资源删除文档 🔗 **[L10-14]** 中阅读更多关于删除资源组的信息。

课后练习

挑战

有多种方法来创建、管理和删除 Azure 服务，如资源组和 IoT 中心。一种方法是 Azure Portal（Azure 门户）—— 一个基于 Web 的界面，为你提供了一个管理 Azure 服务的图形用户界面。

做点研究

前往网址 portal.azure.com，研究一下这个门户。看看你是否可以使用门户创建一个 IoT 中心，然后删除它。

你可以在 Azure 门户文档 🔗 [L10-15] 中找到大量关于 Azure 门户的文档、教程和指南。

复习和自学

在百度百科密码学 🔗 [L10-16] 上阅读密码学的历史。
在百度百科的 X.509 页面 🔗 [L10-17] 上阅读 X.509 证书的内容。

作业

建立一个新的物联网设备。

说明

在过去的 6 节课中，你已经了解了数字农业，以及如何使用物联网设备来收集数据以预测植物生长，并根据土壤湿度读数自动浇水。

利用你所学到的知识，使用传感器和执行器或你选择的方式，建立一个新的物联网设备。将遥测数据发送到物联网中心，并通过 Serverless 代码来控制一个执行器。你可以使用你在这个项目或前一个项目中已经使用过的传感器和执行器，或者如果你有其他硬件，可以去尝试做些新的东西。

评分标准

标准	优秀	合格	需要改进
为使用传感器和执行器的物联网设备编码	为使用传感器和执行器的物联网设备编码	为使用传感器或执行器的物联网设备编码	无法为使用传感器或执行器的物联网设备编码
将物联网设备连接到 IoT 中心	能够部署 IoT 中心，并向其发送遥测数据，以及从其接收命令	能够部署 IoT 中心，并发送遥测数据或接收命令	无法部署 IoT 中心并从物联网设备与之通信
使用 Serverless 代码控制执行器	能够部署 Azure Function 来控制由遥测事件触发的设备	能够部署由遥测事件触发的 Azure Function，但无法控制执行器	无法部署 Azure Function

课后测验

（1）对称密钥加密相比于非对称密钥加密，（　　）。

A. 对称密钥加密比非对称密钥加密慢

B. 对称密钥加密比非对称密钥加密安全

C. 对称密钥加密比非对称密钥加密快，但相对不安全

D. 对称密钥加密比非对称密钥加密慢，但相对安全

（2）自签名的 X.509 证书适合生产环境。这个说法（　　）。

A. 正确

B. 错误

（3）X.509 证书（　　）。

A. 不应该在 IoT 设备之间共享

B. 可以在设备之间共享

C. 应当妥善保管，不能被任何设备使用

运输篇

从农场到工厂的运输——利用物联网追踪食品的运送情况。

许多农民种粮食是为了赚钱养家糊口，他们要么是出售自己种植的所有作物的商业化农民，要么是出售他们多余的产品来购买必需品的自给自足的农民。食物必须以某种方式从农场运到消费者手中，而这通常依赖于从农场到枢纽仓库或加工厂，然后到商店的大宗运输。例如，一个西红柿农场主会收获西红柿，把它们装箱，再把箱子装进卡车，然后送到加工厂。在这里西红柿将被分类，并从那里以加工食品、零售或在餐馆消费的形式交付给消费者。

物联网可以通过跟踪运输中的食品来追踪这个供应链——确保驾驶员去他们应该去的地方，监测车辆位置，并在车辆到达时得到提醒，以便食品可以被卸下，并尽快准备好进行加工。

在本篇的四节课中，你将学习如何应用物联网来改善供应链，在食物被装上（虚拟）卡车时对其进行监控，并在其移动到目的地时进行跟踪。你将学习使用 GPS 跟踪，如何存储和可视化 GPS 数据，以及如何在卡车到达目的地时得到提醒。

> 供应链是制造和交付某物的系列活动。例如，在西红柿种植中，它包括种子、土壤、肥料和水的供应，种植西红柿，将西红柿运送到仓库，再运送到交易市场，最终运送到各个超市，被摆出来展示，然后卖给消费者，带回家食用。每一步就像链条上的各个环节。

> 供应链的运输部分被称为物流。

课程简介

本篇包含以下课程：
第 11 课　位置追踪
第 12 课　存储位置数据
第 13 课　可视化位置数据
第 14 课　地理围栏

感谢

本篇所有的课程都是由 Jen Looper 和 Jim Bennett 用♥编写。

第 11 课
位置追踪

 课前准备

简介

把食物从农民送到消费者手中的主要过程包括把一箱箱农产品装上卡车、轮船、飞机或其他商业运输工具，然后把食物送到某个地方——或者直接送到客户手中，或者送到一个供销社或仓库进行加工。从农场到消费者的整个端到端过程是一个供应链的过程的一部分。下面的视频来自亚利桑那州立大学 W.P. 凯里商学院，讲述了供应链的概念以及如何更详细地管理它，如图 11-1 所示。

课前测验

（1）可以使用什么标记你的位置？（　）
A. 仅纬度
B. 仅经度
C. 经纬度

（2）能够追踪位置信息的传感器叫作（　）。
A. GPS
B. PGP
C. GIF

（3）追踪车辆的位置信息是没有意义的。这个说法（　）。
A. 正确
B. 错误

图 11-1　什么是供应链管理（观看来自亚利桑那州立大学 W.P. 凯里商学院的一段视频 [L11-1]）

添加物联网设备可以极大地改善你的供应链，使你能够管理物品的位置，更好地计划运输和货物处理，并对问题做出更快的反应。

在管理物流卡车车队时，了解每辆车在特定时间的位置是很有帮助的。车辆可以安装 GPS 传感器，将它们的位置发送到物联网系统，使车主能够确定它们的位置，看到它们走过的路线，并知道它们何时会到达目的地。大多数车辆在 Wi-Fi 覆盖范围之外运行，所以它们使用蜂窝网络来发送这种数据。有时，GPS 传感器被内置到更复杂的物联网设备，如电子记录本中。这些设备追踪卡车在运输途中的时间，以确保司机遵守当地的工作时间法规。

在本课中，你将学习如何使用全球定位系统（GPS）传感器追踪车辆位置。

在本课中，我们的学习内容将涵盖：

11.1　车联网
11.2　地理空间坐标
11.3　全球定位系统 (GPS)
11.4　读取 GPS 传感器的数据
11.5　NMEA 协议 GPS 数据
11.6　GPS 传感器数据解码

11.1　车联网

物联网正在通过建立车联网的车队来改变货物运输的方式。这些车辆与中央 IT 系统相连，报告其位置信息和其他传感器数据。拥有一个联网的车队有诸多好处。

- **位置跟踪：** 你可以在任何时候确定车辆的位置，使你能够获得以下信息。
  - 当车辆即将到达目的地时得到提醒，让工作人员做好卸货准备。
  - 定位被盗车辆。
  - 将位置和路线数据与交通路况信息结合起来，使你能够在途中重新安排车辆的路线。
  - 遵守税收规定。一些国家对车辆在公共道路上行驶的里程数进行收费（如新西兰的 RUC），所以你可以知道车辆何时在公共道路与私人道路上行驶，可以更容易地计算出欠税。
  - 知道在发生故障时应将维修人员派往何处。
- **监控司机行为：** 能够确保司机遵守速度限制规定，以适当的速度转弯，及早有效地刹车，安全驾驶。连接的车辆也可以有摄像头来记录事件。这可以与保险挂钩，为好司机提供优惠的费率。
- **司机工时合规性：** 基于他们开启和关闭发动机的时间，确保司机只在法律允许的时间内驾驶。

这些好处可以结合起来。例如，将司机遵守时间与位置跟踪结合起来，在司机不能在规定的时间内到达目的地时，重新安排路线。这些也可以与其他车辆特定的遥测技术相结合。例如，来自冷链卡车的温度数据，如果车辆目前的路线意味着货物无法保持温度，则可以重新安排路线。

> 物流是将货物从一个地方运送到另一个地方的过程，如从一个农场通过一个或多个仓库运送到一个超市。一个农民把一箱箱的西红柿装到卡车上，送到一个中央仓库，再放到第二辆卡车上，这辆卡车可能装有不同种类的农产品，然后送到超市。

车辆追踪的核心部分是 GPS——可以在地球上任何地方确定其位置的传感器。在本课中，你将学习如何使用 GPS 传感器，首先是学习如何在地球上定义一个位置。

11.2　地理空间坐标

地理空间坐标用于定义地球表面的点，类似于用坐标在计算机屏幕上画出一个像素点或在十字绣中定位针脚。对于一个点，你会有一对坐标。例如，位于美国华盛顿州雷德蒙德的微软校园位于（**47.6423109，-122.1390293**）。

11.2.1　纬度和经度

地球是一个球体 —— 一个三维的圆。正因为如此，通过将其划分成 360 度（或写为 360°）来定义点，与圆的几何形状相同。纬度是指从北到南的度数，经度是指从东到西的度数。

纬度是用环绕地球并与赤道平行的线来度量的，将北半球和南半球各分为 90°。赤道在 0°，北极在 90°，也称为北纬 90°；而南极在 -90°，即南纬 90°，如图 11-2 所示。

经度是以东、西测量的度数来衡量的。经度的 0° 原点被称为本初子午线，在 1884 年被定义为从北极到南极的一条线，经过英国格林尼治的英国皇家天文台，如图 11-3 所示。

要测量一个点的经度，你要测量从本初子午线到通过该点子午线的赤道圆度数。经度从 -180°（或西经 180°）通过本初子午线的 0° 到 180°（或东经 180°）。180° 和 -180° 指的是同一点，即反经线或 180 度经线。这是地球上与本初子午线相对的一条子午线。

> 没有人真正知道圆圈被分成 360 度的原始原因。有关度（角度）的百科页面 [L11-2] 涵盖了一些可能的原因。

> 子午线是一条假想的直线，从北极到南极，形成了一个半圆形。

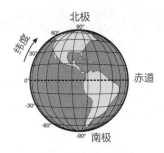

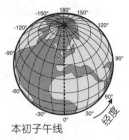

图 11-2　纬度线从北极的 90° 开始，到北极和赤道之间的 60°，赤道的 0°，赤道和南极之间的 −60°，直到南极的 −90°

图 11-3　从本初子午线以西的 −180°，到本初子午线上的 0°，到本初子午线以东的 180° 的经度线

🌍 本初子午线不能与国际日期变更线混淆，国际日期变更线的位置大致相同，但不是一条直线，而是根据地缘政治边界的不同而变化。

📖 **做点研究**

试着找到你当前位置的经纬度。

11.2.2　度、分、秒（六十进制）与十进制度数的比较

传统上，纬度和经度的测量使用六十进制，即以 60 为底数的进制位，这是古代巴比伦人使用的一种编号系统，他们对时间和距离进行了首次测量和记录。你每天都在使用六十进制，但是可能都没有意识到这一点。例如，把小时分成 60 分钟，把分钟分成 60 秒。

经度和纬度是以度、分和秒为单位测量的，1 分为 1/60 度，1 秒为 1/60 分。

例如，在赤道上举例如下。

- 1 度对应的纬度长度是 111.3 千米。
- 1 分对应的纬度长度是 111.3/60=1.855 千米。
- 1 秒对应的纬度长度是 1.855/60 = 0.031 千米。

分的符号是单引号"'"，秒的符号是双引号" " "。例如，2 度 17 分 43 秒可以写成 2° 17'43"。秒的部分以小数形式给出。例如，半秒是 0° 0'0.5"。

计算机不是以 60 进制工作的，所以在大多数计算机系统中使用 GPS 数据时，这些坐标都是以小数度来表示的。例如，2° 17'43 " 是 2.295277。度数符号通常被省略。

一个点的坐标总是以纬度、经度的形式给出的，所以前面的例子中，位于（**47.6423109,−122.1390293**）的微软校园，在地图上的位置如图 11-4 所示。

- 纬度为 **47.6423109**（赤道以北 **47.6423109** 度）。
- 经度为 **−122.1390293**（本初子午线以西 **122.1390293** 度）。

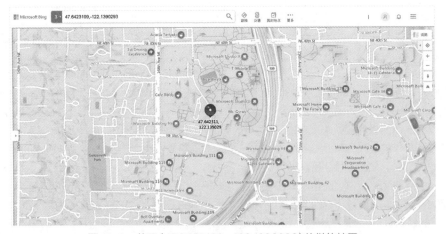

图 11-4　位于（47.6423109,−122.1390293）的微软校园

11.3　全球定位系统（GPS）

GPS 系统使用围绕地球运行的多颗卫星来定位你的位置。你可能已经在不知不觉中使用了 GPS 系统。例如，在手机上的地图应用（如苹果地图或百度地图）中找到你的位置，或在叫车应用（如滴滴或嘀嗒）中看到你的车在哪里，或在你的汽车中使用卫星导航（sat-nav）。

GPS 系统的工作原理是：由若干颗卫星发送信号，其中包括每颗卫星的当前位置，以及一个准确的时间戳。这些信号通过无线电波发送，由 GPS 传感器中的天线检测。GPS 传感器将检测到这些信号，并使用当前时间测量信号从卫星到达传感器所需的时间。因为无线电波的速度是恒定的，所以 GPS 传感器可以使用发送的时间戳来计算出传感器离卫星有多远。通过将来自至少 3 颗卫星的数据与发送的位置相结合，GPS 传感器能够准确地确定其在地球上的位置，如图 11-5 所示。

> "卫星导航"中的卫星是指 GPS 卫星！

🛰 GPS 传感器需要天线来探测无线电波。内置在卡车和汽车上的车载 GPS 的天线位置是为了获得良好的信号，通常在挡风玻璃或屋顶上。如果你使用单独的 GPS 系统，如智能手机或物联网设备，那么你需要确保 GPS 系统或手机内置的天线有一个清晰的天空视野，如安装在挡风玻璃上。

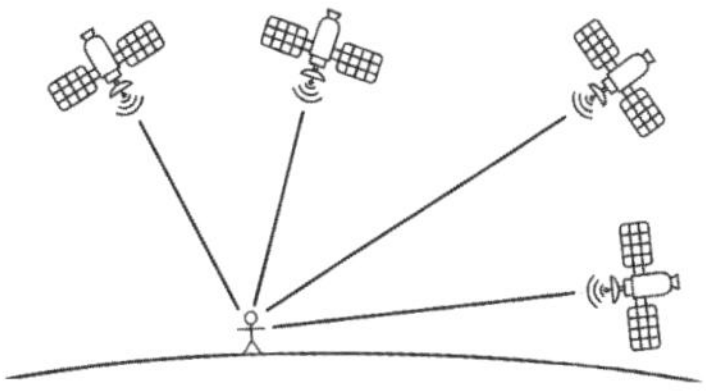

GPS 卫星在地球上盘旋，而不是在传感器上方的一个固定点，所以位置数据包括海平面以上的高度以及经度和纬度。

GPS 曾经有美国军方实施的精度限制，将精度限制在 5 米左右。这一限制在 2000 年被取消，允许精度为 30 厘米。由于信号的干扰，要获得这个精度并不总是可能的。

🛰 卫星含有原子钟，精确度高得惊人，但与地球上的原子钟相比，它们每天漂移 38 微秒（0.0000038 秒），这是由于爱因斯坦的狭义和广义相对论所预测的时间随着速度的增加而变慢——卫星的速度比地球的旋转快。这种漂移已被用于证明狭义和广义相对论的预测，并且在 GPS 系统的设计中必须加以补偿。从字面上看，时间在 GPS 卫星上运行得比较慢。

图 11-5　通过了解传感器到多颗卫星的距离，就可以计算出当前的位置

🔍 **做点研究**

如果你有一个智能手机，启动地图应用程序，看看你的位置有多精确。你的手机可能需要一点时间来探测多颗卫星，以获得更准确的位置。

> 每个部署中的卫星群被称为星座。

许多国家和政治联盟都开发和部署了各种 GPS 系统，包括美国、俄罗斯、日本、印度、欧盟和中国。现代 GPS 传感器可以连接到这些系统中的大多数卫星，以获得更快、更准确的定位。

11.4　读取 GPS 传感器的数据

大多数 GPS 传感器通过 UART（Universal Asynchronous Receiver/Transmitter，通用异步收发传输器）协议发送 GPS 数据。你可以在你的物联网设备上使用一个 GPS 传感器来获取 GPS 数据。

任务：连接一个 GPS 传感器并读取 GPS 数据

通过相关指南，使用你的物联网设备读取 GPS 数据。
- 用 Wio Terminal 读取 GPS 数据。
- 用树莓派读取 GPS 数据。
- 用虚拟物联网硬件读取 GPS 数据。

⚠ **注意**

UART 协议在第 6 课中介绍过。如果需要，请参考那一课。

连接设备：读取 GPS 数据

用 Wio Terminal 读取 GPS 数据

在这一部分，你将在你的 Wio Terminal 上添加一个 GPS 传感器，并从中读取数值。

硬件

Wio Terminal 需要一个 GPS 传感器。

你将使用的传感器是一个 Grove GPS Air530 传感器，如图 11-6 所示。这个传感器可以连接到多个 GPS 系统，以获得快速、准确的定位。该传感器由两部分组成——传感器的核心电子元件，以及由一根细线连接用于接收卫星无线电波的外部天线。

这是一个 UART 传感器，所以通过 UART 发送 GPS 数据。

图 11-6　一个 GroveGPS 传感器

连接 GPS 传感器

Grove 的 GPS 传感器可以连接到 Wio Terminal 上。

任务：连接 GPS 传感器

连接 GPS 传感器，如图 11-7 所示。

（1）将 Grove 电缆的一端插入 GPS 传感器的插座上。它只能从一个方向插入。

（2）在 Wio Terminal 与计算机或其他电源断开的情况下，当你面向屏幕时，将 Grove 电缆的另一端连接到 Wio Terminal 左边的 Grove 插座上。这是最靠近电源按钮的插座。

（3）将 GPS 传感器放置在能看到天空的位置，最好是在开放的窗户旁边或室外。在没有任何东西挡住天线的情况下，更容易获得更清晰的信号。

图 11-7　连接到左手边插座的
Grove GPS 传感器

（4）现在你可以将 Wio Terminal 连接到你的计算机。

（5）GPS 传感器有两个 LED——一个蓝色 LED 在数据传输时闪烁，一个绿色 LED 在接收卫星数据时每秒钟闪烁一次。当你给 Wio Terminal 上电时，要确保蓝色 LED 灯在闪烁。几分钟后，绿色 LED 将闪烁。如果不是，你可能需要重新定位天线。

对 GPS 传感器进行编程

现在可以对 Wio Terminal 进行编程，以使用附加的 GPS 传感器。

任务：对 GPS 传感器进行编程

对设备进行编程。

（1）使用 PlatformIO 创建一个全新的 Wio Terminal 项目。把这个项目命名为 `gps-sensor`。在 `setup` 函数中添加代码来配置串行端口。

（2）在 `main.cpp` 文件的顶部添加以下 include 指令。它包括一个头文件，其中包含配置 UART 的左侧 Grove 端口的函数。

```
#include <wiring_private.h>
```

（3）接下来，添加以下一行代码，声明与 UART 端口的串行端口连接。

```
static Uart Serial3(&sercom3, PIN_WIRE_SCL, PIN_WIRE_SDA, SERCOM_RX_PAD_1, UART_TX_PAD_0);
```

（4）你需要添加一些代码，将一些内部信号处理程序重定向到这个串行端口。在 Serial3 声明下面添加以下代码。

```
void SERCOM3_0_Handler()
{
    Serial3.IrqHandler();
}

void SERCOM3_1_Handler()
{
    Serial3.IrqHandler();
}

void SERCOM3_2_Handler()
{
    Serial3.IrqHandler();
}

void SERCOM3_3_Handler()
{
    Serial3.IrqHandler();
}
```

（5）在下面配置 `Serial` （串行）端口的 setup 函数中，用以下代码配置 UART 串行端口。

```
Serial3.begin(9600);

while (!Serial3)
    ; // Wait for Serial3 to be ready

delay(1000);
```

（6）在 `setup` 函数的代码下面，添加以下代码，将 Grove 引脚连接到串行端口。

```
pinPeripheral(PIN_WIRE_SCL, PIO_SERCOM_ALT);
```

（7）在 `loop` 函数前添加以下函数，将 GPS 数据发送到串行监视器上。

```
void printGPSData()
{
    Serial.println(Serial3.readStringUntil('\n'));
}
```

（8）在 `loop` 函数中，添加以下代码，从 UART 串行端口读取数据并将输出打印到串行监视器。

```
while (Serial3.available() > 0)
```

```
{
    printGPSData();
}

delay(1000);
```

这段代码从 UART 串行端口读取数据。`readStringUntil` 函数一直读到一个结束符，在这里是一个新行。这样将读取整个 NMEA 字串（NMEA 字串是以一个新行字符结束的）。所有的数据都可以从 UART 串行端口读取，它被读取并通过 `printGPSData` 函数发送到串行监视器上。一旦没有更多的数据可以被读取，循环就会延迟 1 秒（1000ms）。

（9）建立并上传代码到 Wio Terminal。

（10）一旦上传，你就可以用串行监控器监控 GPS 数据了。

```
> Executing task: platformio device monitor <

--- Available filters and text transformations: colorize, debug, default, direct, hexlify,
log2file, nocontrol, printable, send_on_enter, time
--- More details at http://bit.ly/pio-monitor-filters
--- Miniterm on /dev/cu.usbmodem1201  9600,8,N,1 ---
--- Quit: Ctrl+C | Menu: Ctrl+T | Help: Ctrl+T followed by Ctrl+H ---
$GNGGA,020604.001,4738.538654,N,12208.341758,W,1,3,,164.7,M,-17.1,M,,*67
$GPGSA,A,1,,,,,,,,,,,,,,,*1E
$BDGSA,A,1,,,,,,,,,,,,,,,*0F
$GPGSV,1,1,00*79
$BDGSV,1,1,00*68
```

你可以在 `code-gps/wio-terminal` 文件夹 🔗 [L11-3] 中找到这个代码。

😊 恭喜，你的 GPS 传感器程序成功运行了！

用树莓派读取 GPS 数据

在这一部分，你将在你的树莓派上添加一个 GPS 传感器，并从中读取数值。

硬件

树莓派需要连接一个 GPS 传感器。

你将使用的传感器是一个 Grove GPS Air530 传感器，如图 11-8 所示。这个传感器可以连接到多个 GPS 系统，以获得快速、准确的定位。该传感器由两部分组成——传感器的核心电子元件，以及由一根细线连接的，用于接收来自卫星的无线电波外部天线。

这是一个 UART 传感器，所以通过 UART 发送 GPS 数据。

连接 GPS 传感器

Grove GPS 传感器可以连接到树莓派上。

任务：连接 GPS 传感器

连接 GPS 传感器。

图 11-8 一个 GroveGPS 传感器

（1）将 Grove 电缆的一端插入 GPS 传感器的插座上。它只能从一个方向插入。

（2）在树莓派关闭电源的情况下，将 Grove 电缆的另一端连接到插在树莓派 Grove Base HAT 上标有 UART 字样的插座上。这个插座在中间一排，在离 SD 卡插槽最近的一侧，另一端是 USB 接口和以太网插座，如图 11-9 所示。

（3）将 GPS 传感器放置在所连接天线能够看到天空的位置——最好是在一个开放的窗户旁边或外面。在没有任何东西挡住天线的情况下，更容易得到一个清晰的信号。

图 11-9　连到 UART 插座的 Grove GPS 传感器

为 GPS 传感器编程

现在可以对树莓派进行编程，以使用附加的 GPS 传感器。

任务：为 GPS 传感器编程

对设备进行编程。

（1）给树莓派上电并等待它启动。

（2）GPS 传感器有两个 LED 灯——一个蓝色的 LED 灯在数据传输时闪烁，另一个绿色的 LED 灯在接收卫星数据时每秒钟闪烁一次。当你给树莓派上电时，确保蓝色 LED 灯在闪烁。几分钟后，绿色 LED 会闪烁。如果不是，你可能需要重新定位天线。

（3）启动 VS Code，可以直接在树莓派上启动，或者通过远程 SSH 扩展连接。

⚠ 注意

如果需要，你可以参考第 1 课中关于设置和启动 VS Code 的说明。

（4）在支持蓝牙的树莓派新版本中，用于蓝牙的串行端口和 Grove UART 端口使用的串行端口之间有冲突。要解决这个问题，请按以下步骤操作。

①在 VS Code 终端，用 `nano` 编辑 `/boot/config.txt` 文件，这是一个内置的终端文本编辑器，命令如下。

```
sudo nano /boot/config.txt
```

这个文件不能被 VS Code 编辑，因为你需要用 `sudo` 权限来编辑它，这是一个高级权限。VS Code 没有运行的权限。

②在文件的末尾添加以下代码。

```
dtoverlay=pi3-miniuart-bt
dtoverlay=pi3-disable-bt
enable_uart=1
```

③保存这个文件，按 `Ctrl+X` 组合键退出 nano。当询问你是否要保存修改后的缓冲区时，按 `Y` 键，然后按回车键确认你要覆盖 `/boot/config.txt`。

> 如果你犯了一个错误，你可以不保存先退出，然后重复这些步骤。

④用下面的命令在 nano 中编辑 `/boot/cmdline.txt` 文件。

```
sudo nano /boot/cmdline.txt
```

⑤这个文件有一些用空格分隔的键 / 值对。删除关键 console 的任何键 / 值对。它们可能会看起来像这样。

```
console=serial0,115200 console=tty1
```

你可以用光标键导航到这些条目，然后用普通的 Delete 或退格键删除。
例如，如果你的原始文件看起来像下面这样：

```
console=serial0,115200 console=tty1 root=PARTUUID=058e2867-02 rootfstype=ext4 elevator=deadline
fsck.repair=yes rootwait
```

修改后的新的版本如下。

```
root=PARTUUID=058e2867-02 rootfstype=ext4 elevator=deadline fsck.repair=yes rootwait
```

⑥按照上面的步骤保存这个文件并退出 nano。
⑦重新启动你的树莓派，然后在树莓派重新启动后，在 VS Code 中重新连接。
（5）在终端上，在树莓派用户的主目录下创建一个新的文件夹，名为 gps-sensor。在这个文件夹中创建一个名为 app.py 的文件。
（6）在 VS Code 中打开这个文件夹。
（7）GPS 模块通过一个串行端口发送 UART 数据。安装 Pyserial Pip 包，通过你的 Python 代码中与串行端口通信。

```
pip3 install pyserial
```

（8）在你的 app.py 文件中添加以下代码。

```
import time
import serial

serial = serial.Serial('/dev/ttyAMA0', 9600, timeout=1)
serial.reset_input_buffer()
serial.flush()

def print_gps_data(line):
    print(line.rstrip())
```

```
while True:
    line = serial.readline().decode('utf-8')

    while len(line) > 0:
        print_gps_data(line)
        line = serial.readline().decode('utf-8')

    time.sleep(1)
```

这段代码从 `pyserial` Pip 包中导入 `serial` （串行）模块。然后它连接到 `/dev/ttyAMA0` 串行端口——这是 Grove Pi Base HAT 用于其 UART 端口的串行端口地址。然后，它清除了这个串行连接中的任何现有数据。

接下来，定义了一个名为 `print_gps_data` 的函数，将传递给它的行打印到控制台。

接下来，代码永远循环，在每个循环中尽可能多地从串行端口读取文本行。它为每一行调用 print_gps_data 函数。

在所有的数据都被读取后，循环会休眠 1 秒，然后再尝试。

（9）运行这段代码。你将看到来自 GPS 传感器的原始输出，类似于下面的内容。

```
$GNGGA,020604.001,4738.538654,N,12208.341758,W,1,3,,164.7,M,-17.1,M,,*67
$GPGSA,A,1,,,,,,,,,,,,,,*1E
$BDGSA,A,1,,,,,,,,,,,,,,*0F
$GPGSV,1,1,00*79
$BDGSV,1,1,00*68
```

如果你在停止和重新启动你的代码时遇到以下错误，请关闭 VS Code 终端，然后启动一个新的终端再尝试。

```
UnicodeDecodeError: 'utf-8' codec can't decode byte 0x93 in position 0: invalid start byte
UnicodeDecodeError: 'utf-8' codec can't decode byte 0xf1 in position 0: invalid continuation byte
```

你可以在 `code-gps/pi` 文件夹 🔗 [L11-4] 中找到这个代码。

😊现在，你的 GPS 传感器程序成功运行了！

ⓖ 用虚拟物联网硬件读取 GPS 数据

在这一部分，你将在你的虚拟物联网设备上添加一个 GPS 传感器，并从中读取数值。

虚拟硬件

虚拟物联网设备将使用一个模拟的 GPS 传感器，它可以通过串行端口的 UART 进行访问。

一个物理 GPS 传感器将有一个天线来接收来自 GPS 卫星的无线电波，并将 GPS 信号转换成 GPS 数据。虚拟版本模拟了这一点，允许你设置经纬度，发送原始 NMEA 句子，或者上传一个 GPX 文件，其中有多个位置可以按顺序返回。

添加传感器到 CounterFit

要使用一个虚拟的 GPS 传感器，你需要在 CounterFit 应用程序中添加一个传感器。

任务：将传感器添加到 CounterFit 中

将 GPS 传感器添加到 CounterFit 应用程序中。

（1）在你的计算机上创建一个新的 Python 应用程序，文件夹名为 `gps-sensor`，有一个名为 `app.py` 的文件和一个 Python 虚拟环境，并添加 CounterFit Pip 软件包。

> 🏷 NMEA 句子将在本课后面讲到。

> ⚠ **注意**
>
> 如果需要，你可以参考第 1 课中创建和设置 CounterFit Python 项目的说明。

（2）通过安装一个额外的 Pip 包来安装一个 CounterFit shim，它可以通过串行连接与基于 UART 的传感器对话。请确保你是在激活了虚拟环境的终端上安装的。

```
pip install counterfit-shims-serial
```

（3）确保 CounterFit 的网络应用程序正在浏览器里运行。

（4）创建一个 GPS 传感器，如图 11-10 所示。

①在"Sensors"（传感器）窗格的"Create sensor"（创建传感器）框中，下拉"Sensor type"（传感器类型）框，选择 `UART GPS`。

②将端口设置为 `/dev/ttyAMA0`。

③单击"Add"（添加）按钮，在端口 `/dev/ttyAMA0` 上创建 GPS 传感器。

（5）成功创建的虚拟 GPS 传感器如图 11-11 所示。

图 11-10　GPS 传感器的设置，GPS 传感器将被创建并出现在传感器列表中

对 GPS 传感器进行编程

现在可以对虚拟物联网设备进行编程，以使用虚拟 GPS 传感器。

任务：对 GPS 传感器进行编程

对 GPS 传感器应用程序进行编程。

（1）确保 `gps-sensor` 应用程序在 VS Code 中打开。

（2）打开 `app.py` 文件。

（3）在 `app.py` 的顶部添加以下代码，将应用程序连接到 CounterFit。

图 11-11　成功创建的虚拟 GPS 传感器

```
from counterfit_connection import CounterFitConnection
CounterFitConnection.init('127.0.0.1', 5000)
```

（4）在下面添加以下代码，导入一些需要的库，包括 CounterFit 串行端口的库。

```
import time
import counterfit_shims_serial

serial = counterfit_shims_serial.Serial('/dev/ttyAMA0')
```

这段代码从 `counterfit_shims_serial` Pip 包中导入了 `serial`（串行）模块。然后，它连接到 `/dev/ttyAMA0` 串行端口——这是虚拟 GPS 传感器用于其 UART 端口的串行端口地址。

（5）在下面添加以下代码，从串行端口读取数据并将数值打印到控制台。

```
def print_gps_data(line):
    print(line.rstrip())

while True:
    line = serial.readline().decode('utf-8')

    while len(line) > 0:
        print_gps_data(line)
        line = serial.readline().decode('utf-8')

    time.sleep(1)
```

这段代码定义了一个名为 `print_gps_data` 的函数，将传递给它的行打印到控制台。

接下来，代码永远循环，在每个循环中从串行端口读取尽可能多的文本行。它为每一行调用 `print_gps_data` 函数。

当所有的数据都被读取后，循环会休眠 1 秒，然后再试一次。

（6）运行这段代码，确保你使用的终端与 CounterFit 应用程序运行的终端不同，以便 CounterFit 应用程序保持运行。

（7）在 CounterFit 应用程序中，改变 GPS 传感器的值。你可以通过以下方式之一来实现。

- 将 "Source"（源）设置为 `Lat/Lon`，并设置一个明确的纬度、经度和用于获得 GPS 定位的卫星数量。这个值只会被发送一次，所以勾选 "Repeat"（重复）复选框，让数据每秒钟重复一次，如图 11-12 所示。

- 将源设置为 `NMEA`，并在文本框中添加一些 `NMEA` 字串。所有这些值都将被发送，在每个新的 GGA（位置固定）字串被读取之前有 1 秒钟的延迟，如图 11-13 所示。你可以使用像 🔗 nmeagen.org 这样的工具，通过在地图上绘图来生成这些字串。这些数值只会被发送一次，所以勾选 "Repeat"（重复）框，让数据在全部发送后的一秒钟内重复。

- 将源设为 `GPX file`，并上传一个带有轨迹位置的 GPX 文件。你可以从一些流行的地图和徒步旅行网站下载 GPX 文件，如 AllTrails 🔗 [L11-5]。这些文件包含多个 GPS 位置作为轨迹，GPS 传感器将以 1 秒

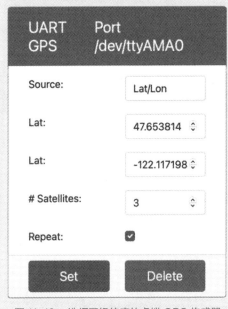

图 11-12　选择了经纬度的虚拟 GPS 传感器

的间隔返回每个新位置。这些数值只会被发送一次，所以要勾选 "Repeat"（重复）框，让数据在全部发送完毕后的一秒钟内重复，如图 11-14 所示。

一旦你配置了 GPS 设置，单击 "Set"（设置）按钮，将这些值提交给传感器。

（8）你将看到来自 GPS 传感器的原始输出，类似于下面的内容。

```
$GNGGA,020604.001,4738.538654,N,12208.341758,W,1,3,,164.7,M,-17.1,M,,*67
$GNGGA,020604.001,4738.538654,N,12208.341758,W,1,3,,164.7,M,-17.1,M,,*67
```

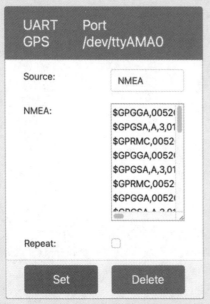

图 11-13　设置有 NMEA 字串的虚拟 GPS 传感器　　　图 11-14　设置有 GPX 文件的虚拟 GPS 传感器

你可以在 `code-gps/virtual-device` 文件夹 🔗 **[L11-6]** 中找到这个代码。

😊 恭喜，你的虚拟 GPS 传感器程序运行成功了！

11.5　NMEA 协议 GPS 数据

当你运行你的代码时，你会看到输出中可能出现一些"乱码"。这实际上是标准的 GPS 数据，而且都有意义。

GPS 传感器使用 NMEA 信息输出数据，使用 NMEA 0183 标准。NMEA 是美国国家海洋电子协会（National Marine Electronics Association）🔗 **[L11-7]** 的英文首字母缩写，该协会是一个总部设在美国的贸易组织，为海洋电子设备之间的通信制定标准。

> 🔖 这个标准是专有的，售价至少为 2000 美元，但它有足够多的信息发布在公共领域，因此大多数标准都经过了逆向工程，可以在开源和其他非商业代码中使用。

这些信息是基于文本的。每条信息包括一个以 $ 字符开始的句子，后面有 2 个字符表示信息的来源（例如，美国的 GPS 系统的 GP，俄罗斯的 GPS 系统 GLONASS 的 GN，中国北斗 GPS 系统的 BD）和 3 个字符表示信息的类型。信息的其余部分是由逗号分隔的字段，以一个新行字符结束。

可以接收的一些信息类型见表 11-1。

表 11-1　GPS 信息的说明

类型	说明
GGA	GPS 定位数据，包括 GPS 传感器的纬度、经度和高度，以及计算该定位的卫星数量
ZDA	当前日期和时间，包括当地时区
GSV	可见卫星的 GSV 详细信息——定义为 GPS 传感器可以检测信号的卫星

📖 GPS 数据包括时间戳，因此你的物联网设备可以在需要时从 GPS 传感器获得时间，而不是依赖 NTP 服务器或内部实时时钟。

GGA 消息包括使用 (dd)mm.mmm 格式的当前位置，以及一个表示方向的单字符。格式中的 d 是度，m 是分，秒是分的小数。例如，2° 17'43 " 就是 217.716666667，也即 2 度，17.716666667 分。

纬度的方向字符可以是 N 或 S，分别表示北或南，经度的方向字符是 E 或 W，分别表示东或西。例如，纬度为 2° 17'43" 时，方向字符为 N；纬度为 −2° 17'43" 时，方向字符为 S。

以 NMEA 的字串为例：

`$GNGGA,020604.001,4738.538654,N,12208.341758,W,1,3,,164.7,M,−17.1,M,,*67`

● 纬度部分是 `4738.538654,N,` 换算成十进制的 47.6423109。4738.538654 就是 47.6423109，方向是 N（北），所以它是一个正纬度。

● 经度部分是 `12208.341758,W,` 转换为十进制是 −122.1390293。12208.341758 就是 122.1390293°，方向是 W（西），所以它是一个负经度。

11.6　GPS 传感器数据解码

与其使用原始的 NMEA 数据，不如将其解码成更有用的格式。有多个开源库，可以用于帮助你从原始 NMEA 信息中提取有用的数据。

通过相关的指南，使用你的物联网设备对 GPS 传感器数据进行解码。

● 用 Wio Terminal 对 GPS 数据解码。

● 用虚拟物联网硬件或树莓派对 GPS 数据解码。

连接设备: 解码 GPS 数据

🔷 用 Wio Terminal 对 GPS 数据解码

在这一部分，你将解码 Wio Terminal 从 GPS 传感器读取的 NMEA 信息，并提取经纬度信息。

解码 GPS 数据

一旦从串行端口读取了原始 NMEA 数据，就可以用一个开放源码的 NMEA 库对其进行解码。

任务: 解码 GPS 数据

对设备进行编程以解码 GPS 数据。

（1）打开 `gps-sensor` 应用项目，如果它还没有打开的话。

（2）在项目的 `platformio.ini` 文件中添加一个 `TinyGPSPlus` 库🔗 **[L11-8]** 的依赖关系。这个库中有解码 NMEA 数据的代码。

```
lib_deps =
    mikalhart/TinyGPSPlus @ 1.0.2
```

（3）在 `main.cpp` 中，为 `TinyGPSPlus` 库添加下面的包含指令。

```
#include <TinyGPS++.h>
```

（4）在 `Serial3` 的声明下面，声明一个 `TinyGPSPlus` 对象来处理 NMEA 字串。

```
TinyGPSPlus gps;
```

（5）将 `printGPSData` 函数的内容修改如下。

```
if (gps.encode(Serial3.read()))
{
    if (gps.location.isValid())
    {
        Serial.print(gps.location.lat(), 6);
        Serial.print(F(","));
        Serial.print(gps.location.lng(), 6);
        Serial.print(" - from ");
        Serial.print(gps.satellites.value());
        Serial.println(" satellites");
    }
}
```

这段代码将下一个字符从 UART 串行端口读入 gps NMEA 解码器。在每个字符之后，它将检查解码器是否读取了一个有效的句子，然后检查它是否读取了一个有效的位置信息。如果位置有效，那么它会将其与参与此修复的卫星数量一起发送到串行监视器。

（6）建立并上传代码到 Wio Terminal。

（7）一旦上传，你就可以用串行监控器监控 GPS 位置数据。

```
> Executing task: platformio device monitor <

--- Available filters and text transformations: colorize, debug, default, direct, hexlify,
log2file, nocontrol, printable, send_on_enter, time
--- More details at http://bit.ly/pio-monitor-filters
--- Miniterm on /dev/cu.usbmodem1201  9600,8,N,1 ---
--- Quit: Ctrl+C | Menu: Ctrl+T | Help: Ctrl+T followed by Ctrl+H ---
47.6423109,-122.1390293 - from 3 satellites
```

你可以在 `code-gps-decode/wio-terminal` 文件夹 🔗 [L11-9] 中找到这个代码。

😊 恭喜，你的 GPS 传感器程序与数据解码是成功的！

📼 ⓒ 用虚拟物联网硬件或树莓派对 GPS 数据解码

在这部分课程中，你将解码树莓派或虚拟物联网设备从 GPS 传感器读取的 NMEA 信息，并提取经度和纬度信息。

解码 GPS 数据

一旦从串行端口读取了原始 NMEA 数据，就可以使用一个开源的 NMEA 库对其进行解码。

任务：解码 GPS 数据

对设备进行编程以解码 GPS 数据。

（1）打开 `gps-sensor` 应用项目，如果它还没有打开的话。

（2）安装 `pynmea2` Pip 软件包。这个包中有解码 NMEA 信息的代码。

```
pip3 install pynmea2
```

（3）在 `app.py` 文件的 import 中添加以下代码，以导入 `pynmea2` 模块。

```
import pynmea2
```

（4）将 `print_gps_data` 函数的内容修改为以下内容。

```
msg = pynmea2.parse(line)
if msg.sentence_type == 'GGA':
    lat = pynmea2.dm_to_sd(msg.lat)
    lon = pynmea2.dm_to_sd(msg.lon)

    if msg.lat_dir == 'S':
        lat = lat * -1

    if msg.lon_dir == 'W':
        lon = lon * -1

    print(f'{lat},{lon} - from {msg.num_sats} satellites')
```

这段代码将使用 `pynmea2` 库来解析从 UART 串行端口读取的行。

如果消息的字串类型是 GGA，那么这就是一个位置固定消息，并会被处理。纬度和经度值从消息中读取，并从 NMEA `(d)ddmm.mmm` 格式转换为十进制度数。`dm_to_sd` 函数负责完成这一转换。

然后检查纬度的方向，如果纬度是 S（南），那么该值将被转换为负数。经度也是如此，如果经度是 W（西），则转换为负数。

最后，坐标会被打印到控制台，同时还有用于获取位置的卫星数量。

（5）运行代码。如果你使用的是虚拟物联网设备，那么请确保 CounterFit 应用程序正在运行，并且正在发送 GPS 数据。

```
pi@raspberrypi:~/gps-sensor $ python3 app.py
47.6423109,-122.1390293 - from 3 satellites
```

你可以在 `code-gps-decode/virtual-device` 文件夹 🔗 **[L11-10]** 或 `code-gps-decode/pi` 文件夹 🔗 **[L11-11]** 中找到这段代码。

😃 恭喜，你的 GPS 传感器程序与数据解码成功了！

🚀 挑战

编写你自己的 NMEA 解码器！与其依赖第三方库来解码 NMEA 字串，你能自己写一个解码器，从 NMEA 字串中提取经纬度信息吗？

📖 复习和自学

在百度百科的地理坐标系页面 🔗 [L11-12] 上阅读更多关于地理空间坐标的内容。

在百度百科上的本初子午线页面 🔗 [L11-13] 上阅读除地球以外的其他天体的主子午线。

研究世界各国政府和政治联盟的不同 GPS 系统，如中国、欧盟、日本、俄罗斯、印度和美国。

📝 作业

调查其他 GPS 数据。

说明

来自你 GPS 传感器的 NMEA 字串，除了位置之外，还有其他数据。调查这些额外的数据，并在你的物联网设备中使用它们。

例如：你能得到当前的日期和时间吗？如果你使用的是微控制器，你能像在以前的项目中用 NTP 信号设置一样用 GPS 数据设置时钟吗？你能得到海拔高度（你的海平面以上的高度），或者你当前的速度吗？

如果你使用的是虚拟物联网设备，那么你可以通过发送使用工具 🔗 nmeagen.org 生成的 NMEA 字串来获得其中的一些数据。

课后测验

（1）传感器如何传输 GPS 数据？（　　）

　　A. 使用经纬度

　　B. 使用地址

　　C. NMEA 语句

（2）至少需要几颗卫星 GPS 才能很好地定位你？（　　）

　　A. 1

　　B. 2

　　C. 3

（3）GPS 通过什么发送数据？（　　）

　　A. SPI

　　B. UART

　　C. 电子邮件

评分标准

标准	优秀	合格	需要改进
获取更多的 GPS 数据	能够获取并使用更多的 GPS 数据，无论是作为遥测数据还是设置物联网设备	能够获取更多的 GPS 数据，但无法使用它	无法获取更多的 GPS 数据

第 12 课
存储位置数据

课前准备

简介

在上一课中，你学会了如何使用 GPS 传感器来捕捉位置数据。为了使用这些数据来显示满载食物的卡车的位置和它的行程，它需要被发送到云中的物联网服务，然后存储在某个地方。

在本课中，你将了解存储物联网数据的不同方式，并学习如何使用 Serverless 代码存储物联网服务的数据。

在本课中，我们的学习内容将涵盖：

12.1 结构化和非结构化的数据
12.2 将 GPS 数据发送到 IoT 中心
12.3 热、温、冷数据路径
12.4 使用 Serverless 代码处理 GPS 事件
12.5 Azure 存储账户
12.6 将你的 Serverless 代码与存储相连

课前测验

（1）物联网数据保存在 IoT 中心。这个说法（ ）
A. 正确
B. 错误

（2）数据可以分为以下哪两种类型？（ ）
A. 二进制大对象和表数据
B. 结构化数据和非结构化数据
C. 红和蓝

（3）可以使用无服务器计算代码将 IoT 数据写入数据库中。这个说法（ ）
A. 正确
B. 错误

12.1 结构化和非结构化的数据

计算机系统与数据打交道，而这些数据有各种不同的形状和大小。它可以是单一的数字，也可以是大量的文本，还可以是视频和图像，以及物联网数据。数据通常可以分为两类，即结构化数据和非结构化数据。

- **结构化数据**是具有明确定义的刚性结构数据，不会改变，通常映射到具有关系的数据表格。例如，一个人的详细资料，包括他们的名字、出生日期和地址。
- **非结构化数据**是没有明确定义的刚性结构数据，包括可以经常改变结构的数据。例如，书面文件或电子表格。

物联网数据通常被视为非结构化数据。

想象一下，你正在为一个大型商业农场的车队添加物联网设备。你可能想为不同类型的车辆使用不同的设备。

   °对于像拖拉机这样的农用车，你想要 GPS 数据以确保它们在正确的田地上工作。

做点研究

你能想到其他一些结构化和非结构化数据的例子吗？

———————————————

🖥 还有一种半结构化的数据，它是结构化的，但不适用于固定的数据表格。

° 对于向仓库运输食品的送货卡车，你需要 GPS 数据以及速度和加速度数据，以确保驾驶员安全驾驶，还需要驾驶身份和启动／停止数据，以确保驾驶符合当地关于工作时间的法律。

° 对于冷藏车，你还需要温度数据，以确保食品在运输途中不会过热或过冷而变质。

做点研究

可能捕获哪些其他物联网数据？想一想卡车可以装载的货物种类，以及维护数据。

这些数据可以不断变化。例如，如果物联网设备在卡车驾驶室内，那么它发送的数据可能会随着拖车的变化而变化，如只有在使用冷藏拖车时才会发送温度数据。

这些数据因车而异，但都会被发送到同一个物联网服务中进行处理。物联网服务需要能够处理这些非结构化的数据，以允许搜索或分析的方式存储，但与这些数据的结构不同。

SQL 与 NoSQL 存储

数据库是允许你存储和查询数据的服务。数据库有两种类型，即 SQL 和 NoSQL。

SQL 数据库

第一个数据库是关系型数据库管理系统（RDBMS），或称关系型数据库。这些数据库也被称为 SQL 数据库，因为结构化查询语言（SQL）被用来与它们互动，以增加、删除、更新或查询数据。这些数据库包括一个模式—— 一组定义明确的数据表格，类似于电子表格。每个表格都有多个命名的列。当你插入数据时，你向表格中添加一行，将数值放入每一列。这使数据保持在一个非常僵硬的结构中，尽管你可以让列为空，但如果你想增加一个新的列，你必须在数据库中将现有的行全部填充值。这些数据库是关系型的，即一个表格可以与另一个表格有关系。

图 12-1 一个关系型数据库，Users（用户）表的 ID 与 Purchases（购买）表的用户 ID 列有关，Products（产品）表的 ID 与 Purchases 表的产品 ID 有关

如图 12-1 所示，如果你在一个表中存储了用户的个人资料，你会有某种内部唯一的 ID，用于包含用户姓名和地址的表格中的一行。如果你想在另一个表中存储关于该用户的其他细节，如他们的购买情况，你将在新表中为该用户的 ID 设置一列。当你查找一个用户时，你可以使用他们的 ID 从一个表中获得他们的个人资料，并从另一个表中获得他们的购买情况。

SQL 数据库是存储结构化数据的理想选择，当你想确保数据与你的模式相匹配时。

一些知名的 SQL 数据库有微软 SQL 服务器、MySQL 和 PostgreSQL。

做点研究

如果你以前没有使用过 SQL，请花点时间在百度百科的结构化查询语言页面 🔗 [L12-1] 上了解一下。

做点研究

阅读一下这些 SQL 数据库中的一些内容和它们的功能。

NoSQL 数据库

NoSQL 数据库之所以被称为 NoSQL，是因为它们没有 SQL 数据库那样的僵硬结构。它们也被称为文档数据库，因为它们可以存储非结构化的数据，如文档。

NoSQL 数据库没有预先定义的模式来限制数据的存储方式，相反，你可以插入任何非结构化的数据，通常使用 JSON 文档。这些文档可

尽管它们的名字不同，但一些 NoSQL 数据库允许你使用 SQL 来查询数据。

以被组织到文件夹中，类似于你计算机上的文件，如图 12-2 所示。每个文件可以有与其他文件不同的字段。例如，如果你要存储来自农场车辆的物联网数据，有些可能有加速度计和速度数据的字段，有些可能有拖车内温度的字段。如果你要增加一个新的卡车类型，比如一个内置秤来跟踪所运产品的重量，那么你的物联网设备可以增加这个新的字段，它可以在不改变数据库的情况下被存储。

一些知名的 NoSQL 数据库包括 Azure CosmosDB、MongoDB 和 CouchDB。

在本课中，将使用 NoSQL 数据库来存储物联网数据。

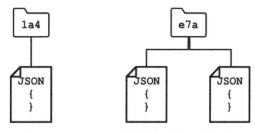

图 12-2　NoSQL 数据库中文件夹中的文档

📝 **做点研究**

阅读一些关于这些 NoSQL 数据库和它们功能的资料。

12.2　将 GPS 数据发送到 IoT 中心

在上一课中，你从连接到物联网设备的 GPS 传感器中捕获了 GPS 数据。为了将这些物联网数据存储在云中，需要将其发送到物联网服务中（IoT 中心）。你将再次使用 Azure IoT 中心，也就是你在前一个项目中使用的物联网云服务，如图 12-3 所示。

将 GPS 数据发送到 IoT 中心的步骤如下：

（1）使用免费层创建一个新的 IoT 中心。

记住要创建一个新的资源组。将新的资源组命名为 `gps-sensor`，并根据 `gps-sensor` 给新的 IoT 中心起一个独特的名字，如 `gps-sensor-<你的名字>`。

（2）给 IoT 中心添加一个新设备。将这个设备命名为 `gps-sensor`。抓取该设备的连接字符串。

（3）使用上一步中的设备连接字符串更新设备代码，将 GPS 数据发送到新的 IoT 中心。

（4）当你发送 GPS 数据时，以 JSON 格式进行，格式如下。

图 12-3　将 GPS 遥测数据从物联网设备发送到 IoT 中心

⚠ **注意**

如果需要的话，你可以参考第 8 课中关于创建 IoT 中心的说明。

🐭 如果你还有上一篇项目的 IoT 中心，你可以重新启用它。在创建其他服务时，记得使用这个 IoT 中心的名称和它所在的资源组。

⚠ **注意**

如果需要，你可以参考第 8 课中关于将你的设备连接到物联网的说明。

```json
{
    "gps" :
    {
        "lat" : <latitude>,
        "lon" : <longitude>
    }
}
```

每分钟发送一次 GPS 数据，这样你就不会用完你每天的信息配额。

如果你使用 Wio Terminal，记得添加所有必要的库，并使用 NTP 服务器设置时间。你的代码还需要确保在发送 GPS 位置之前已经从串行端口读取了所有的数据，使用上一课的现有代码。接下来使用下面的代码来构建 JSON 文档。

```
DynamicJsonDocument doc(1024);
doc["gps"]["lat"] = gps.location.lat();
doc["gps"]["lon"] = gps.location.lng();
```

如果你使用的是虚拟物联网设备，记得使用虚拟环境安装所有需要的库。

对于树莓派和虚拟物联网设备，可以使用上一课的现成代码来获取经纬度值，然后用下面的代码以正确的 JSON 格式发送它们。

```
message_json = { "gps" : { "lat":lat, "lon":lon } }
print("Sending telemetry", message_json)
message = Message(json.dumps(message_json))
```

你 可 以 在 `code/wio-terminal` 🔗[L12-2]、`code/pi` 🔗[L12-3] 或 `code/virtual-device` 文件夹 🔗[L12-4] 中找到这段代码。

运行你的设备代码，并使用 `az iot hub monitor-events` 这条 CLI 命令确保消息流入 IoT 中心。

12.3 热、温、冷数据路径

从物联网设备流向云的数据并不总是实时处理的。有些数据需要实时处理，有些数据可以在较短的时间内处理，而有些数据可以在更迟的时间内处理。数据流向在不同时间处理数据的不同服务，被称为热、温、冷数据路径。

热数据路径

热数据路径指的是需要实时或接近实时处理的数据。你会把热路径数据用于报警，如获得车辆接近仓库的报警，或者冷藏车内温度过高的报警。

要使用热路径数据，你的代码将在你的云服务收到事件后立即响应。

温数据路径

温数据路径指的是在收到数据后不久就可以处理的数据，如用于报告或短期分析。你可以利用前一天收集的数据，将温数据路径数据用于车辆里程的每日报告。

温路径数据一旦被云服务接收，就会被储存在某种可以快速访问的存储器中。

冷数据路径

冷数据路径指的是历史数据、长期存储的数据，以便在需要时进行处理。例如，你可以使用冷数据路径来获取车辆的年度里程报告，或者对路线进行分析，以找到最优化的路线来降低燃料成本。

冷数据路径数据存储在数据仓库中——数据库是为存储永远不会改变的大量数据而设计的，可以快速、方便地进行查询。你通常会在你的云计算应用中设置一个固定的作业，在每天、每周或每月的固定时间运行，将数据从温数据路径存储中移入数据仓库。

📓 **做点研究**

思考一下到目前为止你在这些课程中所捕获的数据。它是热数据路径数据、温数据路径数据还是冷数据路径数据？

12.4 使用 Serverless 代码处理 GPS 事件

一旦数据流入你的 IoT 中心,你就可以编写一些 Serverless 代码来监听发布到 Event-Hub 兼容端点的事件。这就是温数据路径——这些数据将被存储起来,并在下一课中用于报告旅程情况,如图 12-4 所示。

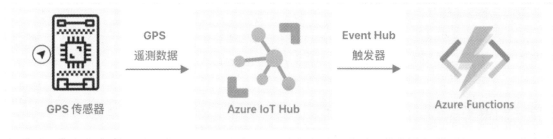

图 12-4　将 GPS 遥测数据从物联网设备发送到 IoT 中心,然后通过事件中心的触发器发送到 Azure Functions

使用 Serverless 代码处理 GPS 事件的步骤如下:

(1)使用 Azure Functions 的命令行界面(CLI)创建一个 Azure Functions 应用。使用 Python 运行时,同时在名为 gps-trigger 的文件夹中创建,并在 Functions App 项目名称中使用相同的名称。请确保你创建了一个虚拟环境以供使用。

> ⚠ **注意**
>
> 如果需要,可以参考第9课的9.2.2节:创建一个 Azure Functions 项目的说明。

(2)添加一个 IoT 中心事件触发器,使用 IoT 中心的 Event Hub 兼容端点。

(3)在 `local.settings.json` 文件中设置 Event Hub 兼容端点的连接字符串,并在 `function.json` 文件中使用该条目的密钥。

> ⚠ **注意**
>
> 如果需要,可参考第9课的9.3.2节:创建一个事件触发器的说明。

(4)将 Azurite 应用作为本地存储的模拟器。

(5)运行你的 Functions 应用,以确保它从你的 GPS 设备接收事件。确保你的物联网设备也在运行并发送 GPS 数据。

```
Python EventHub trigger processed an event: {"gps": {"lat": 47.73481, "lon": -122.25701}}
```

12.5 Azure 存储账户

Azure 存储账户是一种通用的存储服务(其图标见图 12-5),它可以以各种不同的方式存储数据。你可以将数据存储为 Blob、队列、表格或文件,而且都可以同时存储。

图 12-5　Azure 存储的标志

12.5.1 Blob 存储

Blob 这个词的本意是 binary large objects(二进制大对象),但它已经成为任何非结构化数据的术语。你可以在 Blob 存储中存储任何

> 🔖 **做点研究**
>
> 阅读关于 Azure Blob 存储 🔗 **[L12-5]** 的内容。

数据，从包含物联网数据的 JSON 文档到图像和电影文件。Blob 存储有容器的概念，命名为 buckets（桶），你可以将数据存储在其中，类似于关系型数据库中的表。这些容器可以有一个或多个文件夹来存储 Blob，每个文件夹可以包含其他文件夹，类似于文件在计算机硬盘的存储方式。

你将在本课中使用 Blob 存储来存储物联网数据。

12.5.2　表存储

表存储（Table Storage）允许你存储半结构化的数据。表存储实际上是一个 NoSQL 数据库，所以不需要预先定义一组表，但它被设计用于在一个或多个表中存储数据，用唯一的键来定义每一行。

> 📖 **做点研究**
>
> 阅读关于 Azure 表存储 🔗 [L12-6] 的内容。

12.5.3　队列存储

队列存储（Queue Storage）允许你在一个队列中存储大小为 64KB 的消息。你可以将消息添加到队列的后面，并从前面读取它们。只要还有存储空间，队列就可以无限期地存储消息，所以它允许长期存储消息，然后在需要时读出。例如，如果你想每月运行一个处理 GPS 数据的作业，你可以在一个月内每天将其添加到队列中，然后在月末处理队列中的所有消息。

> 📖 **做点研究**
>
> 阅读关于 Azure 队列存储 🔗 [L12-7] 的内容。

12.5.4　文件存储

文件存储（File Storage）是在云中存储文件，任何应用程序或设备都可以使用行业标准协议进行连接。你可以将文件写入文件存储，然后将其作为驱动器安装到 PC 上。

> 📖 **做点研究**
>
> 阅读 Azure 文件存储 🔗 [L12-8] 的内容。

12.6　将你的 Serverless 代码与存储相连

你的功能应用程序现在需要连接到 Blob 存储，以存储来自 IoT 中心的消息。有以下两种方法可以做到这一点。
- 在函数代码中，使用 Blob 存储的 Python SDK 连接到 Blob 存储，并将数据写入 Blob。
- 使用输出函数绑定将函数的返回值绑定到 Blob 存储，并自动保存 Blob。

在本课中，你将使用 Python SDK 了解如何与 Blob 存储交互，如图 12-6 所示。

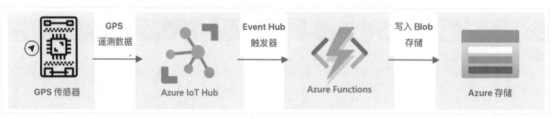

图 12-6　将 GPS 遥测数据从物联网设备发送到 IoT 中心，然后通过 Event Hub 触发器发送到 Azure Functions，然后将其保存到 Blob 存储

数据将保存为 JSON blob，格式如下：

```
{
    "device_id": <device_id>,
    "timestamp" : <time>,
    "gps" :
    {
        "lat" : <latitude>,
```

```
        "lon" : <longitude>
      }
    }
```

12.6.1　任务：将 Serverless 代码连接到存储

（1）创建 Azure 存储帐户。把它命名为类似：`gps<your Name>`。
如果你还有前一个项目的存储账户，你可以重新使用这个账户。

⚠ 注意

📖 在本课的后面，你将可以使用同一个存储账户来部署你的 Azure
Functions 应用。

如果需要，你可以参考第 9 课中
9.5.1 节：创建云资源的说明。

（2）运行下面的命令来获取存储账户的连接字符串。

```
az storage account show-connection-string --output table \
                                  --name <storage_name>
```

将 `<storage_name>` 替换为你在上一步创建的存储账户的名称。
（3）在 `local.settings.json` 文件中为你的存储账户连接字符串添加一个新条目，使用上一步的
值。将其命名为 `STORAGE_CONNECTION_STRING`。
（4）在 `requirements.txt` 文件中添加以下内容，以安装 Azure 存储的 Pip 包。

```
azure-storage-blob
```

在你的虚拟环境中安装该文件中的包。

⚠ 注意

如果出现错误，那么可以用下面的命令将虚拟环境中的 Pip 版本升级到最新版本，然后再试一次。

```
pip install --upgrade pip
```

（5）在 `iot-hub-trigger` 的 `__init__.py` 文件中，添加以下导入语句。

```
import json
import os
import uuid
from azure.storage.blob import BlobServiceClient, PublicAccess
```

`json` 系统模块将用于读写 JSON，`os` 系统模块将用于读取连接字符串，`uuid` 系统模块将用于
生成 GPS 读取时的唯一 ID。
`azure.storage.blob` 包包含 Python SDK，用于处理 Blob 存储。
（6）在 main 方法之前，添加以下辅助函数。

```
def get_or_create_container(name):
    connection_str = os.environ['STORAGE_CONNECTION_STRING']
    blob_service_client = BlobServiceClient.from_connection_string(connection_str)
```

```
for container in blob_service_client.list_containers():
    if container.name == name:
        return blob_service_client.get_container_client(container.name)

return blob_service_client.create_container(name, public_access=PublicAccess.Container)
```

如果容器不存在，Python Blob SDK 并没有一个辅助方法来创建容器。这段代码将从 `local.settings.json` 文件（或部署到云端后的应用设置）加载连接字符串，然后从中创建一个 `BlobServiceClient` 类，与 Blob 存储账户进行交互。然后，它会循环浏览 Blob 存储账户的所有容器，寻找具有所提供名称的容器。如果找到了，它将返回一个 `ContainerClient` 类，该类可以与容器交互以创建 Blob。如果它没有找到，那么就会创建容器，并返回新容器的客户端。

当新的容器被创建时，公共访问权被授予以查询容器中的 Blobs。这将在下一课中被用于在地图上可视化 GPS 数据。

（7）与土壤湿度不同，在这段代码中，我们希望存储每一个事件，所以在 `main` 函数中的 `for event in events :` 循环中，在 `logging` 语句的下面添加以下代码。

```
device_id = event.iothub_metadata['connection-device-id']
blob_name = f'{device_id}/{str(uuid.uuid1())}.json'
```

这段代码从事件元数据中获取设备 ID,然后用它来创建一个 `blob_name` 。Blob 可以存储在文件夹中，设备 ID 将被用于文件夹名称，因此每个设备的所有 GPS 事件都将存储在一个文件夹中。blob_name 是设备 ID 的文件夹名后面再跟一个文档名，用正斜杠分开，类似于 Linux 和 macOS 的路径（与 Windows 也类似，但 Windows 使用反斜杠）。文件名是一个使用 Python `uuid` 模块生成的唯一 ID，文件类型为 `json` 。

例如，对于 `gps-sensor` 设备 ID， `blob_name` 可能是 `gps-sensor/a9487ac2-b9cf-11eb-b5cd-1e00621e3648.json` 。

（8）接下来添加以下代码。

```
container_client = get_or_create_container('gps-data')
blob = container_client.get_blob_client(blob_name)
```

这段代码使用 get_or_create_container 辅助类获得容器客户端，然后使用 blob_name 获得 Blob 客户端对象。这些 Blob 客户端可以引用现有的 Blob，或者像本例一样，引用新的 Blob。

（9）在这之后添加以下代码。

```
event_body = json.loads(event.get_body().decode('utf-8'))
blob_body = {
    'device_id' : device_id,
    'timestamp' : event.iothub_metadata['enqueuedtime'],
    'gps': event_body['gps']
}
```

这样就建立了将被写入 Blob 存储的 blob_body（Blob 主体）。它是一个 JSON 文档，包含设备 ID、遥测数据发送到 IoT 中心的时间，以及遥测数据的 GPS 坐标。

> 使用消息的排队时间而不是当前时间来获得消息的发送时间是很重要的。如果 Functions App 没有运行，它可能会在 Hub 上放置一段时间才被取走。

（10）在这之后添加以下代码。

```
logging.info(f'Writing blob to {blob_name} – {blob_body}')
blob.upload_blob(json.dumps(blob_body).encode('utf-8'))
```

这段代码记录了一个 Blob 即将被写入的细节，然后将 Blob 主体作为新 Blob 的内容上传。

（11）运行 Functions App。你会在输出中看到所有 GPS 事件的 Blob 被写入。

```
[2021-05-21T01:31:14.325Z] Python EventHub trigger processed an event: {"gps": {"lat":
47.73092, "lon": -122.26206}}
...
[2021-05-21T01:31:14.351Z] Writing blob to gps-sensor/4b6089fe-ba8d-11eb-bc7b-1e00621e3648.json
– {'device_id': 'gps-sensor', 'timestamp': '2021-05-21T00:57:53.878Z', 'gps': {'lat': 47.73092,
'lon': -122.26206}}
```

你可以在 `code/functions` 文件夹 🔗 **[L12-9]** 中找到这个代码。

> 确保你没有同时运行 IoT 中心事件监视器。

😊 恭喜，你所有 GPS 事件的 Blob 被写入存储账户了！

12.6.2　任务：验证上传的 Blobs

要查看创建的 Blob，你可以使用 Azure Storage Explorer，这是一个免费工具，可以查看和管理你的存储账户，或者从命令行界面（CLI）中查看。

（1）要使用 CLI，首先你需要一个账户密钥。通过运行下面的命令来获得这个密钥。

```
az storage account keys list --output table \
                             --account-name <storage_name>
```

用存储账户的名称替换 **<storage_name>**，复制 **key1** 的值。

（2）运行下面的命令来列出容器中的 Blob。

```
az storage blob list --container-name gps-data \
                     --output table \
                     --account-name <storage_name> \
                     --account-key <key1>
```

将 **<storage_name>** 替换为存储账户的名称，将 **<key1>** 替换为你在上一步复制的 **<key1>** 的值。这将列出容器中的所有 Blob。

复制 **key1** 的值。

```
Name                                              Blob Type    Blob Tier   Length
Content Type               Last Modified          Snapshot
--------------------------------------------      -----------  ----------  --------  ----
```

```
—————————————————  ——————————————————  ——————————
gps-sensor/1810d55e-b9cf-11eb-9f5b-1e00621e3648.json    BlockBlob    Hot              45
application/octet-stream   2021-05-21T00:54:27+00:00
gps-sensor/18293e46-b9cf-11eb-9f5b-1e00621e3648.json    BlockBlob    Hot              45
application/octet-stream   2021-05-21T00:54:28+00:00
gps-sensor/1844549c-b9cf-11eb-9f5b-1e00621e3648.json    BlockBlob    Hot              45
application/octet-stream   2021-05-21T00:54:28+00:00
gps-sensor/1894d714-b9cf-11eb-9f5b-1e00621e3648.json    BlockBlob    Hot              45
application/octet-stream   2021-05-21T00:54:28+00:00
```

（3）使用以下命令下载其中一个 Blob。

```
az storage blob download --container-name gps-data \
                         --account-name <storage_name> \
                         --account-key <key1> \
                         --name <blob_name> \
                         --file <file_name>
```

将 `<storage_name>` 替换为存储账户的名称，将 `<key1>` 替换为你在前面步骤中复制的 `<key1>` 的值。

将 `<blob_name>` 替换为上一步输出的 Name 列中的全称，包括文件夹名称。将 `<file_name>` 替换为保存 Blob 的本地文件的名称。

下载后，你可以在 VS Code 中打开 JSON 文件，你会看到包含 GPS 位置详细信息的 Blob。

```
{"device_id": "gps-sensor", "timestamp": "2021-05-21T00:57:53.878Z", "gps": {"lat": 47.73092,
"lon": -122.26206}}
```

12.6.3　任务：验证上传的 Blobs

现在你的 Functions app 已经工作了，你可以把它部署到云端。

（1）创建一个新的 Azure Functions app，使用你之前创建的存储账户。给它起个名字，比如 `gps-sensor-`，并在末尾添加一个独特的标识符，比如一些随机的词或你的名字。

⚠ **注意**

如果需要的话，你可以参考第 9 课中的 9.2.2 节：创建 Functions 应用程序的说明。

（2）上传 `IOT_HUB_CONNECTION_STRING` 和 `STORAGE_CONNECTION_STRING` 值到应用程序设置中。

⚠ **注意**

如果需要的话，你可以参考第 9 课的 9.5.2 节：上传应用设置的说明。

（3）将你的本地 Function app 部署到云端。

⚠ **注意**

如有需要，可以参考第 9 课的 9.5.3 节。

课后练习

挑战

GPS 数据并不完全准确，探测到的位置可能会有几米的偏差，尤其是在隧道和高楼林立的地区。

想一想，卫星导航怎样能克服这个问题？你的卫星导航有哪些数据可以让它对你的位置做出更好的预测？

复习和自学

- 阅读百度百科中数据模型 🔗 **[L12-10]** 和数据结构 🔗 **[L12-11]** 的内容。
- 在百度百科的半结构化数据页面 🔗 **[L12-12]** 上阅读半结构化数据的内容。
- 在百度百科的非结构化数据页面 🔗 **[L12-13]** 上阅读关于非结构化数据的内容。
- 在 Azure 存储文档 🔗 **[L12-14]** 中阅读更多关于 Azure 存储和不同存储类型的内容。

作业

调查函数绑定的情况。

说明

函数绑定允许你的代码通过从 main 函数返回，将 Blob 存储保存到 Blob。Azure 存储账户、集合和其他细节都在 function.json 文件中配置。

在使用 Azure 或其他微软技术时，最好的信息来源是微软技术文档 🔗 https://learn.microsoft.com/zh-cn/docs/ 。在这项任务中，你需要阅读 Azure Functions 的绑定文档，以确定如何设置输出绑定。要开始阅读的一些页面如下。

- Azure Functions 的触发器和绑定的概念 🔗 **[L12-15]**。
- 适用于 Azure Functions 的 Azure Blob 存储绑定概述 🔗 **[L12-16]**。
- Azure Functions 的 Azure Blob 存储输出绑定 🔗 **[L12-17]**。

评分标准

标准	优秀	合格	需要改进
配置 Blob 存储输出绑定	能够配置输出绑定，返回 Blob 并成功将其存储在 Blob 存储中	能够配置输出绑定，或返回 Blob 但无法成功将其存储在 Blob 存储中	无法配置输出绑定

课后测验

（1）需要被立即处理的 IoT 数据在哪个路径上？（　　）

　　A. 热路径（Hot）

　　B. 温路径（Warm）

　　C. 冷路径（Cold）

（2）Azure 存储有下列的哪些类型？（　　）

　　A. 盒子、桶、箱子

　　B. 二进制大对象、表、队列和文件

　　C. 热数据、温数据和冷数据

（3）Azure Functions 可以绑定到数据库以将返回值写入数据库。这个说法（　　）。

　　A. 正确

　　B. 错误

第13课
可视化位置数据

课前准备

简介

在课程开始之前请先观看 Azure 地图与物联网的概况介绍视频（见图 13-1），本课将介绍这项服务。

图 13-1　Azure 地图——微软 Azure 企业智能定位平台的介绍视频
[L13-1]

在上一课中，你学到了如何使用 Serverless 代码从传感器中获取 GPS 数据并保存到云存储容器中。现在你将发现如何在 Azure 地图上将这些点可视化。你将学习如何在网页上创建一个地图，了解 GeoJSON 数据格式，以及如何使用它在地图上绘制所有捕获的 GPS 点。

在本课中，我们的学习内容将涵盖：

13.1　什么是数据可视化

13.2　地图服务

13.3　创建 Azure 地图资源

13.4　在网页上显示地图

13.5　GeoJSON 格式

13.6　使用 GeoJSON 在地图上绘制 GPS 数据

> 本课将涉及少量的 HTML 和 JavaScript。如果你想了解更多关于使用 HTML 和 JavaScript 的网页开发内容，请查看网页开发初学者课程 **[L13-2]**（英文）。

课前测验

（1）超级大的数据表是一个快速查找数据的简单方法。这个说法（　　）。

　　A. 正确

　　B. 错误

（2）GPS 数据可以在地图上可视化。这个说法（　　）。

　　A. 正确

　　B. 错误

（3）在一个大的区域的地图上，无论从何处测量，地图上相同的距离总是代表现实世界的相同的距离。这个说法（　　）。

　　A. 正确

　　B. 错误

13.1　什么是数据可视化

数据可视化，顾名思义，是指将数据以视觉方式呈现，使其更容易被人类理解。它通常与图表和图形相关联，但也包括任意以图形方式表示数据的方式，不仅可以帮助人类更好地理解数据，而且帮助他们做出决策。

举个简单的例子，在农场项目中，你捕捉了土壤湿度的设置。2021 年 6 月 1 日，每小时捕获的土壤湿度数据的表格见表 13-1。

理解这些数据可能会很困难—— 一堆没有任何意义的数字。作为可视化这些数据的第一步，可以将其绘制在一个折线图上，如图 13-2 所示。

表 13-1　农场一天的土壤湿度数据

日期与时间	读数
01/06/2021 00:00	257
01/06/2021 01:00	268
01/06/2021 02:00	295
01/06/2021 03:00	305
01/06/2021 04:00	325
01/06/2021 05:00	359
01/06/2021 06:00	398
01/06/2021 07:00	410
01/06/2021 08:00	429
01/06/2021 09:00	451
01/06/2021 10:00	460
01/06/2021 11:00	452
01/06/2021 12:00	420
01/06/2021 13:00	408
01/06/2021 14:00	431
01/06/2021 15:00	462
01/06/2021 16:00	432
01/06/2021 17:00	402
01/06/2021 18:00	387
01/06/2021 19:00	360
01/06/2021 20:00	358
01/06/2021 21:00	354
01/06/2021 22:00	356
01/06/2021 23:00	362

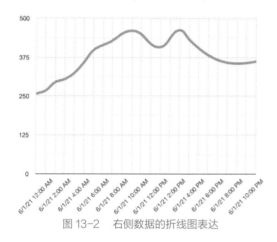

图 13-2　右侧数据的折线图表达

然后通过添加一条线来进一步加强数据效果，以表明自动浇灌系统在土壤湿度读数为 450 时被打开，如图 13-3 所示。

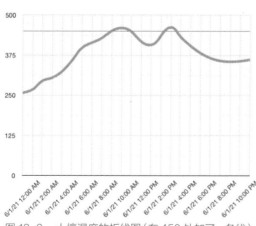

图 13-3　土壤湿度的折线图（在 450 处加了一条线）

✎ 做点研究

思考一下你见过的数据可视化的方法。哪些方法是最清晰，并能让你最快做出决定的？

该图表不仅能快速显示土壤湿度水平，还能显示浇灌系统开启的时间点。

图表不是可视化数据的唯一工具。追踪天气的物联网设备可以有网络应用或移动应用，用符号来可视化天气状况，如阴天用云的符号，雨天用雨云符号等。有大量的方法来可视化数据，许多是严肃的，有些是有趣的。

最好的可视化方法可以让人类快速做出决定。例如，有一堵显示工业机械各种读数的仪表墙是很难做出判断的，但当系统出错时，一个闪烁的红灯可以让人迅速做出决定。有时，最好的可视化就是闪烁的灯光！

在处理 GPS 数据时，最清晰的可视化方法是将数据绘制在地图上。例如，一张显示送货卡车的地图，可以帮助加工厂的工人看到卡车何时到达。如果这张地图显示的不仅仅是卡车在当前位置的照片，还给出了卡车的相关信息，那么工厂的工人就可以做出相应的计划。如果他们看到一辆冷藏车在附近，他们就知道要在冷库里腾出空间。

13.2　地图服务

Azure Maps

图 13-4　Azure 地图标志

使用地图是一个有趣的练习，有很多可供选择的地图服务，如必应地图、Leaflet、Open Street Maps 、百度地图和高德地图等。在本课中，你将了解 Azure Maps（Azure 地图）🔗 **[L13-3]** 以及它们如何显示你的 GPS 数据，其图标如图 13-4 所示。

Azure Maps 是"地理空间服务和 SDK 的集合，它们使用新的地图数据为 Web 和移动应用程序提供地理环境。"开发人员可以使用工具创建漂亮的交互式地图，这些地图可以提供推荐的交通路线、交通事故信息、室内导航、搜索功能、海拔信息、天气服务等。

可以将地图显示为空白画布、平铺显示、卫星图像、道路叠加的卫星图像、各种类型的灰度地图、带阴影浮雕以显示高程的地图、夜景地图和高对比度地图。通过将地图与 Azure 事件网格 🔗 **[L13-5]** 集成，你可以在地图上获得实时更新。你可以通过启用各种控件来控制地图的行为和外观，以允许地图对缩放、拖动和单击等事件做出反应。要控制地图的外观，可以添加包含气泡、线条、多边形、热图等图层。实现哪种类型的映射取决于你对 SDK 的选择。

📖 **做点研究**

使用一些代码示例 🔗 **[L13-4]** 进行实验。

你可以通过利用其 REST API 🔗 **[L13-6]**、Web SDK 🔗 **[L13-7]** 或 Android SDK 🔗 **[L13-8]**（如果你正在构建移动应用程序）来访问 Azure Maps API。

在本课中，你将使用 Web SDK 绘制地图并显示传感器的 GPS 位置路径。

13.3　创建 Azure 地图资源

第一步是创建 Azure Maps 账户，操作如下。

（1）从终端或命令提示符运行以下命令，在 `gps-sensor` 资源组中创建 Azure Maps 资源。

```
az maps account create --name gps-sensor \
                       --resource-group gps-sensor \
                       --accept-tos \
                       --sku S1
```

这段代码将创建一个名为 `gps-sensor` 的 Azure 地图资源。正在使用的层是 `S1`，这是一个付费层，包括一系列功能，但有大量免费事务。

🖊 要查看使用 Azure Maps 的成本，请查看 Azure Maps 定价页面 🔗 **[L13-9]**。

（2）"地图"资源需要一个 API 密钥。使用以下命令获取此密钥。

```
az maps account keys list --name gps-sensor \
                          --resource-group gps-sensor \
                          --output table
```

复制 `PrimaryKey` 值。

13.4 在网页上显示地图

现在，你可以更进一步在网页上显示地图，操作如下。我们将为你的小型 Web 应用程序使用一个 `HTML` 文件；请记住，在生产或团队环境中，你的 Web 应用程序很可能会有更多的活动部件！

（1）在你本地计算机的某个文件夹中创建一个名为 `index.html` 的文件。在文件里添加 HTML 标记，以容纳一个地图。

```html
<html>
<head>
    <style>
        #myMap {
            width:100%;
            height:100%;
        }
    </style>
</head>

<body onload="init()">
    <div id="myMap"></div>
</body>
</html>
```

地图将在 `myMap` 的 `div` 中被加载。一些样式允许它自适应页面的宽度和高度。

🎓 div 是网页中可以命名和设置样式的部分。

（2）在开头的 `<head>` 标签下，添加一个外部样式表来控制地图的显示，以及添加一个来自 Web SDK 的外部脚本来管理其行为。

```html
<link rel="stylesheet" href="https://atlas.microsoft.com/sdk/javascript/mapcontrol/2/atlas.min.css" type="text/css" />
<script src="https://atlas.microsoft.com/sdk/javascript/mapcontrol/2/atlas.min.js"></script>
```

这个样式表包含了对地图外观的设置，而脚本文件则包含了加载地图的代码。添加这个代码类似于包括 C++ 头文件或导入 Python 模块。

（3）在该脚本下，添加一个脚本块以启动地图。

```html
<script type='text/javascript'>
    function init() {
        var map = new atlas.Map('myMap', {
            center: [-122.26473, 47.73444],
            zoom: 12,
            authOptions: {
                authType: "subscriptionKey",
                subscriptionKey: "<subscription_key>",

            }
        });
    }
</script>
```

用你 Azure 地图帐户的 API 密钥替换 `<subscription_key>` 。

如果你在网络浏览器中打开 `index.html` 页面，你应该看到一个加载的地图，并且聚焦在西雅图地区，如图 13-5 所示。

图 13-5　美国华盛顿州西雅图市地图

🖱 在本地使用网络应用程序的更好方法是安装 HTTP-SERVER 🔗 **[L13-10]**。在使用这个工具之前，你需要安装 Node.js 🔗 **[L13-11]** 和 NPM 🔗 **[L13-12]**。一旦这些工具安装完毕，你就可以导航到你的 `index.html` 文件的位置，然后输入 `http-server` 。网络应用将在本地网络服务器上打开🔗 `http://127.0.0.1:8080/`。

13.5　GeoJSON 格式

现在你已经有了显示地图的网络应用，你需要从你的存储账户中提取 GPS 数据，并在地图上面的一个标记层中显示。在这之前，我们先来看看 Azure 地图所要求的 GeoJSON 格式 🔗 **[L13-13]**。

GeoJSON 是一种开放标准的 JSON 规范，具有特殊的格式，旨在处理地理上的特定数据。你可以通过使用 🔗 `geojson.io` 测试样本数据来了解它，这也是一个调试 GeoJSON 文件的有用工具。

示例 GeoJSON 数据如下所示，在 geojson.io 的展示效果如图 13-6 所示。

📝 **做点研究**

尝试使用"缩放"和"中心"参数来更改地图显示。你可以添加与你数据的经纬度相对应的不同的坐标来重新确定地图的中心。

```
{
  "type": "FeatureCollection",
  "features": [
    {
      "type": "Feature",
      "properties": {
      },
      "geometry": {
        "type": "Point",
        "coordinates": [
          -2.10237979888916,
          57.164918677004714
        ]
      }
    }
  ]
}
```

图 13-6   geojson.io 在左侧展示了 GeoJSON 数据的
　　　　　效果

有趣的是，数据被嵌套为 `FeatureCollection` 中的一个 `Feature`。在该对象中可以找到 `geometry` 指示了带有 `coordinates`（坐标），描述了坐标经度（latitude）和纬度（longitude）的值。

　　🖩 在建立你的 geoJSON 时，注意对象中的经纬度顺序，否则你的点将不会出现在它们应该出现的地方。GeoJSON 希望点的数据顺序是 `lon,lat`（纬度，经度），而不是 `lat,lon`（经度，纬度）。

　　`geometry` 可以有不同的类型，如一个 point（单点）或一个 polygon（多边形）。在这个例子中，它是一个有两个坐标定位的点——经度和纬度。

　　🖩 Azure 地图支持标准的 GeoJSON 以及一些增强功能 🔗 [L13-14]，包括绘制圆形和其他几何图形的能力。

13.6   使用 GeoJSON 在地图上绘制 GPS 数据

现在你已经准备好从上一课建立的存储中获取数据了。作为提醒，它是以 Blob 存储中的一些文件形式存储的，所以你需要检索这些文件并对其进行解析，以便 Azure Maps 能够使用这些数据。

📌 CORS 代表"跨源资源共享"，出于安全考虑，通常需要在 Azure 中明确设置。它可以阻止你不期望的网站访问你的数据。

13.6.1   任务：配置存储以便从网页上访问

如果你调用你的存储来获取数据，你可能会惊讶地发现浏览器的控制台中出现了错误。这是因为你需要在这个存储上设置 CORS 🔗 [L13-15] 的权限，以允许外部 Web 应用程序读取其数据。

运行下面的命令来启用 CORS。

```
az storage cors add --methods GET \
                    --origins "*" \
                    --services b \
                    --account-name <storage_name> \
                    --account-key <key1>
```

将 `<storage_name>` 替换为存储帐户的名称。用存储帐户的帐户密钥替换 `<key1>`。

此命令允许任意网站（通配符 `*` 表示任意）从你的存储帐户发出获取请求，即获取数据。`--services b` 表示仅对 Blob 应用此设置。

13.6.2　任务：从存储器加载 GPS 数据

（1）用以下代码替换 `init` 函数的全部内容。

```
fetch("https://<storage_name>.blob.core.windows.net/gps-data/?restype=container&comp=list")
    .then(response => response.text())
    .then(str => new window.DOMParser().parseFromString(str, "text/xml"))
    .then(xml => {
        let blobList = Array.from(xml.querySelectorAll("Url"));
            blobList.forEach(async blobUrl => {
                loadJSON(blobUrl.innerHTML)
    });
})
.then( response => {
    map = new atlas.Map('myMap', {
        center: [-122.26473, 47.73444],
        zoom: 14,
        authOptions: {
            authType: "subscriptionKey",
            subscriptionKey: "<subscription_key>",

        }
    });
    map.events.add('ready', function () {
        var source = new atlas.source.DataSource();
        map.sources.add(source);
        map.layers.add(new atlas.layer.BubbleLayer(source));
        source.add(features);
    })
})
```

将 `<storage_name>` 替换为存储账户的名称。将 `<subscription_key>` 替换为你 Azure 地图账户的 API 密钥。

这里发生了几件事。首先，代码从你的 Blob 容器中获取你的 GPS 数据，使用你的存储账户名建立的 URL 端点。这个 URL 从 `gps-data` 中检索，表明资源类型是一个容器（`restype=container`），并列出所有 Blob 的信息。这个列表不会返回 Blob 本身，但会为每个 Blob 返回一个 URL，可以用于加载 Blob 数据。

> 🔖 你可以把这个 URL 放到你的浏览器中，查看容器中所有 blob 的细节。每个项目都会有一个 `Url` 属性，你也可以在浏览器中加载该属性来查看 blob 的内容。

这段代码会加载每个 Blob，调用 `loadJSON` 函数，接下来会创建这个函数。然后，它创建了地图控件，并向 `ready` 事件添加代码。当地图显示在网页上时，这个事件会被调用。

`ready` 事件创建了一个 Azure 地图数据源——一个包含 GeoJSON 数据的容器，这些数据将在以后被填充。然后，这个数据源被用来创建一个气泡层——就是地图上以 GeoJSON 中的每个点为中心的一组圆圈。

（2）将 `loadJSON` 函数添加到你的脚本块中，添加在 `init` 函数的下面。

```
var map, features;

function loadJSON(file) {
    var xhr = new XMLHttpRequest();
    features = [];
    xhr.onreadystatechange = function () {
        if (xhr.readyState === XMLHttpRequest.DONE) {
            if (xhr.status === 200) {
                gps = JSON.parse(xhr.responseText)
                features.push(
                        new atlas.data.Feature(new atlas.data.Point([parseFloat(gps.gps.lon),
parseFloat(gps.gps.lat)]))
                )
            }
        }
    };
    xhr.open("GET", file, true);
    xhr.send();
}
```

这个函数被 `fetch` 程序调用,以解析 JSON 数据,并将其转换为 GeoJSON 的经度和纬度坐标来读取。一旦解析完毕,数据就会被设置为 GeoJSON `Feature` 的一部分。地图将被初始化,在你的数据绘制的路径周围会出现小气泡。

(3)在你的浏览器中加载 HTML 页面。它将加载地图,然后从存储器中加载所有的 GPS 数据,并将其绘制在地图上,如图 13-7 所示。

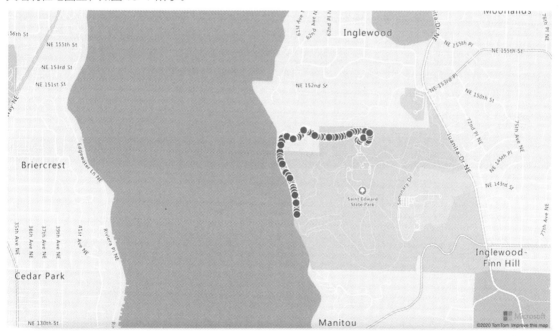

图 13-7　西雅图附近的圣爱德华州立公园地图,圆圈显示出公园边缘的路径

你可以在 `code` 文件夹 🔗 [L13-16] 中找到此代码。

😊 恭喜,你成功使用 GeoJSON 在地图上绘制了 GPS 数据!

🚀 挑战

能够在地图上以标记的形式显示静态数据是很好的。你能不能加强这个网络应用，使用带有时间戳的 JSON 文件，添加动画并显示标记物随时间变化的路径？这里有一些在地图中使用动画的例子：🔗 [L13-17]。

🖋 复习和自学

Azure 地图对于使用物联网设备特别有用。

研究 Microsoft 文档上 Azure Maps 文档 🔗 [L13-18] 中的一些用法。

使用 Microsoft Learn 上的 Azure Maps 创建你的第一个路线查找应用 🔗 [L13-19]，加深你对地图制作和航路点的了解。

🧑‍🏫 作业

部署你的应用。

说明

有几种方法可以部署你的应用程序，以便与世界分享，包括使用 GitHub Pages 或使用许多服务提供商之一。一个非常好的方法是使用 Azure Static Web Apps（Azure 静态 Web 应用）。在这项任务中，按照这些说明 🔗 [L13-20] 或观看这些视频 🎥 [L13-21]，建立你的 Web 应用并将其部署到云中。使用 Azure Static Web Apps 的一个好处是，你可以在门户中隐藏任何 API 密钥，所以借此机会将你的 `subscriptionKey` 重构为一个变量并存储在云中。

评分标准

标准	优秀	合格	需要改进
	一个工作的网络应用在有记录的 GitHub 仓库中呈现，其 subscriptionKey 存储在云中并通过变量调用	能够用固定数量的水获取一些读数	只能捕获一个或两个读数，或者无法使用固定数量的水

课后测验

（1）在网页上绘制地图的服务被称为（　　）。

A. Azure Maps

B. Azure Atlas

C. Azure World VIsualizer

（2）Azure 地图使用（　　）方法绘制数据。

A. GeoJSON

B. 纬度和经度的列表

C. 地址列表

（3）可以通过一个 URL 来检索 Blobs。这个说法（　　）。

A. 正确

B. 错误

第 14 课
地理围栏

课前准备

简介

在课程开始之前先观看视频，了解地理围栏以及如何在 Azure 地图中使用它们（见图 14-1），本课将介绍这项服务。

图 14-1　地理围栏以及如何在 Azure 地图中使用它们的视频 🎥 [L14-1]

在之前的三节课中，你已经使用物联网定位了将你的农产品从农场运到加工中心的卡车。你已经捕获了 GPS 数据，将其发送到云端存储，并在地图上将其可视化。提高供应链效率的下一步是在卡车即将到达加工中心时得到提醒，这样，在车辆到达时，卸货所需的工作人员可以用叉车和其他设备做好准备。这样他们就可以快速卸货，而你也不用为卡车和司机的等待付费。

在这一课中，你将了解到地理围栏——定义的地理空间区域，如处理中心 2 公里分钟车程内的区域，以及如何测试 GPS 坐标是否在地理围栏内或外，这样你就可以看到你的 GPS 传感器是否已经到达或离开某个区域。

在本课中，我们的学习内容将涵盖：

14.1　什么是地理围栏

14.2　定义一个地理围栏

14.3　针对地理围栏的测试点

14.4　在 Serverless 代码中使用地理围栏

🗑 本这是本项目的最后一课，所以在完成本课和作业后，不要忘记清理你的云服务。你将需要这些服务来完成作业，所以一定要先完成这些练习后再清理。如有必要，请参考第 10 课清理 Azure 项目的指南，了解如何进行清理。

课前测验

（1）可以使用 GPS 坐标检测物体是否在规定的区域里。这个说法（　　）。

　A. 正确

　B. 错误

（2）当设备进入一个给定的区域时，GPS 已经精确到能够提供一米以内的精度。这个说法（　　）。

　A. 正确

　B. 错误

（3）在追踪车辆的时候地理围栏（　　）。

　A. 仅能用作确定车辆何时进入了给定的区域

　B. 仅能用作确定车辆何时离开了给定的区域

　C. 可以确定车辆何时进入或离开了给定的区域

　　地理围栏（geofence）是现实世界地理区域的一个虚拟周界。地理围栏可以是定义为一个点和一个半径的圆（如一栋建筑周围 100 米宽的圆），也可以是覆盖一个区域的多边形，如学校区域、城市边界、大学或办公区等，如图 14-2 所示。

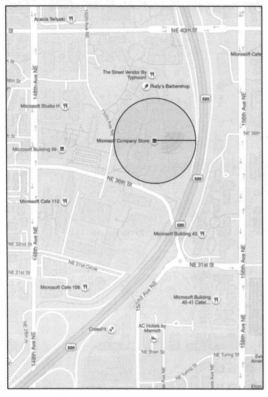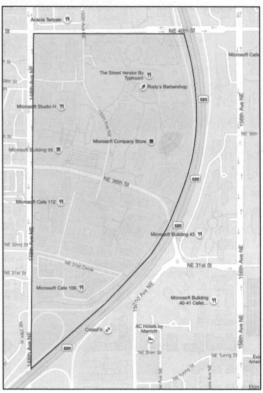

图 14-2　一些地理围栏的例子显示了微软公司商店周围的圆形地理围栏，以及微软西校区周围的多边形地理围栏

　　🐾 你可能已经在不知不觉中使用了地理围栏。如果你使用 iOS 提醒应用程序或谷歌 Keep 设置了一个基于位置的提醒，你就已经使用了地理围栏。这些应用程序将根据给定的位置设置一个地理围栏，并在你的手机进入地理围栏时提醒你。

　　你想知道车辆在地理围栏内或外的原因有很多，举例如下。
- **准备卸货：** 得到车辆已到达现场的通知，可以让工作人员准备好卸货，减少车辆等待时间。这可以让司机在一天内完成更多的送货任务，减少等待时间。
- **税收遵从：** 一些国家，如新西兰，柴油车只在公共道路上行驶时根据车辆重量收取道路税。使用地理围栏可以跟踪在公共道路上行驶的里程，而不是在农场或伐木区等地的私人道路上行驶的里程。
- **监控盗窃：** 如果一辆车只应停留在某个区域，如农场，而它离开了地理围栏，那么它可能已经被盗。
- **位置合规：** 工作场所、农场或工厂的某些部分可能是某些车辆的禁区，如让运送人工化肥和农药的车辆远离种植有机产品的田地。如果进入了地理围栏，那么车辆就不符合规定，可以通知司机处理。

> 📝 **做点研究**
>
> 你能想到地理围栏的其他用途吗？

Azure 地图是你在上一课中用于可视化 GPS 数据的服务，它允许你定义地理围栏，然后测试一个点是否在地理围栏内或外。

14.2 定义一个地理围栏

地理围栏是用 GeoJSON 定义的，与上一课中添加到地图上的点一样。在这种情况下，它不是一个点值的特征集合，而是一个包含多边形的特征集合。

```
{
  "type": "FeatureCollection",
  "features": [
    {
      "type": "Feature",
      "geometry": {
        "type": "Polygon",
        "coordinates": [
          [
            [
              -122.13393688201903,
              47.63829579223815
            ],
            [
              -122.13389128446579,
              47.63782047131512
            ],
            [
              -122.13240802288054,
              47.63783312249837
            ],
            [
              -122.13238388299942,
              47.63829037035086
            ],
            [
              -122.13393688201903,
              47.63829579223815
            ]
          ]
        ]
      },
      "properties": {
        "geometryId": "1"
      }
    }
  ]
}
```

多边形上的每个点都被定义为一个数组中的经度、纬度对，这些点都在一个数组中，被设定为坐标。在上一课的 Point（点）中，坐标是一个包含两个值的数组，即纬度和经度，对于 Polygon（多边形），它是多个包含两个值（经度、纬度）的数组的数组。

📖 记住，GeoJSON 使用 longitude（经度）、latitude（纬度）来表示点，而不是纬度、经度。

多边形坐标的数组总是比多边形上点的数量多一个条目，最后一个条目与第一个条目相同——关闭多边形。例如，对于一个矩形，会有 5 个点的条目数据。

如图 14-3 所示，有一个矩形。多边形的坐标从左上角的（47,-122）开始，然后向右移动到（47,-121），然后向下移动到（46,-121），然后向右移动到（46,-122），然后再向上移动到（47,-122）的起点。右边给出了多边形的 5 个点的数据——左上角、右上角、右下角、左下角，然后左上角来关闭它。

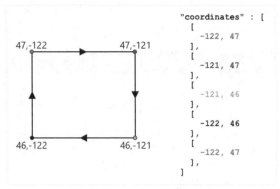

图 14-3　一个有坐标的矩形

✒️ **做点研究**

试试在你的家或学校周围创建一个 GeoJSON 多边形。使用 GeoJSON.io 这样的工具。

任务：定义一个地理围栏

要在 Azure 地图中使用地理围栏，首先要把它上传到你的 Azure 地图账户。一旦上传，你就会得到一个唯一的 ID，你可以用它来测试一个针对地理围栏的点。要把地理围栏上传到 Azure 地图，你需要使用地图网络 API。你可以用一个叫 curl 的工具 🔗 **https://curl.se/** 调用 Azure 地图的网络 API。

🎓 curl 是一个命令行工具，用于对网络端点进行请求。

（1）如果你使用的是 Linux、macOS 或 Windows 10 的最新版本，你可能已经安装了 curl。从你的终端或命令行运行以下内容来检查。

```
curl --version
```

如果你没有看到 curl 的版本信息，你需要从 curl 下载页面 🔗 [L14-2] 安装它。

📖 如果你对 Postman（Postman 是一个用于构建和使用 API 的 API 平台 🔗 [L14-3]）有经验，那么如果你愿意，可以用它来代替。

（2）创建一个包含多边形的 GeoJSON 文件。你将使用你的 GPS 传感器进行测试，所以在你的当前位置周围创建一个多边形。你可以通过编辑上面给出的 GeoJSON 例子手动创建一个多边形，或者使用 `geojson.io` 这样的工具。GeoJSON 需要包含一个 `FeatureCollection`，其中包含一个几何类型为 `Polygon` 的特征。你还必须在与几何元素相同的层次上添加一个属性元素，并且这个元素必须包含一个 `geometryId`：。

```
"properties": {
    "geometryId": "1"
}
```

如果你使用 GeoJSON.io，那么你将不得不在下载 JSON 文件后，或在应用程序的 JSON 编辑器中，手动将这一项添加到空的属性元素中。

这个 `geometryId` 在这个文件中必须是唯一的。你可以在同一个 GeoJSON 文件中把多个地理围栏作为 `FeatureCollection` 中的多个 `Feature` 上传,只要每一个都有不同的 `geometryId` 即可。如果多边形是在不同的时间从不同的文件中上传的,那么它们可以有相同的 `geometryId` 。

(3)将这个文件保存为 `geofence.json` ,并在终端或控制台中导航到它的保存位置。

(4)运行下面的 curl 命令来创建 GeoFence。

```
curl --request POST 'https://atlas.microsoft.com/mapData/upload?api-version=1.0&dataFormat=geo
json&subscription-key=<subscription_key>' \
    --header 'Content-Type: application/json' \
    --include \
    --data @geofence.json
```

将 URL 中的 `<subscription_key>` 替换为你 Azure 地图账户的 API 密钥。

该 URL 用于通过 `https://atlas.microsoft.com/mapData/upload` API 上传地图数据。该调用包括一个 `api-version` 参数,以指定使用哪种 Azure 地图 API,这是为了让 API 随时间变化,但保持向后兼容。上传的数据格式被设置为 `geojson` 。

这将运行对上传 API 的 POST 请求,并返回一个响应头的列表,其中包括一个名为 `location` 的头。

```
content-type: application/json
location: https://us.atlas.microsoft.com/mapData/operations/1560ced6-3a80-46f2-84b2-
5b1531820eab?api-version=1.0
x-ms-azuremaps-region: West US 2
x-content-type-options: nosniff
strict-transport-security: max-age=31536000; includeSubDomains
x-cache: CONFIG_NOCACHE
date: Sat, 22 May 2021 21:34:57 GMT
content-length: 0
```

📌 调用 Web 端口时,可以通过添加 `?` 后跟键值对作为 `key=value` ,并用 `&` 分隔键值对。

(5)Azure 地图不会立即处理,所以你需要通过使用 `location` 头中给出的 URL 来检查上传请求是否已经完成。向这个位置发出 GET 请求,以查看状态。你需要将你的订阅密钥添加到 `locationURL` 的末尾,方法是在末尾添加 `&subscription-key=<subscription_key>` ,将 `<subscription_key>` 替换为你 Azure Maps 账户的 API 密钥。运行下面的命令。

```
curl --request GET '<location>&subscription-key=<subscription_key>'
```

这个 `location` 头的值替换 `<location>` ,用 Azure 地图账户的 API 密钥替换 `<subscription_key>` 。

(6)检查响应中的 `status` 的值。如果不是 `Succeeded` ,那么请等待 1 分钟,再试一次。

(7)一旦状态显示为 `Succeeded` ,请查看响应中的 `resourceLocation` 。其中包括 GeoJSON 对象的唯一 ID(称为 UDID)的细节。UDID 是 `metadata/` 之后的值,不包括 `api-version` 。例如,如果 `resourceLocation` 是:

```
{
  "resourceLocation": "https://us.atlas.microsoft.com/mapData/metadata/7c3776eb-da87-4c52-ae83-
```

```
caadf980323a?api-version=1.0"
}
```

那么 UDID 将是 `7c3776eb-da87-4c52-ae83-caadf980323a` 。

保留这个 UDID 的副本，因为你将需要它来测试地理围栏。

14.3 针对地理围栏的测试点

一旦多边形被上传到 Azure 地图，你就可以测试一个点，看它是否在地理围栏之内或之外。要做到这一点，你需要发出一个 Web API 请求，传入地理围栏的 UDID，以及要测试的点的经纬度。

当你提出这个请求时，你还可以传递一个叫做 searchBuffer 的值。它告诉 Maps API 在返回结果时要有多精确。这样做的原因是 GPS 并不是完全准确的，有时位置可能会有几米的偏差，甚至更多。搜索缓冲区的默认值是 50 米，但是你可以设置从 0 米到 500 米的任何值。

当 API 调用返回结果时，给出结果的一个部分是测量到地理围栏边缘最近的点的距离，如果该点在地理围栏外，则为正值，如果在地理围栏内，则为负值。如果这个距离小于搜索缓冲区，实际距离将以米为单位返回，否则数值为 999 或 -999。999 表示该点在地理围栏外的距离超过了搜索缓冲区，-999 表示该点在地理围栏内的距离超过了搜索缓冲区。

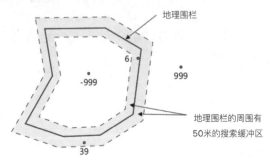

图 14-4　一个地理围栏的周围有 50 米的搜索缓冲区

在图 14-4 中，地理围栏有 50 米的搜索缓冲区。

- 位于地理围栏中心的一个点，远在搜索缓冲区内，其距离为 -999。
- 在搜索缓冲区外的一个点的距离是 999。
- 在地理围栏内和搜索缓冲区内的一个点，距离地理围栏 6 米，其距离为 6 米。
- 在地理围栏外、搜索缓冲区内、距离地理围栏 39 米的点，其距离为 39 米。

知道到地理围栏边缘的距离是很重要的，在根据车辆位置做决定时，要把它与其他信息结合起来，如其他 GPS 读数、速度和道路数据。

举个例子，想象 GPS 读数显示一辆车正沿着一条道路行驶，而这条道路紧挨着一个地理围栏的边缘。如果有一个 GPS 值是不准确的，车辆置于地理围栏内，尽管没有车辆进入，它也可以被忽略。

在图 14-5 中，微软校园的一部分有一个地理围栏。红线表示一辆卡车沿着 520 公路行驶，用圆圈表示 GPS 读数。这些读数大部分都是准确的，而且是沿着 520 号公路的，只有一个不准确的读数在地理围栏内。这个读数不可能是正确的，因为没有任何

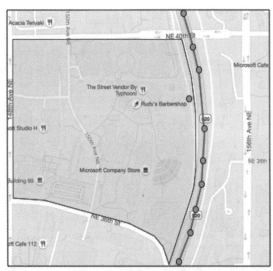

图 14-5　一条 GPS 线索显示一辆车在 520 公路上经过微软校园，沿路的 GPS 读数除了校园内的一个外，其他都在地理围栏外

✍ **做点研究**

你需要检查哪些额外的数据，以了解 GPS 读数是否可以被认为是正确的？

道路可以让卡车突然从 520 公路转向校园，然后再回到 520 公路上。检查这个地理围栏的代码需要考虑到以前的读数，然后再根据地理围栏测试的结果采取行动。

任务：测试地理围栏周围的点

（1）首先构建 Web API 查询的 URL。格式为

```
https://atlas.microsoft.com/spatial/geofence/json?api-version=1.0&deviceId=gps-
sensor&subscription-key=<subscription-key>&udid=<UDID>&lat=<lat>&lon=<lon>
```

将 `<subscription_key>` 替换为你的 Azure 地图账户的 API 密钥。将 `<UDID>` 替换为前一个任务中地理围栏的 UDID。将 `<lat>` 和 `<lon>` 替换为你要测试的经度和纬度。

这个 URL 使用 `https://atlas.microsoft.com/spatial/geofence/json` API 来查询使用 GeoJSON 定义的地理围栏。它的目标是 `1.0` 的 API 版本。其中 `deviceId` 参数是必需的，应该是经纬度来自的设备的名称。

默认的搜索缓冲区是 50 米，你可以通过传递一个额外的参数 `searchBuffer=<distance>` 来改变，将 `<distance>` 设置为以米为单位的搜索缓冲区距离，参数值为 0 ~ 500。

（2）使用 curl 对这个 URL 做一个 GET 请求。

```
curl --request GET '<URL>'
```

> 🐭 如果你得到一个 `BadRequest` 的响应代码，错误为：

```
Invalid GeoJSON: All feature properties should contain a geometryId, which is used for
identifying the geofence.
```

> 🐭 中文大意为：无效的 GeoJSON：所有的特征属性都应该包含一个 geometryId，用来识别地理围栏。这说明你的 GeoJSON 中缺少含有 geometryId 的属性部分。你需要修复 GeoJSON，然后重复上述步骤，重新上传并获得一个新的 UDID。

（3）响应将包含一个 `geometries`（几何体）的列表，用于创建地理围栏的 GeoJSON 中定义的每个多边形都有一个。每个几何体都有三个需要关注的字段，即 `distance`（距离）、`nearestLat`（最近的纬度）和 `nearestLon` 最近的纬度。

```
{
    "geometries": [
        {
            "deviceId": "gps-sensor",
            "udId": "7c3776eb-da87-4c52-ae83-caadf980323a",
            "geometryId": "1",
            "distance": 999.0,
            "nearestLat": 47.645875,
            "nearestLon": -122.142713
        }
    ],
    "expiredGeofenceGeometryId": [],
    "invalidPeriodGeofenceGeometryId": []
}
```

- nearestLat 和 nearestLon 是地理围栏边缘上离被测地点最近的一个点的经纬度。
- distance 是指从被测地点到地理围栏边缘上最近的点的距离。负数表示在地理围栏内，正数表示在地理围栏外。这个值将小于 50（默认的搜索缓冲区）或 999。

（4）在地理围栏内部和外部的位置多次重复这一步骤。

14.4　在 Serverless 代码中使用地理围栏

现在你可以在你的 Functions App 中添加一个新的触发器，以测试 IoT 中心的 GPS 事件数据与地理围栏的关系。

14.4.1　消费者组（Consumer Groups）

正如你在以前的课程中所记得的那样，IoT 中心将允许你重放那些已经被集线器接收但没有被处理的事件。但是，如果多个触发器连接，会发生什么？它将如何知道哪一个触发器处理哪些事件？

答案是它不能！相反，你可以定义多个独立的连接来读取事件，每个连接都可以管理未读消息的重放。这些被称为消费者组。当你连接到端点时，你可以指定你想连接到哪个消费者组。你的应用程序的每个组件将连接到一个不同的消费者组，如图 14-6 所示。

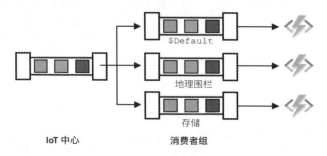

图 14-6　一个 IoT 中心有三个消费者组，向三个不同功能
的应用程序分发相同的消息

理论上，每个消费者组最多可以连接 5 个应用程序，它们在到达时都会收到消息。最好的做法是每个消费者组只有一个应用程序访问，以避免重复的消息处理，并确保在重新启动时所有排队的消息都得到正确处理。例如，如果你在本地启动你的 Functions App，同时在云端运行，那么它们都会处理消息，导致重复的 Blob 存储在存储账户。

如果你查看你在前面课程中创建的 IoT 中心触发器的 function.json 文件，你会在 event hub 触发器绑定部分看到消费者组。

```
"consumerGroup": "$Default"
```

当你创建一个 IoT 中心时，你会得到默认创建的 $Default 消费者组。如果你想添加一个额外的触发器，你可以使用一个新的消费者组来添加。

> 如在本课中，你将使用一个不同的函数来测试与用于存储 GPS 数据的地理围栏，这是为了说明如何使用消费者组，并将代码分开，使其更容易阅读和理解。在一个生产应用中，你可能有很多方法来设计它，可以把两者放在一个函数上，在存储账户上使用一个触发器来运行一个函数来检查地理围栏，或者使用多个函数。这里没有“正确的方法”，设计方法取决于你应用程序的其他部分和你的需求。

14.4.2　任务：创建一个新的消费者组

（1）运行下面的命令，为你的 IoT 中心创建一个名为 `geofence` 的新消费者组。

```
az iot hub consumer-group create --name geofence \
                          --hub-name <hub_name>
```

将 `<hub_name>` 替换为你用于 IoT 中心的名称。

（2）如果你想看到一个 IoT 中心的所有消费者组，运行以下命令。

```
az iot hub consumer-group list --output table \
                          --hub-name <hub_name>
```

将 `<hub_name>` 替换为你用于 IoT 中心的名称。这样将列出所有的消费者组。

```
Name        ResourceGroup
--------    -----------------
$Default    gps-sensor
geofence    gps-sensor
```

当你在先前的课程中运行 IoT 中心事件监视器时，它连接到了 `$Default` 消费者组。这就是为什么你不能运行事件监视器和事件触发器。如果你想同时运行它们，那么你可以为你所有的功能应用程序使用其他消费者组，并为事件监视器保留 `$Default`。

14.4.3　任务：创建一个新的 IoT 中心触发器

（1）在你的 `gps-trigger` 函数应用中添加一个新的 IoT 中心事件触发器，你在之前的课程中创建了这个函数。把这个函数命名为 `geofence-trigger`。

⚠ 如果需要的话，你可以参考第 9 课中 9.3.2：关于创建 IoT 中心事件触发器的说明。

（2）在 `function.json` 文件中配置 IoT 中心的连接字符串。`function.settings.json` 在 Function App 中的所有触发器之间共享。

（3）更新 `function.json` 文件中 `consumerGroup` 的值，以引用新的 geofence 消费者组。

```
"consumerGroup": "geofence"
```

（4）你需要在这个触发器中使用 Azure 地图账户的订阅密钥，因此需要在 `local.settings.json` 文件中添加一个名为 `MAPS_KEY` 的新条目。

（5）运行 Functions App 以确保它正在连接和处理消息。前面课程中的 `iot-hub-trigger` 也将运行并将 Blob 上传到存储区。

为了避免 Blob 存储中重复的 GPS 读数，你可以停止你在云端运行的 Functions App。要做到这一点，需使用以下命令。

```
az functionapp stop --resource-group gps-sensor \
              --name <functions_app_name>
```

将 `<functions_app_name>` 替换为你 Functions App 的名称。

你可以在以后用以下命令重新启动它。

```
az functionapp start --resource-group gps-sensor \
                     --name <functions_app_name>
```

将 `<functions_app_name>` 替换为你 Functions App 的名称。

14.4.4　任务：测试触发器中的地理围栏

在本课的前面，你用 curl 查询一个地理围栏，看一个点是在里面还是在外面。你可以在你的触发器中进行类似的网络请求。

（1）要查询地理围栏，你需要它的 UDID。在 `local.settings.json` 文件中添加一个名为 `GEOFENCE_UDID` 的新条目，并加上这个值。

（2）打开新的 `geofence-trigger` 触发器的 `__init__.py` 文件。

（3）在文件的顶部添加以下导入。

```
import json
import os
import requests
```

`requests` 包允许你进行网络 API 调用。Azure 地图没有 Python SDK，因此你需要进行网络 API 调用，以便从 Python 代码中使用它。

（4）在 `main` 方法的开头添加以下两行代码，以获得 Maps 的订阅密钥。

```
maps_key = os.environ['MAPS_KEY']
geofence_udid = os.environ['GEOFENCE_UDID']
```

（5）在 `for event in events` 的循环里面，添加以下内容，从每个事件中获得经纬度。

```
event_body = json.loads(event.get_body().decode('utf-8'))
lat = event_body['gps']['lat']
lon = event_body['gps']['lon']
```

这段代码将事件主体的 JSON 转换为一个字典，然后从 `gps` 字段中提取 `lat`（经度）和 `lon`（纬度）。

（6）当使用 `requests` 时，与其像 curl 那样建立一个长的 URL，不如只使用 URL 部分，并将参数作为一个字典传递。添加下面的代码来定义要调用的 URL 并配置参数。

```
url = 'https://atlas.microsoft.com/spatial/geofence/json'

params = {
    'api-version': 1.0,
    'deviceId': 'gps-sensor',
    'subscription-key': maps_key,
    'udid' : geofence_udid,
    'lat' : lat,
    'lon' : lon
}
```

`params` 字典中的项目将与你通过 curl 调用 Web API 时使用的键值对相匹配。

（7）通过添加以下几行代码来调用网络 API。

```
response = requests.get(url, params=params)
response_body = json.loads(response.text)
```

这样就调用了带有参数的 URL，并得到了一个响应对象。

（8）在这下面添加以下代码。

```
distance = response_body['geometries'][0]['distance']

if distance == 999:
    logging.info('Point is outside geofence')
elif distance > 0:
    logging.info(f'Point is just outside geofence by a distance of {distance}m')
elif distance == -999:
    logging.info(f'Point is inside geofence')
else:
    logging.info(f'Point is just inside geofence by a distance of {distance}m')
```

这段代码假设有一个 geometry（几何体），并从这个单一的几何体中提取距离。然后，它根据距离记录不同的信息。

（9）运行这段代码。你会在日志输出中看到 GPS 坐标是在地理围栏内还是在地理围栏外，如果该点在 50 米内，就会有一个距离。试试这段代码，根据你 GPS 传感器的位置，用不同的地理围栏，试着移动传感器（如将手机连接在 Wi-Fi 上，或者在虚拟物联网设备上用不同的坐标），看看这种变化。

（10）当你准备好了，把这段代码部署到你在云端的 Functions App，不要忘记部署新的应用程序设置。

⚠ **注意**

如果需要，你可以参考第 9 课中 9.5.2 节。

如果需要，你可以参考第 9 课中 9.5.3 节。

你可以在 **code/functions** 文件夹 🔗 **[L14-4]** 中找到这些代码。

😊 恭喜，你成功从 Serverless 代码中使用了地理围栏！

课后练习

🚀 挑战

在本课中，你用 GeoJSON 文件添加了一个单多边形的地理围栏。你可以同时上传多个多边形，只要它们在 properties 部分有不同的 geometryId 值即可。

试着上传一个带有多个多边形的 GeoJSON 文件，并调整你的代码，找出 GPS 坐标最接近或在哪个多边形中。

📖 复习和自学

在百度百科的地理围栏技术页面 🔗 [L14-5] 上阅读更多关于地理围栏及其一些使用案例。

在 Microsoft Azure Maps Spatial - Get Geofence 文档 🔗 [L14-6] 中阅读更多关于 Azure Maps 地理围栏 API 的信息。

在 Microsoft docs 上的 Azure 事件中心的功能和术语 🔗 [L14-7] 中阅读更多关于使用者组的信息。

💼 作业

使用 Twilio 发送通知。

说明

到目前为止，在你的代码中，你只是记录了到地理围栏的距离。在这个任务中，你需要添加一个通知，当 GPS 坐标在地理围栏内时，可以是短信通知，也可以是电子邮件通知。

Azure Functions 有很多绑定的选择，包括与第三方服务的绑定，如 Twilio——一个通信平台。

- 在 🔗 Twilio.com 上注册一个免费账户。
- 在 Microsoft docs 的 Azure Functions 的 Twilio 绑定页面 🔗 [L14-8] 上阅读关于将 Azure Functions 与 Twilio SMS 绑定的文档。
- 在 Microsoft docs 的 Azure Functions SendGrid 绑定页面 🔗 [L14-9] 上阅读关于将 Azure Functions 与 Twilio SendGrid 绑定以发送电子邮件的文档。
- 在你的 Functions App 中添加绑定，以便在地理围栏内或地理围栏外的 GPS 坐标上获得通知，而不是同时获得通知。

课后测验

（1）为了让多个服务从 IoT 中心获取数据，你需要创建多个（　　）。
- A. 消费者群组（Consumer group）
- B. 管道（Pipe）
- C. IoT 中心（Hub）

（2）一个地理围栏调用的默认搜索缓存是（　　）。
- A. 5 米
- B. 50 米
- C. 500 米

（3）地理围栏中点的距离（　　）。
- A. 小于 0（一个负值）
- B. 大于 0（一个正值）

评分标准

标准	优秀	合格	需要改进
配置函数绑定并接收电子邮件或短信	能够配置函数绑定，并在地理围栏内或围栏外接收电子邮件或短信，但不能同时接收	能够配置绑定，但无法发送电子邮件或短信，或者只能在坐标处于内部和外部时发送	不能配置绑定并发送电子邮件或短信

制造篇

一旦食品到达一个中央枢纽或加工厂，它并不总是只被运到超市里。很多时候，食品会经过一些加工步骤，如按质量分类等。这个过程过去是人工操作的——开始是在田间，采摘者只采摘成熟的水果，然后在工厂里，水果会在传送带上，员工会人工清除任何有淤青或腐烂的水果。我曾在学校的暑假工作中采摘和分类草莓，我可以证明这绝对不是一个有趣的工作。

ripe - 99.7%
unripe - 0.3%

ripe - 1.4%
unripe - 98.6%

更现代的方法是依靠物联网进行分拣。一些最早的设备，如 Weco 的分拣机，使用光学传感器来检测农产品的质量，如拒绝绿色的西红柿。这些设备可以部署在农场本身的收割机上，也可以部署在加工厂里。

随着人工智能（AI）和机器学习（ML）的进步，这些机器可以变得更加先进，使用经过训练的机器学习模型来区分水果和杂物，如石头、灰尘或昆虫。这些模型也可以被训练用于检测水果质量，不仅仅是擦伤的水果，还可以在早期检测疾病或其他作物问题。

> 术语机器学习模型是指机器学习软件在一组数据上训练后的输出。例如，你可以训练一个机器学习模型来区分成熟和未成熟的西红柿，然后在新的图像上使用该模型，判断西红柿是否成熟。

在本篇的 4 节课中，你将学习如何训练基于图像的人工智能模型来检测水果质量，如何从物联网设备上使用这些模型，以及如何在边缘上运行这些模型——也就是在物联网设备上而不是在云端。

> 这些课程将使用一些云资源。如果你没有完成这个项目中的所有课程，请勿清理你的项目。

课程简介

本篇包含以下课程：
第 15 课　训练水果质量检测器
第 16 课　用物联网设备检查水果质量
第 17 课　在边缘设备上运行你的水果检测器
第 18 课　从传感器触发水果质量检测

感谢

本篇所有的课程都是由 Jim Bennett 用❤编写。

第 15 课
训练水果质量检测器

课前准备

简介

在课程开始之前先观看视频，了解 Azure Custom Vision（自定义视觉）服务（见图 15-1），本课将介绍这项服务。

近年来，人工智能（AI）和机器学习（ML）的兴起，为当今的开发者提供了广泛的能力。机器学习模型可以被训练用于识别图像中的不同事物，包括未成熟的水果，这可以在物联网设备中使用，以帮助对正在收获的农产品进行分类，或者被用于工厂或仓库的加工过程中。

在本课中，你将学习图像分类——使用机器学习模型来区分不同事物的图像。你将学习如何训练一个图像分类器，以区分好的水果和坏的水果（无论是欠熟还是过熟，有淤伤还是腐烂的）。

在本课中，我们的学习内容将涵盖：

15.1 使用人工智能和机器学习对食物进行分类

15.2 通过机器学习进行图像分类

15.3 训练一个图像分类器

15.4 自定义视觉工具

15.5 测试你的图像分类器

15.6 重新训练你的图像分类器

图 15-1 自定义视觉——机器学习变得简单 🎥 [L15-1]

课前测验

（1）摄像头可以用作 IoT 的传感器。这个说法（　　）。

　A. 正确

　B. 错误

（2）可以用摄像头给水果分类。这个说法（　　）。

　A. 正确

　B. 错误

（3）基于图像的人工智能（AI）模型十分的复杂，训练也十分费时，并且需要使用数以万计的图片数据。这个说法（　　）。

　A. 正确

　B. 错误

15.1　使用人工智能和机器学习对食物进行分类

养活全球人口是很艰难的，尤其是食物在价格上要让所有人都能负担得起。食物最大的成本之一是劳动力，所以农民越来越多地转向使用自动化和物联网等工具，以减少他们的劳动力成本。手工收割是劳动密集型工作（而且往往是艰苦的工作），正在被机械取代，特别是在较发达的国家。尽管使用机械收割可以节省成本，但也有一个缺点——在收割时无法对食物进行分类。

并非所有的农作物都是同时成熟的。例如，西红柿在大部分可以收

做点研究

考察你附近的农场、花园或超市里的不同水果或蔬菜，它们的成熟度是否相同？

获的时候，藤上可能仍有一些绿色的果实。尽管提前收割这些果实是一种浪费，但农民使用机械收割所有的果实，并在以后处理未成熟的产品，这样做更便宜、更容易。

自动收割机的兴起将农产品的分类从收割现场转移到了工厂。食品将在长长的传送带上行驶，由一队人员对产品进行挑选，去除任何不符合质量标准的东西。由于有了机械，因此收割的成本更低，但人工分拣食品仍有成本。

下一步的演变是使用机器进行分类，要么是在收割机中内置，要么是在加工厂中。如图 15-2 所示，第一代机器使用光学传感器来检测颜色，控制执行器使用杠杆或空气将绿色番茄推入垃圾箱，留下红色番茄继续在传送带网络上运行。如图 15-3 所示的视频 [L15-2] 显示了这些机器正在运行的效率。

在这段视频中，当西红柿从一条传送带落到另一条传送带时，绿色的西红柿被检测出来，并通过杠杆被弹到一个垃圾箱中。

这些分拣机的最新发展利用了人工智能和机器学习，使用经过训

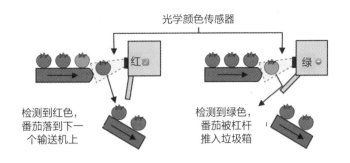

图 15-2　如果检测到一个红色的西红柿，它就会不间断地继续它的旅程。如果检测到一个绿色的西红柿，它就会被杠杆弹入垃圾箱

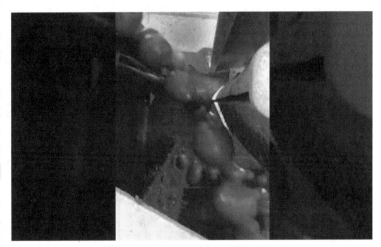

图 15-3　通过颜色自动分拣西红柿

🖳 在工厂或田地里，这些光学传感器需要什么条件才能正常工作？

练的模型来区分好的产品和坏的产品，不仅通过明显的颜色差异，如绿番茄与红番茄，而且也通过更微妙的可以表明疾病或瘀伤的外观差异。

15.2 通过机器学习进行图像分类

传统的编程是指你采用数据，将算法应用于数据，并获得输出。例如，在上一章的项目中，你拿着 GPS 坐标和一个地理围栏，应用 Azure 地图提供的算法，得到的结果是该点在地理围栏之内还是之外。你输入更多的数据，你就会得到更多的输出。

如图 15-4 所示，传统的开发需要输入和一个算法，然后给出输出。机器学习使用输入和输出数据来训练一个模型，这个模型可以接受新的输入数据来产生新的输出。

机器学习扭转了这一局面——

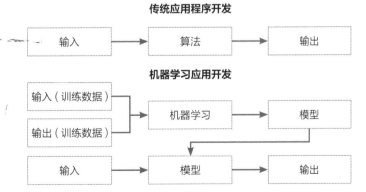

图 15-4　传统应用程序的开发和机器学习应用开发的流程差异

你从数据和已知输出开始，机器学习算法从数据中学习。然后，你可以把这个经过训练的算法称为机器学习模型或模式，并输入新的数据，得到新的输出。

> 🎓 机器学习算法从数据中学习的过程称为训练。输入和已知的输出被称为训练数据。

例如，你可以给一个模型数百万张未成熟香蕉的图片作为输入训练数据，训练输出设置为 unripe（未成熟），而数百万张成熟的香蕉图片作为训练数据，输出设置为 ripe（成熟）。然后，机器学习算法将根据这些数据创建一个模型。然后你给这个模型一张新的香蕉图片，它将预测新图片是成熟的还是未成熟的香蕉。

> 🎓 机器学习模型的结果被称为预测。

机器学习模型通常不会给出一个直接的答案，而是给出概率。如图 15-5 所示，一个模型可能得到一张香蕉的图片，预测成熟度为 99.7%，未成熟度为 0.3%。然后你的代码会选择最佳预测，并判断香蕉是成熟的。

用于检测这样图像的机器学习模型被称为图像分类器——它被赋予已知特征的图像，然后根据这些特点对新图像进行分类。

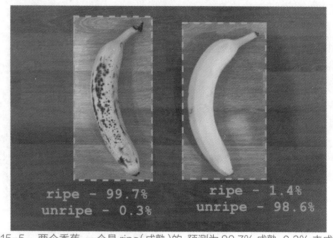

图 15-5　两个香蕉，一个是 ripe（成熟）的，预测为 99.7% 成熟，0.3% 未成熟；一个是 unripe（未成熟）的，预测为 1.4% 成熟，98.6% 未成熟

> 这是过度简化的理解方式，还有许多其他方法来训练模型，并不总是需要特定的输入，如无监督学习。如果你想了解更多关于机器学习的知识，请查看机器学习入门课 🔗 [L15-3]，这是一个关于机器学习的 24 课时课程。

15.3　训练一个图像分类器

为了成功地训练一个图像分类器，你可能需要数百万张图像。事实证明，一旦你在数百万或数十亿的各种图像上训练了一个图像分类器，你就可以重新使用它，用一小部分图像重新训练它，然后使用迁移学习（transfer learning）的过程获得很好的结果。

> 🎓 迁移学习是指将现有机器学习模型的学习迁移到基于新数据的新模型中。

一旦一个图像分类器为各种各样的图像进行了训练，它的内部结构就能很好地识别形状、颜色和图案。迁移学习允许模型利用它在识别图像部分时已经学到的知识，并利用它来识别新的图像。

你可以认为这有点像儿童的形状书，一旦你能识别一个半圆、一个长方形和一个三角形，你就可以根据这些形状的配置来识别一艘帆船或一只猫，如图 15-6 所示。图像分类器可以识别这些形状，而迁

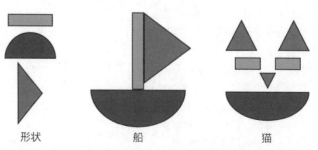

形状　　　　　　船　　　　　　猫

图 15-6　一旦你能识别形状，就可以把它们放到不同的配置中，做成一艘船或一只猫

移学习则教它什么组合是船或猫，或成熟的香蕉。

有各种各样的工具可以帮助你做到这一点，包括基于云的服务，可以帮助你训练你的模型，然后通过网络 API 使用它。

📖 训练这些模型需要大量的计算能力，通常是通过图形处理单元或 GPU。使你的 Xbox 上的游戏看起来令人惊叹的专业硬件也可以用来训练机器学习模型。通过使用云计算，你可以租用带有 GPU 的强大计算机来训练这些模型，只是在你需要的时候获得你需要的计算能力。

15.4 自定义视觉工具

自定义视觉（Custom Vision）是一个基于云的工具，用于训练图像分类器，其标志如图 15-7 所示。它允许你只用少量的图像来训练分类器。你可以通过门户网站、网络 API 或 SDK 上传图片，给每张图片一个标签，上面有该图片的分类，然后训练模型，并测试它的性能如何。一旦你对模型满意，就可以发布它的版本，然后通过网络 API 或 SDK 进行访问。

📖 你可以在每次分类时只用 5 张图片来训练自定义视觉模型，但越多越好。你可以用至少 30 张图像来获得更好的结果。

图 15-7　Azure 自定义视觉的标志

自定义视觉是微软名为"认知服务"的系列人工智能工具的一部分。这些人工智能工具，可以在没有任何专业培训或者经过少量培训的情况下立即使用。它们包括语音识别、翻译、语言理解和图像分析。这些都是在 Azure 中作为服务提供的免费层级。

📖 免费层足以创建一个模型，训练它，然后将其用于开发工作。你可以在微软文档的"自定义视觉限制和配额"页面 🔗 [L15-4] 上阅读免费层的限制。

15.4.1　任务：创建一个认知服务资源

要使用自定义视觉功能，首先需要使用 Azure 命令行界面（Cloud Shell）在 Azure 中创建两个认知服务资源，一个用于自定义视觉的训练，一个用于自定义视觉的预测。

（1）为这个项目创建一个资源组，命名为 `fruit-quality-detector`（水果质量检测器）。

（2）使用下面的命令来创建一个免费的自定义视觉训练资源。

```
az cognitiveservices account create --name fruit-quality-detector-training \
                                    --resource-group fruit-quality-detector \
                                    --kind CustomVision.Training \
                                    --sku F0 \
                                    --yes \
                                    --location <location>
```

将 `<location>` 替换为你在创建资源组时使用的位置。

这样将在你的资源组中创建一个自定义视觉训练资源。它将被命名为 `fruit-quality-detector-training`，并使用 `F0` sku，也就是免费层。`--yes` 选项意味着你同意认知服务的条款和条件。

📖 如果你已经有一个使用任何认知服务的免费账户，则使用 `S0` sku。

（3）使用下面的命令来创建一个免费的自定义视觉预测资源。

```
az cognitiveservices account create --name fruit-quality-detector-prediction \
                        --resource-group fruit-quality-detector \
                        --kind CustomVision.Prediction \
                        --sku F0 \
                        --yes \
                        --location <location>
```

将 `<location>` 替换为你在创建资源组时使用的位置。

这样将在你的资源组中创建一个自定义视觉预测资源。它将被命名为 `fruit-quality-detector-prediction`，并使用 `F0` sku，也就是免费层。`--yes` 选项意味着你同意认知服务的条款和条件。

15.4.2 任务：创建一个图像分类器项目

在 CustomVision.ai 🔗 `https://www.customvision.ai/` 启动 Custom Vision 门户主页，用你在 Azure 账户中使用的微软账户登录。

按照微软文档上的构建分类器快速入门的创建新项目部分说明 🔗 [L15-5]，创建一个新的 Custom Vision 项目。UI 可能会发生变化，这些文档总是最新的参考资料。

如图 15-8 所示，把你的项目命名为 `fruit-quality-detector`（水果质量检测器）。

当你创建你的项目时，确保使用你之前创建的 `fruit-quality-detector-training` 资源。选择"Project Types"（项目类型）为"Classification"（分类）；"Classification Types"（分类类型）为"Multiclass"（多类，每张图一个标签）；"Domains"（领域）为"Food"（食品领域）。

自定义视觉项目的设置，名称设置为 `fruit-quality-detector`，无描述，资源设置为 `fruit-quality-detector-training`，项目类型设置为 `Classification`，分类类型设置为 `Multiclass`，领域设置为 `Food`。

Create new project   ✕

Name*

    fruit-quality-detector

Description

    Enter project description

Resource   create new

    fruit-quality-detector-training [F0]   ▾

Manage Resource Permissions

Project Types ⓘ
- ⦿ Classification
- ◯ Object Detection

Classification Types ⓘ
- ◯ Multilabel (Multiple tags per image)
- ⦿ Multiclass (Single tag per image)

Domains:
- ◯ General [A2]
- ◯ General [A1]
- ◯ General
- ⦿ Food
- ◯ Landmarks
- ◯ Retail
- ◯ General (compact) [S1]
- ◯ General (compact)
- ◯ Food (compact)
- ◯ Landmarks (compact)
- ◯ Retail (compact)

图 15-8　在自定义视觉中创建新项目的窗口

15.4.3 任务：训练你的图像分类器项目

为了训练一个图像分类器，你需要多张水果图片，包括质量好的和坏的，分别用于标记好的和坏的，如一个成熟的和一个过熟的香蕉。

理想情况下，每张图片都应该是水果，或者有一致的背景，或者有各种各样的背景。确保背景中没有任何特定于成熟与未成熟水果的东西。

图像分类器通常在非常低的分辨率下运行。例如，自定义视觉应用可以接受高达 10240×10240 的训练和预测图像，但会在 227×227 的图像上训练和运行模型。较大的图像会被缩小到这个尺寸，所以要确保你要分类的东西占了图像的一大部分，如果需要识别的对象占图片面积太小，那么在图片训练过程中会因为缩小而消失或难以识别。

（1）为你的分类器收集图片。每个标签你至少需要 5 张图片来训练分类器，但原则上是越多越好。你还将需要一些额外的图片来测试分类器。这些图片都应该是同一事物的不同图片。举例如下：

- 用两根成熟的香蕉，从几个不同的角度给每根香蕉拍一些照片，至少拍 7 张照片（5 张用于训练，2 张用于测试），但最好是更多。
- 用两根未成熟的香蕉重复同样的过程，如图 15-9 所示。

你应该有至少 10 张训练图像，其中至少有 5 张成熟的和 5 张未成熟的，以及 4 张测试图像，其中 2 张成熟的，2 张未成熟的。你的图像应该是 png 或 jpegs 格式，文件大小要小于 6MB。如果你用 iPhone 拍摄它们，可能获得的是高分辨率的 HEIC 图像，所以需要进行格式转换，可能还要适当缩小才行。图片多多益善，而且你的成熟和未成熟的图片数应该大致相同。

如果你没有成熟和未成熟的水果，你可以使用不同类型的水果，或者在身边找出两个不同物体对象。你也可以在 images 文件夹 🔗 [L15-6] 中找到一些成熟和未成熟的香蕉的示例图像直接使用。

（2）参考微软文档上的构建分类器快速入门中上传和标记图像部分 🔗 [L15-7] 的内容，上传你的训练图像。将成熟的水果标记为 `ripe` （成熟），未成熟的水果标记为 `unripe` （未成熟），如图 15-10 所示。

🔧 做点研究

花一些时间来探索你的图像分类器的自定义视觉用户界面。

🖼 这些分类器可以对任何东西的图片进行分类，所以如果你手头没有品质不同的水果，你可以用两种不同类型的水果，或者猫和狗的图片来进行分类。

🖼 重要的是，不要有特定的背景，或者与每个标签所分类的事物无关的特定物品，否则，分类器可能只是根据背景进行分类。有一个针对皮肤癌的分类器是在正常和癌变的痣上训练的，癌变的痣上都有尺子来测量大小。结果发现，该分类器在识别图片中的尺子方面几乎 100% 准确，而不是癌变的痣。

图 15-9 两根不同香蕉的照片

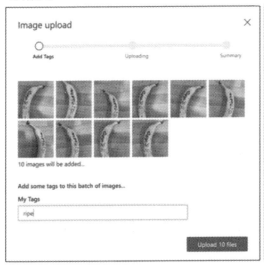

图 15-10 上传对话框显示上传成熟和未成熟的香蕉图片

（3）参考微软文档中构建分类器快速入门中训练分类器部分 🔗 **[L15-8]** 的内容，对上传的图片进行图像分类器训练。

你将会看到一个训练类型的选择。选择 Quick Training（快速训练），然后分类器将进行训练。训练需要几分钟的时间来完成。

> 🍌 如果你决定在分类器训练时吃掉你的水果，请先确保你有足够的图像进行测试！

15.5　测试你的图像分类器

一旦你的分类器训练完成，你就可以通过给它一个新的图像进行分类来测试它。

任务：测试你的图像分类器

（1）按照微软文档中的测试模型文档 🔗 **[L15-9]** 来测试你的图像分类器。使用你先前创建的测试图像，而不是你用于训练的任何图像，如图 15-11 所示。

（2）试试你手头所有的测试图像，观察其概率。

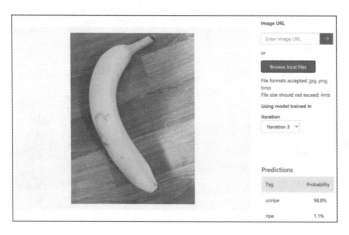

图 15-11　一个未成熟的香蕉被预测为 unripe（未成熟）的概率为 98.9%，
ripe（成熟）的概率为 1.1%

15.6　重新训练你的图像分类器

当你测试你的分类器时，它可能不会给出你期望的结果。图像分类器使用机器学习对图像中的内容进行预测，根据图像特定特征与特定标签匹配的概率，对图像中的内容进行预测。它并不了解图像中的内容——它不知道香蕉是什么，也不了解是什么让香蕉成为香蕉而不是船。你可以通过使用出错的图像对分类器进行重新训练来改进分类器。

每次你使用快速测试选项进行预测时，图像和结果都会被储存起来。你可以用这些图像来重新训练你的模型。

任务：重新训练你的图像分类器

（1）按照微软文档中使用预测的图像进行文档训练 🔗 **[L15-10]**，重新训练你的模型，注意为每张图像使用正确的标签。

（2）一旦你的模型被重新训练，就可以用新的图像进行测试。

课后练习

挑战

如果你用一张草莓的图片来训练香蕉的模型，或者是用一张充气香蕉的图片，或者是一个穿着香蕉衣服的人的图片，甚至是一个黄色的卡通人物的图片，如《辛普森一家》中某个人的图片，你认为会发生什么？

试试吧，看看预测结果是什么。可以用 Bing 图片搜索 🔗 [L15-11] 找到可以尝试的图片。

复习和自学

- 当你训练你的分类器时，你会看到 Precision（精确率）、Recall（召回率）和 AP（Average Precision，平均精度）值，对所创建的模型进行评价。使用微软文档中构建分类器快速入门中的评估分类器部分 🔗 [L15-12]，了解这些值的意义。
- 阅读微软文档中的"如何改进你的自定义视觉模型" 🔗 [L15-13]，了解如何改进分类器。

作业

为多种水果和蔬菜训练分类器。

说明

在本课中，你训练了一个图像分类器，使其能够区分成熟和未成熟的水果，但只使用一种类型的水果。一个分类器可以被训练用来识别多种水果，其成功率取决于水果的类型和成熟与未成熟的区别。

例如，对于成熟后会改变颜色的水果，图像分类器可能不如色彩传感器有效，因为它们通常在灰度图像，而不是全彩色上工作。用其他水果训练你的分类器，看看它的效果如何，特别是当水果看起来很相似时。例如，苹果和西红柿。

评分标准

标准	优秀	合格	需要改进
训练多种水果的分类器	能够训练多种水果的分类器	能够训练另外一种水果的分类器	无法训练更多水果的分类器
确定分类器的工作情况	能够正确评价分类器对不同水果的工作情况	能够观察并就分类器的工作情况提出建议	不能对分类器的工作情况做出评价

课后测验

（1）定制视觉使用的仅用少量图片训练模型的技术叫作（　）。
　A. 转换学习（Transformational learning）
　B. 交易学习（Transaction learning）
　C. 迁移学习（Transfer learning）

（2）图片分类的训练中,（　）。
　A. 每个标签只有 1 张图片
　B. 每个标签至少有 5 张图像
　C. 每个标签至少有 50 张图像

（3）能够快速训练机器学习（ML）模型，并能够让 Xbox 里的图像看上去非常华丽的硬件叫作（　）。
　A. PGU
　B. GPU
　C. PUG

第 16 课
用物联网设备检查水果质量

课前准备

简介

在上一课中，你了解了图像分类器，以及如何训练它们来检测好的和坏的水果。为了在物联网应用中使用这个图像分类器，你需要能够用某种相机捕捉图像，并将该图像发送到云端进行分类。

在这一课中，你将了解相机传感器，以及如何将它们与物联网设备一起使用来捕捉图像。你还将学习如何从你的物联网设备中调用图像分类器。

在本课中，我们的学习内容将涵盖：

16.1　相机传感器
16.2　使用物联网设备捕捉图像
16.3　发布你的图像分类器
16.4　对来自你的物联网设备的图像进行分类
16.5　改进模型

课前测验

（1）IoT 设备还没有强大到能够使用摄像头。这个说法（　　）。

　　A. 正确
　　B. 错误

（2）摄像头的传感器使用胶片来捕捉图像。这个说法（　　）。

　　A. 正确
　　B. 错误

（3）摄像头的传感器传递哪种类型的数据。（　　）

　　A. 数字
　　B. 模拟

16.1　相机传感器

相机传感器，顾名思义，是你可以连接到你的物联网设备的相机。它们可以拍摄静态图像，或捕捉流媒体视频。有些会返回原始图像数据，有些会将图像数据压缩成 JPEG 或 PNG 格式图像文件。通常情况下，与物联网设备一起使用的相机可能比你常见的相机要小得多，分辨率也较低，但你也可以找到能与顶级手机相媲美的高分辨率相机，甚至可以有各种形式的可更换镜头、多相机设置、红外热成像仪或紫外线相机。

如图 16-1 所示，大多数相机传感器使用图像传感器，每个像素是一个光电二极管。镜头将图像聚焦到图像传感器上，数千或数百万个光电二极管检测落在每个光电二极管上的光线，并将其记录为像素数据。

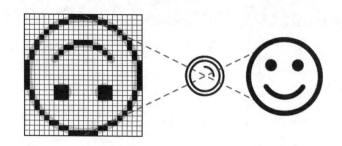

图 16-1　场景中的光线通过镜头，聚焦在 CMOS 传感器上

🎓 图像传感器被称为有源像素传感器（APS），最流行的 APS 类型是互补金属氧化物半导体传感器，即 CMOS。你可能听说过 CMOS 传感器这个词被用于相机传感器。

相机传感器是数字传感器，将图像数据作为数字数据发送，通常在提供通信库的帮助下进行。相机使用 SPI 等协议进行连接，使其能够发送大量的数据，其图像数据比温度传感器等传感器的单个数字大得多。

🌁 镜头将图像反转，相机传感器再将图像反转。这个过程和你眼睛的成像过程是一样的——你看到的东西在你的眼睛后面获得的成像也是颠倒的，但你的大脑会纠正它。

16.2　使用物联网设备捕捉图像

你可以使用你的物联网设备来捕捉和分类图像。

本节任务是，通过相关指南，使用你的物联网设备捕捉图像。

- 使用 Wio Terminal 捕捉图像。
- 使用树莓派捕捉图像。
- 使用虚拟物联网硬件捕捉图像。

📝 做点研究

围绕物联网设备的图像大小有什么限制？特别思考一下微控制器硬件上的限制。

连接设备：使用物联网设备捕捉图像

使用 Wio Terminal 捕捉图像

在这一部分，你将在 Wio Terminal 上添加一个摄像头，并从中捕获图像。

硬件

我们需要给 Wio Terminal 连接一个摄像头。

你将使用的相机模块是 ArduCam Mini 2MP Plus 🔗 [L16-1]。这是一个基于 OV2640 图像传感器的 200 万像素的摄像头。它通过 SPI 接口进行通信以捕获图像，并使用 I²C 总线来配置传感器。

连接相机

如图 16-2 所示，ArduCam 没有 Grove 插座，而是通过 Wio Terminal 的 GPIO 引脚连接到 SPI 和 I²C 总线。

任务：连接摄像头

连接摄像头。

（1）ArduCam 底座上的引脚需要连接到 Wio Terminal 的 GPIO 引脚上。为了更容易找到正确的引脚，可以将 Wio Terminal 上的 GPIO 引脚贴纸贴在引脚周围，如图 16-3 所示。

图 16-2　一个 ArduCam 摄像头

（2）如图 16-4 所示，使用跳线，按表 16-1 将摄像头与 Wio Terminal 连接起来。

将 GND 和 VCC 连接为 ArduCam 提供 5V 电源。它在 5V 电压下运行，而不像 Grove 传感器在 3V 电压下运行。这个电源直接来自为设备供电的 USB-C 连接。

🔔 对于 SPI 连接，ArduCam 上的引脚标签和代码中使用的 Wio Terminal 引脚名称仍然使用旧的命名规则。本课的说明将使用新的命名规则，除了在代码中使用引脚名称时以外。

（3）现在你可以将 Wio Terminal 连接到你的计算机上。

图 16-3　贴有 GPIO 引脚贴纸的 Wio Terminal

对设备进行编程以连接摄像头

现在可以对 Wio Terminal 进行编程以使用附加的 ArduCAM 摄像头。

图 16-4　用跳线连接到 ArduCam 的 Wio Terminal

任务：对设备进行编程以连接摄像头

（1）使用 PlatformIO 创建一个全新的 Wio Terminal 项目。项目命名为 `fruit-quality-detector`。在 `setup` 函数中添加代码，配置串行端口。

（2）添加代码连接到 Wi-Fi，在一个叫 `config.h` 的文件中使用你的 Wi-Fi 凭证。不要忘记把所需的库添加到 `platformio.ini` 文件中。

（3）ArduCam 库不能作为 Arduino 库从 `platformio.ini` 文件中安装。相反，它需要从 GitHub 页面的源代码中安装。

表 16-1　ArduCAM 摄像头与 Wio Terminal 引脚连接说明

ArduCAM 针脚	Wio Terminal 引脚	说明
CS	24 (SPI_CS)	SPI 芯片选择
MOSI	19 (SPI_MOSI)	SPI 控制器输出，外围输入
MISO	21 (SPI_MISO)	SPI 控制器输入，外围输出
SCK	23 (SPI_SCLK)	SPI 串行时钟
GND	6 (GND)	接地 – 0V
VCC	4 (5V)	5V 电源
SDA	3 (I^2C1_SDA)	I^2C 串行数据
SCL	5 (I^2C1_SCL)	I^2C 串行时钟

你可以通过以下两种方式获得。

- 从 🔗 https://github.com/ArduCAM/Arduino.git 克隆 repo。
- 前往 GitHub 上的 repo：🔗 github.com/ArduCAM/Arduino，然后从 Code（代码）按钮中下载 zip 格式的代码。

（4）你只需要此代码中的 ArduCAM 文件夹，将整个文件夹复制到项目的 lib 文件夹中。

⚠️ **注意**

虽然代码位于 `lib/ArduCam` 中，但是必须复制整个文件夹。不要只是将 `ArduCam` 文件夹的内容复制到 lib 文件夹中，而是复制整个文件夹。

（5）ArduCam 库的代码适用于多种类型的摄像头。你要使用的摄像头类型是通过编译器标志来配置的——这可以通过删除不使用的摄像头代码来使建立的库尽可能小。要为 OV2640 摄像头配置库，请在 `platformio.ini` 文件的末尾添加以下内容。

```
build_flags =
    -DARDUCAM_SHIELD_V2
    -DOV2640_CAM
```

这段代码设置了两个编译器标志。

- `ARDUCAM_SHIELD_V2` 告诉库中的相机是在一个 Arduino 板上，被称为 shield（扩展板）。
- `OV2640_CAM` 告诉库中只需包括 OV2640 相机的代码。

（6）在 src 文件夹中添加一个名为 `camera.h` 的头文件，这将包含与摄像头通信的代码。在这个文件中添加以下代码。

```cpp
#pragma once

#include <ArduCAM.h>
#include <Wire.h>

class Camera
{
public:
    Camera(int format, int image_size) : _
arducam(OV2640, PIN_SPI_SS)
    {
        _format = format;
        _image_size = image_size;
    }

    bool init()
    {
        // Reset the CPLD
        _arducam.write_reg(0x07, 0x80);
        delay(100);

        _arducam.write_reg(0x07, 0x00);
        delay(100);

        // Check if the ArduCAM SPI bus is
OK
        _arducam.write_reg(ARDUCHIP_TEST1,
0x55);
        if (_arducam.read_reg(ARDUCHIP_
TEST1) != 0x55)
        {
            return false;
        }

        // Change MCU mode
        _arducam.set_mode(MCU2LCD_MODE);

        uint8_t vid, pid;

        // Check if the camera module type
is OV2640
        _arducam.wrSensorReg8_8(0xff,
0x01);
        _arducam.rdSensorReg8_8(OV2640_
CHIPID_HIGH, &vid);
        _arducam.rdSensorReg8_8(OV2640_
```

```
CHIPID_LOW, &pid);
        if ((vid != 0x26) && ((pid !=
0x41) || (pid != 0x42)))
        {
            return false;
        }

        _arducam.set_format(_format);
        _arducam.InitCAM();
        _arducam.OV2640_set_JPEG_size(_
image_size);
        _arducam.OV2640_set_Light_
Mode(Auto);
        _arducam.OV2640_set_Special_
effects(Normal);
        delay(1000);

        return true;
    }

    void startCapture()
    {
        _arducam.flush_fifo();
        _arducam.clear_fifo_flag();
        _arducam.start_capture();
    }

    bool captureReady()
    {
        return _arducam.get_bit(ARDUCHIP_
TRIG, CAP_DONE_MASK);
    }

    bool readImageToBuffer(byte **buffer,
uint32_t &buffer_length)
    {
        if (!captureReady()) return false;

        // Get the image file length
        uint32_t length = _arducam.read_
fifo_length();
        buffer_length = length;

        if (length >= MAX_FIFO_SIZE)
        {
            return false;
        }
        if (length == 0)
        {
            return false;
        }
```

```
        // create the buffer
        byte *buf = new byte[length];

        uint8_t temp = 0, temp_last = 0;
        int i = 0;
        uint32_t buffer_pos = 0;
        bool is_header = false;

        _arducam.CS_LOW();
        _arducam.set_fifo_burst();

        while (length--)
        {
            temp_last = temp;
            temp = SPI.transfer(0x00);
            //Read JPEG data from FIFO
            if ((temp == 0xD9) && (temp_
last == 0xFF)) //If find the end ,break
while,
            {
                buf[buffer_pos] = temp;

                buffer_pos++;
                i++;

                _arducam.CS_HIGH();
            }
            if (is_header == true)
            {
                //Write image data to
buffer if not full
                if (i < 256)
                {
                    buf[buffer_pos] =
temp;
                    buffer_pos++;
                    i++;
                }
                else
                {
                    _arducam.CS_HIGH();

                    i = 0;
                    buf[buffer_pos] =
temp;

                    buffer_pos++;
                    i++;

                    _arducam.CS_LOW();
```

```
                        _arducam.set_fifo_                     _arducam.clear_fifo_flag();
burst();
                }                                              _arducam.set_format(_format);
            }                                                 _arducam.InitCAM();
            else if ((temp == 0xD8) &                             _arducam.OV2640_set_JPEG_size(_
(temp_last == 0xFF))                                      image_size);
            {
                is_header = true;                                 // return the buffer
                                                                  *buffer = buf;
                    buf[buffer_pos] = temp_                    }
last;
                buffer_pos++;                            private:
                i++;                                         ArduCAM _arducam;
                                                             int _format;
                buf[buffer_pos] = temp;                      int _image_size;
                buffer_pos++;                            };
                i++;
            }
        }
```

这一段是使用 ArduCam 库配置摄像头的底层代码，并在需要时使用 SPI 总线提取图像。这段代码非常特定是用于 ArduCam 的，所以你不必操心它是如何工作的。

（7）在 `main.cpp` 中，在其他 include 语句下面添加以下代码，以包括这个新文件并创建一个相机类的实例。

```
#include "camera.h"

Camera camera = Camera(JPEG, OV2640_640x480);
```

这两行代码将会创建一个相机，将图像保存为分辨率为 640×480 的 JPEG 格式。虽然可以支持更高的分辨率（高达 3280×2464），但因为图像分类器在更小的图像尺寸（227×227）上工作，所以没有必要捕获和发送更大的图像。

（8）在下面添加以下代码，定义一个函数来设置摄像机。

```
void setupCamera()
{
    pinMode(PIN_SPI_SS, OUTPUT);
    digitalWrite(PIN_SPI_SS, HIGH);

    Wire.begin();
    SPI.begin();

    if (!camera.init())
    {
        Serial.println("Error setting up the camera!");
    }
}
```

这个 `setupCamera` 函数首先将 SPI 芯片选择引脚（`PIN_SPI_SS`）配置为高电平，使 Wio Terminal 成为 SPI 控制器。然后，它启动 I²C 和 SPI 总线。最后，它初始化相机类，配置相机传感器的设置，并确保所有东西都能正确连接起来。

（9）在 `setup` 函数的结尾处调用此函数。

```
setupCamera();
```

（10）构建并上传这段代码，同时检查串行监视器的输出。如果你看到 `Error setting up the camera!`（设置相机错误！）的提示，那么请检查布线，以确保所有的电缆都连接到 ArduCam 正确的引脚和 Wio Terminal 正确的 GPIO 引脚上，并且所有的跳线都正确就位。

捕捉图像

现在可以对 Wio Terminal 进行编程，以便在按下一个按钮时捕捉图像。

任务：捕捉图像

（1）微控制器连续地运行你的代码，所以在不对传感器做出反应的情况下触发像拍照这样的事件并不容易。Wio Terminal 自带按钮，所以可以将相机设置为由其中一个按钮触发。在 `setup` 函数的末尾添加以下代码，以配置 C 按钮（顶部的三个按钮之一，最靠近电源开关的那个，见图 16-5）。

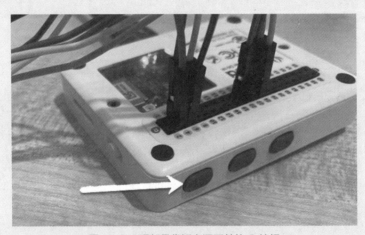

图 16-5　顶部最靠近电源开关的 C 按钮

```
pinMode(WIO_KEY_C, INPUT_PULLUP);
```

`INPUT_PULLUP` 的模式本质上是反转输入。例如，通常情况下，一个按钮在未按下时发出低电平信号，而在按下时发出高电平信号。当设置为 INPUT_PULLUP 时，它们在未按下时发送一个高电平信号，而在按下时发送一个低电平信号。

（2）在 `loop` 函数之前添加一个空函数来响应按钮的按下。

```
void buttonPressed()
{

}
```

（3）当按钮被按下时，在 `loop` 方法中调用这个函数。

```
void loop()
{
    if (digitalRead(WIO_KEY_C) == LOW)
    {
        buttonPressed();
        delay(2000);
    }

    delay(200);
}
```

这个键用于检查按钮是否被按下。如果它被按下，则 `buttonPressed` 函数就会被调用，并且循环会延迟 2 秒。这样是为了让按钮有时间被释放，以避免长时间的按压被登记两次。

Wio Terminal 上的按钮被设置为 `INPUT_PULLUP`，所以不按下时发送高电平信号，按下时发送低电平信号。

（4）在 `buttonPressed` 函数中添加以下代码。

```
camera.startCapture();

while (!camera.captureReady())
    delay(100);

Serial.println("Image captured");

byte *buffer;
uint32_t length;

if (camera.readImageToBuffer(&buffer, length))
{
    Serial.print("Image read to buffer with length ");
    Serial.println(length);

    delete(buffer);
}
```

这段代码通过调用 `startCapture` 开始了相机的捕获。当你请求数据时，相机硬件不会通过返回数据来工作，相反，它会发送一条开始拍摄的指令，相机会在后台工作以拍摄图像，将其转换为 JPEG 文件，并将其存储在相机本身的本地缓冲区中。`captureReady` 调用然后检查图像捕获是否已完成。

一旦捕获完成，图像数据就会通过 `readImageToBuffer` 调用从相机上的缓冲区复制到本地缓冲区(字节数组)。然后将缓冲区的长度发送到串行监视器上。

（5）构建并上传这段代码，并检查串行监视器上的输出。每次你按下 Wio Terminal 的 C 键时，就会捕捉到一个图像，你会看到发送到串行监视器的图像大小。

```
Connecting to Wi-Fi..
Connected!
Image captured
```

```
Image read to buffer with length 9224
Image captured
Image read to buffer with length 11272
```

不同的图像会有不同的文件大小。它们被压缩成 JPEG 文件，对于一个给定的分辨率，JPEG 文件的大小取决于图像中的内容。

你可以在 `code-camera/wio-terminal` 文件夹 🔗 **[L16-2]** 中找到这个代码。

😊恭喜，你已经成功地用你的 Wio Terminal 拍摄了图像！

使用 microSD 卡验证摄像头的图像

要查看摄像头拍摄的图像，最简单的方法是将它们写入 Wio Terminal 的 microSD 卡，然后在计算机上查看。如果你有一张备用的 microSD 卡，计算机也有 microSD 卡插口，或有一个适配器，就可以进行这一步骤。

⚠️ **注意**

Wio Terminal 只支持最大 16GB 的 microSD 卡。如果你有更大的 SD 卡，那么它将无法工作。

任务：使用 SD 卡验证拍摄图像

（1）使用计算机上的相关应用程序将 microSD 卡格式化为 FAT32 或 exFAT（macOS 的磁盘工具，Windows 的文件资源管理器，或使用 Linux 的命令行工具）格式。

（2）将 microSD 卡插入电源开关下方的卡槽中。请确保它完全插入，直到它发出咔嚓声并保持在原位，你可能需要用指甲或薄的工具来将其推入卡槽。

（3）在 `main.cpp` 文件的顶部添加以下 `include` 语句。

```
#include "SD/Seeed_SD.h"
#include <Seeed_FS.h>
```

（4）在 `setup` 函数前添加以下函数。

```
void setupSDCard()
{
    while (!SD.begin(SDCARD_SS_PIN, SDCARD_SPI))
    {
        Serial.println("SD Card Error");
    }
}
```

这样将使用 SPI 总线配置 microSD 卡。

（5）从 `setup` 函数中调用它。

```
setupSDCard();
```

（6）在 `buttonPressed` 函数的上方添加以下代码。

```
int fileNum = 1;

void saveToSDCard(byte *buffer, uint32_t length)
```

```
{
    char buff[16];
    sprintf(buff, "%d.jpg", fileNum);
    fileNum++;

    File outFile = SD.open(buff, FILE_WRITE );
    outFile.write(buffer, length);
    outFile.close();

    Serial.print("Image written to file ");
    Serial.println(buff);
}
```

这段代码定义了一个文件计数的全局变量,用于图像文件名,所以可以用递增的文件名捕获多个图像——1.jpg、2.jpg……然后定义接收字节数据缓冲区的 `saveToSDCard` 和缓冲区的长度。使用文件计数创建文件名,并递增文件计数以准备下一个文件。然后将缓冲区中的二进制数据写入文件。

（7）从 `buttonPressed` 函数中调用 `saveToSDCard` 函数。这个调用应该在缓冲区被删除之前。

```
Serial.print("Image read to buffer with length ");
Serial.println(length);

saveToSDCard(buffer, length);

delete(buffer);
```

（8）建立并上传这段代码,同时在串行监视器上检查输出。每当你按下 Wio Terminal 的 C 键时,就会有一张图片被捕获并保存到 microSD 卡上。

```
Connecting to Wi-Fi..
Connected!
Image captured
Image read to buffer with length 16392
Image written to file 1.jpg
Image captured
Image read to buffer with length 14344
Image written to file 2.jpg
```

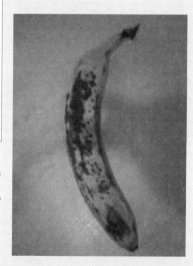

（9）关掉 Wio Terminal 的电源,将它轻轻推入,然后松开,microSD 卡就会弹出来。你可能需要使用一个薄的工具来完成。然后将 microSD 卡插入你的计算机,查看图像,拍摄的图像如图 16-6 所示。

🔖 相机的白平衡可能需要拍过几张图片后才能自行调整。你会注意到这一点,根据拍摄的图像的颜色,前几张图像可能看起来颜色不对。你可以通过更改代码来捕获一些在设置功能中被忽略的图像来解决这个问题。

图 16-6　使用 ArduCam 拍摄的香蕉图片

🔖 使用树莓派捕捉图像

在这一部分,你将在你的树莓派上添加一个相机传感器,并从中读取图像。

硬件

树莓派需要连接一个摄像头。

你将使用的相机是树莓派相机模块,如图 16-7 所示。这个相机是为树莓派设计的,通过树莓派上的一个专用连接器连接。

🔖 这个相机使用相机串行接口(Camera Serial Interface,CSI 🔗 [L16-3]),这是一个来自移动工业处理器接口联盟的协议,被称为 MIPI-CSI。这是一个专门用于发送图像的协议。

图 16-7　一个树莓派相机

连接相机

可以用一根带状电缆将相机连接到树莓派上。

任务:连接相机

(1)关闭树莓派的电源。

(2)将相机附带的带状电缆连接到相机上。要做到这一点,可以轻轻拉动支架上的黑色塑料夹子,使其伸出一点,然后将电缆滑入插座,蓝色的一面在镜头背面,金属针条的一面朝向镜头。一旦它全部进入,便将黑色塑料夹推回原位,如图 16-8 所示。你可以在树莓派连接相机模块入门文档 🔗 [L16-3] 中找到一个动画,显示如何打开夹子并插入电缆。

图 16-8　插入相机模块的带状电缆

(3)从树莓派上取下 Grove Base HAT。

(4)将带状电缆穿过 Grove Base HAT 中的摄像头插槽,如图 16-9 所示。确保电缆的蓝色面朝向标有 A0、A1 等的模拟端口。

(5)将带状电缆插入树莓派上的相机端口。再一次把黑色塑料夹子拉起来,插入电缆,然后把夹子推回去。电缆的蓝色一侧应该面向 USB 和以太网端口,如图 16-10 所示。

(6)重新装上 Grove Base HAT。

图 16-9　穿过 Grove Base HAT 的带状电缆

对相机进行编程

现在可以使用 PiCamera 的 Python 库 🔗 [L16-5] 对树莓派进行编程,以使用该相机。

图 16-10　连接到树莓派上的相机插座的带状电缆

任务：对相机进行编程

对设备进行编程。

（1）给树莓派上电，等待它启动。

（2）启动 VS Code，可以直接在树莓派上，也可以通过远程 SSH 扩展连接。

（3）默认情况下，树莓派上的摄像头插座是关闭的。你可以通过在终端运行以下命令将其打开。

```
sudo raspi-config
```

选择"interface options"，再依次选择"camera → finish"以启用摄像头，然后重启树莓派（sudo reboot）以使该设置生效。等待树莓派重新启动，然后重新启动 VS Code。

（4）在终端上，在 pi 用户的主目录下创建一个新的文件夹，名为 `fruit-quality-detector` 。在这个文件夹中创建一个名为 `app.py` 的文件。

（5）在 VS Code 中打开这个文件夹。

（6）为了与摄像机互动，你可以使用 `PiCamera Python` 库。用下面的命令来安装 Pip 包。

```
pip3 install picamera
```

（7）在你的 `app.py` 文件中添加以下代码。

```
import io
import time
from picamera import PiCamera
```

这段代码导入了一些需要的库，包括 PiCamera 库。

（8）在这下面添加以下代码来初始化相机。

```
camera = PiCamera()
camera.resolution = (640, 480)
camera.rotation = 0

time.sleep(2)
```

这段代码创建了一个 PiCamera 对象，设置分辨率为 640×480。尽管支持更高的分辨率（高达 3280×2464），但图像分类器在更小的图像（227×227）上工作，所以没有必要捕获和发送更大的图像。

`camera.rotation = 0` 一行可以设置图像的旋转角度。带状电缆从底部进入相机，但是如果为了使它更容易指向你要分类的物品而被旋转，那么你可以将这一行改为旋转的度数。

例如，如果你把带状电缆悬挂在某个东西上，如图 16-11 所示，使电缆处于摄像机的顶部，那么就把旋转设置为 180。

```
camera.rotation = 180
```

图 16-11　把带状电缆挂在可乐上

摄像机需要几秒钟的时间来启动，因此需要添加语句 `time.sleep(2)`。

（9）继续添加下面的代码，将图像捕获为二进制数据。

```
image = io.BytesIO()
camera.capture(image, 'jpeg')
image.seek(0)
```

这段代码创建了一个 BytesIO 对象来存储二进制数据。图像以 JPEG 文件的形式从相机中读取并存储在此对象中。这个对象有一个位置指示器，可以知道它在数据中的位置，以便在需要时可以将更多的数据写到最后，所以 `image.seek(0)` 行将这个位置移回起点，以便以后可以读取所有数据。

（10）继续添加以下内容，将图像保存到一个文件中。

```
with open('image.jpg', 'wb') as image_file:
    image_file.write(image.read())
```

这段代码打开了一个名为 `image.jpg` 的文件进行写入，然后从 `BytesIO` 对象中读取所有数据并写入文件。

> 📓 你可以通过将文件名传递给 `camera.capture` 调用，直接将图像捕获到文件中，而不是 `BytesIO` 对象。使用 `BytesIO` 对象的原因是，在本课的后面，你可以将图像发送到你的图像分类器。

（11）将相机对准某个东西，然后运行这段代码。

（12）一张图像将被捕获并保存为当前文件夹中的 `image.jpg`。你会在 VS Code 资源管理器中看到这个文件。选择该文件以查看图像。如果它需要旋转，请根据需要更新 `camera.rotation = 0` 一行代码，然后再拍摄一张图像。

你可以在 `code-camera/pi` 文件夹 🔗 **[L16-6]** 中找到这个代码。

> 😃恭喜，你的相机程序拍摄成功了！

ⓒ 使用虚拟物联网硬件捕捉图像

在这一部分，你将在你的虚拟物联网设备上添加一个摄像头传感器，并从中读取图像。

硬件

虚拟物联网设备将使用一个模拟的摄像头，它可以从文件中发送图像，也可以从你的网络摄像头发送图像。

将摄像头添加到 CounterFit 中

要使用虚拟摄像头，你需要在 CounterFit App 中添加一个摄像头。

任务：将摄像头添加到 CounterFit 中

将摄像头添加到 CounterFit 应用程序中。

（1）在你的计算机上创建一个新的 Python 应用程序，将文件夹命名为 `fruit-quality-detector`，会有一个名为 `app.py` 的文件和一个 Python 虚拟环境，并添加 CounterFit Pip 软件包。

> ⚠️ **注意**
>
> 如果需要，你可以参考第 1 课中关于创建和设置 CounterFit Python 项目的说明。

（2）安装一个额外的 Pip 包，以安装一个 CounterFit shim，它可以通过模拟 Picamera Pip 包中的一些内容与 Camera 传感器进行对话。确保你是在激活了虚拟环境的终端上安装此软件。

```
pip install counterfit-shims-picamera
```

（3）确保 CounterFit web app 正在运行。

（4）创建一个摄像头。

①在"Sensors"（传感器）窗格中的"Create sensor"（创建传感器）框中，下拉"Sensor Typy"（传感器类型）框并选择"Camera"（相机）。

②将"Name"（名称）设为"Picamera"。

③单击"Add"（添加）按钮来创建摄像机，如图 16-12 所示。

摄像机将被创建并出现在传感器列表中，如图 16-13 所示。

图 16-12　虚拟摄像机的设置

对摄像机进行编程

现在可以对虚拟物联网设备进行编程以使用虚拟摄像机。

任务：对摄像机进行编程

对设备进行编程。

（1）确保在 VS Code 中打开 `fruit-quality-detector` 的应用。

（2）打开 `app.py` 文件。

（3）在 `app.py` 的顶部添加以下代码，将应用程序连接到 CounterFit。

图 16-13　创建成功的虚拟摄像机

```
from counterfit_connection import CounterFitConnection
CounterFitConnection.init('127.0.0.1', 5000)
```

（4）在你的 `app.py` 文件中添加以下代码。

```
import io
from counterfit_shims_picamera import PiCamera
```

这段代码导入了一些需要的库，包括来自 `counterfit_shims_picamera` 库的 `PiCamera` 类。

（5）在这下面添加以下代码来初始化相机。

```
camera = PiCamera()
camera.resolution = (640, 480)
camera.rotation = 0
```

这段代码创建了一个 PiCamera 对象，设置分辨率为 640×480。虽然支持更高的分辨率，但图像分类器在更小的图像（227×227）上工作，所以没有必要捕获和发送更大的图像。

`camera.rotation = 0` 行可以设置图像的旋转度。如果你需要旋转来自网络摄像头或文件的图像，请适当地设置。例如，如果你想把网络摄像头上香蕉的图像在横向模式下改为纵向模式，可以设置 `camera.rotation = 90`。

（6）继续添加下面的代码，将图像捕获为二进制数据。

```
image = io.BytesIO()
camera.capture(image, 'jpeg')
image.seek(0)
```

这段代码创建了一个 BytesIO 对象来存储二进制数据。图像以 JPEG 文件的形式从相机中读取并存储在此对象中。这个对象有一个位置指示器，可以知道它在数据中的位置，以便在需要时可以将更多的数据写到最后，所以 `image.seek(0)` 行将这个位置移回起点，以便以后可以读取所有数据。

（7）继续添加以下内容，将图像保存到一个文件中。

```
with open('image.jpg', 'wb') as image_file:
    image_file.write(image.read())
```

这段代码打开了一个名为 `image.jpg` 的文件进行写入，然后从 `BytesIO` 对象中读取所有数据并写入文件。

> 你可以通过将文件名传递给 `camera.capture` 调用，直接将图像捕获到文件中，而不是 `BytesIO` 对象。使用 `BytesIO` 对象的原因是，在本课的后面，你可以将图像发送到你的图像分类器。

（8）配置 CounterFit 中的相机将捕获的图像。你可以把源设置为文件，然后上传一个图像文件，或者把源设置为网络摄像头，图像将从你的网络摄像头捕获，如图 16-14 所示。请确保你在选择图片或你的网络摄像头后单击"Set"（设置）按钮。

（9）一张图片将被捕获并保存为 image.jpg，放在当前文件夹中。你将在 VS Code 资源管理器中看到这个文件。选择该文件以查看图像。如果它需要旋转，则可以根据需要更新 `camera.rotation = 0` 行，然后再拍一张照片。

图 16-14　CounterFit 在左图将文件设置为图像源，右图则使用网络摄像头作为图像源，设置为一个拿着香蕉的人的画面

你可以在 `code-camera/virtual-iot-device` 文件夹 🔗 [L16-7] 中找到这个代码。

> ☺ 恭喜，你的虚拟相机程序成功了！

16.3　发布你的图像分类器

你在上一课中训练了图像分类器。在可以从物联网设备上使用它之前，你需要先发布这个模型。

16.3.1　模型迭代

当你的模型在上一课中进行训练时，你可能会注意到性能选项卡在侧面显示了"Iteration"（迭代次数）。当你第一次训练模型时，你会在训练中看到迭代数是 1。当你使用预测图像改进模型时，你会在训练中看到迭代数变成了 2。

每次你训练模型时，你都会得到一个新的迭代。这是一种跟踪你在不同数据集上训练不同版本模型的方法。当你做快速测试时，有一个下拉菜单，你可以用它来选择不同的迭代版本，所以你可以在多个迭代版本中比较结果。

当你对一个迭代满意时，你可以发布它，使其可以被外部应用程序使用。这样，你可以有一个被你的设备使用的发布版本，然后在多个迭代中改进出一个新的版本，一旦你对它满意，就发布它。

16.3.2　任务：发布一个迭代

迭代是通过自定义视觉的门户站点发布的。

（1）在 🔗 `CustomVision.ai` 上启动定义视觉的门户站点，如果你还没有打开它，请先登录。然后打开你的 `fruit-quality-detector` 项目。

（2）从顶部的选项中选择"Performance"（性能）标签。

（3）从侧面的"Iterations"（迭代）列表中选择最新的迭代。

（4）单击迭代界面上的"Publish"（发布）按钮，位置如图 16-15 所示。

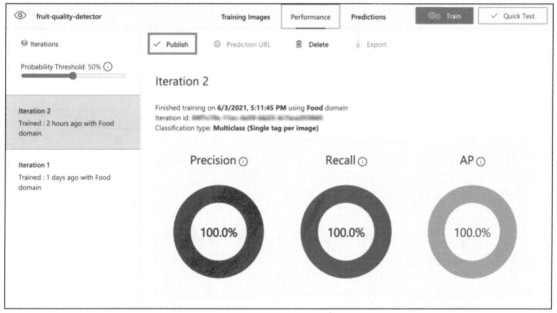

图 16-15　迭代界面上"Publish"（发布）按钮所在的位置

（5）在"Publish Model"（发布模型）对话框中，将预测资源设置为你在上一课创建的 `fruit-quality-detector-prediction` 资源。将名称保留为 `Iteration2`，并单击"Publish"按钮。

（6）一旦发布，选择"Prediction API"（预测的 URL）按钮。这样将显示预测 API 的细节，你将需要这些 API 从你的物联网设备上调用模型。如果你有一个图像文件，那么将下面 URL 中的标签按你的实际情况替换即可。复制显示的 URL，如下所示。

```
https://<location>.api.cognitive.microsoft.com/customvision/v3.0/Prediction/<id>/classify/
iterations/Iteration2/image
```

其中，`<location>` 将是你在创建自定义视觉资源时使用的位置，而 `<id>` 将是一个由字母和数字组成的长 ID。

另外还要复制一个 Prediction-Key 值。这是一个安全密钥，当你调用模型时，你必须传递这个密钥。只有通过这个密钥的应用程序才被允许使用该模型，其他任何应用程序都会被拒绝，如图 16-16 所示。

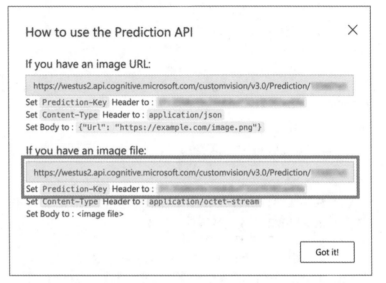

做点研究

当一个新的迭代被发布时，它将有一个不同的名字。你认为你会如何改变一个物联网设备正在使用的迭代？

图 16-16　显示 URL 和密钥的预测 API 对话框

16.4　对来自你的物联网设备的图像进行分类

你现在可以使用这些连接细节，从你的物联网设备中调用图像分类器。

任务：对来自你的物联网设备的图像进行分类

通过相关指南，使用你的物联网设备对图像进行分类。
- 使用 Wio Terminal 对图像进行分类。
- 使用树莓派或虚拟物联网硬件对图像进行分类。

连接设备：用你的物联网设备对图像进行分类

使用 Wio Terminal 对图像进行分类

在这一部分，你将把摄像机拍摄的图像发送到自定义视觉服务中，对其进行分类。

对图像进行分类

自定义视觉服务有一个 REST API，你可以从 Wio Terminal 进行调用，对图像进行分类。这个 REST API 是通过 HTTPS 连接访问的，这是一个安全的 HTTP 连接。

当与 HTTPS 端点互动时，客户端代码需要从被访问的服务器上请求公钥证书，并使用该证书来加密它所发送的流量。你的网络浏览器会自动这样做，但微控制器不会。你将需要手动请求这个证书，并使用它来创建一个与 REST API 的安全连接。这些证书不会改变，所以一旦你有了证书，就可以在你的应用程序中进行硬编码。

这些证书包含公共密钥，不需要保持安全。你可以在你的源代码中使用它们，并在 GitHub 等地方公开分享它们。

任务：设置一个 SSL 客户端

（1）打开 `fruit-quality-detector` App 项目，如果它还没有打开的话。

（2）打开 `config.h` 头文件，并添加以下内容。

```
const char *CERTIFICATE =
    "-----BEGIN CERTIFICATE-----\r\n"
    "MIIF8zCCBNugAwIBAgIQAueRcfuAIek/4tmDg0xQwDANBgkqhkiG9w0BAQwFADBh\r\n"
    "MQswCQYDVQQGEwJVUzEVMBMGA1UEChMMRGlnaUNlcnQgSW5jMRkwFwYDVQQLExB3\r\n"
    "d3cuZGlnaWNlcnQuY29tMSAwHgYDVQQDExdEaWdpQ2VydCBHbG9iYWwgUm9vdCBH\r\n"
    "MjAeFw0yMDA3MjkxMjMwMDBaFw0yNDA2MjcyMzU5NTlaMFkxCzAJBgNVBAYTAlVT\r\n"
    "MR4wHAYDVQQKExVNaWNyb3NvZnQgQ29ycG9yYXRpb24xKjAoBgNVBAMTIU1pY3Jv\r\n"
    "c29mdCBBenVyZSBUFMgSXNzdWluZyBDQSAwNjCCAiIwDQYJKoZIhvcNAQEBBQAD\r\n"
    "ggIPADCCAgoCggIBALVGARl56bx3KBUSGuPc4H5uoNFkFH4e7pvTCxRi4j/+z+Xb\r\n"
    "wjEz+5CipDOqjx9/jWjskL5dk7PaQkzItidsAAnDCW1leZBOIi68Lff1bjTeZgMY\r\n"
    "iwdRd3Y39b/lcGpiuP2d23W95YHkMMT8IlWosYIX0f4kYb62rphyfnAjYb/4Od99\r\n"
    "ThnhlAxGtfvSbXcBVIKCYfZgqRvV+5lReUnd1aNjRYVzPOoifgSx2fRyy1+pO1Uz\r\n"
    "aMMNnIOE71bVYW0A1hr19w7kOb0KkJXoALTDDj1ukUEDqQuBfBxReL5mXiu1O7WG\r\n"
    "0vltg0VZ/SZzctBsdBlx1BkmWYBW261KZgBivrql5ELTKKd8qgtHcLQA5f16JB0Q\r\n"
    "gs5XDaWehN86Gps5JW8ArjGtjcWAIP+X8CQaWfaCnuRm6Bk/03PQWhgdi84qwA0s\r\n"
    "sRfFJwHUPTNSnE8EiGVk2frt0u8PG1pwSQsFuNJfcYIHEv1vOzP7uEOuDydsmCjh\r\n"
    "lxuoK2n5/2aVR3BMTu+p4+gl8alXoBycyLmj3J/PUgqD8SL5fTCUegGsdia/Sa60\r\n"
    "N2oV7vQ17wjMN+LXa2rjj/b4ZlZgXVojDmAjDwIRdDUujQu0RVsJqFLMzSIHpp2C\r\n"
    "Zp7mIoLrySay2YYBu7SiNwL95X6He2kS8eefBBHjzwW/9FxGqry57i71c2cDAgMB\r\n"
    "AAGjggGtMIIBqTAdBgNVHQ4EFgQU1cFnOsKjnfR3UltZEjgp5lVou6UwHwYDVR0j\r\n"
    "BBgwFoAUTiJUIBiV5uNu5g/6+rkS7QYXjzkwDgYDVR0PAQH/BAQDAgGGMB0GA1Ud\r\n"
    "JQQWMBQGCCsGAQUFBwMBBggrBgEFBQcDAjASBgNVHRMBAf8ECDAGAQH/AgEAMHYG\r\n"
    "CCsGAQUFBwEBBGowaDAkBggrBgEFBQcwAYYYaHR0cDovL29jc3AuZGlnaWNlcnQu\r\n"
    "Y29tMEAGCCsGAQUFBzAChjRodHRwOi8vY2FjZXJ0cy5kaWdpY2VydC5jb20vRGln\r\n"
    "aUNlcnRHbG9iYWxSb290RzIuY3J0MHsGA1UdHwR0MHIwN6A1oDOGMWh0dHA6Ly9j\r\n"
    "cmwzLmRpZ2ljZXJ0LmNvbS9EaWdpQ2VydEdsb2JhbFJvb3RHMi5jcmwwN6A1oDOG\r\n"
    "MWh0dHA6Ly9jcmw0LmRpZ2ljZXJ0LmNvbS9EaWdpQ2VydEdsb2JhbFJvb3RHMi5j\r\n"
    "cmwwHQYDVR0gBBYwFDAIBgZngQwBAgEwCAYGZ4EMAQICMBAGCSsGAQQBgjcVAQQD\r\n"
    "AgEAMA0GCSqGSIb3DQEBDAUAA4IBAQB2oWc93fB8esci/8esixj++N22meiGDjgF\r\n"
    "+rA2LUK5IOQOgcUSTGKSqF9lYfAxPjrqPjDCUPHCURv+26ad5P/BYtXtbmtxJWu+\r\n"
    "cS5BhMDPPeG3oPZwXRHBJFAkY4O4AF7RIAAUW6EzDflUoDHKv83zOiPfYGcpHc9s\r\n"
    "kxAInCedk7QSgXvMARjjOqdakor21DTmNIUotxo8kHv5hwRlGhBJwps6fEVi1Bt0\r\n"
    "trpM/3wYxlr473WSPUFZPgP1j519kLpWOJ8z09wxay+Br29irPcBYv0GMXlHqThy\r\n"
    "8y4m/HyTQeI2IMvMrQnwqPpY+rLIXyviI2vLoI+4xKE4Rn38ZZ8m\r\n"
    "-----END CERTIFICATE-----\r\n";
```

这是微软 Azure DigiCert Global Root G2 证书 —— 它是全球许多 Azure 服务使用的证书之一。

🖳 要查看这个要使用的证书，可以在 macOS 或 Linux 上运行以下命令。如果你使用的是 Windows，你可以使用适用于 Linux 的 Windows 子系统（WSL）文档 🔗 **[L16-8]** 来运行这个命令。

```
openssl s_client -showcerts -verify 5 -connect api.cognitive.microsoft.com:443
```

输出将列出 DigiCert 全球根 G2 证书。

（3）打开 `main.cpp` 并添加以下 include 指令。

```
#include <Wi-FiClientSecure.h>
```

（4）在 include 指令下面，声明一个 **Wi-FiClientSecure** 的实例。

```
Wi-FiClientSecure client;
```

这个类包含通过 HTTPS 与网络终端通信的代码。

（5）在 **connectWi-Fi** 方法中，将 Wi-FiClientSecure 设置为使用 DigiCert Global Root G2 证书。

```
client.setCACert(CERTIFICATE);
```

任务：对图像进行分类

（1）在 **platformio.ini** 文件的 **lib_deps** 列表中添加以下内容作为附加行。

```
bblanchon/ArduinoJson @ 6.17.3
```

这行代码导入了 ArduinoJson，一个 Arduino JSON 库，并将用于解码来自 REST API 的 JSON 响应。

（2）在 **config.h** 中，添加来自自定义视觉服务的预测 URL 和 Key 的常量。

```
const char *PREDICTION_URL = "<PREDICTION_URL>";
const char *PREDICTION_KEY = "<PREDICTION_KEY>";
```

将 **<PREDICTION_URL>** 替换为自定义视觉的预测 URL。用预测密钥替换 **<PREDICTION_KEY>**。

（3）在 **main.cpp** 中，为 ArduinoJson 库添加一个包含指令。

```
#include <ArduinoJSON.h>
```

（4）在 **main.cpp** 中，**buttonPressed** 函数的上方添加以下函数。

```
void classifyImage(byte *buffer, uint32_t length)
{
    HTTPClient httpClient;
    httpClient.begin(client, PREDICTION_URL);
    httpClient.addHeader("Content-Type", "application/octet-stream");
    httpClient.addHeader("Prediction-Key", PREDICTION_KEY);

    int httpResponseCode = httpClient.POST(buffer, length);

    if (httpResponseCode == 200)
    {
        String result = httpClient.getString();

        DynamicJsonDocument doc(1024);
        deserializeJson(doc, result.c_str());

        JsonObject obj = doc.as<JsonObject>();
        JsonArray predictions = obj["predictions"].as<JsonArray>();

        for(JsonVariant prediction : predictions)
        {
```

```
                    String tag = prediction["tagName"].as<String>();
                    float probability = prediction["probability"].as<float>();

                    char buff[32];
                    sprintf(buff, "%s:\t%.2f%%", tag.c_str(), probability * 100.0);
                    Serial.println(buff);
                }
            }

            httpClient.end();
        }
```

这段代码首先声明了一个 `HTTPClient` ── 一个包含与 REST API 交互的方法的类。然后，它使用用 Azure 公钥设置的 `Wi-FiClientSecure` 实例，将客户端连接到预测的 URL。

一旦连接，它就会发送头信息──关于即将针对 REST API 提出请求的信息。`Content-Type` 头表示 API 调用将发送原始二进制数据，`Prediction-Key` 头传递自定义视觉的预测密钥。

接下来，向 HTTP 客户端发出一个 POST 请求，上传一个字节数组。这将包含当此函数被调用时从相机捕获的 JPEG 图像。

> POST 请求是为了发送数据，并得到一个响应。还有其他请求类型，如 GET 请求用于检索数据。GET 请求是你的网络浏览器用来加载网页的。

POST 请求返回一个响应状态代码。这些是明确定义的值，200 表示 OK，即 POST 请求成功。

> 你可以在百度百科上的 HTTP 状态代码页面 🔗 **[L16-9]** 中看到所有的响应状态代码。

如果返回的是 200，则从 HTTP 客户端读取结果。这是一个来自 REST API 的文本响应，预测的结果是一个 JSON 文档。JSON 的格式如下。

```
{
    "id":"45d614d3-7d6f-47e9-8fa2-04f237366a16",
    "project":"135607e5-efac-4855-8afb-c93af3380531",
    "iteration":"04f1c1fa-11ec-4e59-bb23-4c7aca353665",
    "created":"2021-06-10T17:58:58.959Z",
    "predictions":[
        {
            "probability":0.5582016,
            "tagId":"05a432ea-9718-4098-b14f-5f0688149d64",
            "tagName":"ripe"
        },
        {
            "probability":0.44179836,
            "tagId":"bb091037-16e5-418e-a9ea-31c6a2920f17",
            "tagName":"unripe"
        }
    ]
}
```

这里的重要部分是 predictions 数组。它包含预测，每个标签有一个条目，包含标签名称和概率。返回的概率是介于 0 和 1 之间的浮点数，0 代表与标签匹配的概率为 0%，1 代表 100%。

⊠ 图像分类器将返回所有已使用的标签的百分比。每个标签都会有一个图像与该标签匹配的概率。

这个 JSON 被解码，每个标签的概率被发送到串行监视器上。

（5）在 `buttonPressed` 函数中，要么用对 classifyImage 的调用替换保存到 SD 卡的代码，要么在图像写入后但在缓冲区被删除前添加它。

```
classifyImage(buffer, length);
```

⊠ 如果你替换了保存到 SD 卡的代码，你可以清理你的代码，删除 `setupSDCard` 和 `saveToSDCard` 函数。

（6）上传并运行你的代码。将相机对准一些水果，然后按 Wio Terminal 上的 C 键。你将在串行监视器中看到输出。

```
Connecting to Wi-Fi..
Connected!
Image captured
Image read to buffer with length 8200
ripe:   56.84%
unripe: 43.16%
```

中文大意如下：

```
连接到 Wi-Fi...
已连接！
捕获图像
读取图像到长度为 8200 的缓冲区
成熟：56.84%
未成熟的：43.16%
```

你将能够看到所拍摄的图像，以及在自定义视觉预测标签中的这些数值，如图 16-17 所示。

你可以在 `code-classify/wio-terminal` 文件夹🔗 [L16-10] 中找到这个代码。

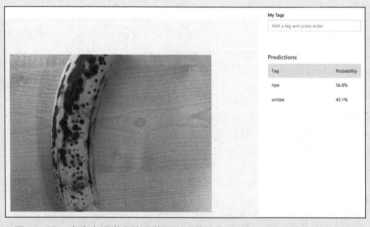

图 16-17   自定义视觉中的香蕉预测成熟度为 56.8%，未成熟度为 43.1%

😄 看得出，你的水果质量分类器程序很成功！

🛠️ Ⓖ 使用树莓派或虚拟物联网硬件对图像进行分类

在这一部分，你将把相机拍摄的图像发送到自定义视觉服务，对其进行分类。

发送图像到自定义视觉

自定义视觉服务有一个 Python SDK，可以用于对图像进行分类。

任务：发送图像到自定义视觉

（1）在 VS Code 中打开 fruit-quality-detector 文件夹。如果你使用的是虚拟物联网设备，请确保虚拟环境在终端运行。

（2）将图像发送到自定义视觉的 Python SDK 以 Pip 包的形式提供。用以下命令安装它。

```
pip3 install azure-cognitiveservices-vision-customvision
```

（3）在 app.py 文件的顶部添加以下导入语句。

```
from msrest.authentication import ApiKeyCredentials
from azure.cognitiveservices.vision.customvision.prediction import CustomVisionPredictionClient
```

这两行代码就从自定义视觉库中引入了一些模块：一个用于验证预测密钥；另一个用于提供一个可以调用自定义视觉的预测客户端类。

（4）将以下代码添加到文件的末尾。

```
prediction_url = '<prediction_url>'
prediction_key = '<prediction key>'
```

将 `<prediction_url>` 替换为你在本课前面的预测 URL 对话框中复制的 URL。将 `<prediction key>` 替换为你从同一对话框中复制的预测密钥。

（5）预测 URL 对话框提供的预测 URL 是为了在直接调用 REST 端点时使用的。Python SDK 在不同的地方使用部分 URL。添加下面的代码，把这个 URL 分解成需要的部分。

```
parts = prediction_url.split('/')
endpoint = 'https://' + parts[2]
project_id = parts[6]
iteration_name = parts[9]
```

这样就分割了 URL，提取了 `https://<location>.api.cognitive.microsoft.com` 的端点、项目 ID 和发布的迭代名称。

（6）创建一个预测器对象，用以下代码执行预测。

```
prediction_credentials = ApiKeyCredentials(in_headers={"Prediction-key": prediction_key})
predictor = CustomVisionPredictionClient(endpoint, prediction_credentials)
```

`prediction_credentials` 包裹着预测密钥。然后这些被用于创建一个指向端点的预测客户端对象。

（7）使用以下代码将图像发送到自定义视觉。

```
image.seek(0)
results = predictor.classify_image(project_id, iteration_name, image)
```

这样就把图像倒回起点，然后把它发送到预测客户端。

（8）最后，用下面的代码显示结果。

```
for prediction in results.predictions:
    print(f'{prediction.tag_name}:\t{prediction.probability * 100:.2f}%')
```

这样将循环浏览所有被返回的预测，并在终端上显示它们。返回的概率是 0 ~ 1 的浮点数，0 代表与标签匹配的概率为 0%，1 代表与标签匹配的概率为 100%。

> 图像分类器将返回所有已使用标签的百分比。每个标签都会有一个图像与该标签匹配的概率。

（9）运行你的代码，将你的相机对准一些水果，或一个适当的图像集，如果使用虚拟物联网硬件，则在你的网络摄像头上可以看到水果。你会在控制台中看到输出。

```
(.venv) ➜  fruit-quality-detector python app.py
ripe:    56.84%
unripe:  43.16%
```

你将能在自定义视觉中的预测选项卡中看到所拍摄的图像，以及这些数值，如图 16-18 所示。

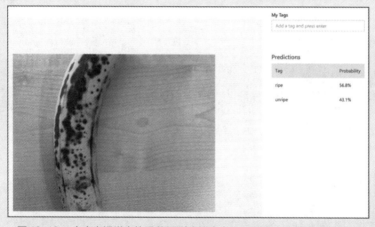

图 16-18　自定义视觉中的香蕉预测成熟度为 56.8%，未成熟度为 43.1%

你可以在 code-classify/pi 🔗 [L16-11] 或 code-classify/virtual-iot-device 文件夹 🔗 [L16-12] 中找到这个代码。

> 😄 现在，你的水果质量分类器程序很成功！

16.5 改进模型

你可能会发现，在使用连接到你物联网设备的相机时，你得到的结果与你的预期不一致。预测结果并不总是像使用从你的计算机上传的图像那样准确。这是因为模型是在与用于预测的不同数据上训练的。

为了获得图像分类器的最佳结果，你想用与预测用的图像尽可能相似的图像来训练模型。例如，如果你用你的手机摄像头捕捉图像进行训练，那么图像质量、清晰度和颜色都会与连接到物联网设备的摄像头不同。

如图 16-19 所示，左边的香蕉照片是用树莓派相机拍摄的，右边的照片是用 iPhone 在同一地点拍摄相同的香蕉。在质量上有明显的区别——iPhone 的照片更清晰，颜色更鲜艳，对比度更高。

为了改进模型，你可以使用从物联网设备捕获的图像重新训练它。

图 16-19　两张香蕉图片，左边一张是物联网设备拍摄的光线不佳的低分辨率图片，右边一张是 iPhone 拍摄的光线良好的高分辨率图片

做点研究

还有什么可能导致你的物联网设备捕获的图像做出了不正确的预测？思考一下物联网设备可能使用的环境，哪些因素会影响到正在拍摄的图像？

任务：改进模型

（1）使用你的物联网设备对成熟和未成熟水果的多个图像进行分类。

（2）在自定义视觉门户中，使用 "Predictions"（预测）标签上的图像重新训练模型。

⚠ 注意

如果需要的话，你可以参考本课中关于模型迭代的说明。

（3）如果你现在设备拍摄的图像看起来与用于训练的原始图像非常不同，那么你可以在训练图像选项卡中选择这些图像并单击删除按钮来删除所有原始图像。要选择某个图像，就将你的光标移到它上面，会出现一个小勾，选择这个勾就可以选择或取消选择该图像。

（4）训练一个新的模型迭代，并使用上述步骤发布它。

（5）更新你代码中的端点 URL，并重新运行应用程序。

（6）重复这些步骤，直到你对预测的结果感到满意为止。

课后练习

🚀 挑战

图像分辨率或照明对预测有多大影响？

试着改变设备代码中图像的分辨率，看看是否对图像的质量有影响。还可以尝试改变照明。

如果你要创建一个生产设备卖给农场或工厂，你将如何确保它一直给出一致的结果？

📖 复习和自学

你使用自定义视觉门户网站训练了你的自定义视觉模型。这有赖于有可用的图像——而在现实世界中，你可能无法获得与你的设备上的相机捕捉到的内容相匹配的训练数据。此时你可以通过使用训练 API 直接从你的设备进行训练来解决这个问题，使用从你的物联网设备捕获的图像来训练一个模型。

请阅读"快速入门：使用自定义视觉客户端库或 REST API 创建图像分类项目" 🔗 [L16-13] 文档。

📝 作业

对分类结果做出回应。

课后测验

（1）自定义视觉的一个发布版本叫做（　　）。

A. 迭代（Iteration）

B. 实例（Instance）

C. 蜥蜴

（2）在给图片做分类的时候，可以用它们重新训练模型。这个说法（　　）。

A. 正确

B. 错误

（3）不需要使用 IoT 设备采集的图像数据来训练模型，因为它的摄像头有和手机摄像头相同的质量。这个说法（　　）。

A. 正确

B. 错误

说明

你的设备已经对图像进行了分类，并拥有预测的数值。你的设备可以利用这些信息做一些事情——它可以把这些信息发送到 IoT Hub，供其他系统处理，或者它可以控制一个执行器，如当检测到水果未成熟时，LED 会亮起。

在你的设备上添加代码，以你选择的方式实现反馈效果，或者将数据发送到 IoT Hub，控制一个执行器，或者将两者结合起来，用一些 Serverless 代码将数据发送到 IoT Hub，以确定水果是否成熟，并发回一个命令来控制执行器。

评分标准

标准	优秀	合格	需要改进
响应预测	能够实现对预测的响应，并在预测值相同的情况下持续工作	能够实现不依赖预测的响应，如只是发送原始数据到 IoT Hub	无法对设备进行编程以响应预测

第 17 课
在边缘设备上运行你的水果检测器

课前准备

简介

在课程开始之前先观看视频，了解在物联网设备上运行图像分类器的情况（见图 17-1），本课将介绍这项服务。

在上一课中，你用你的图像分类器对成熟和未成熟的水果进行了分类，将你物联网设备上摄像头拍摄的图像通过互联网发送到了云服务。这些调用需要时间，花费金钱，而且根据你使用的图像数据的种类，可能会存在隐私问题。

在本课中，你将了解到如何在边缘运行机器学习（ML）模型，即在你自己的网络上运行的物联网设备上，而不是在云端。你将了解边缘计算与云计算的优势和缺点，如何将你的人工智能模型部署到边缘，以及如何从你的物联网设备上访问它。

在本课中，我们的学习内容将涵盖：

17.1 边缘计算
17.2 Azure IoT Edge
17.3 注册一个物联网边缘设备
17.4 设置一个物联网边缘设备
17.5 输出你的模型
17.6 准备好你的容器进行部署
17.7 部署你的容器
17.8 使用你的物联网边缘设备

图 17-1 Azure IoT Edge 上的自定义视觉 AI 📹 [L17-1]

课前测验

（1）边缘计算可以比云计算更安全。这个说法（　　）。
　A. 正确
　B. 错误

（2）在边缘节点运行的机器学习模型没有在云端运行的机器学习模型准确。这个说法（　　）。
　A. 正确
　B. 错误

（3）边缘节点需要一直连着互联网。这个说法（　　）。
　A. 正确
　B. 错误

17.1 边缘计算

边缘计算涉及拥有处理物联网数据的计算机，尽可能地靠近数据产生的地方。与其在云中进行处理，不如将其转移到云的边缘——你的内部网络中进行处理。

在迄今为止的课程中，你已经让设备收集数据并将数据发送到云端进行分析，在云端运行 Serverless 功能或 AI 模型，如图 17-2 所示。

边缘计算涉及将一些云服务移出云端，移到与物联网设备在同一网络中运行的计算机上，只在需要时与云通信，如图 17-3 所示。例如，你可以在边缘设备上运行 AI 模型来分析水果的成熟度，并且只将分析结果发回云端，如成熟的水果与未成熟的水果的数量。

📓 **做点研究**

思考一下你到目前为止所建立的物联网应用，它们的哪些部分可以转移到边缘？

17.1.1 优势

边缘计算的优点如下。

● **速度：** 边缘计算是时间敏感数据的理想选择，因为行动是在与设备相同的网络上完成的，而不是在互联网上进行呼叫。这样可以实现更高的速度，因为内部网络的运行速度比互联网连接要快得多，数据的传输距离也短得多。

📖 尽管互联网连接使用的是光缆，允许数据以光速传输，但数据在全球范围内传输到云供应商那里仍然需要时间。例如，如果你从欧洲向美国的云服务发送数据，那么数据在光缆中穿越大西洋至少需要28毫秒，这还不包括将数据送到跨大西洋的光缆，从电信号转换为光信号，再从另一边转换回来，然后从光缆到云供应商的时间。

边缘计算对网络流量的需求更小，减小了你的数据因互联网连接的有限带宽拥堵而变慢的风险。

● **远程可访问性：** 当你的连接有限或没有连接，或者连接太贵而无法持续使用时，边缘计算就能发挥作用。例如，当你在基础设施有限的人道主义灾难地区工作时，或者在发展中国家时。

● **低成本：** 在边缘设备上执行

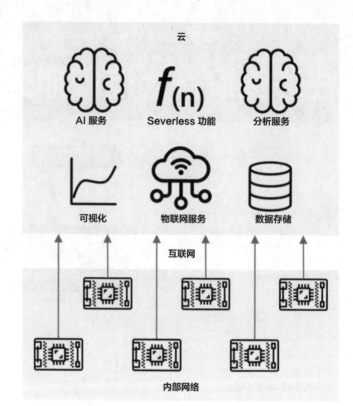

图 17-2　显示云中的互联网服务和本地网络上的物联网设备的架构图

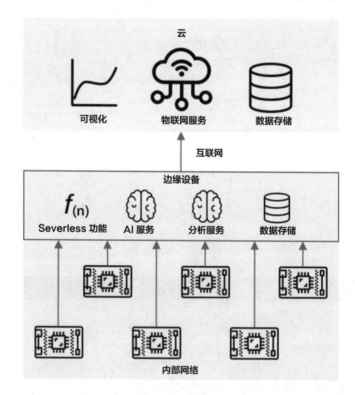

图 17-3　架构图（显示本地网络上的物联网设备连接到边缘设备，而这些边缘设备连接到云端）

数据收集、存储、分析和触发行动，可以减少对云服务的使用，从而降低你物联网应用的整体成本。最近，为边缘计算设计的设备不断增加，如英伟达的 Jetson Nano 等 AI 加速器板，它可以在成本低于 100 美元的设备上使用基于 GPU 的硬件运行 AI 工作负载。

- **隐私和安全：**通过边缘计算，数据停留在你的网络上，而不是上传到云端。这通常是敏感和个人身份信息的首选，特别是因为数据在被分析后不需要被存储，这样大大降低了数据泄露的风险。这方面的例子包括医疗数据和安全摄像头的录像等。
- **处理不安全的设备：**如果你的设备存在已知的安全缺陷，不想直接连接到你的网络或互联网，那么可以将它们连接到单独的网络和网关物联网边缘设备。该边缘设备还可以连接到更广泛的网络或互联网，并管理来回的数据流。
- **支持不兼容的设备：**如果你有不能连接到物联网中心的设备，如只能使用 HTTP 连接的设备或只能用蓝牙连接的设备，你可以使用物联网边缘设备作为网关设备，将信息转发给物联网中心。

> 📘 **做点研究**
> 边缘计算还可能有什么其他的优点？

17.1.2 缺点

边缘计算有一些缺点，这些缺点又是云计算的优势所在。

- **规模和灵活性：**云计算可以通过增加或减少服务器和其他资源来实时调整网络和数据需求。要增加更多的边缘计算机需要手动添加更多的设备。
- **可靠性和弹性：**云计算提供多个服务器，通常在多个地点进行冗余和灾难恢复。要在边缘拥有同样水平的冗余，会需要大量的投资和大量的配置工作。
- **维护：**云服务提供商提供系统维护和更新。

> 📘 **做点研究**
> 边缘计算还可能有什么其他的缺点？

这些缺点实际上与使用云的优点相反 —— 你必须自己建立和管理这些设备，而不是依靠云供应商的专业知识和规模。

边缘计算的本质也减轻了一些风险。例如，如果你在工厂中运行边缘设备，从机器收集数据，则无须考虑某些灾难恢复方案。如果工厂停电，那么你不需要备用边缘设备，因为生成边缘设备处理数据的机器也将断电。

对于物联网系统来说，往往倾向于混合使用云计算和边缘计算，根据系统、客户和维护者的需求来充分利用每一种服务。

17.2 Azure IoT Edge

Azure IoT Edge 是一项服务，可以帮助你将工作负载从云中移到边缘设备上。将一个设备设置为边缘设备后，就可以从云端将代码部署到该边缘设备上。这样使你能够混合云和边缘的能力，其标志如图 17-4 所示。

> 🎓 工作负载是指任何做某种工作的服务的术语，如人工智能模型、应用程序或 Serverless 功能。

例如，你可以在云中训练一个图像分类器，从云中把它部署到边缘设备，然后你的物联网设备将图像发送到边缘设备进行分类，而不是通过互联网发送图像。如果你需要部署新的模型迭代，那么你可以在云端训练它，并使用物联网边缘将边缘设备上的模型更新到你的新迭代。

Azure IoT Edge

图 17-4　Azure IoT Edge 的标志

> 🎓 部署到 IoT Edge 的软件被称为模块。默认情况下，IoT Edge 运行与 IoT 中心通信的模块，如 `edgeAgent` 和 `edgeHub` 模块。当你部署一个图像分类器时，这些会被部署为一个额外的模块。

IoT Edge 内置于 IoT 中心中，因此你可以使用管理 IoT 设备的相同服务来管理边缘设备，并具有相同的安全水平。

IoT Edge 从容器中运行代码——自包含的应用程序，与你计算机上的其他应用程序隔离运行。当你运行一个容器时，它就像在你的计算机内运行的一个独立的计算机，有它自己的软件、服务和应用程序运行。

大多数时候，容器不能访问你计算机上的任何东西，除非你选择与容器共享文件夹。然后，容器可以连接到网络或向网络公开的开放端口服务。

例如，你可以有一个容器，其中一个网站运行在端口 80（默认 HTTP 端口）上，然后也可以在端口 80 上从你的计算机中公开它，如图 17-5 所示。

你可以使用自定义视觉下载图像分类器，并将其部署为容器，直接运行到设备上或通过物联网边缘部署。一旦它们在容器中运行，就可以使用与云版本相同的 REST API 进行访问，但端点要指向运行容器的边缘设备。

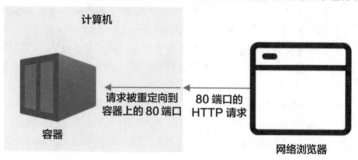

图 17-5　一个网络请求被重定向到一个容器

🔖 **做点研究**

阅读有关容器和服务的资料，如 Docker 或 Moby。

17.3　注册一个物联网边缘设备

要使用物联网边缘设备，首先需要在物联网中心注册。

任务：注册一个物联网边缘设备

（1）在 `fruit-quality-detector` 资源组中创建一个 IoT 中心。围绕 `fruit-quality-detector` 给它命名一个独特的名字。

（2）在你的 IoT 中心中注册一个名为 `fruit-quality-detector-edge` 的物联网边缘设备。这样注册的命令与注册非边缘设备的命令相似，只是传递了 `--edge-enabled` 标志。

```
az iot hub device-identity create --edge-enabled \
                        --device-id fruit-quality-detector-edge \
                        --hub-name <hub_name>
```

将 `<hub_name>` 替换为你物联网枢纽的名称。

（3）使用以下命令获得你的设备的连接字符串。

```
az iot hub device-identity connection-string show --device-id fruit-quality-detector-edge \
                                    --output table \
                                    --hub-name <hub_name>
```

将 <hub_name> 替换为你 IoT 中心的名称。

把输出中显示的连接字符串复制下来。

17.4 设置一个物联网边缘设备

一旦你在你的 IoT 中心中注册了边缘设备，你就可以设置边缘设备了。

任务：安装并启动物联网边缘运行时

IoT Edge 运行时（IoT Edge runtime）只运行 Linux 容器。它可以在 Linux 系统上运行，也可以在 Windows 系统上使用 Linux 虚拟机。

- 如果你使用树莓派作为你的物联网设备，那么它运行的是支持的 Linux 版本，可以承载物联网边缘运行时间。按照微软文档上在 Linux 上使用对称密钥创建和预配 IoT Edge 设备说明 🔗 **[L17-2]** 来安装 IoT Edge 并设置连接字符串。

> 🔲 记住，Raspberry Pi OS 是 Debian Linux 的一个变种。

⚠️ **注意**

运行 `cat/etc/os-release` 查看树莓派系统版本。

- 如果你没有使用树莓派，但有一台 Linux 计算机，你可以运行 IoT Edge 运行时。按照微软文档上安装在 Linux 上使用对称密钥创建和预配 IoT Edge 设备的说明来安装 IoT Edge 并设置连接字符串。
- 如果你使用的是 Windows 系统，你可以在 Linux 虚拟机中安装 IoT Edge 运行时，方法是按照微软文档上的将代码部署到 Windows 设备快速入门中的安装和启动 IoT Edge 运行时部分 🔗 **[L17-3]** 。当你到达部署模块部分时，你可以先停一下。
- 如果你使用 macOS 系统，你可以在云中创建一个用于你的物联网边缘设备的虚拟机（VM）。这些是你可以在云中创建并通过互联网访问的计算机。你可以创建一个安装有 IoT Edge 的 Linux 虚拟机。按照下面的创建一个运行 IoT Edge 的虚拟机指南来了解该如何做。

连接设备：创建运行 IoT Edge 的虚拟机

在 Azure 中，可以创建虚拟机，即云中的计算机，可以按照自己的意愿进行配置并在其上运行自己的软件。

> 👆 您可以在百度百科的虚拟机词条 🔗 **[L17-5]** 页面上阅读有关虚拟机的更多信息。

任务：设置 IoT Edge 虚拟机

（1）运行以下命令以创建已经预安装 Azure IoT Edge 的 VM。

```
az deployment group create \
        --resource-group fruit-quality-detector \
          --template-uri https://raw.githubusercontent.com/Azure/iotedge-vm-deploy/1.2.0/
edgeDeploy.json \
        --parameters dnsLabelPrefix=<vm_name> \
        --parameters adminUsername=<username> \
        --parameters deviceConnectionString="<connection_string>" \
        --parameters authenticationType=password \
        --parameters adminPasswordOrKey="<password>"
```

替换 **<vm_name>** 为此虚拟机的名称。虚拟机名称需要是全局唯一的，如使用 `fruit-quality-detector-vm-` 最后再加上你的名字或其他值作为虚拟机名。

将 **<username>** 和 **<password>** 替换为用于登录 VM 的用户名和密码。此时需要考虑安全问题，因此你不能使用 admin/ 密码（管理员密码）。

将 **<connection_string>** 替换为你 `fruit-quality-detector-edge` 边缘物联网设备的连接字符串。这样将创建一个配置为 DS1 v2 虚拟机的 VM。这些类别表明机器有多强大，因此也表明它的成本有多高。这个虚拟机有 1 个 CPU 和 3.5GB 容量的内存。

创建 VM 后，将自动安装 IoT Edge 运行时，并将你配置为连接到 IoT 中心作为你的 `fruit-quality-detector-edge` 设备。

你可以在 Azure 虚拟机定价指南 🔗 **[L17-6]** 中查看这些 VM 的当前定价。

（2）你将需要 VM 的 IP 地址或 DNS 名称才能从中调用图像分类器。运行以下命令以获取此信息。

```
az vm list --resource-group fruit-quality-detector \
            --output table \
            --show-details
```

获取 **PublicIps** 字段或 **Fqdns** 字段的副本。

（3）虚拟机要花钱。在撰写本文时，DS1 VM 的成本约为每小时 0.06 美元。为了降低成本，你应该在不使用 VM 时将其关闭，并在完成此项目后将其删除。可以将 VM 配置为在每天的特定时间自动关闭。这意味着如果你忘记将其关闭，也不用为自动关闭的时间段支付费用。使用以下命令进行设置。

```
az vm auto-shutdown --resource-group fruit-quality-detector \
            --name <vm_name> \
            --time <shutdown_time_utc>
```

将 **<vm_name>** 替换为你虚拟机的名称。

将 **<shutdown_time_utc>** 替换为你希望虚拟机关闭的 UTC 时间（协调世界时 🔗 **[L17-7]**），使用 4 位数字作为 **HHMM** （小时分钟）。例如，如果你想在北京时间的午夜（北京时间的 00:00 点对应的 UTC 时间是 16:00）关闭虚拟机，可以将其设置为 **1600** 。

（4）您的图像分类器将在此边缘设备上运行，侦听端口 80（标准 HTTP 端口）。默认情况下，虚拟机的入站端口会被阻止，因此你需要启用端口 80。让端口在网络安全组上启用，首先需要知道你 VM 网络安全组的名称，可以使用以下命令获得该名称。

```
az network nsg list --resource-group fruit-quality-detector \
            --output table
```

复制 **Name** 字段的值。

（5）运行下面的命令，在网络安全组中添加一条打开 80 端口的规则。

```
az network nsg rule create \
            --resource-group fruit-quality-detector \
            --name Port_80 \
            --protocol tcp \
            --priority 1010 \
            --destination-port-range 80 \
            --nsg-name <nsg name>
```

替换 **<nsg name>** 为上一步中的网络安全组名称。

任务：管理你的虚拟机以降低成本

（1）不使用 VM 时，应将其关闭。要关闭 VM，请使用以下命令。

```
az vm deallocate --resource-group fruit-quality-detector \
                 --name <vm_name>
```

替换 `<vm_name>` 为你的虚拟机名称。

> ⚠ **注意**
>
> 有一个 `az vm stop` 命令会停止虚拟机，但它会保留分配给你的计算机，因此你仍然像它正在运行一样付费。

（2）要重新启动 VM，请使用以下命令。

```
az vm start --resource-group fruit-quality-detector \
            --name <vm_name>
```

替换 `<vm_name>` 为你的虚拟机名称。

17.5 输出你的模型

为了在边缘运行分类器，需要将它从自定义视觉中导出。自定义视觉可以生成两种类型的模型——标准模型和紧凑模型。紧凑型模型使用各种技术来减少模型的大小，使其小到可以下载并部署在物联网设备上。

当你创建图像分类器时，你使用了 Food 域，这是一个为训练食品图像而优化的模型版本。在自定义视觉中，你改变了项目的域，用你的训练数据来训练新模型。自定义视觉所支持的所有领域都有标准和紧凑两个版本。

17.5.1 任务：使用 Food（紧凑）域训练你的模型

（1）在 CustomVision.ai 上启动自定义视觉门户，如果你还没有打开它，请先登录，然后打开你的 `fruit-quality-detector` 项目。

（2）单击"Settings"按钮（ ⚙ 图标），弹出项目设置窗口如图 17-6 所示。

（3）在"Domains"（域）列表中，选择"Food（compact）"。

（4）在"Export Capabilities"（导出能力）下，确保选择"Basic platforms (Tensorflow, CoreML, ONNX, ...)"。

（5）在设置页面的底部，单击"Save Changes"（保存更改）按钮。

（6）在弹出的选择训练类型窗口（见图 17-7）单击"Train"（训练）按钮重新训练模型，选择"Quick Training"（快速训练）。

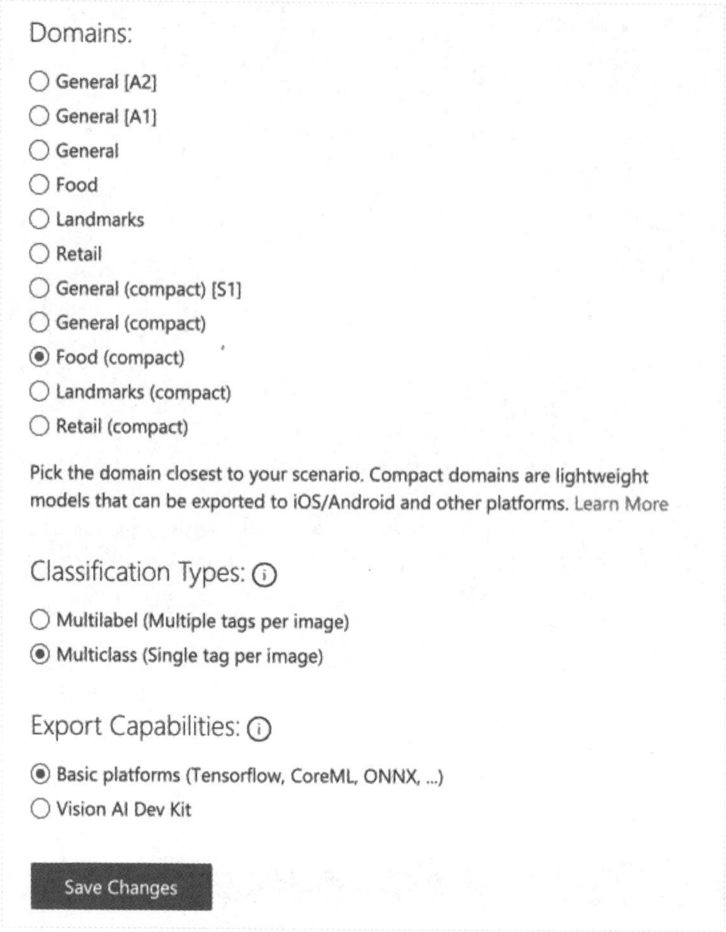

Domains:

○ General [A2]
○ General [A1]
○ General
○ Food
○ Landmarks
○ Retail
○ General (compact) [S1]
○ General (compact)
◉ Food (compact)
○ Landmarks (compact)
○ Retail (compact)

Pick the domain closest to your scenario. Compact domains are lightweight models that can be exported to iOS/Android and other platforms. Learn More

Classification Types: ⓘ

○ Multilabel (Multiple tags per image)
◉ Multiclass (Single tag per image)

Export Capabilities: ⓘ

◉ Basic platforms (Tensorflow, CoreML, ONNX, ...)
○ Vision AI Dev Kit

Save Changes

图 17-6　项目设置窗口

Choose Training Type　　　　　　　　　　　　×

Training Types ⓘ
◉ Quick Training
○ Advanced Training

Train

图 17-7　选择训练类型窗口

17.5.2　任务：导出你的模型

一旦模型经过训练，就需要将其作为容器导出。

（1）选择"Performance"（性能）选项卡，并找到你最近的 Iterations（迭代），该迭代是使用紧凑域训练的。

（2）单击顶部的"Export"（导出）按钮。

（3）如图 17-8 所示，在弹出的窗口中选择"Dockerfile"，然后选择一个与你的边缘设备匹配的版本。

在选择 Dockerfile 按钮后，会弹出平台选择窗口，如图 17-9 所示。

图 17-8　选择导出的平台

图 17-9　选择操作系统类型

- 如果你在 Linux 计算机、Windows 计算机或虚拟机上运行 IoT Edge，请选择 Linux 版本。
- 如果你在树莓派上运行 IoT Edge，请选择 ARM（Raspberry Pi 3）版本。

🎓 Docker 是管理容器的最流行的工具之一，Dockerfile 是一组关于如何设置容器的说明。

（4）选择"Export"（导出），让自定义视觉创建相关文件，然后单击"Download"（下载）按钮，以压缩文件的形式下载这些文件。

（5）把文件保存到你的计算机上，然后解压文件夹。

17.6　准备好你的容器进行部署

一旦你下载了你的模型，它就需要被构建成一个容器，然后推送到一个 Container Registry（容器注册表）—— 一个你可以存储容器的在线位置，如图 17-10 所示。然后，IoT Edge 可以从注册处下载容器，并将其推送到你的设备上。

本课中你将使用的容器注册表是 Azure 容器注册表（Container Registry），图标如图 17-11 所示。这并非一个免费的服务，所以为了节省费用，请确保你在完成后清理你的项目。

🖳 你可以在 Azure 容器注册表定价页 🔗 **[L17-8]** 中看到使用 Azure 容器注册表的费用。

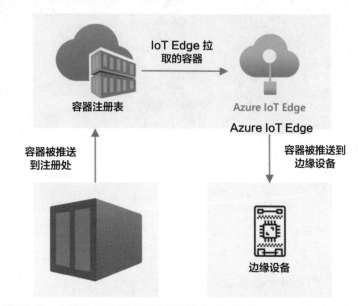

图 17-10　容器建成后被推送到容器注册表，然后使用 IoT Edge 从容器注册表部署到边缘设备上

17.6.1　任务：安装 Docker

要构建和部署分类器分类器，你需要安装 Docker。

按照 Docker 安装页面 🔗 **[L17-9]** 上的 Docker 安装说明来安装 Docker 桌面或 Docker 引擎，安装后确保它正在运行。

17.6.2　任务：创建一个容器注册表资源

（1）Docker 依赖于 WSL 库（Linux 的 Windows 子系统），需下载并安装 WSL 上的 Ubuntu 20.04 版 🔗 **[L17-10]**。

（2）在终端或命令提示符下运行以下命令，创建 Azure 容器注册表资源。

Container Registry

图 17-11　Azure 容器注册表的标志

```
az acr create --resource-group fruit-quality-detector \
        --sku Basic \
        --name <Container registry name>
```

将 `<Container registry name>` 替换为容器注册表的唯一名称，只使用字母和数字，以 `fruitqualitydetector` 为名称的基础。这个名称会成为访问容器注册表的 URL 的一部分，所以需要是全球唯一的。

（3）用下面的命令登录到 Azure 容器注册表。

```
az acr login --name <Container registry name>
```

将 **<Container registry name>** 替换为你用于容器注册表的名称。

⚠ 注意

可能会出现以下报错，你不需要理会。

```
You may want to use 'az acr login -n fruitqualitydetectoronly --expose-token' to get an access
token, which does not require Docker to be installed.
```

（4）将容器注册表设置为管理模式，这样你就可以用下面的命令生成一个密码。

```
az acr update --admin-enabled true \
          --name <Container registry name>
```

将 **<Container registry name>** 替换为你用于容器注册表的名称。

（5）用以下命令为你的容器注册表生成密码。

```
az acr credential renew --password-name password \
                   --output table \
                   --name <Container registry name>
```

将 **<Container registry name>** 替换为你用于容器注册表的名称。
把 **PASSWORD** 的值复制下来，因为你以后会需要它。

17.6.3 任务：构建你的容器

你从 Custom Vision 下载的是一个 Docker 文件，其中包含关于如何构建容器的说明，以及将在容器内运行的应用程序代码，以托管你的定制视觉模型，同时还有一个 REST API 来调用它。你可以使用 Docker 从 Dockerfile 中构建一个有标签的容器，然后将其推送到你的容器注册表。

☛ 容器被赋予一个标签，为其定义了一个名称和版本。当你需要更新一个容器时，你可以用相同的标签来构建它，但要有一个较新的版本。

（1）打开你的终端或命令提示符，导航到你从 Custom Vision 下载解压后的模型中。
（2）运行以下命令来构建和标记镜像。

```
docker build --platform <platform> -t <Container registry name>.azurecr.io/classifier:v1 .
```

将 **<platform>** 替换为该容器将要运行的平台。如果你在树莓派上运行 IoT Edge，则将其设置为 **linux/arm64**，否则将其设置为 **linux/amd64**。

🐧 如果你从你运行 IoT Edge 的设备上运行这个命令，如从你的树莓派上运行这个命令，你可以省略 **--platform <platform>** 部分，因为它默认为当前平台。

用你用于容器注册表的名称替换 **<Container registry name>**。

🐧 如果你运行的是 Linux 系统，你可能需要使用 **sudo** 来运行这个命令。

Docker 将构建镜像，配置所有需要的软件。然后，该镜像将被标记为 `classifier:v1` 。

```
→  d4ccc45da0bb478bad287128e1274c3c.DockerFile.Linux docker build --platform linux/amd64 -t
fruitqualitydetectorjimb.azurecr.io/classifier:v1 .
[+] Building 102.4s (11/11) FINISHED
 => [internal] load build definition from Dockerfile
 => => transferring dockerfile: 131B
 => [internal] load .dockerignore
 => => transferring context: 2B
 => [internal] load metadata for docker.io/library/python:3.7-slim
 => [internal] load build context
 => => transferring context: 905B
 => [1/6] FROM docker.io/library/python:3.7-slim@sha256:b21b91c9618e951a8cbca5b696424fa5e82080
0a88b7e7afd66bba0441a764d6
 => => resolve docker.io/library/python:3.7-slim@sha256:b21b91c9618e951a8cbca5b696424fa5e82080
0a88b7e7afd66bba0441a764d6
 => => sha256:b4d181a07f8025e00e0cb28f1cc14613da2ce26450b80c54aea537fa93cf3bda 27.15MB /
27.15MB
 => => sha256:de8ecf497b753094723ccf9cea8a46076e7cb845f333df99a6f4f397c93c6ea9 2.77MB / 2.77MB
 => => sha256:707b80804672b7c5d8f21e37c8396f319151e1298d976186b4f3b76ead9f10c8 10.06MB /
10.06MB
 => => sha256:b21b91c9618e951a8cbca5b696424fa5e820800a88b7e7afd66bba0441a764d6 1.86kB / 1.86kB
 => => sha256:44073386687709c437586676b572ff45128ff1f1570153c2f727140d4a9accad 1.37kB / 1.37kB
 => => sha256:3d94f0f2ca798607808b771a7766f47ae62a26f820e871dd488baeccc69838d1 8.31kB / 8.31kB
 => => sha256:283715715396fd56d0e90355125fd4ec57b4f0773f306fcd5fa353b998beeb41 233B / 233B
 => => sha256:8353afd48f6b84c3603ea49d204bdcf2a1daada15f5d6cad9cc916e186610a9f 2.64MB / 2.64MB
 => => extracting sha256:b4d181a07f8025e00e0cb28f1cc14613da2ce26450b80c54aea537fa93cf3bda
 => => extracting sha256:de8ecf497b753094723ccf9cea8a46076e7cb845f333df99a6f4f397c93c6ea9
 => => extracting sha256:707b80804672b7c5d8f21e37c8396f319151e1298d976186b4f3b76ead9f10c8
 => => extracting sha256:283715715396fd56d0e90355125fd4ec57b4f0773f306fcd5fa353b998beeb41
 => => extracting sha256:8353afd48f6b84c3603ea49d204bdcf2a1daada15f5d6cad9cc916e186610a9f
 => [2/6] RUN pip install -U pip
 => [3/6] RUN pip install --no-cache-dir numpy~=1.17.5 tensorflow~=2.0.2 flask~=1.1.2
pillow~=7.2.0
 => [4/6] RUN pip install --no-cache-dir mscviplib==2.200731.16
 => [5/6] COPY app /app
 => [6/6] WORKDIR /app
 => exporting to image
 => => exporting layers
 => => writing image sha256:1846b6f134431f78507ba7c079358ed66d944c0e185ab53428276bd822400386
 => => naming to fruitqualitydetectorjimb.azurecr.io/classifier:v1
```

17.6.4 任务：将你的容器推送到你的容器注册表

（1）使用以下命令将你的容器推送到你的容器注册表。

```
docker push <Container registry name>.azurecr.io/classifier:v1
```

将 `<Container registry name>` 替换为你用于容器注册表的名称。

> 如果你运行的是 Linux 系统，你可能需要使用 `sudo` 来运行这个命令。

容器将被推送到容器注册表。

```
→    d4ccc45da0bb478bad287128e1274c3c.DockerFile.Linux docker push fruitqualitydetectorjimb.
azurecr.io/classifier:v1
The push refers to repository [fruitqualitydetectorjimb.azurecr.io/classifier]
5f70bf18a086: Pushed
8a1ba9294a22: Pushed
56cf27184a76: Pushed
b32154f3f5dd: Pushed
36103e9a3104: Pushed
e2abb3cacca0: Pushed
4213fd357bbe: Pushed
7ea163ba4dce: Pushed
537313a13d90: Pushed
764055ebc9a7: Pushed
v1: digest: sha256:ea7894652e610de83a5a9e429618e763b8904284253f4fa0c9f65f0df3a5ded8 size: 2423
```

（2）为了验证推送情况，你可以用以下命令列出注册表中的容器。

```
az acr repository list --output table \
                    --name <Container registry name>
```

将 `<Container registry name>` 替换为你用于容器注册表的名称。

```
→    d4ccc45da0bb478bad287128e1274c3c.DockerFile.Linux az acr repository list --name
fruitqualitydetectorjimb --output table
Result
----------
classifier
```

你会看到输出中列出了你的分类器。

17.7　部署你的容器

现在你的容器可以被部署到你的物联网边缘设备上。要进行部署，你需要定义一个部署清单——一个列出将被部署到边缘设备的模块的 JSON 文档。

17.7.1　任务：创建部署清单

（1）在你的计算机上某处创建一个名为 deployment.json 的新文件。
（2）在该文件中添加以下内容。

```
{
    "content": {
        "modulesContent": {
            "$edgeAgent": {
                "properties.desired": {
```

```json
            "schemaVersion": "1.1",
            "runtime": {
                "type": "docker",
                "settings": {
                    "minDockerVersion": "v1.25",
                    "loggingOptions": "",
                    "registryCredentials": {
                        "ClassifierRegistry": {
                            "username": "<Container registry name>",
                            "password": "<Container registry password>",
                            "address": "<Container registry name>.azurecr.io"
                        }
                    }
                }
            },
            "systemModules": {
                "edgeAgent": {
                    "type": "docker",
                    "settings": {
                        "image": "mcr.microsoft.com/azureiotedge-agent:1.1",
                        "createOptions": "{}"
                    }
                },
                "edgeHub": {
                    "type": "docker",
                    "status": "running",
                    "restartPolicy": "always",
                    "settings": {
                        "image": "mcr.microsoft.com/azureiotedge-hub:1.1",
                        "createOptions": "{\"HostConfig\":{\"PortBindings\":{\"5671/tcp\":[{\"HostPort\":\"5671\"}],\"8883/tcp\":[{\"HostPort\":\"8883\"}],\"443/tcp\":[{\"HostPort\":\"443\"}]}}}"
                    }
                }
            },
            "modules": {
                "ImageClassifier": {
                    "version": "1.0",
                    "type": "docker",
                    "status": "running",
                    "restartPolicy": "always",
                    "settings": {
                        "image": "<Container registry name>.azurecr.io/classifier:v1",
                        "createOptions": "{\"ExposedPorts\": {\"80/tcp\": {}},\"HostConfig\": {\"PortBindings\": {\"80/tcp\": [{\"HostPort\": \"80\"}]}}}"
                    }
                }
            }
        },
        "$edgeHub": {
```

```
                "properties.desired": {
                    "schemaVersion": "1.1",
                    "routes": {
                        "upstream": "FROM /messages/* INTO $upstream"
                    },
                    "storeAndForwardConfiguration": {
                        "timeToLiveSecs": 7200
                    }
                }
            }
        }
    }
}
```

你可以在 `code-deployment/deployment` 文件夹 🔗 **[L17-11]** 中找到这个文件。

将 **<Container registry name>** 的三个实例替换为你用于容器注册表的名称：一个在 **ImageClassifier** 模块部分，另外两个在 **registryCredentials** 部分。

将 **registryCredentials** 部分的 **<Container registry password>** 替换为你的容器注册表密码。

（3）从包含你部署清单的文件夹中，运行以下命令。

```
az iot edge set-modules --device-id fruit-quality-detector-edge \
                        --content deployment.json \
                        --hub-name <hub_name>
```

将 **<hub_name>** 替换为你物联网中心的名称。

图像分类器模块将被部署到你的边缘设备。

17.7.2　任务：验证分类器正在运行

（1）连接到物联网边缘设备。

● 如果你使用树莓派来运行 IoT Edge，则从你的终端，或通过 VS Code 中的远程 SSH 会话，使用 ssh 连接。

● 如果你在 Windows 上的 Linux 容器中运行 IoT Edge，请按照验证成功的配置指南 🔗 **[L17-12]** 中的步骤，连接到 IoT Edge 设备。

● 如果你在虚拟机上运行 IoT Edge，你可以使用创建虚拟机时设置的 **adminUsername** 和 **password**，并使用 IP 地址或 DNS 名称，以 SSH 会话进入机器。

```
ssh <adminUsername>@<IP address>
```

或者

```
ssh <adminUsername>@<DNS Name>
```

在出现提示时输入你的密码。

（2）一旦你连接成功，即可运行下面的命令来获得 IoT Edge 模块的列表。

```
iotedge list
```

📖 你可能需要用 sudo 运行这个命令。

你会看到正在运行的模型如下。

```
jim@fruit-quality-detector-jimb:~$ iotedge list
NAME              STATUS         DESCRIPTION      CONFIG
ImageClassifier   running            Up 42 minutes      fruitqualitydetectorjimb.azurecr.io/
classifier:v1
edgeAgent         running        Up 42 minutes    mcr.microsoft.com/azureiotedge-agent:1.1
edgeHub           running        Up 42 minutes    mcr.microsoft.com/azureiotedge-hub:1.1
```

（3）用以下命令检查图像分类器模块的日志。

```
iotedge logs ImageClassifier
```

📖 你可能需要用 sudo 运行这个命令。

```
jim@fruit-quality-detector-jimb:~$ iotedge logs ImageClassifier
2021-07-05 20:30:15.387144: I tensorflow/core/platform/cpu_feature_guard.cc:142] Your CPU
supports instructions that this TensorFlow binary was not compiled to use: AVX2 FMA
2021-07-05 20:30:15.392185: I tensorflow/core/platform/profile_utils/cpu_utils.cc:94] CPU
Frequency: 2394450000 Hz
2021-07-05 20:30:15.392712: I tensorflow/compiler/xla/service/service.cc:168] XLA service
0x55ed9ac83470 executing computations on platform Host. Devices:
2021-07-05 20:30:15.392806: I tensorflow/compiler/xla/service/service.cc:175]      StreamExecutor
device (0): Host, Default Version
Loading model...Success!
Loading labels...2 found. Success!
 * Serving Flask app "app" (lazy loading)
 * Environment: production
   WARNING: This is a development server. Do not use it in a production deployment.
   Use a production WSGI server instead.
 * Debug mode: off
 * Running on http://0.0.0.0:80/ (Press CTRL+C to quit)
```

17.7.3 任务：测试图像分类器

（1）你可以使用 CURL 来测试图像分类器，使用运行 IoT Edge 代理的计算机的 IP 地址或主机名，找到 IP 地址。

- 如果你是在 IoT Edge 运行的同一台机器上，你可以使用 localhost 作为主机名。
- 如果你使用的是虚拟机，你可以使用虚拟机的 IP 地址或 DNS 名称。
- 否则，你可以获取运行 IoT Edge 的机器的 IP 地址。
  º 在 Windows 10 上，按照寻找你的 IP 地址指南 🔗 [L17-13] 操作。
  º 在 macOS 上，参考 MAC 苹果电脑怎么查看本机 IP 与 MAC 地址 🔗 [L17-14] 操作。
  º 在 Linux 上，按照如何在 Linux 中查看 IP 地址 🔗 [L17-15] 中的寻找你的私人 IP 地址一节进行操作。

（2）你可以通过运行以下 curl 命令来测试本地文件的容器。

```
curl --location \
    --request POST 'http://<IP address or name>/image' \
    --header 'Content-Type: image/png' \
    --data-binary '@<file_Name>'
```

用运行 IoT Edge 的计算机的 IP 地址或主机名替换 `<IP address or name>`。将 `<file_Name>` 替换为要测试的文件的名称。

你会在输出中看到预测的结果如下。

```
{
    "created": "2021-07-05T21:44:39.573181",
    "id": "",
    "iteration": "",
    "predictions": [
        {
            "boundingBox": null,
            "probability": 0.9995615482330322,
            "tagId": "",
            "tagName": "ripe"
        },
        {
            "boundingBox": null,
            "probability": 0.0004384400090202689,
            "tagId": "",
            "tagName": "unripe"
        }
    ],
    "project": ""
}
```

> 💡 这里不需要提供预测密钥，因为这不是在使用 Azure 资源。相反，安全将根据内部安全需求在内部网络上配置，而不是依赖于公共端点和 API 密钥。

17.8　使用你的物联网边缘设备

现在你的图像分类器已被部署到物联网边缘设备了，你可以从你的物联网设备上使用它。

17.8.1　任务：使用你的物联网边缘设备

通过相关指南，使用 IoT Edge 分类器对图像进行分类。
- 使用 Wio Terminal 和基于 IoT Edge 的图像分类器对图像进行分类。
- 使用虚拟物联网硬件或树莓派与基于 IoT Edge 的图像分类器对图像进行分类。

连接设备：用你的物联网边缘设备对图像进行分类

使用 Wio Terminal 和基于 IoT Edge 的图像分类器对图像进行分类

在这一部分，你将使用运行在 IoT Edge 设备上的图像分类器。

使用 IoT Edge 分类器

物联网设备可以被重新引导到使用 IoT Edge 图像分类器。图像分类器的 URL 是 `http://<IP address or name>/image`，将 `<IP address or name>` 替换为运行 IoT Edge 的计算机的 IP 地址或主机名称。

任务：使用 IoT Edge 分类器

（1）打开 `fruit-quality-detector` 的应用项目，如果它还没有打开。

（2）图像分类器是作为 REST API 运行的，使用 HTTP 协议，而不是 HTTPS，所以调用时需要使用仅适用于 HTTP 调用的 Wi-Fi 客户端。这意味着不需要证书。删除 `config.h` 文件中的 `CERTIFICATE`。

（3）`config.h` 文件中的预测 URL 需要被更新为新的 URL。你也可以删除 `PREDICTION_KEY`，因为已经不需要它了。

```
const char *PREDICTION_URL = "<URL>";
```

用你的分类器的 URL 替换 `<URL>`。

（4）在 `main.cpp` 中，改变 `Wi-Fi Client Secure` 的 `include` 指令，以导入标准的 HTTP 版本。

```
#include <Wi-FiClient.h>
```

（5）改变 `Wi-FiClient` 的声明，使其成为 HTTP 版本。

```
Wi-FiClient client;
```

（6）选择在 Wi-Fi 客户端上设置证书的那一行。从 `connectWi-Fi` 函数中删除 `client.setCACert(CERTIFICATE);` 这一行。

（7）在 `classifyImage` 函数中，删除 `httpClient.addHeader("Prediction-Key", PREDICTION_KEY);` 一行，该行在头中设置了预测密钥。

（8）上传并运行你的代码。将相机对准一些水果，然后按下 Wio Terminal 的 C 键。你将在串行监视器中看到输出结果。

```
Connecting to Wi-Fi..
Connected!
Image captured
Image read to buffer with length 8200
ripe:    56.84%
unripe:  43.16%
```

中文大意如下：

连接到 Wi-Fi...
已连接！
捕获图像
读取图像到长度为 8200 的缓冲区
成熟概率：56.84%
未成熟概率：43.16%

你可以在 code-classify/wio-terminal 文件夹 🔗 [L17-16] 中找到这个代码。

😊 恭喜，你的水果质量分类器程序已经成功运行在 Wio Terminal 上了！

🛠️ © 使用虚拟物联网硬件或树莓派与基于 IoT Edge 的图像分类器对图像进行分类

在这一部分，你将使用运行在物联网边缘设备上的图像分类器。

使用 IoT Edge 分类器

物联网设备可以被重新引导，以使用 IoT Edge 图像分类器。图像分类器的 URL 是 http://<IP address or name>/image，将 <IP address or name> 替换为运行 IoT Edge 的计算机的 IP 地址或主机名称。

自定义视觉的 Python 库只适用于云端托管的模型，而不是 IoT Edge 上托管的模型。这意味着你将需要使用 REST API 来调用分类器。

任务：使用 IoT Edge 分类器

（1）在 VS Code 中打开 fruit-quality-detector 项目（如果它还没有打开）。如果你使用的是虚拟物联网设备，那么要确保虚拟环境被激活。

（2）打开 app.py 文件，删除 azure.cognitiveservices.vision.customvision.prediction 和 msrest.authentication 中的导入语句。

（3）在文件的顶部添加以下导入。

```
import requests
```

（4）删除图像保存到文件后的所有代码，从 image_file.write(image.read()) 直到文件的结尾。

（5）在文件的结尾处添加以下代码。

```
prediction_url = '<URL>'
headers = {
    'Content-Type' : 'application/octet-stream'
}
image.seek(0)
response = requests.post(prediction_url, headers=headers, data=image)
results = response.json()

for prediction in results['predictions']:
```

```
print(f'{prediction["tagName"]}:\t{prediction["probability"] * 100:.2f}%')
```

用你的分类器的 URL 替换 **<URL>**。

这段代码向分类器发出了一个 REST POST 请求,将图像作为请求的主体进行发送。结果以 JSON 的形式返回,并对其进行解码以打印出概率。

运行你的代码,将你的摄像头对准一些水果,或一个适当的图像集;如果使用虚拟物联网硬件,则用你的网络摄像头对准水果。你会在控制台中看到类似如下所示的输出内容。

```
(.venv) ➔ fruit-quality-detector python app.py
ripe:   56.84%
unripe: 43.16%
```

你可以在 **code-classify/pi** 🔗 **[L17-17]** 或 **code-classify/virtual-iot-device** 文件夹中找到这段代码。

😃 恭喜,你的水果质量分类器程序成功运行了!

17.8.2　模型再训练

在 IoT Edge 上运行图像分类器的一个缺点是,它们没有连接到你的自定义视觉项目。如果你看一下 "Custom Vision" 中的预测选项卡,你不会看到使用基于 Edge 的分类器分类的图像。

这是预期的行为,因为图像没有被发送到云端进行分类,所以它们不会在云端出现。使用物联网边缘的好处之一是保护隐私,确保图像不离开你的网络;另一个好处是能够离线工作,所以当设备没有互联网连接时,不依赖上传图像。缺点是如何改进你的模型,你需要实现另一种存储图像的方式,可以手动重新分类以改进和重新训练图像分类器。

📑 做点研究

思考如何上传图像来重新训练分类器?

课后练习

🚀 挑战

在边缘设备上运行人工智能模型可能比在云端运行更快——网络延迟更短。它们也可能更慢，因为运行模型的硬件可能没有云端那么强大。

做一些计时，比较一下调用你的边缘设备是比调用云端中的快还是慢？思考一下，解释差异的原因，或者没有差异的原因。研究如何使用专门的硬件在边缘更快地运行 AI 模型。

🔖 复习和自学

- 阅读有关操作系统层虚拟化（英文）🔗 [L17-19] 的知识。
- 阅读更多关于边缘计算的内容，在 Azure 的云计算字典中阅读"什么是边缘计算？"的内容 🔗 [L17-20]。
- 了解更多关于在物联网边缘运行人工智能服务的信息，请观看微软 Channel9 上的 Learn Live：了解如何在边缘的预建人工智能服务上使用 Azure IoT Edge 来进行语言检测 🎥 [L17-21] 。

🧑‍💼 作业

在边缘设备上运行其他服务。

说明

不仅仅是图像分类器可以在边缘运行，任何可以打包成容器的东西都可以部署到 IoT Edge 设备上。以 Azure Functions 形式运行的 Serverless 代码，如你在前面课程中创建的触发器可以在容器中运行，因此也可以在 IoT Edge 上运行。

选取之前的课程之一，尝试在 IoT Edge 容器中运行 Azure Functions 应用。你可以在教程中找到一份指南，说明如何使用不同的 Functions 应用项目来做这件事。

教程：将 Azure Functions 作为 IoT Edge 模块进行部署 🔗 [L17-22]。

评分标准

标准	优秀	合格	需要改进
将 Azure Functions 应用部署到 IoT Edge	能够将 Azure Functions 应用部署到 IoT Edge，并将其与 IoT 设备一起使用，以运行 IoT 数据的触发器	能够将 Functions 应用部署到 IoT Edge，但无法让触发器启动	无法将 Functions 应用部署到 IoT Edge

课后测验

（1）为了让 Custom Vision 的机器学习模型高效地运行在边缘节点，我们需要什么格式（或者说什么类型的领域（domain））？（ ）

  A. 通用类型

  B. 快速训练类型

  C. 标准（Standard）类型

  D. 紧凑（Compact）类型

  E. 食物领域

  F. 远端部署

（2）容器（container）是什么？（ ）

  A. 包含机器学习模型的自包含的应用程序

  B. 和其他程序隔离的自包含的应用程序

  C. 只在边缘节点运行的自包含的应用程序

  D. 处理云端和边缘节点通信的自包含的应用程序

（3）如何重新训练部署在边缘节点的 Custom Vision 模型？（ ）

  A. 在边缘节点拍摄一张图片，并将其保存在边缘节点上，再将机器学习模型指向这个新的图片文件夹

  B. 将图片从边缘节点上传到云端，在 Custom Vision 上重新训练模型，再将模型重新部署到边缘节点

  C. 在边缘节点拍摄一张图片并检查模型的预测结果

第 18 课
从传感器触发水果质量检测

课前准备

简介

　　一个物联网应用不只是一个单一的设备捕捉数据并将其发送到云端，它往往是多个设备一起工作，使用传感器从物理世界捕捉数据，根据这些数据做出决定，并通过执行器或可视化与物理世界进行互动。

　　在本课中，你将学习更多关于架构复杂的物联网应用，结合多个传感器、多个云服务来分析和存储数据，并通过执行器显示响应。你将学习如何架构一个水果质量控制系统的原型，包括如何通过接近传感器触发物联网应用，以及这个原型的架构是什么。

　　在本课中，我们的学习内容将涵盖：

18.1　构建复杂的物联网应用

18.2　设计一个水果质量控制体系

18.3　用传感器触发水果质量检测

18.4　将数据用于水果质量检测器

18.5　使用开发者设备来模拟多个物联网设备

18.6　转向生产

　　🗑 这是本篇的最后一课，所以在完成本课和作业后，不要忘记清理你的云服务。由于你将需要这些服务来完成作业，所以请确保先完成本章练习后再清理。如果有必要，请参考第 10 课的"清理 Azure 项目指南"，了解如何做到这一点。

课前测验

（1）IoT（物联网）应用的哪个部分用来收集数据？（　　）

　　A. 事物（Things）

　　B. 云服务（Cloud services）

　　C. 边缘节点（Edgedevices）

（2）IoT 应用唯一的输出是执行器。这个说法（　　）。

　　A. 正确

　　B. 错误

（3）Things 不需要直接连接到 IoT 中心，它们可以使用边缘节点充当网关。这个说法（　　）。

　　A. 正确

　　B. 错误

18.1　构建复杂的物联网应用

　　物联网应用是由许多组件组成的。其中包括各种事物，以及各种互联网服务。

　　IoT（物联网）应用也可以被描述为 Things（事物）发送数据，产生 Insights（洞察）。这些洞察产生 Actions（行动）以改善业务或流程。一个例子是一个发动机（事物）发送温度数据，这些数据被用于评估发动机的性能是否符合预期（洞察），洞察用于主动确定发动机维护计划（行动）的优先级。

- 不同的事物收集不同的数据。
- 物联网服务对这些数据进行洞察，有时还用来自其他来源的数据对其进行补充。
- 这些洞察驱动行动，包括控制设备中的执行器，或将数据可视化。

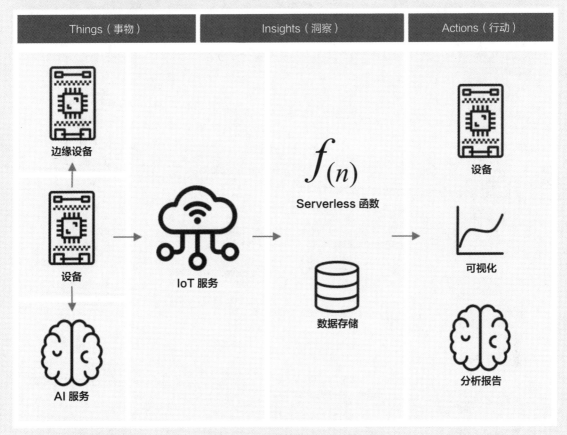

图 18-1　一个可供参考的物联网架构

- **Things（事物）**：是指从传感器收集数据的设备，也许与边缘服务互动以解释这些数据，如解释图像数据的图像分类器。来自设备的数据被发送到一个物联网服务。
- **Insights（洞察）**：来自 Serverless 应用程序，或来自在存储数据上运行的分析。
- **Actions（行动）**：可以是发送给设备的命令，或帮助人类做出决定的数据的可视化。

如图 18-1 所示，参考架构是一个实例架构，你可以在设计新系统时作为参考。在这种情况下，如果你要建立一个新的物联网系统，你可以遵循参考架构，在适当的地方替换你自己的设备和服务。图 18-2 所示展示了到目前为止的课程涉及的组件和服务在参考物联网架构中的联系。

做点研究

思考一下你使用过的其他物联网设备，如智能家用电器。该设备和它的软件中涉及的事物、洞察和行动是什么？

这种模式可以根据你的需要或大或小地扩展，增加更多的设备和更多的服务。

18.1.2　数据和安全

当你定义你的系统架构时，你需要不断考虑数据和安全。

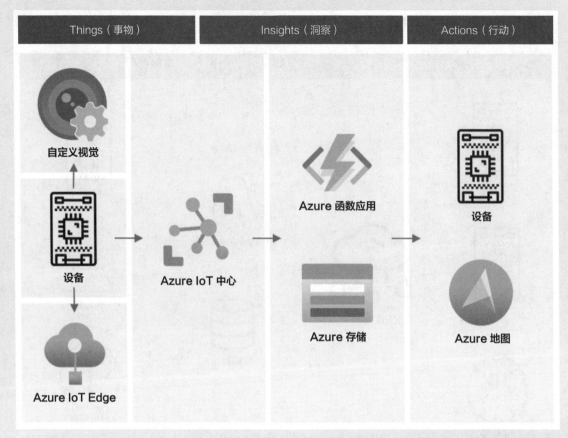

Things（事物）	Insights（洞察）	Actions（行动）

自定义视觉

设备

Azure IoT Edge

Azure IoT 中心

Azure 函数应用

Azure 存储

设备

Azure 地图

图 18-2　显示了到目前为止这些课程中所涉及的一些组件和服务，以及它们在参考物联网架构中的联系

- **Things（事物）：** 你已经编写了设备代码，从传感器中捕捉数据，并使用在云端和边缘设备上运行的自定义视觉来分析图像。这些数据被发送到 IoT 中心。
- **Insights（洞察）：** 你使用 Azure 函数来响应发送到 IoT 中心的消息，并将数据存储在 Azure 存储中供以后分析。
- **Actions（行动）：** 你已经根据在云中做出的决定和发送到设备的命令控制了执行器，并使用 Azure Maps（地图服务）将数据可视化。

- 你的设备会发送和接收哪些数据？
- 这些数据应该如何保护？
- 如何控制对设备和云服务的访问？

📖 做点研究

思考你拥有的任何物联网设备的数据安全。这些数据中有多少是个人的，在传输过程中或存储时都应该保持隐私？哪些数据不应该被存储？

18.2　设计一个水果质量控制体系

现在让我们把这个关于事物、洞察和行动的想法应用到我们的水果质量检测器上，设计一个更大的端到端应用。

想象一下，你被安排建立一个用于加工厂的水果质量检测器的任务。水果在传送带系统上运行，日削员工花时间用手检查水果，并在水果到达时移除任何未成熟的水果。为了降低成本，工厂老板希望有一个自动化系统。

你需要建立一个系统，当水果到达传送带时被检测到，然后被拍照并使用运行在边缘的 AI 模型进行检查。然后将结果发送到云端存储，如果水果未成熟，就会发出通知，这样未成熟的水果就可以被移除。这个系统的事物、洞察和行动分析见表 18-1。

🔧 **做点研究**

随着物联网（和一般技术）的兴起，其中一个趋势是人工工作正在被机器取代。做一些研究，估计有多少工作会因物联网而流失？建造物联网设备将创造多少新的就业机会？

表 18-1　水果质量检测器的事物、洞察与行动分析

Things（事物）	<ul><li>到达传送带上的水果的事物检测器</li><li>摄像头拍摄水果并进行分类</li><li>运行分类器的边缘设备</li><li>通知未成熟水果的设备</li></ul>
Insights（洞察）	<ul><li>决定检查水果的成熟度</li><li>存储成熟度分类的结果</li><li>确定是否有必要对未成熟的水果发出警报</li></ul>
Actions（行动）	<ul><li>向设备发送命令，对水果进行拍照，并使用图像分类器进行检查</li><li>向设备发送命令，提醒水果未成熟</li></ul>

对你的应用进行原型设计

图 18-3 所示为这个原型应用的参考架构。
- 一个带有接近传感器的物联网设备检测到水果的到来。它向云端发送一个消息，说明已经检测到了水果。
- 云端的无服务器应用程序向另一个设备发送命令，以拍摄照片并对图像进行分类。
- 带摄像头的物联网设备拍摄照片并将其发送给运行在边缘的图像分类器。然后，结果被发送到云端。
- 云中的无服务器应用程序存储这些信息，以便日后进行分析，看看水果未成熟的概率是多少。如果水果未成熟，它就会向另一个 IoT 设备发送一个命令，通过 LED 提醒工厂工人有未成熟的水果。

📓 整个物联网应用可以作为一个单一的设备来实现，所有启动图像分类和控制 LED 的逻辑都是内置的。它可以使用一个 IoT 中心来跟踪检测到的未成熟水果的数量并配置设备。在这一课中，它被扩展为展示大规模物联网应用的概念。

对于原型，你将在一个单一的设备上实现所有功能。如果你使用的是微控制器，那么将用一个单独的边缘设备来运行图像分类器。现在你已经学会了这个系统的大部分知识，接下来将会尝试搭建整个系统。

18.3　用传感器触发水果质量检测

物联网设备需要某种触发器来指示水果何时可以被分类，触发器的方案之一是通过测量与传感器的距离来评估水果在传送带上的正确位置。

如图 18-4 所示，接近传感器可用于测量从传感器到一个物体的距离。它们通常发射一束电磁辐射，如激光束或红外光，然后检测从物体上反射的信号。发送激光束和信号反射之间的时间可以用来计算到传感器的距离。

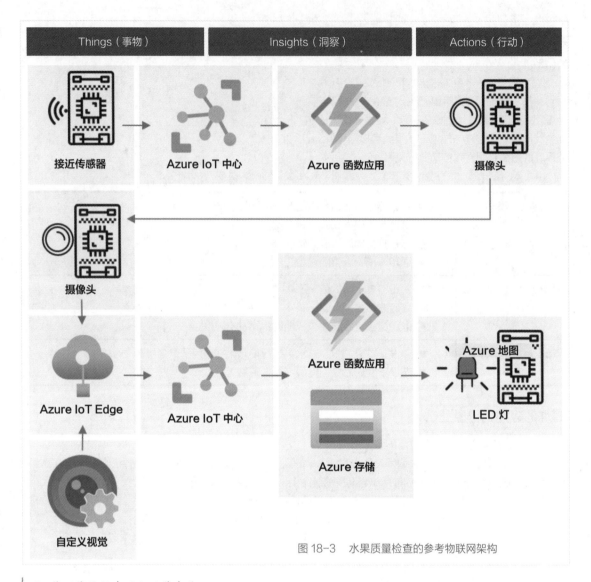

图 18-3　水果质量检查的参考物联网架构

🐢 你可能已经在不知不觉中使用了接近传感器。大多数智能手机会在你把手机放在耳边时关闭屏幕，以防止你不小心用耳垂触碰导致通话结束，这也是通过接近传感器实现的，在通话期间检测靠近屏幕的物体，并禁用触摸功能，直到手机离开一定距离。

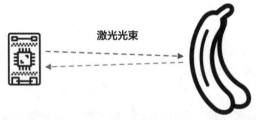

图 18-4　接近传感器向香蕉等物体发送激光光束，并计算光束被反射的时间

任务：用距离传感器触发水果质量检测

通过相关的指南，使用接近传感器来检测一个物体，然后使用你的物联网设备。

- 用 Wio Terminal 检测接近程度。
- 用树莓派检测接近程度。
- 用虚拟物联网硬件检测接近程度。

连接设备：用距离传感器检测接近程度

用 Wio Terminal 检测接近程度

在这一部分，你将在你的 Wio Terminal 上添加一个接近传感器，并从那里读取距离。

硬件

Wio Terminal 需要一个接近传感器。

你将使用的传感器是一个 Grove – Time of Flight Distance Sensor，中文可称为飞行时间激光测距传感器。该传感器使用一个激光测距模块来检测距离。这个传感器的范围是 10 毫米～ 2000 毫米（1 厘米～ 2 米），推荐测量范围在 30 毫米～ 1000 毫米（3 厘米～ 1 米），在这个范围内会相当准确地报告数值。

如图 18-5 所示，这个传感器是一个 I^2C 传感器。

图 18-5　激光测距仪在传感器的背面，与 Grove 插座相反的一面

连接飞行时间激光测距传感器

Grove 的飞行时间激光测距传感器可以连接到 Wio Terminal 上。

任务：连接飞行时间激光测距传感器

连接飞行时间激光测距传感器。

（1）将 Grove 电缆的一端插入飞行时间激光测距传感器的插口。它只能从一个方向插入。

（2）在 Wio Terminal 与计算机或其他电源断开的情况下，将 Grove 电缆的另一端连接到 Wio Terminal 左侧（当你面向屏幕时）的 Grove 插座上。这是离电源按钮最近的一个插座，也是一个数字和 I^2C 的组合插座，如图 18-6 所示。

（3）现在你可以以将 Wio Terminal 连接到你的计算机。

对飞行时间激光测距传感器进行编程

现在可以对 Wio Terminal 进行编程，以使用附加的飞行时间激光测距传感器。

任务：对飞行时间激光测距传感器进行编程

（1）使用 PlatformIO 创建一个全新的 Wio Terminal 项目。将项

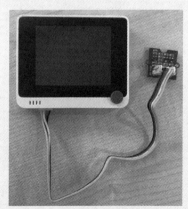

图 18-6　连接到左手边插座的飞行时间激光测距传感器

目命名为 `distance-sensor` 。在 `setup` 函数中添加代码以配置串行端口。

（2）在项目的 `platformio.ini` 文件中添加测距传感器库的依赖关系。

```
lib_deps =
    seeed-studio/Grove Ranging sensor - VL53L0X @ ^1.1.1
```

（3）在 `main.cpp` 中，在现有的 `include` 指令下面添加以下内容，以声明 `Seeed_vl53l0x` 类的实例，与测距传感器交互。

```
#include "Seeed_vl53l0x.h"

Seeed_vl53l0x VL53L0X;
```

（4）在 `setup` 函数的底部添加以下内容来初始化传感器。

```
VL53L0X.VL53L0X_common_init();
VL53L0X.VL53L0X_high_accuracy_ranging_init();
```

（5）在 `loop` 函数中，从传感器中读取一个值。

```
VL53L0X_RangingMeasurementData_t RangingMeasurementData;
memset(&RangingMeasurementData, 0, sizeof(VL53L0X_RangingMeasurementData_t));

VL53L0X.PerformSingleRangingMeasurement(&RangingMeasurementData);
```

这段代码初始化了一个数据结构来读取数据，然后将其传递给 PerformSingleRangingMeasurement 方法，在那里它将被填充到距离测量中。

（6）在下面，写出距离测量值，然后延迟 1 秒。

```
Serial.print("Distance = ");
Serial.print(RangingMeasurementData.RangeMilliMeter);
Serial.println(" mm");

delay(1000);
```

（7）构建、上传并运行这段代码。你将能够通过串行监视器看到距离测量值。将物体放在传感器附近，可以看到距离测量值的显示。

```
Distance = 29 mm
Distance = 28 mm
Distance = 30 mm
Distance = 151 mm
```

如图 18-7 所示的测距器在传感器的背面，所以测量距离时要确保使用正确的一面。

你可以在 `code-proximity/wio-terminal` 文件夹 🔗 [L18-1] 中找到这个代码。

😊恭喜，你的接近传感器程序运行成功了！

图 18-7 确保飞行时间激光测距传感器背面的测距器对准了香蕉

用树莓派检测接近程度

在这一部分，你将在你的树莓派上添加一个接近传感器，并从它那里读取距离。

硬件

树莓派需要一个接近传感器。

你将使用的传感器是一个 Grove - Time of Flight Distance Sensor，该传感器使用一个激光测距模块来检测距离。这个传感器的范围是 10 毫米～ 2000 毫米（1 厘米～ 2 米），推荐测量范围在 30 毫米～ 1000 毫米（3 厘米～ 1 米），在这个范围内会相当准确地报告数值。

如图 18-8 所示，这个传感器是一个 I²C 传感器。

图 18-8   激光测距仪在传感器的背面，与 Grove 插座相反的一面

连接飞行时间激光测距传感器

Grove 的飞行时间激光测距传感器可以连接到树莓派上。

任务：连接飞行时间激光测距传感器

连接飞行时间激光测距传感器。

（1）将 Grove 电缆的一端插入飞行时间激光测距传感器的接口。它只能从一个方向插入。

（2）在树莓派关闭电源的情况下，将 Grove 电缆的另一端连接到连接在树莓派 Grove 基座上标有 I²C 的插座之一。这些插座在最下面一排，与 GPI 引脚相对的一端，紧临相机电缆槽，如图 18-9 所示。

图 18-9   连接到 I²C 插座的 Grove 飞行时间激光测距传感器

对飞行时间激光测距传感器进行编程

现在可以对树莓派进行编程，以使用连接的飞行时间激光测距传感器。

任务：对飞行时间激光测距传感器进行编程

对设备进行编程。

（1）给树莓派上电，等待它启动。

（2）在 VS Code 中打开 `fruit-quality-detector` 的代码，可以直接在树莓派上编辑，也可以通过远程 SSH 扩展连接。

（3）安装 rpi-vl53l0x Pip 软件包，这是一个与 VL53L0X 飞行时间激光测距传感器互动的 Python 软件包。使用下面这个 pip 命令来安装它。

```
pip install rpi-vl53l0x
```

（4）在这个项目中创建一个新的文件，叫做 `distance-sensor.py`。

> 模拟多个物联网设备的一种简单方法是在不同的 Python 文件中分别进行，然后同时运行它们。

（5）在这个文件中添加以下代码。

```
import time

from grove.i2c import Bus
from rpi_vl53l0x.vl53l0x import VL53L0X
```

这几行代码导入了 Grove I²C 总线库，以及 Grove 飞行时间激光测距传感器中内置的核心传感器硬件的传感器库。

（6）在这下面，添加以下代码来访问传感器。

```
distance_sensor = VL53L0X(bus = Bus().bus)
distance_sensor.begin()
```

这段代码使用 Grove I²C 总线声明了一个距离传感器，然后启动传感器。

（7）最后，添加一个无限循环来读取距离。

```
while True:
    distance_sensor.wait_ready()
    print(f'Distance = {distance_sensor.get_distance()} mm')
    time.sleep(1)
```

这段代码等待一个值准备好从传感器中读取，然后将其打印到控制台。

（8）运行这段代码。

> 别忘了这个文件叫 `distance-sensor.py`！确保通过 Python 运行这个文件，而不是 `app.py`。

（9）你将看到距离测量值出现在控制台。将物体放在传感器附近，你会看到距离测量值的变化。

```
pi@raspberrypi:~/fruit-quality-detector $ python3 distance_sensor.py
Distance = 29 mm
Distance = 28 mm
Distance = 30 mm
Distance = 151 mm
```

如图 18-10 所示，测距器在传感器的背面，所以测量距离时要确保使用正确的一面。

图 18-10　确保飞行时间激光测距传感器背面的测距器对准了香蕉

你可以在 `code-proximity/pi` 文件夹 🔗[L18-2] 中找到这个代码。

😊 恭喜，你的接近传感器程序运行成功了！

ⓒ 用虚拟物联网硬件检测接近程度

在这一部分，你将在你的虚拟物联网设备上添加一个接近传感器，并从中读取距离。

硬件

虚拟物联网设备将使用一个模拟的距离传感器。

在物理物联网设备中，你将使用一个带有激光测距模块的传感器来检测距离。

将距离传感器添加到 CounterFit 中

要使用虚拟距离传感器，首先你需要在 CounterFit 应用程序中添加一个传感器。

任务：将距离传感器添加到 CounterFit 中

将距离传感器添加到 CounterFit 应用程序中。

（1）在 VS Code 中打开 `fruit-quality-detector` 的代码，并确保虚拟环境被激活。

（2）安装一个额外的 Pip 包，通过模拟 rpi-vl53l0x Pip 包来安装一个可以与距离传感器对话的 CounterFit shim，这个 Python 包可以与 VL53L0X 飞行时间距离传感器互动。请确保你是在激活了虚拟环境的终端上安装的。

```
pip install counterfit-shims-rpi-vl53l0x
```

（3）确保 CounterFit 的网络应用程序正在浏览器里运行。

（4）创建一个距离传感器，如图 18-11 所示。

图 18-11　距离传感器的设置

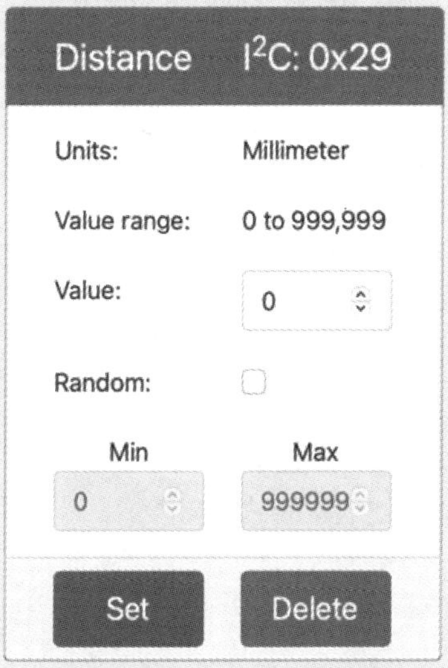

①在"Sensor"（传感器）窗格中的"Create sensor"（创建传感器）框中，下拉"Sensor Type"（传感器类型）框，选择"Distance"（距离）。

②将"Units"（单位）设为"Millimeter"（毫米）。

③该传感器是一个 I²C 传感器，所以将地址设为 0x29。如果你使用一个物理的 VL53L0X 传感器，它将被硬编码为这个地址。

④单击"Add"（添加）按钮来创建距离传感器。

距离传感器将被创建并出现在传感器列表中，如图 18-12 所示。

对距离传感器进行编程

现在可以对虚拟物联网设备进行编程，以使用模拟的距离传感器。

图 18-12　创建的距离传感器

任务：对距离传感器进行编程

（1）在 `fruit-quality-detector` 项目中创建一个新文件，名为 `distance-sensor.py` 。

> 模拟多个物联网设备的一个简单方法是在不同的 Python 文件中分别进行，然后同时运行它们。

（2）用下面的代码启动一个与 CounterFit 的连接。

```
from counterfit_connection import CounterFitConnection
CounterFitConnection.init('127.0.0.1', 5000)
```

（3）在这下面添加以下代码。

```
import time

from counterfit_shims_rpi_vl53l0x.vl53l0x import VL53L0X
```

这样就为 VL53L0X 飞行时间传感器导入了传感器库的垫片。

（4）在这下面，添加以下代码来访问该传感器。

```
distance_sensor = VL53L0X()
distance_sensor.begin()
```

这段代码声明了一个距离传感器，然后启动该传感器。

（5）最后，添加一个无限循环来读取距离。

```
while True:
    distance_sensor.wait_ready()
    print(f'Distance = {distance_sensor.get_distance()} mm')
    time.sleep(1)
```

这段代码等待一个值准备好从传感器中读取，然后将其打印到控制台。

（6）运行这段代码。

> 别忘了这个文件叫 `distance-sensor.py` ！确保通过 Python 运行这个文件，而不是 `app.py` 。

（7）你将看到距离测量值出现在控制台。改变 CounterFit 中的值以看到这个值的变化，或者使用随机值。

```
(.venv) → fruit-quality-detector python distance-sensor.py
Distance = 37 mm
Distance = 42 mm
Distance = 29 mm
```

你可以在 `code-proximity/virtual-iot-device` 文件夹 🔗 **[L18-3]** 中找到这个代码。

> 😊 恭喜，你的接近传感器程序运行成功了！

水果检测器的原型有多个组件相互通信，如图 18-13 所示。

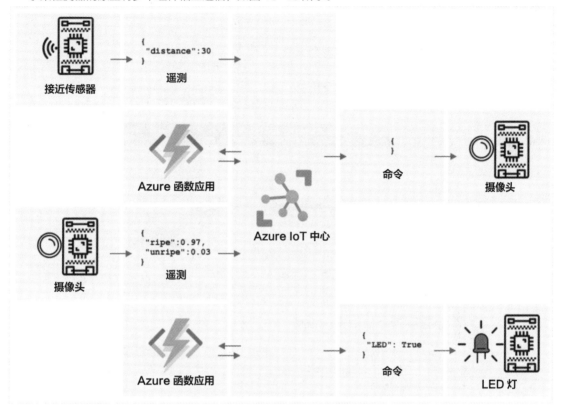

图 18-13　水果检测器之间相互通信的组件

- 一个接近传感器测量与一块水果的距离并将其发送到 IoT 中心。
- 控制摄像机的命令从 IoT 中心传到摄像设备上。
- 图像分类的结果被发送到 IoT 中心。
- 当水果未成熟时，控制 LED 的命令从 IoT 中心发送至带有 LED 的设备，以发出警报。

在构建应用程序之前，最好先定义这些消息的结构。

例如，如果你正在发送温度信息，你将如何定义 JSON？你可以

几乎每个有经验的开发者在他们职业生涯的某个阶段都花了几个小时、几天甚至几周的时间来解决由于发送的数据与预期不同而导致的错误。

有一个叫做 `temperature`（温度）的字段，或者你可以使用常见的缩写 `temp`，代码对比如下。

```
{
    "temperature": 20.7
}
```

```
{
    "temp": 20.7
}
```

你还必须考虑单位——温度的单位是℃还是°F？如果你使用消费者设备测量温度，而他们改变了显示单位，那么你还需要确保发送到云端的单位保持一致。

思考一下为水果质量检测器发送的数据。你将如何定义每条信息？你会在哪里分析数据并决定发送什么数据？

例如，使用接近传感器触发图像分类。物联网设备测量距离，但决定是在哪里做出的？设备是否决定水

果已足够近，并发送消息告诉 IoT 中心来触发分类？还是它发送距离测量值，让 IoT 中心决定？

像这样的问题的答案是——视情况而定。每个用例都是不同的，这就是为什么作为物联网开发者，你需要了解你正在构建的系统是如何使用的，以及检测到的数据。

- 如果决定是由 IoT 中心做出的，则需要发送多个距离测量。
- 如果你发送太多信息，就会增加 IoT 中心的成本，以及你的物联网设备所需的带宽（特别是在有数百万设备的工厂）。它也会拖慢你的设备。
- 如果你在设备上做决定，你将需要提供一种配置设备的方法来微调机器。

18.5 使用开发者设备来模拟多个物联网设备

为了建立你的原型，你将需要你的物联网开发套件像多个设备一样，发送遥测数据并响应命令。

18.5.1 在树莓派或虚拟物联网硬件上模拟多个物联网设备

当使用树莓派这样的单板计算机时，你能够同时运行多个应用程序。这意味着你可以通过创建多个应用程序来模拟多个物联网设备，每个"物联网设备"创建一个程序。例如，你可以将每个设备实现为一个单独的 Python 文件，并在不同的终端会话中运行它们。

18.5.2 在一个微控制器上模拟多个设备

微控制器模拟多个设备的情况比较复杂。与单板计算机不同，你不能同时运行多个应用程序，你必须在一个应用程序中包括所有独立物联网设备的所有逻辑。

一些使这个过程更容易的建议如下。

- 为每个物联网设备创建一个或多个类。例如，名称为 `DistanceSensor`、`ClassifierCamera`、`LEDController` 的类。每一个都可以有它自己的 `setup` 和 `loop` 方法，由主 `setup` 函数和主 `loop` 函数调用。
- 在一个地方处理命令，并根据需要将它们引导到相关的设备类。
- 在主 `loop` 函数中，你将需要考虑每个不同设备的时间。例如，如果你有一个设备类需要每 10 秒处理一次，而另一个设备类需要每 1 秒处理一次，那么在你的主 `loop` 函数中使用 1 秒的延迟。每一次循环调用都会触发需要每秒钟处理一次的设备的相关代码，并使用一个计数器来计算每一次循环，当计数器达到 10 时处理另一个设备（事后重置计数器）。

18.6 转向生产

原型将构成最终生产系统的基础。当你转入生产时，其中的一些区别如下。

- **加固部件：** 使用设计用于承受工厂噪声、热量、振动和压力的硬件。
- **使用内部通信：** 一些组件将直接通信，避免跳转到云端，只向云端发送存储的数据。如何实现这一点取决于工厂设置，可以直接通信，也可以使用网关设备在边缘运行部分物联网服务。
- **配置选项：** 每个工厂和用例都不同，因此硬件需要可配置。例如，接近传感器可能需要在不同距离检测不同的水果。与其硬编码触发分类的距离，不如通过 CAN 总线进行配置，如使用双设备。
- **自动水果移除：** 自动设备将移除不合格的水果，而不是 LED 提醒水果未成熟。

课后练习

挑战

在这一课中，你已经学到了一些你需要知道的关于如何构建物联网系统的概念。回想一下以前的项目。它们是如何融入上述参考架构中的？

挑选一个到目前为止的项目，想想如何设计一个更复杂的解决方案，将项目中所涉及的多种功能结合起来。画出架构，想想你需要的所有设备和服务。

例如，一个结合了 GPS 和传感器的车辆跟踪设备，可以监测冷藏车的温度、发动机的开关时间和驾驶员的身份等情况。涉及的设备、服务、传输数据以及安全和隐私方面的考虑是什么？

复习和自学

- 当你训练你的对象检测器时，你会看到 Precision（精确度）、Recall（召回率）和 mAP（平均精度）的值，对所创建的模型进行评价。使用微软文档中的构建对象检测器快速入门中的评估检测器部分 ⊘ [L18-4] 来阅读这些值是什么。
- 在百度百科的对象检测页面 ⊘ [L18-5] 上阅读更多关于对象检测的信息。

作业

比较域。

课后测验

（1）无论检测到多少个对象，对象检测器都只返回一个结果。这个说法（　　）。

　A. 正确

　B. 错误

（2）为了盘点库存，Custom Vision 中最适合的 domain（域）是什么？（　　）

　A. 通用（General）

　B. 食物（Food）

　C. 货架上的商品（Products on shelves）

（3）至少需要多少张图片来训练一个对象检测器？（　　）

　A. 1

　B. 15

　C. 100

说明

当你创建对象检测器时，可以选择多个域。比较一下它们对你检测器的作用，并描述哪一个能提供更好的结果。

要改变域，选择顶部菜单上的设置按钮，选择一个新的域，单击保存更改按钮，然后重新训练模型。确保你用新域训练的模型的新迭代来进行测试。

评分标准

标准	优秀	合格	需要改进
配置所有服务	能够设置 IoT 中心、Azure 函数应用程序和 Azure 存储	能够设置 IoT 中心，但没有设置 Azure 函数应用程序或 Azure 存储	无法设置任何互联网物联网服务
监控距离，如果物体比预定的距离更近，则将数据发送到 IoT 中心，并通过命令触发摄像机	能够测量距离，并在物体足够近时向 IoT 中心发送信息，并有命令发送以触发摄像机	能够测量距离并发送至 IoT 中心，但无法获得发送到摄像机的命令	无法测量距离并发送信息至 IoT 中心，或触发一个命令

标准	优秀	合格	需要改进
捕获图像，对其进行分类，并将结果发送到 IoT 中心	能够捕获图像，使用边缘设备对其进行分类，并将结果发送到 IoT 中心	能够对图像进行分类，但没有使用边缘设备，或者无法将结果发送到 IoT 中心	无法对图像进行分类
使用发送到设备的命令，根据分类结果打开或关闭 LED	如果水果未成熟，能够通过命令打开 LED	能够向设备发送命令，但不能控制 LED	无法发送命令来控制 LED

零售篇

农产品到达消费者手中之前的最后一个阶段是零售——市场、杂货店、超市和向消费者出售产品的商店。这些商店希望确保他们在货架上有产品供消费者查看和购买。

在食品店，特别是在大型超市，最耗费人工和时间的工作之一就是确保货架上有货。工人需要检查各个货架，以确保任何货架位置放满了储藏室的产品。

物联网可以帮助解决这个问题，使用运行在物联网设备上的人工智能模型来清点库存，使用机器学习模型，不仅仅可以对图像进行分类，还可以检测单个物体并进行计数。

在这两节课中，你将学习如何训练基于图像的人工智能模型来计算库存，并在物联网设备上运行这些模型。

课程简介

本篇包含以下课程：

感谢

本篇所有的课程都是由 Jim Bennett 用♥编写。

第 19 课
训练一个库存检测器

课前准备

简介

在上一个项目中，我们用人工智能训练了一个图像分类器——一个可以判断图像是否包含某些东西的模型，如成熟的水果或者未成熟的水果。另一种可用于图像的人工智能模型是对象检测。这些模型不是通过标签来对图像进行分类的，而是训练它们如何去识别对象，并且能够在图像中找到这些对象，这就要求模型在检测对象是否存在的同时，还能检测出对象在图像中的位置。这样将允许你计算图像中的对象数量。

图 19-1　观看视频: 自定义视觉 2 – 对象检测变得简单 🎥 [L19-1]

你可以先观看图 19-1 所示的有关对象检测的介绍视频，在本课中，你将学习对象检测，包括如何在零售业中使用它，以及如何在云中训练一个对象检测器。

在本课中，我们的学习内容将涵盖:

19.1　对象检测
19.2　在零售业中使用对象检测
19.3　训练一个对象检测器
19.4　测试你的对象检测器
19.5　重新训练你的对象检测器

课前测验

（1）AI 模型不能用来计算物体。这个说法（　　）。

A. 正确

B. 错误

（2）物联网和人工智能可以在零售业中用于（　　）。

A. 仅仅是库存检查

B. 广泛的用途，包括库存检查，在需要的地方监测可疑分子，跟踪人流，自动计费

C. 物联网和人工智能不能用于零售业

（3）对象检测涉及（　　）。

A. 检测图像中的物体并跟踪其位置和概率

B. 只计算图像中的物体

C. 对图像进行分类

19.1　对象检测

对象检测涉及使用人工智能检测图像中的物体。与你在上一个项目中训练的图像分类器不同，对象检测不是为了对整个图像做出最佳预测，而是为了在图片中找到一个或多个对象。

19.1.1　对象检测与图像分类

图像分类是将一幅图像作为一个整体进行分类——整幅图像匹配每个标签的概率是多少。由此，你可以得到用来训练模型的每个标签的概率。

在图 19-2 所示的例子中，使用一个训练好的模型对两幅图像进行分类，以便区分桶装的腰果和番茄酱。第一幅图像是一桶腰果，第二张图片是一罐番茄酱，分类器给出了每张图识别的标签和对应的概率。

你可以用这些值和一个阈值百分比来预测图像中的内容。但是，如果一张图片包含多个番茄酱罐头，或者同时包含多桶腰果和多罐番茄酱，那该怎么办呢？结果可能与你想象的不同，这就凸显了对象检测的重要性。

对象检测包括训练一个模型来识别对象。与其给它提供包含对象的图像，并告诉它每张图像是一个标签或另一个标签，不如突出图像中包含特定对象的部分，并对其进行标记。你可以标记图像中的单个对象或多个对象。这样一来，模型就学会了去记住对象本身的样子，而不是去记忆包含无效信息的整幅图片。

当你用它来预测图像时，你得到的不是一个标签和百分比的列表，而是一个检测到的对象列表、对象的边界框，以及模型判断为该对象的概率值。

🎓 边界框是围绕在物体周围的框。

图 19-3 所示包含一瓶腰果和三罐番茄酱。对象检测器检测到了腰果，返回了包含腰果的边界框，以及该边界框包含该物体的百分比概率，在这种情况下是 97.6%。

| 腰果 | 98.4% | 蕃茄酱 | 99.3% |
| 蕃茄酱 | 1.6% | 腰果 | 0.7% |

图 19-2　图像分类器对两幅图像进行分类给出的不同结果

图 19-3　对象检测器为每个检测到的对象都添加了边界框、标签和概率

📝 **做点研究**

思考一些你可能想使用基于图像的人工智能模型的不同场景。哪些需要分类，哪些需要对象检测？

该对象检测器还检测到了三罐番茄酱，并提供了三个独立的边界框，每个检测到的罐子都有一个边界框，每个边界框包含番茄酱罐子的概率同样为百分比。

19.1.2　对象检测如何工作

对象检测使用复杂的机器学习模型。这些模型的工作原理是将图像分成多个单元，然后检查边界框内的部分是否是与用于训练模型的图像之一相匹配。你可以认为这有点像在图像的不同部分运行一个图像分类器来寻找匹配。

🐾 这是个极端的过度简化。有许多对象检测的技术，你可以在百度百科有关对象检测的词条 🔗 [L19-2] 阅读更多的信息。

📖 **做点研究**

在 🔗 [19-3] 阅读关于 YOLO 模型的内容。

有许多不同的模型可以进行对象检测。一个特别有名的模型是 YOLO（You only look once），它的速度非常快，可以检测 20 种不同类别的物体，如人、狗、瓶子和汽车。

对象检测模型可以使用迁移学习重新训练，以检测自定义的物体。

19.2　在零售业中使用对象检测

对象检测在零售业有以下多种用途。

- 库存检查和计数：识别货架上的库存是否过低。如果库存过低，则可以向工作人员或机器人发出通知，重新为货架补货。
- 口罩检测：在公共卫生事件期间实行口罩政策的商店，对象检测可以识别出戴口罩和不戴口罩的人。
- 自动计费：检测自动商店中从货架上取下的物品，并向顾客收费。
- 危险检测：识别地板上的破碎物品，或溢出的液体，提醒清洁人员。

📖 **做点研究**

在零售业中还有哪些对象检测的使用案例？

19.3　训练一个对象检测器

你可以使用自定义视觉训练一个对象检测器，方法类似于你训练一个图像分类器。

19.3.1　任务：创建一个对象检测器

（1）为这个项目创建一个名为 `stock-detector` 的资源组。

（2）在 `stock-detector` 资源组中创建一个免费的 Custom Vision 训练资源，和一个免费的 Custom Vision 预测资源。把它们命名为 `stock-detector-training` 和 `stock-detector-prediction`。

🗑 你只能有一个免费的训练和预测资源，所以请确保你已经在前面的课程中清理了你的项目，清理项目请参考第 10 课的"清理 Azure 项目指南"。

⚠ **注意**

如果需要的话，你可以参考第 15 课中 15.4.1 "任务：创建一个认知服务资源"的说明。

（3）启动 🔗 **CustomVision.ai** 的自定义视觉门户主页，用你用于 Azure 账户的微软账户登录。

（4）按照微软文档中构建对象检测器快速入门中的创建新项目部分 🔗 [L19-4] 内容，创建一个新的 Custom Vision 项目。页面的 UI 可能会改变，这些文档总是最新的参考资料。把你的项目命名为 `stock-detector`。

如图 19-4 所示，当你创建项目时，确保使用你之前创建的 `stock-detector-training` 资源；"Project Types"（项目类型）选择 `Object Detection`（对象检测）；"Domains"（域）选择 `Products on Shelves`（货架上的产品）。

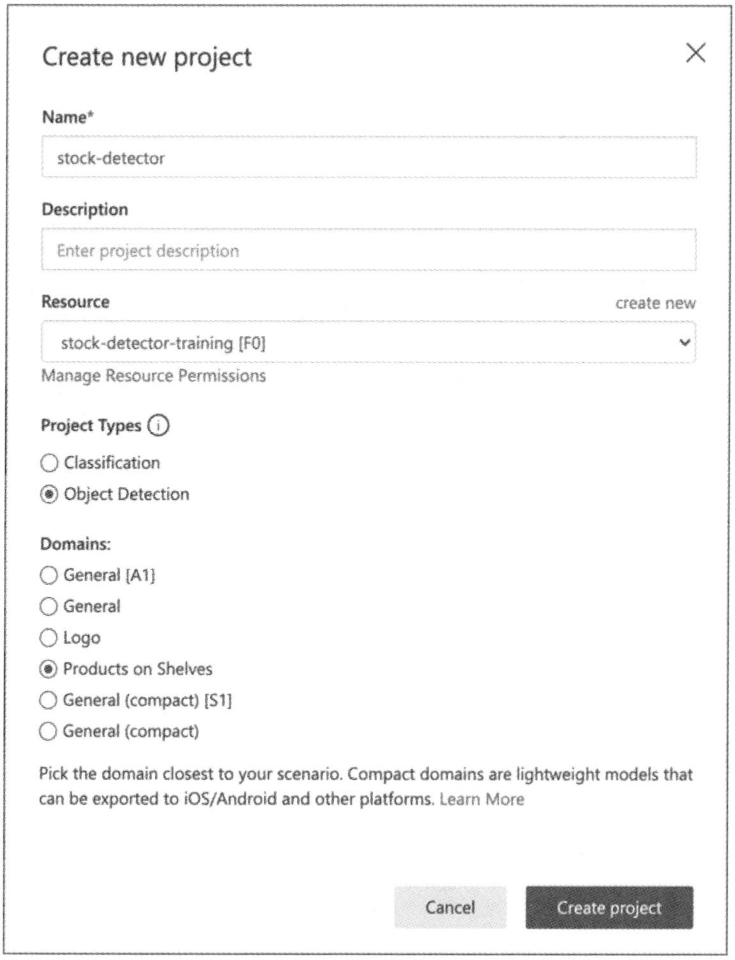

图 19-4 创建新的 Custom Vision 项目窗口选项

📖 做点研究

"Products on Shelves"（货架上的产品）域专门用于检测商店货架上的库存。在微软为自定义视觉项目选择域文档有关对象检测部分的介绍 🔗 **[L19-5]** 文档中阅读更多关于不同域的信息。

另外，花一些时间来探索对象检测器的自定义视觉用户界面。

19.3.2 任务：训练你的对象检测器

为了训练你的模型，你将需要一组包含你要检测的物体的图像。

（1）收集包含要检测的物体的图像。你将需要至少 15 张包含每个物体的图像，以便从各种不同的角度和不同的照明条件下进行检测，越多越好。这个对象检测器使用"Products on Shelves"（货架上的产品）域，所以尽量把物体设置成在商店货架上的样子。你还需要一些图像来测试这个模型。如果你要检测一个以上的对象，你将需要一些包含所有对象的测试图像。

你的图像应该是 PNG 或 JPEG 格式，小于 6MB。例如，如果你用 iPhone 创建图像，它们可能是高分辨率的 HEIC 图像，所以需要转换并且可能缩小。图片越多越好。

⚠️ **注意**

至少需要 15 张图像，而且这些图像需要涵盖所有要检测的对象。

这个模型是为货架上的产品设计的，所以尽量拍摄货架上物体的照片。

你可以在腰果和番茄酱的图片文件夹 🔗[L19-6] 中找到一些你可以使用的示例图片。

（2）按照微软文档上建立对象检测器快速入门中的"上传和标记图像"部分 🔗[L19-7] 内容，来上传你的训练图像，如图19-5所示。根据你要检测的物体类型，创建相关的标签。

当你为物体绘制边界框时，要让它们良好且紧密地框住物体。标注所有图像可能需要一段时间，但该工具会检测它认为是对象的边界框，从而提高标注效率，如图19-6所示。

🐭 如果每个对象的图像超过了15张，可以在15张之后进行的训练中使用建议标签的功能。这样将使用训练后的模型来检测未标记图像中的对象。然后你可以确认检测到的对象，或者拒绝并重新绘制边界框。这样可以节省大量的时间。

（3）按照微软文档中"构建对象检测器快速入门"中的"训练检测器"部分 🔗[L19-8] 内容，对你的标注图像进行对象检测器训练。

你将会得到一个训练类型的选择，选择"Quick Training"（快速训练）。

图 19-5   上传准备训练的图像窗口

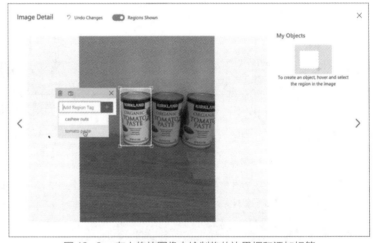

图 19-6   在上传的图像中绘制物体边界框和添加标签

然后对象检测器将进行训练，训练将需要几分钟时间来完成。

19.4   测试你的对象检测器

一旦你的对象检测器被训练好，就可以通过给它提供新的图像来检测物体来测试它。

⚠️注意

要使用你先前创建的测试图像，而不是你用于训练的任何图像。

任务：测试你的对象检测器

（1）使用"Quick Test"（快速测试）按钮上传测试图像，并验证物体是否被检测到，如图 19-7 所示。

（2）尝试所有你能接触到的测试图像，并考察其概率。

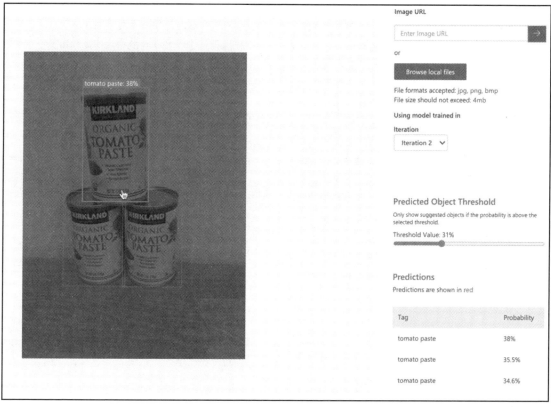

图 19-7　快速测试的窗口

19.5　重新训练你的对象检测器

当你测试你的对象检测器时，它可能不会给出你所期望的结果，就像前面项目中的图像分类器一样。你可以用出错的图像来重新训练它，从而改进你的对象检测器。

每次你使用快速测试选项进行预测时，图像和结果都会被存储起来。你可以使用这些图像来重新训练你的模型。

（1）使用预测选项卡，找到你用于测试的图像。

（2）确认任何准确的检测结果，删除不正确的检测结果，并标注任何丢失的对象。

（3）重新训练并重新测试模型。

课后练习

挑战

- 如果你用对象检测器检测类似的物品，如相同品牌的番茄酱罐头和切碎的番茄，会发生什么？
- 如果你有任何看起来相似的物品，可以通过将它们的图像添加到你的对象检测器中来测试一下。

复习和自学

- 在微软文档的 Azure IoT 参考体系结构 [L19-9] 中阅读更多关于物联网架构的信息。
- 在微软文档中了解并在 IoT 中心内使用设备孪生 [L19-10]，阅读更多关于设备孪生的信息。
- 在 OPC 是什么页面 [L19-11] 上阅读更多关于工业互操作标准的信息。

作业

建立一个水果质量检测器。

说明

建造水果质量检测器！利用你到目前为止所学到的一切，建立水果质量检测器的原型。使用运行在边缘的人工智能模型，根据接近程度触发图像分类，将分类结果存储在存储器中，并根据水果的成熟度控制一个 LED。你应该能够用你以前在所有课程中写的代码把这些拼凑起来。

课后测验

（1）构建 IoT 应用的三个组件是（   ）。
A. 事物（Things）、洞察（Insights）、行动（Actions）
B. 事物（Things）、互联网（Internet）、数据库（Databases）
C. 人工智能（AI）、区块链（Blockchain）、Fizz Buzzers

（2）连接事物（things）和可以创建洞察（insights）的组件叫作（   ）。
A. Azure 函数应用
B. IoT 中心
C. Azure Maps

（3）基于飞时测距的接近传感器的工作原理是什么？（   ）
A. 传感器发射激光束并测量从物体反射的时间
B. 传感器使用声音并测量从物体表面反射的时间
C. 传感器使用很长的尺子

评分标准

标准	优秀	合格	需要改进
配置所有服务	能够设置 IoT 中心、Azure 函数应用程序和 Azure 存储	能够设置 IoT 中心，但没有设置 Azure 函数应用程序或 Azure 存储	无法设置任何互联网物联网服务

第 20 课
从物联网设备上检查库存

 课前准备

简介

在上一课中，你了解了零售业中对象检测的不同用途。你还学会了如何训练对象检测器来识别库存。在这一课中，你将学习如何使用物联网设备中的对象检测器来计算库存。

在本课中，我们的学习内容将涵盖：

20.1 库存盘点

20.2 从你的物联网设备中调用你的对象检测器

20.3 边界框

20.4 重新训练模型

20.5 计算库存

🗑 这是本项目的最后一课，所以在完成本课和作业后，别忘了清理你的云服务。你将需要这些服务来完成作业，所以一定要先完成这个任务。如有必要，请参考第 10 课 "清理 Azure 项目指南" 部分的内容，以了解如何做到这一点。

课前测验

（1）物联网设备不够强大，无法胜任对象检测的任务。这个说法（ ）。

A. 正确

B. 错误

（2）对象检测程序会返回（ ）。

A. 检测到的物体的数量

B. 检测到的物体的数量和位置

C. 检测到的物体的数量、位置和概率

（3）对象检测程序可用于检测缺失库存的位置，并允许机器人自动补货。这个说法（ ）。

A. 正确

B. 错误

20.1 库存盘点

对象检测器可用于库存盘点，或者确保库存在它应该在的地方。带摄像头的物联网设备可以部署在商店的各个角落，以监控库存，尤其是对物品进行补货的重点地区，如库存量少和高价值物品的区域。

例如，如果一个摄像头指向一组可以容纳 8 罐番茄酱的货架，而对象探测器只检测到 7 罐，那么就有一罐缺失，需要补货。

如图 20-1 所示，一个对象检测器在一个可以容纳 8 罐番茄酱的货架上检测到 7 罐番茄酱。物联网设备不仅可以发送需要补货的通知，甚至还可以指示丢失物品的位置，如果你使用机器人来补货，这就是重要的数据信息。

图 20-1　一个对象检测器在一个可以容纳 8 罐番茄酱的货架上检测到 7 罐番茄酱

📖 根据商店和商品的受欢迎程度，如果只少了一罐，可能不会重新进货。你需要建立一个算法，根据你的产品、顾客和其他标准来决定何时补货。

有时，货架上会出现错误的库存。这可能是补货时的人为错误，或是顾客改变了购买的想法，把原本不在这里的物品随手放回了另一个空位，如图 20-2 所示。如果这是一个像罐头那样的非易腐物品还好，但如果是需要冷冻或冷藏的易腐物品，这可能意味着该产品不能再销售，因为无法判断该物品从冰箱中取出了多长时间。

对象检测可用于检测意外物品，再次提醒人或机器人在检测到该物品时立即放回原位。

在图 20-2 中，一罐小玉米被放在了番茄酱旁边的货架上。对象检测器检测到了这一点，使物联网设备能够通知人或机器人将罐头放回正确的位置。

✏️ 做点研究

在其他什么情况下，你可以把对象检测和机器人结合起来？

图 20-2 对象检测器检测到一罐小玉米被放在了番茄酱旁边的货架上

20.2 从你的物联网设备中调用你的对象检测器

你在上一课中训练的对象检测器可以从你的物联网设备中进行调用。

20.2.1 任务：发布对象检测器的迭代

迭代是通过 Custom Vision 门户发布的。

（1）在 🔗 `CustomVision.ai` 上启动 Custom Vision 门户，如果你还没有打开它，请先登录。然后打开你的 `stock-detector` 项目。

（2）从顶部的选项中选择"**Performance**"（性能）选项卡。

（3）从左侧的"**Iteration**"（迭代）列表中选择最新的迭代。

（4）单击迭代的"**Publish**"（发布）按钮，如图 20-3 所示。

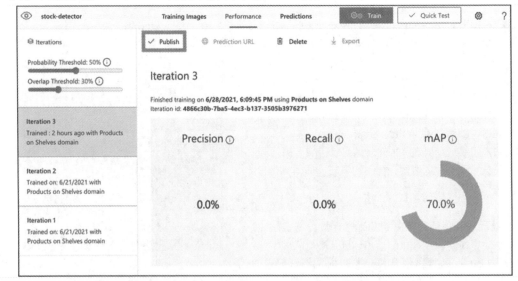

图 20-3 在"Performance"（性能）选项卡选中最新的迭代

（5）在发布模型对话框中，将预测资源设置为你在上一课中创建的 `stock-detector-prediction` 。将名称保存为 `Iteration2` ，并单击"**Publish**"（发布）按钮发布。

（6）一旦发布，单击"Prediction URL"（预测链接）按钮。这样将显示预测 API 的细节，你需要这些信息从你的物联网设备上调用模型，如图 20-4 所示。其中 `If you have an image file`（如果你有一个图像文件）下灰框中的链接提供了你想要的信息。复制一个显示的链接，其内容如下面所示。

```
https://<location>.api.cognitive.microsoft.com/customvision/v3.0/Prediction/<id>/detect/
iterations/Iteration2/image
```

其中，`<location>` 将是你在创建自定义视觉资源时使用的位置，而 `<id>` 将是一个由字母和数字组成的长 ID。

你还需要复制 `Prediction-Key` 的值。这是调用模型时必须传递的安全密钥。只有通过此密钥的应用程序才允许使用该模型，任何其他应用程序都将被拒绝。

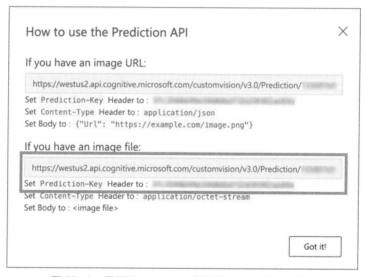

图 20-4　显示了 Prediction（预测）API 的细节的弹窗

做点研究

当一个新的迭代被发布时，它将有一个不同的名称。你认为你会如何改变物联网设备正在使用的迭代？

20.2.2　任务：从你的物联网设备中调用对象检测器

按照下面的相关指南，从你的物联网设备中使用对象检测器。

● 从 Wio Terminal 调用对象检测器。
● 从树莓派或虚拟设备调用对象检测器。

连接设备：从你的物联网设备中调用对象检测器

从 Wio Terminal 调用对象检测器

一旦你的对象检测器被发布，它就可以从你的物联网设备上使用。

复制图像分类器项目

你存量检测器的大部分内容与你在前一课中创建的图像分类器相同。

任务：复制图像分类器项目

（1）按照制造篇第 16 课中"使用 Wio Terminal 捕捉图像"部分的步骤连接你的 ArduCam 和 Wio Terminal。你可能还需要将摄像头固定在某个位置上。例如，把电缆挂在盒子或罐子上，或者用双面胶把摄像头固定在盒子上。

（2）使用 PlatformIO 创建一个全新的 Wio Terminal 项目。将项目命名为 `Stock-counter`。

（3）重复第 16 课中"使用 Wio Terminal 捕捉图像"的步骤，从相机中捕捉图像。

（4）重复第 16 课中"使用 Wio Terminal 对图像进行分类"的步骤，调用图像分类器。该代码的大部分将被重新应用于对象检测。

将代码从分类器改为图像检测器

你用来对图像进行分类的代码与对象检测的代码非常相似。主要区别在于你从 Custom Vision 获得的被调用的 URL，以及调用的结果不同。

任务：将代码从分类器改为图像检测器

（1）在 `main.cpp` 文件的顶部添加以下 include 指令。

```
#include <vector>
```

（2）将 `classifyImage` 函数重命名为 `detectStock`，包括该函数的名称和 `buttonPressed` 函数中的调用。

（3）在 `detectStock` 函数上面声明一个 `threshold`（阈值），以过滤掉任何低概率的检测结果。

```
const float threshold = 0.3f;
```

与每个标签只返回一个结果的图像分类器不同，对象检测器会返回多个结果，因此需要过滤掉任何概率低的结果。

（4）在 `detectStock` 函数的上方，声明一个处理预测的函数。

```
void processPredictions(std::vector<JsonVariant> &predictions)
{
    for(JsonVariant prediction : predictions)
    {
        String tag = prediction["tagName"].as<String>();
        float probability = prediction["probability"].as<float>();
```

```
            char buff[32];
            sprintf(buff, "%s:\t%.2f%%", tag.c_str(), probability * 100.0);
            Serial.println(buff);
        }
    }
```

这就需要一个预测列表并将其输出到串行监视器上。

（5）在 `detectStock` 函数中，用以下内容替换在预测中循环的 `for` 循环的内容。

```
std::vector<JsonVariant> passed_predictions;

for(JsonVariant prediction : predictions)
{
    float probability = prediction["probability"].as<float>();
    if (probability > threshold)
    {
        passed_predictions.push_back(prediction);
    }
}


processPredictions(passed_predictions);
```

循环将不断检视预测值，将概率与阈值进行比较。所有概率高于阈值的预测被添加到一个列表中，并传递给 `processPredictions` 函数。

（6）上传并运行你的代码。将相机对准架子上的物体，按下 Wio Terminal 上的 C 键（顶部靠近电源一侧的按钮）。你将在串行监视器中看到以下输出。

```
Connecting to Wi-Fi..
Connected!
Image captured
Image read to buffer with length 17416
tomato paste:    35.84%
tomato paste:    35.87%
tomato paste:    34.11%
tomato paste:    35.16%
```

> 你可能需要将 `threshold`（阈值）调整到适合你图像的适当值。

你将能够看到所拍摄的图像，以及在 "Custom Vision" 中 "Predictions"（预测）选项卡中见到刚才在串行监视器中输出的数值，如图 20-5 所示。

你可以在 `code-detect/wio-terminal` 文件夹 [L20-1] 中找到这个代码。

> 😊 恭喜，你的库存计数器程序运行成功了！

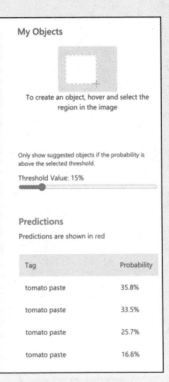

图 20-5 在 Custom Vision 中的 Predictions（预测）选项卡中见到刚才在串行监视器中输出的数值

▣ 从树莓派或虚拟设备调用对象检测器

一旦你的对象检测器被发布，它就可以从你的物联网设备上使用。

复制图像分类器项目

你库存检测器的大部分内容与你在前一课中创建的图像分类器相同。

任务：复制图像分类器项目

（1）如果你使用的是虚拟物联网设备，请在你的计算机上创建一个名为 `stock-counter` 的文件夹，或者在你的上树莓派上创建一个文件夹。如果你使用的是虚拟物联网设备，请确保你设置了一个虚拟环境。

（2）设置相机硬件。

- 如果你使用的是树莓派，则需安装 PiCamera。你可能还想把摄像机固定在一个位置上。例如，把电缆挂在一个盒子或罐子上，或者用双面胶把摄像机固定在盒子上。
- 如果你使用的是虚拟物联网设备，那么你将需要安装 CounterFit 和 CounterFit PyCamera shim。如果你要使用静态图像，那么捕捉一些你的对象探测器还没有看到的图像，如果你要使用你的网络摄像头，请确保它的位置可以看到你正在检测的库存。

（3）重复第 16 课中"使用树莓派捕捉图像"或"使用虚拟物联网硬件捕捉图像"的步骤，从相机中捕捉图像。

（4）重复第 16 课中"使用树莓派或虚拟物联网硬件对图像进行分类"来调用图像分类器，这段代码的大部分将被重新用于检测物体。

将代码从分类器改为图像检测器

你用于对图像进行分类的代码与检测物体的代码非常相似。主要的区别是在 Custom Vision SDK 上调用的方法，以及调用的结果。

任务：将代码从分类器改为图像检测器

（1）删除对图像进行分类并处理预测结果的三行代码。

```
results = predictor.classify_image(project_id, iteration_name, image)

for prediction in results.predictions:
    print(f'{prediction.tag_name}:\t{prediction.probability * 100:.2f}%')
```

（2）添加以下代码来检测图像中的物体。

```
results = predictor.detect_image(project_id, iteration_name, image)

threshold = 0.3

predictions = list(prediction for prediction in results.predictions if prediction.probability
> threshold)

for prediction in predictions:
    print(f'{prediction.tag_name}:\t{prediction.probability * 100:.2f}%')
```

这段代码调用预测器上的 `detect_image` 方法来运行对象检测器。然后，它收集所有概率高于阈值的预测，将它们输出到控制台。

与每个标签只返回一个结果的图像分类器不同，对象检测器将返回多个结果，因此需要过滤掉任何低概率的结果。

（3）运行这段代码，它将捕获一张图像，将其发送给对象检测器，并打印出检测到的物体。如果你使用的是虚拟物联网设备，请确保你在 CounterFit 中设置了适当的图像，或者选择网络摄像头。如果你使用的是树莓派，请确保你的摄像头指向架子上的物体。

```
pi@raspberrypi:~/stock-counter $ python3 app.py
tomato paste:   34.13%
tomato paste:   33.95%
tomato paste:   35.05%
tomato paste:   32.80%
```

> 你可能需要将阈值调整到适合你图像的适当值。

你将能够看到所拍摄的图像，以及在自定义视觉预测选项卡中的这些数值，如图 20-5 所示。

你可以在 `code-detect/pi` 🔗 [L20-2] 或 `code-detect/virtual-iot-device` 文件夹🔗 [L20-3] 中找到这个代码。

> 😃 恭喜，你的库存统计程序运行成功了！

当你使用对象检测器时，不仅可以得到检测到的物体及其标签和概率，还可以得到物体的边界框。这些定义了对象检测器以给定概率检测到物体的位置。

> 🔅 边界框是一个定义包含检测到的物体的区域的框，一个定义物体边界的框。

📖 **做点研究**

在 Custom Vision 中打开预测结果，查看边界框。

"Custom Vision"中"Predictions"（预测）选项卡中的预测结果展示会在被预测的图像上绘制边界框。如图 20-6 所示，检测到了 4 罐番茄酱。在结果中，图像中检测到的每个物体都有一个红色的矩形，表示对象的边界框。

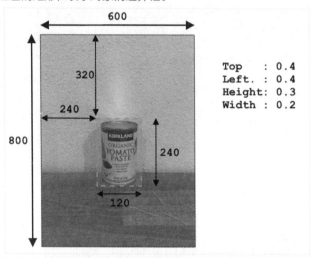

图 20-6　边界框的定义是通过基于图像大小百分比的四个值来确定的

边界框是用 4 个值定义的——到顶部和左侧的距离，以及边界框的高度和宽度。这些值在 0 ～ 1 的范围内，代表这些位置占图像大小的百分比。原点（ (0,0) 的位置）是图像的左上方，所以顶部的数值就是与顶部的距离，而边界框的底部是顶部加上高度。

如图 20-6 所示，图片是 600 像素宽，800 像素高。其相对值到像素值的换算见表 20-1。边界框从原点向下 320 像素开始，给出的边界框的 Top（顶部）坐标是 0.4（800×0.4 = 320）；边界框从原点向左 240 像素开始，给出的 Left（左边）坐标是 0.4（600×0.4 = 240）。边界框的高度是 240 像素，给出的 Height（高度值）是 0.3（800×0.3 = 240）；宽度是 120 像素，给出的 Width（宽度值）是 0.2（600×0.2 = 120）。

表 20-1　边界框从相对值到像素值的换算过程

坐标	相对值	像素值
Top（顶部）	0.4	= 800×0.4 = 320
Left（左侧）	0.4	= 600×0.4 = 240
Height（高度）	0.3	= 800×0.3 = 240
Width（宽度）	0.2	= 600×0.2 = 120

使用 0 ～ 1 的百分比值意味着无论图像被缩放到什么大小，边界框都是沿着左侧和向下 0.4 的位置开始，并且是高度的 0.3 和宽度的 0.2。

你可以使用边界框与概率相结合的方法来评估检测的准确性。例如，一个对象检测器可以检测多个重叠的物体，如检测一个罐子在另一个罐子里面。你的代码可以检视一下边界框，了解这是不可能的，并忽略任何与其他物体有明显重叠的物体。

如图 20-7 的例子所示，一个边界框表示一罐番茄酱的预测概率为 78.3%。第二个边框略小，位于第一个边框内，概率为 64.3%。你的代码可以检查边界框，看到它们完全重叠，并忽略较低的概率，因为不可能有一个物品在另一个里面的情况。

图 20-7　对象检测出现重叠的情况

✏ **做点研究**

你能想到在什么情况下，检测一个物体在另一个物体里面是有效的吗？

20.4　重新训练模型

与图像分类器一样，你可以使用你的物联网设备捕获的数据重新训练模型。使用这种真实数据将确保你的模型在物联网设备上使用时运行良好。

与图像分类器不同的是，你不能仅仅标记一个图像。相反，你需要审查模型检测到的每个边界框。如果框着错误的东西那么就需要删除这个框，如果框在错误的位置就需要调整到正确的位置。

任务：重新训练模型

（1）确保你已经用物联网设备捕获了一系列的图像。

（2）从"Predictions"（预测）选项卡选择一个图像。你会看到红色方框，表示检测到的物体的边界方框。

（3）仔细检视每个边界框。首先选择它，你会看到一个显示标签的弹出窗口。如果有必要，可以使用边界框四角的把手来调整尺寸。如果标签是错的，用 X 按键将其删除，然后添加正确的标签。如果边界框不含要识别的对象，就单击垃圾桶按钮将其删除。

（4）完成后关闭编辑器，图像将从预测选项卡移到训练图像选项卡，对所有的预测图像重复这个过程。

（5）使用"Train"（训练）按钮来重新训练你的模型。一旦训练完成，发布迭代并更新你的物联网设备以使用新迭代的 URL。

（6）重新部署你的代码并测试你的物联网设备。

20.5　计算库存

利用检测到的物体数量和边界框的组合，你可以计算货架上的库存。

任务：清点存货

按照下面的相关指南，使用你物联网设备对象检测器的结果来计算库存。

● 使用 Wio Terminal 计算库存。

● 使用树莓派或虚拟硬件计算库存。

连接设备：用你的物联网设备计算库存

使用 Wio Terminal 计算库存

利用预测值和它们边界框的数据，可以计算图像中的货物数量。

计算货物数量

如图 20-8 所示，边界框有一个小的重叠。如果这个重叠部分变得大得多，那么这些边界框可能表示的是同一个物体。为了正确计算物体，你需要忽略有明显重叠的边界框。

任务：计算库存，忽略重叠部分

（1）打开你的 `stock-counter` 项目（如果它还没有打开）。

（2）在 `processPredictions` 函数的上方添加以下代码。

```
const float overlap_threshold = 0.20f;
```

图 20-8　出现边界框小范围重叠的状况

这句代码定义了边界框被认为是同一对象之前允许的重叠百分比，0.20 代表 20% 的重叠率。

（3）在这下面，在 `processPredictions` 函数上面，添加以下代码来计算两个矩形之间的重叠率。

```
struct Point {
    float x, y;
};

struct Rect {
    Point topLeft, bottomRight;
};

float area(Rect rect)
{
    return abs(rect.bottomRight.x - rect.topLeft.x) * abs(rect.bottomRight.y - rect.topLeft.y);
}

float overlappingArea(Rect rect1, Rect rect2)
{
    float left = max(rect1.topLeft.x, rect2.topLeft.x);
    float right = min(rect1.bottomRight.x, rect2.bottomRight.x);
    float top = max(rect1.topLeft.y, rect2.topLeft.y);
    float bottom = min(rect1.bottomRight.y, rect2.bottomRight.y);


    if ( right > left && bottom > top )
```

```
    {
        return (right-left)*(bottom-top);
    }

    return 0.0f;
}
```

这段代码定义了一个 `Point` 结构来存储图像上的点，并定义了一个 Rect 结构来使用左上角和右下角的坐标定义一个矩形。然后，它定义了一个 `area` 函数，根据左上角和右下角坐标计算矩形的面积。

接下来，它定义了一个 `overlappingArea` 函数，计算两个矩形的重叠面积。如果它们不重叠，就返回 0。

（4）在 `overlappingArea` 函数下面，声明一个函数，将一个边界框转换为一个矩形。

```
Rect rectFromBoundingBox(JsonVariant prediction)
{
    JsonObject bounding_box = prediction["boundingBox"].as<JsonObject>();

    float left = bounding_box["left"].as<float>();
    float top = bounding_box["top"].as<float>();
    float width = bounding_box["width"].as<float>();
    float height = bounding_box["height"].as<float>();

    Point topLeft = {left, top};
    Point bottomRight = {left + width, top + height};

    return {topLeft, bottomRight};
}
```

这是从对象检测器中获取一个预测值，提取边界框，并使用边界框上的值来定义一个矩形：左上角坐标位置与右下角坐标位置（右下角坐标位置的计算，水平方向是由左边值加上宽度值，垂直方向是由顶部值加上高度值）。

（5）预测结果需要相互比较，如果两个预测结果的重叠程度超过阈值，则需要删除其中一个。重叠阈值是一个百分比，所以需要乘以最小边界框的大小，以检查重叠部分是否超过了边界框的给定百分比，而不是整个图像的给定百分比。接下来，首先删除 `processPredictions` 函数的内容。

（6）在空的 `processPredictions` 函数中加入以下内容。

```
std::vector<JsonVariant> passed_predictions;

for (int i = 0; i < predictions.size(); ++i)
{
    Rect prediction_1_rect = rectFromBoundingBox(predictions[i]);
    float prediction_1_area = area(prediction_1_rect);
    bool passed = true;

    for (int j = i + 1; j < predictions.size(); ++j)
    {
        Rect prediction_2_rect = rectFromBoundingBox(predictions[j]);
        float prediction_2_area = area(prediction_2_rect);

        float overlap = overlappingArea(prediction_1_rect, prediction_2_rect);
```

```
            float smallest_area = min(prediction_1_area, prediction_2_area);

            if (overlap > (overlap_threshold * smallest_area))
            {
                passed = false;
                break;
            }
        }

        if (passed)
        {
            passed_predictions.push_back(predictions[i]);
        }
    }
```

这段代码声明了一个向量来存储不重叠的预测。然后，它循环检视所有的预测，从边界框中创建一个矩形。

接下来，这段代码循环检视剩余的预测，从当前预测后的预测开始。这样可以阻止预测被多次比较 ——一旦 1 和 2 被比较，就没有必要将 2 与 1 比较，只需要与 3、4 等进行比较。

对于每一对预测，都会计算出重叠的面积。然后将其与较小那个边界框的面积进行比较——如果重叠部分超过了较小边界框的阈值百分比，则该预测被标记为未通过。如果在比较了所有的重叠部分后，预测通过了检查，那么它将被添加到 `passed_predictions` 集合中。

> 这是个简单的去除重叠的方法，只是去除重叠对中的第一个。对于生成代码，你会希望在这里放入更多的逻辑，如考虑多个对象之间的重叠，或者一个边界框是否被另一个边界框所包含等。

（7）在这之后，添加下面的代码，将传递的预测细节发送到串行监视器。

```
for(JsonVariant prediction : passed_predictions)
{
    String boundingBox = prediction["boundingBox"].as<String>();
    String tag = prediction["tagName"].as<String>();
    float probability = prediction["probability"].as<float>();

    char buff[32];
    sprintf(buff, "%s:\t%.2f%%\t%s", tag.c_str(), probability * 100.0, boundingBox.c_str());
    Serial.println(buff);
}
```

这段代码循环处理通过的预测项目，并将其细节输出到串行监视器上。

（8）接下来，添加代码，将计数项目的数量输出到串行监视器上。

```
Serial.print("Counted ");
Serial.print(passed_predictions.size());
Serial.println(" stock items.");
```

然后，它可以被发送到物联网服务，以便在库存水平低时发出警报。

（9）上传并运行你的代码。将相机对准架子上的物体，按下 Wio Terminal 的 C 键（顶部靠近电源开关侧的按键）。尝试调整 `overlap_threshold` 值，看看预测是否被忽略。

```
Connecting to Wi-Fi..
Connected!
Image captured
Image read to buffer with length 17416
tomato paste:    35.84%  {"left":0.395631,"top":0.215897,"width":0.180768,"height":0.359364}
tomato paste:    35.87%  {"left":0.378554,"top":0.583012,"width":0.14824,"height":0.359382}
tomato paste:    34.11%  {"left":0.699024,"top":0.592617,"width":0.124411,"height":0.350456}
tomato paste:    35.16%  {"left":0.513006,"top":0.647853,"width":0.187472,"height":0.325817}
Counted 4 stock items.
```

你可以在 `code-count/wio-terminal` 文件夹 🔗 **[L20-4]** 中找到这段代码。

😊 恭喜，你的货物计数程序成功运行了！

◆ ⓒ 使用树莓派或虚拟硬件计算库存

利用预测值和它们边界框的数据，可以计算图像中的货物数量。

显示边界框

作为一个有用的调试步骤，你不仅可以输出边界框，还可以在捕获图像时在写入存储的图像上绘制它们。

任务：打印边界框

（1）确保在 VS Code 中打开 `stock-counter` 项目，如果你使用的是虚拟物联网设备，则激活虚拟环境。

（2）将 `for` 循环中的 `print` 语句改为以下内容，将边框输出到控制台。

```
print(f'{prediction.tag_name}:\t{prediction.probability * 100:.2f}%\t{prediction.bounding_box}')
```

（3）运行该应用程序，将相机对准货架上的一些库存。边框将被输出到终端控制台，左、上、宽和高的数值介于 0 到 1 之间。

```
pi@raspberrypi:~/stock-counter $ python3 app.py
tomato paste:    33.42%  {'additional_properties': {}, 'left': 0.3455171, 'top': 0.09916268,
'width': 0.14175442, 'height': 0.29405564}
tomato paste:    34.41%  {'additional_properties': {}, 'left': 0.48283678, 'top': 0.10242918,
'width': 0.11782813, 'height': 0.27467814}
tomato paste:    31.25%  {'additional_properties': {}, 'left': 0.4923783, 'top': 0.35007596,
'width': 0.13668466, 'height': 0.28304994}
tomato paste:    31.05%  {'additional_properties': {}, 'left': 0.36416405, 'top': 0.37494493,
'width': 0.14024884, 'height': 0.26880276}
```

任务：在图像上绘制边界框

（1）Pip 包 Pillow 可以用于在图像上绘图，用下面的命令安装它。

```
pip3 install pillow
```

如果你使用的是虚拟物联网设备，请确保在激活的虚拟环境下运行。

（2）在 `app.py` 文件的顶部添加以下导入语句。

```
from PIL import Image, ImageDraw, ImageColor
```

这样将导入编辑图像所需的代码。

（3）在 `app.py` 文件的末尾添加下面的代码。

```
with Image.open('image.jpg') as im:
    draw = ImageDraw.Draw(im)

    for prediction in predictions:
        scale_left = prediction.bounding_box.left
        scale_top = prediction.bounding_box.top
        scale_right = prediction.bounding_box.left + prediction.bounding_box.width
        scale_bottom = prediction.bounding_box.top + prediction.bounding_box.height

        left = scale_left * im.width
        top = scale_top * im.height
        right = scale_right * im.width
        bottom = scale_bottom * im.height

        draw.rectangle([left, top, right, bottom], outline=ImageColor.getrgb('red'), width=2)

    im.save('image.jpg')
```

这段代码打开了先前保存的图片进行编辑。然后，它在预测中循环获得边界框，并使用 0 ~ 1 的边界框值计算出右下角的坐标。然后通过乘以图像的相关维度将这些值转换为图像坐标。例如，如果在一个 600 像素宽的图像上，左边的值是 0.5，这将转换为 300（0.5×600 = 300）。

每个边界框都是用红线画在图像上的。最后，编辑后的图像会被保存并覆盖原始图像。

（4）运行该应用程序，相机对准货架上的一些果酱罐头。你将在 VS Code 资源管理器中看到 image.jpg 文件，你将能够选择它来查看边界框。

计算果酱罐头的数量

在图 20-9 所示的图像中，边界框有一个小的重叠。如果这个重叠量极大，那么这些边界框可能表示的是同一个物体。为了正确地对物体计数，你需要忽略有明显重叠的框。

任务：计算果酱罐头数量并忽略重叠部分

（1）Pip 包 Shapely 🔗 [L20-5] 可以用于计算交集。如果你使用的是树莓派，那么你需要先安装一个依赖的库。

图 20-9　出现边界框小范围重叠的状况

```
sudo apt install libgeos-dev
```

（2）安装 Shapely Pip 包。

```
pip3 install shapely
```

如果你使用的是虚拟物联网设备，确保从激活的虚拟环境内运行。

（3）在 **app.py** 文件的顶部添加以下导入语句。

```
from shapely.geometry import Polygon
```

这行代码导入了创建多边形以计算重叠所需的代码。

（4）在绘制边界框的代码上方，添加以下代码。

```
overlap_threshold = 0.20
```

这行代码定义了边界框被认为是同一对象之前允许的重叠百分比，0.20 代表 20% 的重叠率。

（5）为了使用 Shapely 计算重叠，需要将边界框转换为 Shapely 多边形。添加以下函数来完成这一工作。

```
def create_polygon(prediction):
    scale_left = prediction.bounding_box.left
    scale_top = prediction.bounding_box.top
    scale_right = prediction.bounding_box.left + prediction.bounding_box.width
    scale_bottom = prediction.bounding_box.top + prediction.bounding_box.height

    return Polygon([(scale_left, scale_top), (scale_right, scale_top), (scale_right, scale_bottom), (scale_left, scale_bottom)])
```

这段代码将使用预测的边界框创建一个多边形。

（6）删除重叠对象的逻辑包括比较所有边界框，如果任何一对预测的边界框重叠超过阈值，则删除其中一个预测。为了比较所有的预测，你将预测 1 与 2、3、4 等进行比较，然后将 2 与 3、4 等进行比较……下面的代码就是这样操作的。

```
to_delete = []

for i in range(0, len(predictions)):
    polygon_1 = create_polygon(predictions[i])

    for j in range(i+1, len(predictions)):
        polygon_2 = create_polygon(predictions[j])
        overlap = polygon_1.intersection(polygon_2).area

        smallest_area = min(polygon_1.area, polygon_2.area)

        if overlap > (overlap_threshold * smallest_area):
            to_delete.append(predictions[i])
            break

for d in to_delete:
    predictions.remove(d)

print(f'Counted {len(predictions)} stock items')
```

使用 `Shapely Polygon.intersection` 方法计算重叠部分，该方法返回一个具有重叠部分的多边形，然后从这个多边形计算面积。这个重叠阈值不是一个绝对值，需是相对于较小边界框面积的百分比，所以要找到较小的那个边界框，然后比较重叠的面积和最小边界框面积的百分比是否超过重叠阈值。如果重叠部分超过了这个阈值，预测就会被标记为要删除。

一旦一个预测被标记为删除，它就不需要再被检查，所以内循环就会中断，以检查下一个预测。你不能在迭代过程中从列表中删除项目，所以重叠超过阈值的边界框被添加到 `to_delete` 列表中，然后在最后删除。

最后，库存计数被输出到控制台。结果可以被发送到物联网服务，如果库存水平低，就会发出警报。所有这些代码都是在绘制边界框之前完成的，所以你会看到生成的图像上没有重叠的库存预测。

> 📖 这是个简单的去除重叠的方法，只是去除重叠对中的第一个。对于生产代码，你会希望在这里放入更多的逻辑，比如考虑多个对象之间的重叠，或者一个边界框是否被另一个边界框所包含。

运行该应用程序，将相机对准货架上的一些存货。输出将显示超过阈值的没有重叠的边界框的数量。试着调整 `overlap_threshold` 的值，查看被忽略的预测。

你可以在 `code-count/pi` 🔗 [L20-6] 或 `code-count/virtual-iot-device` 文件夹 🔗 [L20-7] 中找到这个代码。

> 😀 恭喜，你的果酱罐头的计数程序运行成功了！

扩展知识：用智能摄像头——Grove Vision AI 进行苹果识别和数量检测

前面课程的对象检测通过 Wio Terminal + ArduCam 摄像头或者树莓派 + 树莓派摄像头来实现。在这个过程中，摄像头只是起到了图像采集的作用，算法的执行放在 Wio Terminal 或树莓派上进行。随着边缘计算硬件的进步，现在出现了一些智能摄像头，如图 20-10 所示的 Grove Vision AI，它可以在智能摄像头模块上直接运行算法，并像我们使用类似温湿度传感器这类硬件那样，直接返回 AI 检测结果，这使得构建边缘智能应用变得更为简单，其物联网系统结构对比如图20-11 所示。

在上面的课程中我们了解了库存盘点在行业应用中的重要作用，也学习了如何使用物联网设备中的对象检测器来计算库存。在这一附加内容中，你将在 Wio Terminal 上外接一个人工智能摄像头，在边缘端通过人工智能摄像头实现苹果识别以及数量检测。

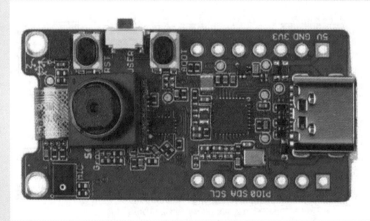

图 20-10　一个 Grove Vision AI 人工智能摄像头

硬件—— Grove Vision AI 模块

课程使用的物联网初学者 Wio Terminal 入门套件中包含了一个 Grove Vision AI 模块。

你将使用的模块是一个拇指大小，具有预安装人体检测机器学习算法的人工智能摄像头——Grove Vision AI。人工智能摄像头（AI Camera）是由内置边缘机器学习算法驱动的增强型摄像头，利用计算摄影技术进行智能处理，以执行实时增强型的目标检测。这种摄像头现在已广泛应用于智能手机的人脸识别，野生动物检测的边缘设备，以及其他边缘智能应用的领域。

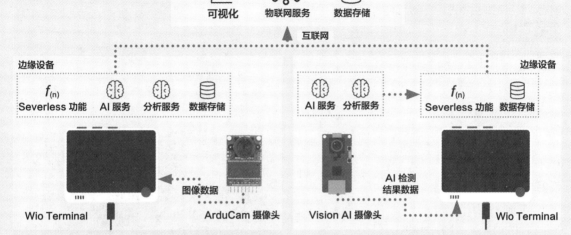

图像数据   AI 检测结果数据

Wio Terminal   ArduCam 摄像头   Vision AI 摄像头   Wio Terminal

20-11 使用传统摄像头和 AI 摄像头的物联网系统结构对比

矽递科技为这款人工智能摄像头预留了常见的 I²C 通信接口，用户可以直接通过使用 I²C 通信来获得摄像头识别到的物体和数量。

为人工智能摄像头上传模型

本扩展课的目的是进行苹果识别以及库存检测，所以在进行后续的步骤之前，我们需要使用提前准备好的水果识别模型替换掉人工智能摄像头中的人体识别模型。

任务：为人工智能摄像头上传模型

通过以下两个链接从浏览器获取两个 .uf2 文件 `grove_ai_without_crc.uf2`（固件升级文件 🔗 [L20-8]）和 `apple.uf2`（识别苹果的模型文件 🔗 [L20-9]），注意实际下载的文件名可能会带版本号信息，将它们保存在你的计算机上。

（1）使用 USB-C 电缆，一端连接在人工智能摄像头的 USB-C 插座上，另一端连接到计算机的 USB 接口。

（2）连接计算机上电后，迅速按两次 BOOT 按键，即离摄像头最远处的一个黑色按钮（如图 20-12 所示），此时摄像头会变成 USB 数据传输模式，计算机会出现名为 `GROVEAI` 的磁盘。

（3）首先将第 1 步下载好的 `grove_ai_without_crc.uf2` 文件复制到名为 `GROVEAI` 的磁盘里面。复制完成后，磁盘会自动消失，此时再断开人工智能摄像头与计算机的连接。

> ⚠️ **注意**
>
> 对于使用 Mac 计算机且操作系统为 macOS Venture 的用户，在复制过程中，有可能会出现 **"不能完成此操作，因为发生意外错误（错误代码 100093）。"** 的提示。需要使用命令行模式，才能进行文件复制！过程如下：打开 macOS 的终端，并进入下载文件所在的目录，执行以下命令（示例中下载的文件名为 `grove_ai_without_crc_v01-30.uf2`）：
>
> ```
> cp -X grove_ai_without_crc_v01-30.uf2 /
> Volumes/GROVEAI
> ```

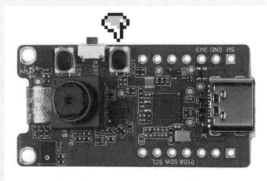

20-12 Vision AI 摄像头 BOOT 按键的位置

等待一会儿，复制成功后"GROVEAI"的磁盘会消失，意味着复制成功。

（4）重复第（2）、（3）步，将第（1）步下载好的 `apple.uf2` 文件复制到名为 GROVEAI 的磁盘里面。复制完成后，磁盘会自动消失，上传模型的过程完成。

> ⚠ **注意**
>
> macOS Venture 的用户参考上一步的注意事项，修改终端命令中的文件名为 `apple.uf2` 即可复制到设备。

连接人工智能摄像头

Grove Vision AI 人工智能摄像头可以连接到 Wio Terminal 的 I²C 接口上。

任务：连接人工智能摄像头

（1）将 Grove 电缆的一端插入人工智能摄像头的插口，它只能从一个方向插入。

（2）在 Wio Terminal 与计算机或其他电源断开的情况下，当你面向 Wio Terminal 屏幕时，将 Grove 电缆的另一端连接到 Wio Terminal 上左侧的 Grove 插口，就是离电源按钮最近的一个插口，如图 20-13 所示。

对人工智能摄像头进行编程

现在可以对 Wio Terminal 进行编程，以使用附加的人工智能摄像头。

图 20-13　连接到 Wio Terminal 左边插口的 Grove Vision AI 传感器

> 🖉 如果需要的话，你可以参考第 1 课中创建 `PlatformIO` 项目的说明。

> 🖉 如果需要的话，你可以参考第 4 课中关于向 `PlatformIO` 项目添加库的说明。

任务：对人工智能摄像头进行编程

（1）使用 PlatformIO 创建一个全新的 Wio Terminal 项目。把这个项目命名为 `visionai-module`。在 `setup` 功能中添加代码，配置串行端口。

（2）在项目的 `platformio.ini` 文件中添加 Wio Terminal 的板载依赖包以及 Seeed Grove Vision AI 人工智能摄像头库的依赖库。

```
platform_packages = framework-arduino-samd-seeed@https://github.com/Seeed-Studio/ArduinoCore-
samd.git
lib_deps =
    https://github.com/Seeed-Studio/Seeed_Arduino_GroveAI
```

（3）在文件的顶部，在现有的 `#include <Arduino.h>` 下面添加以下 `#include` 指令。

```
#include "Seeed_Arduino_GroveAI.h"
#include <Wire.h>
```

这样就导入了与传感器交互所需的文件，`Seeed_Arduino_GroveAI.h` 头文件包含了传感器本身的代码，而添加 `Wire.h` 头文件，是为了确保能够正常使用 Wio Terminal 上的 I²C 通信功能。

（4）在 `setup` 函数之前，声明 Grove Vision AI 模块并且定义一个全局变量 `state`。

```
GroveAI ai(Wire);
uint8_t state = 0;
```

第一行代码声明了一个管理 I²C 人工智能摄像头的 GroveAI 类的实例。它被连接到 I²C 端口，即 Wio Terminal 左侧的 Grove 插座。第二行代码定义了一个无符号 8 位的整型变量 `state`，它的作用是用 0 和 1 来表示人工智能摄像头的初始化情况：0 表示摄像头初始化失败或者未检测到摄像头的连接；1 表示摄像头初始化成功。我们将在后面的程序中用简单的逻辑判断人工智能的初始化情况，并根据初始化的情况来启动模型的识别功能。

（5）在 `setup` 函数中，添加代码来设置 I²C 通信和串行连接。

```
void setup()
{
    Wire.begin();
     Serial.begin(115200);

     while (!Serial)
     ; // Wait for Serial to be ready
}
```

（6）在 `setup` 函数最后的 `while(!Serial);` 之后，添加一段程序使 Vision AI 调用内置的模型以初始化。

```
if (ai.begin(ALGO_OBJECT_DETECTION, MODEL_EXT_INDEX_1)) // Object detection and pre-trained
model 1
{
    state = 1;
}
else
{
    Serial.println("Algo begin failed.");
}
```

这段程序中，我们使用了 `ai.begin()` 函数来检查摄像头初始化是否成功，如果成功，我们就将状态变量 `state` 设置为 1，否则，通过串行端口输出" Algo begin failed. "（算法启动失败）。`ai.begin()` 函数中需要填入两个参数，第一个参数表示使用模型的目的，默认情况下，我们的模型是用于进行 `ALGO_OBJECT_DETECTION` （对象检测）；第二个参数表示使用的模型索引号，Grove Vision AI 支持存放多个模型文件，不同的模型文件之间是通过索引号来区分的，这里的 `MODEL_EXT_INDEX_1` 表示的是索引号为 1 号的模型。

（7）在 `loop` 函数中，添加第一层 `if-else` 分支结构，用以展示人工智能摄像头的工作情况。

```
void loop()
{
  if (state == 1)
  {

  }
```

```
    else
    {
      state == 0;
    }
  }
```

这里的程序逻辑是：如果 `state` 的值为 1（意味着在 `setup` 中摄像头的初始化是成功的），那么执行 `if` 后面括号的中的程序（启动摄像头识别的程序），否则，设置 `state` 为 0，确保摄像头的状态只有 0 和 1 这两种情况。

（8）在第一层分支 `if(state==1)` 的花括号中，添加第二层 `if-else` 分支结构，用于训练模型并且捕捉实时画面进行识别。

```
uint32_t tick = millis();
    if (ai.invoke()) // begin invoke
  {

  }
  else
  {
      delay(1000);
      Serial.println("Invoke Failed.");
  }
```

`ai.invoke()` 函数的作用是启动摄像头的模型训练和识别功能，如果一切顺利，则会返回 `true`，否则返回 `false`。如果返回的是 `false`，那么很可能是模型不兼容的缘故，也可能是在使用途中拔掉了摄像头。那么这时候，配置串行端口输出 "Invoke Failed."（启动失败）。

（9）在第二层分支 `if(ai.invoke())` 的花括号中，添加第三层 `while` 和 `if-else` 分支结构，并且存储获得识别到的相关结果。

```
        while (1) // wait for invoking finished
        {
          CMD_STATE_T ret = ai.state();
          if (ret == CMD_STATE_IDLE)
          {
            break;
          }
          delay(20);
        }

        uint8_t len = ai.get_result_len(); // receive how many people detect
        if(len)
        {

        }
        else
        {
          Serial.println("No identification");
        }
```

当摄像头的内置算法训练完成和照片捕获成功后，进入一段死循环 `while(1)`，等待摄像头返回结果状态 `ai.state()`。如果结果状态为 `CMD_STATE_IDLE`，则摄像头输出工作完成，通过 `break` 语句结束死循环。然后，获取结果的长度 `len`，这个长度即表示识别到的对象数量。如果长度 `len` 的值为 `0`，那么表示这次的识别结果中，识别到的对象数量为 `0`，则通过串行端口输出"No identification"（无识别对象）。

（10）在第三层分支 `if(len)` 的花括号中，使用 `for` 循环结构输出识别到的结果。

```
int time1 = millis() - tick;
Serial.print("Time consuming: ");
Serial.println(time1);
Serial.print("Number of object: ");
Serial.println(len);
object_detection_t data;        //get data

for (int i = 0; i < len; i++)
{
    Serial.println("result:detected");
    Serial.print("Detecting and calculating: ");
    Serial.println(i+1);
    ai.get_result(i, (uint8_t*)&data, sizeof(object_detection_t)); //get result

    Serial.print("confidence:");
    Serial.print(data.confidence);
    Serial.println();
}
```

这段代码的前半部分，首先计算得出结果所消耗的时间 `time1`，并通过串行端口输出；然后输出识别到的对象数量 `len`。后半部分使用 `for` 循环，将结构体 `object_detection_t` 中识别到的每个对象的置信度进行输出，并通过串行端口打印出来。所以如果摄像头识别到对象，则会看到串行端口分别输出消耗时间、识别到的对象数量以及每个识别对象的置信度。

（11）建立并上传代码到 Wio Terminal。

（12）一旦上传，你就可以使用人工智能摄像头瞄准待识别对象，并且与目标对象保持一定距离（大约 15~25cm），然后用串行监视器查看识别到的结果了。

> 📝 如果需要的话，你可以参考第1课中创建 `PlatformIO` 项目的说明。

```
> Executing task: platformio device monitor <

--- Terminal on COM5 | 9600 8-N-1
--- Available filters and text transformations: colorize, debug, default, direct, hexlify,
log2file, nocontrol, printable, send_on_enter, time
--- More details at https://bit.ly/pio-monitor-filters
--- Quit: Ctrl+C | Menu: Ctrl+T | Help: Ctrl+T followed by Ctrl+H
No identification
Time consuming: 922
Number of object: 1
result:detected
Detecting and calculating: 1
confidence:66
```

你可以在 `visionai-module` 文件夹 🔗 **[L20-10]** 中找到这个代码。

实时观察苹果识别的效果

除了通过串行端口监视器查看识别对象的置信度等结果以外，Grove Vision AI 还提供了一个可视化的网页端来实时展示监测到的对象。

任务：实时观察苹果识别的效果

（1）在完成上一个任务"对人工智能摄像头进行编程"的前提下，保持人工智能摄像头与 Wio Terminal 的连接。再使用一根 USB-C 电缆，一端连接到人工智能摄像头的 USB-C 插座上，另一端连接到计算机的 USB 接口。

（2）此时，计算机右下角应该会弹出一条通知消息"检测到 Grove AI 请前往 file.seeedstudio.com 进行连接。"，如图 20-14 所示，我们单击它进入该网页。

⚠ **注意**

如果此通知未能自动弹出，你可以在浏览器中手动输入该地址进入页面 🔗 https://files.seeedstudio.com/grove_ai_vision/index.html。

图 20-14　电脑连接 Grove Vision AI 出现的提示

Grove Vision AI 支持的浏览器类型见表 20-2。

表 20-2　Grove Vision AI 支持的浏览器类型

	Chrome	Edge	Firefox	Opera	Safari
支持情况	✅	✅	✖	✅	✖

注：✅为支持的浏览器；✖为不支持的浏览器。

（3）将人工智能摄像头对准待识别对象并保持一定距离，观察网页端的界面，会发现识别到的对象会用红色的矩形方框出来，并且显示该对象的标签号以及置信度，如图 20-15 所示。

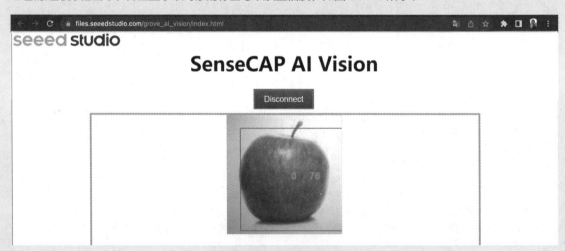

图 20-15　Vision AI 摄像头的识别效果展示

😊 恭喜，你的人工智能摄像头程序运行很成功！

挑战

- 你能检测到错误的库存吗？尝试在多个对象上训练你的模型，然后更新你的应用程序，如果检测到错误的存货就提醒你。
- 甚至可以更进一步，检测同一货架上并排的存货，并通过在边界框上定义限制来查看是否有东西放错了地方。
- 你能够自己使用 Vision AI 摄像头训练一个有实际应用意义的对象识别模型吗？请尝试阅读 Vision AI 摄像头的文档 🔗 [L20-11]，自己收集图像并训练一个模型。

复习和自学

- 在微软文档上的边缘缺货检测模式指南 🔗 [L20-12] 中了解更多关于如何构建端到端库存检测系统的信息。
- 通过观看"零售解决方案的幕后花絮——动手操作！"视频 🎥 [L20-13]，了解构建与结合系列物联网和云服务的端到端零售解决方案的其他方法。
- 阅读有关 Grove Vision AI 的硬件使用教程和编程指南 🔗 [L20-14]，对 Grove Vision AI 的原理和使用有更加深入的了解。
- 了解矽递科技 SenseCAP 生态的人工智能摄像头 🔗 [L20-15]，与 Grove Vision AI 相比，SenseCAP A1101 人工智能摄像头具有更高的准确度和工业级的应用标准。

课后测验

（1）要计算库存，你只需要考虑对象检测器检测到的物体的数量。这个说法（　　）。

A. 正确

B. 错误

（2）边界框的使用（　　）。

A. 基于百分比的坐标

B. 基于像素的坐标

C. 基于厘米的坐标

（3）检测到的物体是否可以重叠?（　　）

A. 可以

B. 不可以

作业

在边缘设备上使用你的对象检测器。

说明

在上一个项目中，你把你的图像分类器部署到边缘设备。对你的对象检测器做同样的工作，将它导出为一个压缩的模型并在边缘设备上运行，从你的物联网设备上访问边缘版本。

评分标准

标准	优秀	合格	需要改进
将你的对象检测器部署到边缘设备	能够使用正确的压缩域，导出对象检测器并在边缘设备上运行	能够使用正确的压缩域，并导出对象检测器，但无法在边缘设备上运行它	无法使用正确的压缩域导出对象检测器，并在边缘设备上运行它

居家篇

在前面的章节，我们种植了吃的，送到了加工厂，经过了质量分类，并在商店里出售，现在是做饭的时候了！我们知道，任何一个厨房里都有一个定时器作为核心。最初，这些定时器是以沙漏的形式出现的——当所有的沙子都流到底部的容器里时，你的食物就熟了。随后，它们被上了发条，变成了发条闹钟，而后是电子闹钟。

最新的迭代产品现在是我们智能设备的一部分。在世界各地的家庭厨房里，你会听到厨师们喊着："嘿，Siri——设置一个 10 分钟的定时器"，或者"Alexa——取消我的面包定时器"。你也不再需要走回厨房查看定时器，通过手机，在房间另一端用语音就可以轻易做到。

在本篇的 4 节课中，你将学习如何建立一个智能定时器，使用人工智能来识别你的声音，理解你的需求，并回复你的定时器信息，甚至能理解掌握多种语言。

⚠ 注意

使用语音和麦克风数据的工作需要大量的内存，这意味着很容易受到微控制器的限制。我们在这里的做的项目可以解决这些问题，但要注意我们使用的以 Wio Terminal 微控制器为基础的实验很复杂，可能会比本课程的其他实验花费更多时间。

👤 这些课程将使用一些云资源。如果你没有打算完成这个项目中的所有课程，请确保离开之前清理完你的项目。

课程简介

本篇包含以下课程：

感谢

本篇所有的课程都是由 Jim Bennett 用❤编写。

第 21 课
使用物联网设备识别语音

课前准备

图 21-1 所示的这段视频描述了 Azure 语音服务的梗概，并阐述了一个主题，我们将在本课中对其进行扩展。

简介

"Alexa，设置一个 12 分钟的定时器。"

"Alexa，计时器状态。"

"Alexa，设置一个 8 分钟的定时器，叫'蒸西兰花'。"

智能设备正变得越来越普遍。不仅限于像 HomePods、Echos 和 Google Homes 这样的智能音箱，甚至已经嵌入到我们的手机、手表，甚至灯具和恒温器中。

图 21-1　如何开始使用认知服务
语音资源的视频　📹 [L21-1]

课前测验

（1）物联网设备可用于识别语音。这个说法（　　）。

A. 正确

B. 错误

（2）语音助理需要将所有的音频发送到云端进行处理。这个说法（　　）。

A. 正确

B. 错误

（3）为了识别语音，IoT 设备需要一个大的麦克风。这个说法（　　）。

A. 正确

B. 错误

> 🔊 我家里至少有 19 台设备有语音助手，这还只是我知道的那些！

语音控制允许活动受限的人与设备互动，从而提高了无障碍性。无论是天生无臂的永久性残疾，还是手臂骨折之类的暂时性伤残，或者你的双手满是采购的物品或正抱着年幼的孩子，我们的声音取代了我们的手，可以用来控制我们的设备，为我们打开了一个访问世界的新通道。
在忙着给婴儿换尿布和处置不听话的娃儿时，大喊"嘿，Siri，把我的车库门关上"，可能是对生活的一个小小的但很有效的改善。

让语音助手广受欢迎的用途之一是设置定时器，尤其是厨房定时器。在厨房里，能够用你的声音设置多个计时器是一个很大的帮助；这样你无须停止揉面团，搅拌汤，或清理手上的饺子馅来使用物理计时器。

在本课中，你将学习在物联网设备中建立语音识别。你将了解作为传感器的麦克风，如何从连接到物联网设备的麦克风中捕捉音频，以及如何使用人工智能将听到的内容转化为文本。在这个项目的其余部分，你将建立一个智能厨房定时器，能够用你的语音设置多语言的定时器。

在本课中，我们的学习内容将涵盖：

21.1　麦克风

21.2　从你的物联网设备捕获音频

21.3　语音转文本技术介绍

21.4　在物联网设备上将语音转换为文本

21.1 麦克风

麦克风是模拟传感器，将声波转换成电信号。空气中的振动导致麦克风中的元件发生微小的移动，这些移动导致电信号的微小变化。然后，这些变化被放大，产生一个电信号输出。

21.1.1 麦克风类型

麦克风有以下多种类型。

动圈式麦克风

动圈式麦克风的磁铁附着在移动的振膜上，振膜在电线线圈中移动，产生电流，如图 21-2 所示。这与大多数扬声器相反，大多数扬声器使用电流来移动电线线圈中的磁铁，移动振膜来产生声音。这意味着扬声器可以作为动圈麦克风使用，而动圈麦克风可以作为扬声器使用，如对讲机——一个可以同时作为扬声器和麦克风的设备，但不能同时听和说。动圈式麦克风不需要电源来工作，电信号完全由麦克风产生。

铝带式麦克风

铝带式麦克风与动圈麦克风类似，只是它们有一个金属带而不是振膜。金属带状物在磁场中被声音振动，产生电流。与动圈式麦克风一样，铝带式麦克风不需要电源来工作，如图 21-3 所示。

电容式麦克风

电容式麦克风有一个薄的金属振膜和一个固定的金属背板。电流被施加到这两块板上，当振膜振动时，板间的静电荷发生变化，产生信号，如图 21-4 所示。电容式麦克风需要电源来工作，称为幻象电源。

微机电系统麦克风

微机电系统麦克风（Microelectromechanical systems microphones，MEMS）是芯片上的麦克风。它们有一个蚀刻在硅芯片上的压力敏感膜片，其工作原理类似于电容式麦克风。

如图 21-5 所示，标有 LEFT 的芯片是一个微机电系统麦克风，它有一个不到 1 毫米宽的小振膜，这些麦克风可以很微小，并被集成到电路中。

📖 **做点研究**

你身边有哪些麦克风？在你的计算机、手机、耳机或其他设备中，它们是什么类型的麦克风？

图 21-2　美国摇滚女歌手、诗人、画家、艺术家帕蒂·史密斯（Patti Smith）使用动圈式麦克风歌唱，2007 年

图 21-3　美国演员爱德蒙·罗威（Edmund Lowe），站在铝带式麦克风前手持剧本，1942 年

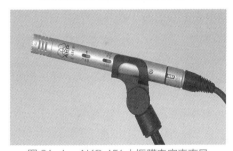

图 21-4　AKG 451 小振膜电容麦克风

图 21-5　直接安装在电路板上的标有 LEFT 的微机电系统麦克风

21.1.2　数字音频

音频是一种模拟信号，携带了非常精细的信息。为了将这种信号转换为数字信号，模拟音频信号需要经历每秒数千次的采样。

❦ 采样是指将音频信号转换成代表该时间点信号的数字值，如图 21-6 所示。

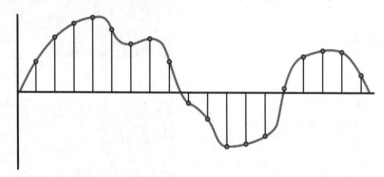

图 21-6　模拟音频信号经过采样转化为数字信号

数字音频是使用脉冲编码调制（Pulse Code Modulation，PCM）进行采样的。PCM 包括读取信号的电压，并使用定义的大小选择与该电压最接近的离散值。

例如，大多数流媒体音乐服务提供 16 位或 24 位音频。这意味着它们将电压转换成适合 16 位整数或 24 位整数的值。16 位音频适合的数值范围是 -32768 ～ 32767，24 位的范围是 -8388608 ～ 8388607。位数越多，样本就越接近我们耳朵听到的实际声音。

这些样本每秒采样数千次，使用以 kHz（每秒数千次的读数）为单位的明确定义的采样率。流媒体音乐服务对大多数音频使用 48kHz，但一些"无损"音频使用高达 96kHz 甚至 192kHz。采样率越高，音频就越接近原声。对于人类是否能分辨出 48kHz 以上采样率的区别，尚存在许多争议。

有许多不同的音频数据格式。你可能听说过 MP3 文件：音频数据经过压缩，在不损失任何质量的情况下使其变小。未经压缩的音频通常以 WAV 文件的形式存储，这是一个有 44 字节头信息的文件，后面是原始音频数据。头部包含的信息有：采样率（如 16000 代表 16kHz）和采样大小（16 代表 16 位），以及通道的数量。在文件头之后，WAV 文件包含原始音频数据。

🧑 你可以把 PCM 看作是脉冲宽度调制（PWM）的传感器版本（PWM 已在第 3 课中讲过）。PCM 涉及将模拟信号转换为数字信号，而 PWM 涉及将数字信号转换为模拟信号。

🧑 你可能很难接受 8 位的音频，通常被称为 LoFi（低保真）。这是只用 8 位采样的音频，值为 -128 ～ 127。由于硬件限制，第一台计算机的音频被限制在 8 位，所以这在复古游戏中经常看到。

🔍 **做点研究**

如果你使用流媒体音乐服务，它使用什么采样率和大小？如果你使用 CD，CD 音频的采样率和大小是多少？

❦ 通道指的是有多少个不同的音频流组成了音频。例如，对于有左和右的立体声音频，会有两个通道。对于家庭影院系统的 7.1 环绕声，通道将是 8 个。

21.1.3　音频数据大小

音频数据量是相对较大的。例如，在 16kHz（用于语音转文本模型的足够好的速率）下捕获未压缩的 16 位音频，每秒钟的音频需要 32KB 的数据。

- 16 位意味着每个样本有 2 个字节（1 字节是 8 位）。
- 16kHz 是每秒 16000 个样本。
- 16000 x 2 字节 =32000 字节 / 秒。

这听起来是一个很小的数据量，但如果你使用的是一个内存有限的微控制器，这可能是一个很大的数据量。例如，Wio Terminal 有 192KB 的内存，还需要存储程序代码和变量。即使你的程序代码很小，你也无法捕获超过 5 秒钟的音频。

微控制器可以访问额外的存储，如 SD 卡或闪存。当构建一个捕捉音频的物联网设备时，你不仅需要确保你有额外的存储空间，而且你的代码将从麦克风捕捉到的音频直接写入该存储空间，当把它发送到云端时，又从存储空间流向网络请求。这样你就可以避免因试图在内存中一次性容纳整个音频数据块而耗尽内存。

21.2　从你的物联网设备捕获音频

你的物联网设备可以连接到一个麦克风来捕捉音频，准备转换为文本。它也可以连接到扬声器来输出音频。在以后的课程中，它将用于提供音频反馈，但现在设置扬声器以测试麦克风是很有用的。

21.2.1　任务：配置你的麦克风和扬声器

通过相关指南，为你的物联网设备添置麦克风和扬声器。
- 为你的 Wio Terminal 添置麦克风和扬声器。
- 为你的树莓派添置麦克风和扬声器。
- 为你的虚拟物联网硬件添置麦克风和扬声器。

连接设备：配置你的麦克风和扬声器

为你的 Wio Terminal 添置麦克风和扬声器

在这一部分，你将添加麦克风和扬声器到你的 Wio Teminal。Wio Teminal 已经有一个内置麦克风，可以用来捕获语音。

硬件

Wio Terminal 已经内置了一个麦克风，这个麦克风可以用来捕获音频进行语音识别，位置如图 21-7 所示。

要添加扬声器，你可以使用 Re Speaker 2 - Mics Pi Hat，这是一个扩展板，包含两个 MEMS（微机电系统）麦克风，以及扬声器连接器和耳机插座，如图 21-8 所示。

你还需要添加耳机，一个带有 3.5 毫米插孔的扬声器，或一个带有 JST 连接器（最初由 J.S.T. Mfg.

图 21-7　Wio Terminal 内置麦克风的位置靠近左下角

Co. (Japan Solderless Terminal，日本无焊端子）
开发的设计标准所制造的电子连接器）的扬声器，如
Mono Enclosed Speaker－2W 6Ω。

为了连接 ReSpeaker 2-Mics Pi HAT 扩展板，
你将需要40个针脚对针脚(也被称为公对公)的跳线。

> 如果你能熟练地进行焊接，那么你可以使用
> 40 针 Raspberry Pi HAT Adapter Board For Wio
> Terminal（用于 Wio Terminal 的 40 针 Raspberry Pi
> HAT 适配器板）来连接 ReSpeaker，如图 21-9 所示。

你还需要一张 SD 卡，用于下载和播放音频。
Wio Terminal 支持 16GB 及以下的 SD 卡，这些卡
需要被格式化为 FAT32 或 exFAT 格式。

任务：连接 ReSpeaker Pi HAT

（1）在 Wio Terminal 断电的情况下，用跳线和
Wio Terminal 背面的 GPIO 插座将 ReSpeaker
2-Mics Pi HAT 连接到 Wio Terminal 上。这些引
脚需要以图 21-10 所示的方式连接。

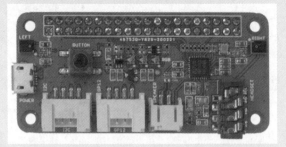

图 21-8　Re Speaker 2 - Mics Pi HAT 扩展板

图 21-9　Raspberry Pi Hat Adapter Board For Wio
Terminal（用于 Wio Terminal 的 40 针 Raspberry Pi
HAT 适配器板）

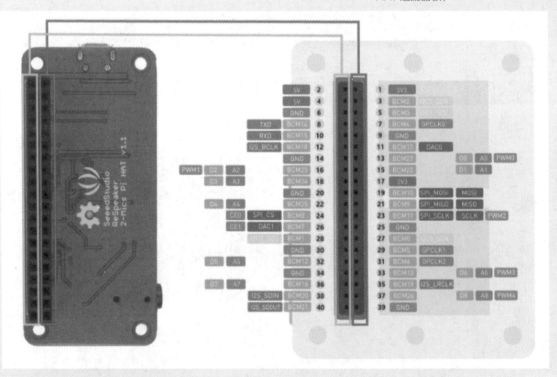

图 21-10　Re Speaker 2 - Mics Pi HAT 扩展板与 Wio Terminal 对应的引脚图

（2）将 ReSpeaker 和 Wio Terminal 的 GPIO 插座朝上并置于设备的左边摆放，如图 21-11 所示。

（3）从 ReSpeaker 上的 GPIO 插座左上方的插座开始。用一根针对针的跨接电缆从 ReSpeaker 的左上角插座连接到 Wio Terminal 的左上角插座。

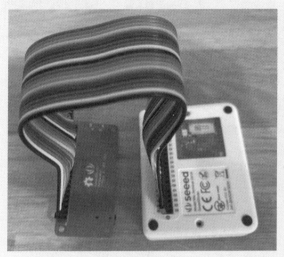

图 21-11　ReSpeaker 的左边针脚与 Wio Terminal 的左边针脚连接

（4）沿着左侧的 GPIO 插座一直重复这一步骤。确保针脚牢固地插入。

　如果你的跳线连接成带状，那么把它们都放在一起，这样更容易保证你按顺序连接所有的线。

（5）在 ReSpeaker 和 Wio Terminal 上的右侧 GPIO 插座重复这一过程。这些电缆需要绕过那些已经就位的电缆，如图 21-12 所示。

图 21-12　ReSpeaker 的右侧针脚与 Wio Terminal 的右侧针脚相连

　如果你的跳线连接成带状，那么按两排把它们分成两条带状。你可以用黏性胶带将引脚固定在一块，有助于帮你避免在连接它们时出现意外，如图 21-13 所示。

（6）你将需要添加一个扬声器。
- 如果你使用带有 JST 电缆的扬声器，将其连接到 ReSpeaker 的 JST 端口，如图 21-14 所示。
- 如果你使用带有 3.5 毫米插孔的扬声器，或耳机，将它们插入 3.5 毫米插孔的插座，如图 21-15 所示。

图 21-13　用胶带固定的引脚

图 21-14　用 JST 线连接到 ReSpeaker 的扬声器

图 21-15　通过 3.5 毫米插座连接到 ReSpeaker 的扬声器

任务：设置 SD 卡

（1）将 SD 卡连接到你的计算机上，如果你没有 SD 卡插槽，可以使用一个外部读卡器。

（2）使用计算机上的适当工具格式化 SD 卡，确保使用 FAT32 或 exFAT 文件系统。

（3）将 SD 卡插入 Wio Wioterminal 左侧的 SD 卡插槽，就在电源按钮下方。确保 SD 卡完全插入并卡住，你可能需要一个薄的工具或另一个 SD 卡来帮助把它完全推入，如图 21-16 所示。

图 21-16　将 SD 卡插入电源开关下面的 SD 卡槽中

📖 要弹出 SD 卡，你需要把它稍微往里推一下，它就会弹出。你需要一个薄片状的工具来做这件事，如平头螺丝刀或另一张 SD 卡。

为你的树莓派添置麦克风和扬声器

在这一部分，你将在你的树莓派上添加一个麦克风和扬声器。

硬件

树莓派需要一个麦克风。

树莓派没有内置的麦克风，你将需要添加一个外置麦克风。有以下多种方法可以做到这一点。

- USB 麦克风。
- USB 耳麦。
- USB 一体式扬声器。
- USB 音频适配器和带 3.5 毫米插孔的麦克风。
- ReSpeaker 2-Mics Pi HAT 扩展板。

> 树莓派上并不都支持蓝牙麦克风，所以如果你有一个蓝牙麦克风或耳机，你可能会遇到配对或捕获音频的问题。

树莓派有一个 3.5 毫米耳机插孔。你可以用它来连接耳机、耳麦或扬声器。你还可以使用以下方式添加扬声器。

- 通过显示器或电视的 HDMI 音频。
- USB 扬声器。
- USB 耳机。
- USB 一体式扬声器。
- ReSpeaker 2-Mics Pi HAT 扩展板，连接一个扬声器，可以是 3.5 毫米接口，也可以是 JST 接口。

连接并配置麦克风和扬声器

麦克风和扬声器需要被连接并进行配置。

任务：连接和配置麦克风

（1）使用适当的方法连接麦克风。例如，通过其中一个 USB 端口连接。

（2）如果你使用的是 ReSpeaker 2-Mics Pi HAT 扩展板，你可以去掉 Grove base HAT 扩展板，然后把 ReSpeaker 2-Mics Pi HAT 装在它的位置上，如图 21-17 所示。

在本课的后面，你将需要一个 Grove 按钮模块，但这个模块在 ReSpeaker 2-Mics Pi HAT 扩展板里已经内置了一个，所以不需要 Grove base HAT 扩展板。

一旦扩展板装好，你将需要安装一些驱动程序。请参考矽递的树莓派入门指南（英文） 🔗 [L21-2] 了解驱动程序安装说明。

图 21-17　带有 ReSpeaker HAT 的树莓派

⚠️ **注意**

该说明使用 git 来克隆仓库。如果你的树莓派上没有安装 git，你可以通过运行以下命令来安装它。

```
sudo apt install git --yes
```

（3）在树莓派上或使用 VS Code 和远程 SSH 会话连接的终端中运行以下命令，以查看连接麦克风的信息。

```
arecord -l
```

你会看到一个连接的麦克风的列表。类似于下面的内容。

```
pi@raspberrypi:~ $ arecord -l
**** List of CAPTURE Hardware Devices ****
card 1: M0 [eMeet M0], device 0: USB Audio [USB Audio]
  Subdevices: 1/1
  Subdevice #0: subdevice #0
```

假设你只有一个话筒，你应该只看到一个条目。在 Linux 系统上配置麦克风可能很麻烦，所以最简单的做法是只使用一个麦克风，并拔掉其他的麦克风。

记下卡号，因为你以后会需要它。在上面的输出中，卡号是 1（card 1）。

任务：连接和配置扬声器

（1）使用适当的方法连接扬声器。

（2）在你的终端中运行以下命令，无论是在树莓派上，还是使用 VS Code 和远程 SSH 会话连接，都可以看到有关连接的扬声器的信息。

```
aplay -l
```

你会看到一个连接的扬声器的列表。类似于下面的内容。

```
pi@raspberrypi:~ $ aplay -l
**** List of PLAYBACK Hardware Devices ****
card 0: Headphones [bcm2835 Headphones], device 0: bcm2835 Headphones [bcm2835 Headphones]
  Subdevices: 8/8
  Subdevice #0: subdevice #0
  Subdevice #1: subdevice #1
  Subdevice #2: subdevice #2
  Subdevice #3: subdevice #3
  Subdevice #4: subdevice #4
  Subdevice #5: subdevice #5
  Subdevice #6: subdevice #6
  Subdevice #7: subdevice #7
 card 1: M0 [eMeet M0], device 0: USB Audio [USB Audio]
  Subdevices: 1/1
  Subdevice #0: subdevice #0
```

你将总会看到 `card 0: Headphones`，因为这是内置的耳机插孔。如果你添加了额外的扬声器，如 USB 扬声器，你也会看到这个列表。

（3）如果你正在使用一个额外的扬声器，而不是连接到内置耳机插孔的扬声器或耳机，那么你需要将其配置为默认值。要做到这一点，请运行以下命令。

```
sudo nano /usr/share/alsa/alsa.conf
```

这行代码将在 nano 中打开一个配置文件，一个基于终端的文本编辑器。使用键盘上的方向键向下滚动，直到找到以下一行。

```
defaults.pcm.card 0
```

把这个值从 0 改成你想使用的卡的编号，这个卡的编号来自调用 `aplay -l` 后得到的列表。例如，在上面的输出中，有第二个卡叫 `card 1: M0 [eMeet M0], device 0: USB Audio [USB Audio]` ，如果我们要使用卡 1 作为默认设备，可以通过下面这一行命令设定。

```
defaults.pcm.card 1
```

把这个值设置为适当的卡号。你可以用键盘上的方向键导航到这个数字，然后像编辑文本文件时一样删除这个数字并输入新的数字。

（4）保存修改，按 `Ctrl+X` 组合键关闭文件。按 `Y` 键来保存文件，然后按回车键选择文件名。

任务：测试麦克风和扬声器

（1）运行以下命令，通过麦克风录制 5 秒钟的音频。

```
arecord --format=S16_LE --duration=5 --rate=16000 --file-type=wav out.wav
```

在这个命令运行的时候，对着麦克风发出声音，如说话、唱歌、打拍子、演奏乐器或任何你喜欢的东西。

（2）5 秒钟后，录音将停止。运行下面的命令来回放音频。

```
aplay --format=S16_LE --rate=16000 out.wav
```

你将听到通过扬声器播放的音频。你可以根据需要调整扬声器的输出音量。

（3）如果你需要调整内置麦克风端口的音量，或者调整麦克风的增益，你可以使用 alsamixer 工具。你可以在 Linux alsamixer man （英文） 🔗 [L21-3] 页面上阅读更多关于这个工具的信息。

（4）如果你在播放音频时出现错误，请检查你在 `alsa.conf` 文件中设置为 `defaults.pcm.card` 的卡。

Ⓖ 为你的虚拟物联网硬件添置麦克风和扬声器

虚拟物联网硬件将使用连接在你计算机上的麦克风和扬声器。

如果你的计算机没有内置的麦克风和扬声器，你将需要使用你选择的硬件来连接这些东西举例如下。

- USB 麦克风。
- USB 扬声器。
- 内置在显示器中并通过 HDMI 连接的扬声器。
- 蓝牙耳机。

请参考你计算机硬件制造商的说明来安装和配置这些硬件。

21.2.2 任务：捕获音频

通过相关指南在你的物联网设备上捕获音频。

- 用 Wio Terminal 捕获音频。
- 用树莓派捕获音频。
- 用虚拟硬件捕获音频。

连接设备：在你的物联网设备上捕获音频

📓 用 Wio Terminal 捕获音频

在这一部分，你将编写代码，在你的 Wio Terminal 上捕获音频。音频捕获将由 Wio Terminal 顶部的一个按钮控制。

对设备进行编程以捕获音频

你可以用 C++ 代码从麦克风捕捉音频。Wio Terminal 只有 192KB 的内存，不足以捕获超过几秒钟的音频。另外它还有 4MB 的闪存，因此可以用它来代替，将捕获的音频保存到闪存中。

内置麦克风捕捉模拟信号，并将其转换为 Wio Terminal 可以使用的数字信号。当捕获音频时，需要在正确的时间内捕获数据。例如，要捕获 16kHz 的音频，需要每秒精确捕获 16000 次，每个样本之间的间隔相等。与其用你的代码来做这件事，不如使用直接内存访问控制器（DMAC）。这是一种电路，可以从某处捕获信号并写入内存，而不中断你在处理器上运行的代码。

✏️ 做点研究

在百度百科的直接内存访问页面 🔗 [L21-4] 上阅读更多关于 DMA 的内容。

DMAC 可以以固定的时间间隔从 ADC（模数转换器）捕获音频，例如对于 16kHz 的音频，每秒捕获 16000 次。它可以将这些捕获的数据写入一个预先分配的内存缓冲区，当这个缓冲区满了，就可以让你的代码来处理。使用这个内存可以延迟捕获音频，但你可以设置多个缓冲区。DMAC 写到缓冲区 1，然后当它满时，通知你的代码处理缓冲区 1，同时 DMAC 写到缓冲区 2。当缓冲区 2 满了，它就通知你的代码，并返回写到缓冲区 1。这样一来，只要你处理每个缓冲区的时间比填满一个缓冲区的时间短，你就不会丢失任何数据，如图 21-18 所示。

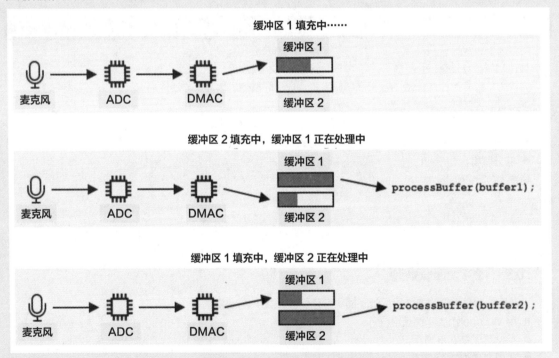

图 21-18　DMAC 通过多缓冲区交替捕获音频的过程示意

一旦捕捉到每个缓冲区，就可以将其写入闪存。闪存需要使用定义的地址写入，指定写入位置和写入大小，类似于更新内存中的字节数组。闪存具有粒度，这意味着擦除和写入操作不仅依赖于固定大小，还依赖于与该大小对齐。例如，如果粒度为 4096 字节，并且你在地址 4200 处请求擦除，那么它可能会擦除地址 4096 到 8192 的所有数据。这就意味着当你将音频数据写入闪存时，它必须是正确大小的块。

任务：配置闪存

（1）使用 PlatformIO 创建一个全新的 Wio Terminal 项目。将项目命名为 `smart-timer` 。在 `setup` 函数中添加代码来配置串行端口。

（2）将以下库依赖关系添加到 `platform io.ini` 文件，以提供对闪存的访问。

```
lib_deps =
    seeed-studio/Seeed Arduino FS @ 2.1.1
    seeed-studio/Seeed Arduino SFUD @ 2.0.2
```

（3）打开 `main.cpp` 文件，并在文件顶部添加以下用于闪存库的 `include` 指令。

```
#include <sfud.h>
#include <SPI.h>
```

🎓 SFUD 代表串行闪存通用驱动程序，是一个设计用于所有闪存芯片的库。

（4）在 `setup` 函数中，添加以下代码来设置闪存库。

```
while (!(sfud_init() == SFUD_SUCCESS))
    ;

sfud_qspi_fast_read_enable(sfud_get_device(SFUD_W25Q32_DEVICE_INDEX), 2);
```

此循环直到初始化了 SFUD 库，然后开启快速读取为止。内置的闪存可以使用排队的串行外设接口（QSPI）进行访问，这是一种 SPI 控制器，允许通过队列进行连续访问，对处理器的使用量最小。这使得对闪存的读写速度更快。

（5）在 src 文件夹中创建一个名为 flash_writer.h 的新文件。

（6）将以下内容添加到该文件的顶部。

```
#pragma once

#include <Arduino.h>
#include <sfud.h>
```

代码中包括一些需要的头文件，包括 SFUD 库的头文件，以便与闪存交互。

（7）在这个新的头文件中定义一个类，叫做 `FlashWriter` 。

```
class FlashWriter
{
public:

private:
};
```

（8）在 `private` 部分，添加以下代码。

```
byte *_sfudBuffer;
size_t _sfudBufferSize;
size_t _sfudBufferPos;
size_t _sfudBufferWritePos;

const sfud_flash *_flash;
```

这段代码定义了缓冲区的一些字段，用于在将数据写入闪存之前存储数据。有一个字节数组 _sfudBuffer 用于写数据，当这个数组满了之后，数据就被写到闪存中。_sfudBufferPos 字段存储了当前要写入这个缓冲区的位置，而 _sfudBufferWritePos 存储了要写入闪存的位置。_flash 是一个要写入闪存的指针，有些微控制器有多个闪存芯片。

（9）在 public 部分添加以下方法来初始化这个类。

```
void init()
{
    _flash = sfud_get_device_table() + 0;
    _sfudBufferSize = _flash->chip.erase_gran;
    _sfudBuffer = new byte[_sfudBufferSize];
    _sfudBufferPos = 0;
    _sfudBufferWritePos = 0;
}
```

这段代码将配置 Wio Terminal 上的闪存来进行写入，并根据闪存的粒度大小来设置缓冲区。这是一个 init 方法，而不是一个构造函数，因为它需要在 setup 函数中设置了闪存后再调用。

（10）在 public 部分添加以下代码。

```
void writeSfudBuffer(byte b)
{
    _sfudBuffer[_sfudBufferPos++] = b;
    if (_sfudBufferPos == _sfudBufferSize)
    {
        sfud_erase_write(_flash, _sfudBufferWritePos, _sfudBufferSize, _sfudBuffer);
        _sfudBufferWritePos += _sfudBufferSize;
        _sfudBufferPos = 0;
    }
}

void writeSfudBuffer(byte *b, size_t len)
{
    for (size_t i = 0; i < len; ++i)
    {
        writeSfudBuffer(b[i]);
    }
}

void flushSfudBuffer()
{
    if (_sfudBufferPos > 0)
    {
        sfud_erase_write(_flash, _sfudBufferWritePos, _sfudBufferSize, _sfudBuffer);
        _sfudBufferWritePos += _sfudBufferSize;
```

```
            _sfudBufferPos = 0;
        }
    }
```

这段代码定义了向闪存系统写入字节的方法。它的工作原理是写入一个内存中的缓冲区，这个缓冲区的大小与闪存的大小是一致的，当这个缓冲区满了，就会写入闪存，擦除该位置的任何现有数据。还有一个 `flushSfudBuffer` 用于写入一个不完整的缓冲区，因为被捕获的数据不会是粒度大小的精确倍数，所以需要写入数据的末端部分。

📝 数据的末端部分会写入额外的不需要的数据，但这是可以的，因为只有需要的数据会被读取。

任务：设置音频采集

（1）在 `src` 文件夹中创建一个名为 `config.h` 的新文件。

（2）在这个文件的顶部添加以下内容。

```
#pragma once

#define RATE 16000
#define SAMPLE_LENGTH_SECONDS 4
#define SAMPLES RATE * SAMPLE_LENGTH_SECONDS
#define BUFFER_SIZE (SAMPLES * 2) + 44
#define ADC_BUF_LEN 1600
```

📝 如果你发现4秒太短，无法请求定时器，你可以增加 `SAMPLE_LENGTH_SECONDS` 的值，其他所有的值都会重新计算。

这段代码为音频采集设置了一些常量，其说明见表 21-1。

表 21-1　为音频采集设置的常量的说明

常量	值	说明
RATE	16000	音频的采样率。16000 代表 16kHz
SAMPLE_LENGTH_SECONDS	4	要采集的音频长度。这被设置为 4 秒。要记录更长的音频，请增加这个数值
SAMPLES	64000	将被采集的音频样本的总数。设置为采样率 × 秒数
BUFFER_SIZE	128044	要采集的音频缓冲区的大小。音频将被捕获为 WAV 文件，即 44 字节的文件头加上 128000 字节的音频数据（每个样本是 2 字节）
ADC_BUF_LEN	1600	用来从 DMAC 采集音频的缓冲区的大小

（3）在 `src` 文件夹中创建一个名为 `mic.h` 的新文件。

（4）在这个文件的顶部添加以下内容。

```
#pragma once

#include <Arduino.h>

#include "config.h"
#include "flash_writer.h"
```

这段代码包括一些需要的头文件，包括 `config.h` 和 `FlashWriter` 头文件。

（5）添加以下内容来定义一个可以从麦克风中采集的 Mic 类。

```
class Mic
{
public:
    Mic()
    {
        _isRecording = false;
        _isRecordingReady = false;
    }

    void startRecording()
    {
        _isRecording = true;
        _isRecordingReady = false;
    }

    bool isRecording()
    {
        return _isRecording;
    }

    bool isRecordingReady()
    {
        return _isRecordingReady;
    }

private:
    volatile bool _isRecording;
    volatile bool _isRecordingReady;
    FlashWriter _writer;
};

Mic mic;
```

　　这个类目前只有几个字段来跟踪录音是否已经开始，以及录音是否准备好了。当 DMAC 被设置时，它不断地写到内存缓冲区，所以以 `_isRecording` 标志决定是否应该处理或忽略这些缓冲区。当所需的 4 秒音频被捕获后，`_isRecordingReady` 标志将被设置。`_writer` 字段用于将音频数据保存到闪存中。然后为 `Mic` 类的一个实例声明一个全局变量。

　　（6）在 `Mic` 类的 `private` 部分添加以下代码。为了便于理解，我们将代码注释翻译为中文。

```
typedef struct
{
    uint16_t btctrl;
    uint16_t btcnt;
    uint32_t srcaddr;
    uint32_t dstaddr;
    uint32_t descaddr;
} dmacdescriptor;

// 全局 –DMA 和 ADC
volatile dmacdescriptor _wrb[DMAC_CH_NUM] __attribute__((aligned(16)));
dmacdescriptor _descriptor_section[DMAC_CH_NUM] __attribute__((aligned(16)));
```

```
dmacdescriptor _descriptor __attribute__((aligned(16)));


void configureDmaAdc()
{
    // 配置 DMA 以定期从 ADC 采样（由定时器 / 计数器触发）
    DMAC->BASEADDR.reg = (uint32_t)_descriptor_section;          // 指定描述符的位置
    DMAC->WRBADDR.reg = (uint32_t)_wrb;                          // 指定回写描述符的位置
    DMAC->CTRL.reg = DMAC_CTRL_DMAENABLE | DMAC_CTRL_LVLEN(0xf); // 启用 DMAC 外设
    DMAC->Channel[1].CHCTRLA.reg = DMAC_CHCTRLA_TRIGSRC(TC5_DMAC_ID_OVF) |
                                                                // 设置 DMAC 在 TC5 定时器溢出时触发
                               DMAC_CHCTRLA_TRIGACT_BURST;      // DMAC 突发传输


    _descriptor.descaddr = (uint32_t)&_descriptor_section[1];    // 设置循环描述符
    _descriptor.srcaddr = (uint32_t)&ADC1->RESULT.reg;          // 从 ADC0 的 RESULT 寄存器中获取结果
    _descriptor.dstaddr = (uint32_t)_adc_buf_0 + sizeof(uint16_t) * ADC_BUF_LEN;
                                                                // 将其置于 adc_buf_0 数组中
    _descriptor.btcnt = ADC_BUF_LEN;                            // 节拍计数
    _descriptor.btctrl = DMAC_BTCTRL_BEATSIZE_HWORD |           // 节拍大小为 HWORD（16 位）
                    DMAC_BTCTRL_DSTINC |                        // 增加目标地址
                    DMAC_BTCTRL_VALID |                         // 描述符有效
                    DMAC_BTCTRL_BLOCKACT_SUSPEND;               // 块传输后暂停 DMAC 通道 0
    memcpy(&_descriptor_section[0], &_descriptor, sizeof(_descriptor));
                                                                // 将描述符复制到描述符部分


    _descriptor.descaddr = (uint32_t)&_descriptor_section[0];    // 设置循环描述符
    _descriptor.srcaddr = (uint32_t)&ADC1->RESULT.reg;          // 从 ADC0 RESULT 寄存器中获取结果
    _descriptor.dstaddr = (uint32_t)_adc_buf_1 + sizeof(uint16_t) * ADC_BUF_LEN;
                                                                // 将其放在 adc_buf_1 数组中
    _descriptor.btcnt = ADC_BUF_LEN;                            // 节拍计数
    _descriptor.btctrl = DMAC_BTCTRL_BEATSIZE_HWORD |           // 节拍大小为 HWORD（16 位）
                    DMAC_BTCTRL_DSTINC |                        // 增加目标地址
                    DMAC_BTCTRL_VALID |                         // 描述符有效
                    DMAC_BTCTRL_BLOCKACT_SUSPEND;               // 块传输后暂停 DMAC 通道 0
    memcpy(&_descriptor_section[1], &_descriptor, sizeof(_descriptor));
                                                                // 将描述符复制到描述符部分


    // 配置 NVIC
    NVIC_SetPriority(DMAC_1_IRQn, 0); // 将 DMAC1 的嵌套向量中断控制器 (NVIC) 优先级设置为 0（最高）
    NVIC_EnableIRQ(DMAC_1_IRQn);      // 将 DMAC1 连接到嵌套向量中断控制器 (NVIC)


    // 在 DMAC 通道 1 上激活挂起 (SUSP) 中断
    DMAC->Channel[1].CHINTENSET.reg = DMAC_CHINTENSET_SUSP;


    // 配置 ADC
     ADC1->INPUTCTRL.bit.MUXPOS = ADC_INPUTCTRL_MUXPOS_AIN12_Val; // 将模拟输入设置为 ADC0/AIN2
(PB08 -Metro M4 上的 A4)
    while (ADC1->SYNCBUSY.bit.INPUTCTRL)
        ;                                   // 等待同步
    ADC1->SAMPCTRL.bit.SAMPLEN = 0x00; // 将最大采样时间长度设置为半分频 ADC 时钟脉冲 (2.66µs)
    while (ADC1->SYNCBUSY.bit.SAMPCTRL)
```

```
            ;                                         // 等待同步
    ADC1->CTRLA.reg = ADC_CTRLA_PRESCALER_DIV128;
                                          // 将时钟 ADC GCLK 除以 128 (48MHz/128 = 375kHz)
    ADC1->CTRLB.reg = ADC_CTRLB_RESSEL_12BIT |     // 将 ADC 分辨率设置为 12 位
                      ADC_CTRLB_FREERUN;           // 将 ADC 设置为自由运行模式
    while (ADC1->SYNCBUSY.bit.CTRLB)
        ;                                         // 等待同步
    ADC1->CTRLA.bit.ENABLE = 1;                   // 启用 ADC
    while (ADC1->SYNCBUSY.bit.ENABLE)
        ;                                         // 等待同步
    ADC1->SWTRIG.bit.START = 1;                   // 启动一个软件触发器以开始 ADC 转换
    while (ADC1->SYNCBUSY.bit.SWTRIG)
        ; // 等待同步

    // 启用 DMA 通道 1
    DMAC->Channel[1].CHCTRLA.bit.ENABLE = 1;

    // 配置定时器 / 计数器 5
    GCLK->PCHCTRL[TC5_GCLK_ID].reg = GCLK_PCHCTRL_CHEN |       // 启用 TC5 的周边通道
                                 GCLK_PCHCTRL_GEN_GCLK1; // 连接通用时钟 0,频率为 48MHz

    TC5->COUNT16.WAVE.reg = TC_WAVE_WAVEGEN_MFRQ; // 将 TC5 设置为匹配频率(MFRQ)模式
    TC5->COUNT16.CC[0].reg = 3000 - 1;            // 将触发器设置为 16kHz: (4MHz/16000) -1
    while (TC5->COUNT16.SYNCBUSY.bit.CC0)
        ; // 等待同步

    // Start Timer/Counter 5
    TC5->COUNT16.CTRLA.bit.ENABLE = 1; // Enable the TC5 timer
    while (TC5->COUNT16.SYNCBUSY.bit.ENABLE)
        ; // 等待同步
}

uint16_t _adc_buf_0[ADC_BUF_LEN];
uint16_t _adc_buf_1[ADC_BUF_LEN];
```

这段代码定义了一个 `configureDmaAdc` 方法,用于配置 DMAC,将其连接到 ADC,并将其设置为填充两个不同的交替缓冲区 `_adc_buf_0` 和 `_adc_buf_0`。

> 微控制器开发的缺点之一是与硬件交互所需代码的复杂性,因为你的代码在很底层的水平运行,直接与硬件交互。这种代码比你为单板计算机或台式计算机编写的代码更复杂,因为没有操作系统的帮助。有一些可用的库可以简化这一点,但仍然很复杂。

(7)在这下面,添加以下代码。

```
// WAV files have a header. This struct defines that header
struct wavFileHeader
{
    char riff[4];          /* "RIFF"                              */
    long flength;          /* file length in bytes                */
    char wave[4];          /* "WAVE"                              */
    char fmt[4];           /* "fmt "                              */
```

```
        long chunk_size;       /* size of FMT chunk in bytes (usually 16) */
        short format_tag;      /* 1=PCM, 257=Mu-Law, 258=A-Law, 259=ADPCM */
        short num_chans;       /* 1=mono, 2=stereo                         */
        long srate;            /* Sampling rate in samples per second      */
        long bytes_per_sec;    /* bytes per second = srate*bytes_per_samp  */
        short bytes_per_samp;  /* 2=16-bit mono, 4=16-bit stereo           */
        short bits_per_samp;   /* Number of bits per sample                */
        char data[4];          /* "data"                                   */
        long dlength;          /* data length in bytes (filelength - 44)   */
    };

    void initBufferHeader()
    {
        wavFileHeader wavh;

        strncpy(wavh.riff, "RIFF", 4);
        strncpy(wavh.wave, "WAVE", 4);
        strncpy(wavh.fmt, "fmt ", 4);
        strncpy(wavh.data, "data", 4);

        wavh.chunk_size = 16;
        wavh.format_tag = 1; // PCM
        wavh.num_chans = 1;  // mono
        wavh.srate = RATE;
        wavh.bytes_per_sec = (RATE * 1 * 16 * 1) / 8;
        wavh.bytes_per_samp = 2;
        wavh.bits_per_samp = 16;
        wavh.dlength = RATE * 2 * 1 * 16 / 2;
        wavh.flength = wavh.dlength + 44;

        _writer.writeSfudBuffer((byte *)&wavh, 44);
    }
```

这段代码将 WAV 头定义为一个占用 44 字节内存的结构。它向其中写入了关于音频文件的采样率、大小和通道数的细节。然后，这个头被写入闪存中。

（8）在这段代码下面，添加以下内容，声明当音频缓冲区准备好被处理时，将调用一个方法。

```
    void audioCallback(uint16_t *buf, uint32_t buf_len)
    {
        static uint32_t idx = 44;

        if (_isRecording)
        {
            for (uint32_t i = 0; i < buf_len; i++)
            {
                int16_t audio_value = ((int16_t)buf[i] - 2048) * 16;

                _writer.writeSfudBuffer(audio_value & 0xFF);
                _writer.writeSfudBuffer((audio_value >> 8) & 0xFF);
            }
```

```
            idx += buf_len;

            if (idx >= BUFFER_SIZE)
            {
                _writer.flushSfudBuffer();
                idx = 44;
                _isRecording = false;
                _isRecordingReady = true;
            }
        }
    }
```

音频缓冲区是包含来自 ADC 音频的 16 位整数的数组。ADC 返回 12 位无符号值（0 ～ 1023），因此需要将这些值转换为 16 位有符号值，然后转换为 2 个字节以存储为原始二进制数据。

这些字节被写入闪存缓冲区。写入从索引 44 开始的字节——这是从作为 WAV 文件头写入的 44 个字节的偏移。一旦捕获了所需音频长度所需的所有字节，剩余数据将写入闪存。

（9）在 Mic 类的 `public` 部分，添加以下代码。

```
void dmaHandler()
{
    static uint8_t count = 0;

    if (DMAC->Channel[1].CHINTFLAG.bit.SUSP)
    {
        DMAC->Channel[1].CHCTRLB.reg = DMAC_CHCTRLB_CMD_RESUME;
        DMAC->Channel[1].CHINTFLAG.bit.SUSP = 1;

        if (count)
        {
            audioCallback(_adc_buf_0, ADC_BUF_LEN);
        }
        else
        {
            audioCallback(_adc_buf_1, ADC_BUF_LEN);
        }

        count = (count + 1) % 2;
    }
}
```

这段代码将被 DMAC 调用，告诉你的代码来处理缓冲区。它检查是否有数据需要处理，然后用相关的缓冲区调用 `audioCallback` 方法。

（10）在类的外面，在 `Mic mic;` 声明之后，添加以下代码。

```
void DMAC_1_Handler()
{
    mic.dmaHandler();
}
```

`DMAC_1_Handler` 将在缓冲区准备好进行处理时被 DMAC 调用。这个函数可以通过名称被找到，所以只需要存在就可以被调用。

（11）在 `Mic` 类的 `public` 部分添加以下两个方法。

```
void init()
{
    analogReference(AR_INTERNAL2V23);

    _writer.init();

    initBufferHeader();
    configureDmaAdc();
}

void reset()
{
    _isRecordingReady = false;
    _isRecording = false;

    _writer.reset();

    initBufferHeader();
}
```

`init` 方法包含初始化 `Mic` 类的代码，这个方法为麦克风引脚设置了正确的电压，设置了闪存写入器，写入了 WAV 文件头，并配置了 DMAC。 `reset` 方法重置闪存，并在捕获和使用音频后重新写入文件头。

任务：捕获音频

（1）在 `main.cpp` 文件中，添加 `mic.h` 头文件的包含指令。

```
#include "mic.h"
```

（2）在 `setup` 函数中，初始化 Wio Terminal 的 C 按钮（顶部最靠近电源开关左侧的那个按钮）。当这个按钮被按下时，音频捕获将开始，并持续 4 秒。

```
pinMode(WIO_KEY_C, INPUT_PULLUP);
```

（3）下面初始化麦克风，然后向控制台打印音频已准备好被捕获的提示。

```
mic.init();

Serial.println("Ready.");
```

（4）在 `loop` 函数的上方，定义一个函数来处理捕获的音频。现在这个函数什么也不做，但在后续课程中，它将用于发送语音，以转换成文本。

```
void processAudio()
{

}
```

（5）在 `loop` 函数中加入以下内容。

```
void loop()
{
    if (digitalRead(WIO_KEY_C) == LOW && !mic.isRecording())
    {
        Serial.println("Starting recording...");
        mic.startRecording();
    }

    if (!mic.isRecording() && mic.isRecordingReady())
    {
        Serial.println("Finished recording");

        processAudio();

        mic.reset();
    }
}
```

这段代码会检查 Wio Terminal 的 C 按钮，如果这个按钮被按下并且录音还没有开始，那么麦克风类的 _isRecording 字段就被设置为 True。这将导致 Mic 类的 audioCallback 方法开始存储音频，捕获持续 4 秒。一旦捕获了 4 秒的音频，_isRecording 字段会被设置为 False，_isRecordingReady 字段被设置为 True。然后在循环函数中检查，当为 True 时，调用 processAudio 函数，然后重置 Mic 类。

（6）构建这段代码，将其上传到你的 Wio Terminal，并通过串口监视器进行测试。按下 Wio Terminal 的 C 键（顶部最靠近电源开关左侧的那个）然后说话。Wio Terminal 将会捕获 4 秒钟的音频，串口监视器出现的提示信息大致如下所示。

```
--- Available filters and text transformations: colorize, debug, default, direct, hexlify,
log2file, nocontrol, printable, send_on_enter, time
--- More details at http://bit.ly/pio-monitor-filters
--- Miniterm on /dev/cu.usbmodem1101  9600,8,N,1 ---
--- Quit: Ctrl+C | Menu: Ctrl+T | Help: Ctrl+T followed by Ctrl+H ---
Ready.
Starting recording...
Finished recording
```

你可以在 code-record/wio-terminal 文件夹 🔗 [L21-5] 中找到这个代码。

😊 恭喜，你的音频录制程序运行成功了！

🖳 用树莓派捕获音频

在这一部分，你将编写代码，在你的树莓派上捕获音频。音频捕捉将由一个按钮模块来控制。

硬件

树莓派需要一个按钮模块来控制音频采集。

你将使用的按钮是一个 Grove 按钮，如图 21-19 所示。这是一个数字传感器，可以打开或关闭一个信号。这些按钮可以被配置为当按钮被按下时发出高电平信号，松开时发出低电平信号；或者被按下时发出低电平信号，松开时发出高电平信号。

如果你使用 ReSpeaker 2-Mics Pi HAT 扩展板作为麦克风，那么就不需要连接一个按钮，因为这个板子已经自带了一个，此时可以跳过本节内容。

图 21-19　Grove 的按钮模块

连接按钮

可以将按钮连接到 Grove base HAT 扩展板上。

任务：连接按钮

（1）将 Grove 连接线的一端插入按钮模块的插座上（它只能从一个方向插入）。

（2）在树莓派关闭电源的情况下，将 Grove 连接线的另一端连接到插在树莓派 Grove base HAT 扩展板上标有 D5 的数字插座上。这个插座是左起第二个，在 GPIO 引脚旁边的一排插座上，如图 21-20 所示。

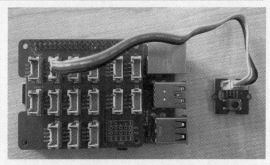

图 21-20　将按钮连接到 Grove base HAT 扩展板上

捕获音频

你可以使用 Python 代码从麦克风捕捉音频。

任务：捕获音频

（1）打开树莓派的电源，等待它启动。

（2）直接在树莓派上启动 VS Code，或者通过远程 SSH 扩展连接。

（3）**Py Audio Pip** 包具有录制和播放音频的功能。这个包依赖于需要首先安装的一些音频库。在终端中运行以下命令来安装。

```
sudo apt update
sudo apt install libportaudio0 libportaudio2 libportaudiocpp0 portaudio19-dev libasound2-
plugins --yes
```

（4）安装 PyAudio Pip 包。

```
pip3 install pyaudio
```

（5）创建一个名为 smart-timer 的新文件夹，并在这个文件夹中添加一个名为 app.py 的文件。

（6）将以下导入添加到该文件的顶部：

```
import io
import pyaudio
import time
import wave

from grove.factory import Factory
```

这段代码将导入 pyaudio 模块，一些标准的 Python 模块用于处理 Wave 文件，`grove.factory` 模块用于导入一个 `Factory` 来创建一个按钮类。

（7）在这下面，添加代码来创建一个 Grove 按钮。

● 如果你使用的是 **ReSpeaker 2-Mics Pi HAT** 扩展板，请使用以下代码。

```
# The button on the ReSpeaker 2-Mics Pi HAT
button = Factory.getButton("GPIO-LOW", 17)
```

这两行代码将在 `D17` 端口创建一个按钮，这个端口是 ReSpeaker 2-Mics Pi HAT 扩展板上的按钮所连接的。这个按钮被设置为在按下时发送一个低电平信号。

● 如果你不使用 ReSpeaker 2-Mics Pi HAT 扩展板，而使用连接到 Grove base HAT 扩展板上的 Grove 按钮，请使用以下代码。

```
button = Factory.getButton("GPIO-HIGH", 5)
```

这行代码会在端口 `D5` 上创建一个按钮，被设置为在按下时发送一个高电平信号。

（8）下面，创建一个 `PyAudio` 类的实例来处理音频。

```
audio = pyaudio.PyAudio()
```

（9）声明麦克风和扬声器的硬件卡号。这是你在上一课通过运行 `arecord -l` 和 `aplay - l` 找到的卡片的编号。

```
microphone_card_number = <microphone card number>
speaker_card_number = <speaker card number>
```

将 `<microphone card number>` 替换为你的麦克风卡的号码。

用你的扬声器卡的号码替换 `<speaker card number>`，与你在 `alsa.conf` 文件中设置的号码相同。

（10）在这下面，声明用于音频捕获和播放的采样率。你可能需要根据你所使用的硬件来改变数据。

```
rate = 48000 #48KHz
```

如果稍后运行此代码时出现采样率错误，请将该值更改为 44100 或 16000。这里数值越高，声音的质量就越好。

（11）在这下面，创建一个名为 `capture_audio` 的新函数。这个函数将被调用，以便从麦克风捕捉音频。

```
def capture_audio():
```

（12）在这个函数中，添加以下内容来捕获音频。

```
stream = audio.open(format = pyaudio.paInt16,
                    rate = rate,
                    channels = 1,
                    input_device_index = microphone_card_number,
```

```
                    input = True,
                    frames_per_buffer = 4096)

frames = []

while button.is_pressed():
    frames.append(stream.read(4096))

stream.stop_stream()
stream.close()
```

这段代码使用 `PyAudio` 对象打开一个音频输入流。这个数据流将以 16kHz 的频率从麦克风中捕获音频，并将其放入 4096 字节的缓冲区。

然后，代码在按下 Grove 按钮的同时进行循环，每次将这些 4096 字节的缓冲区（buffer）读入一个数组。

📖 你可以在 PyAudio 文档（英文）🔗 **[L21-6]** 中阅读更多关于传递给 `open` 方法的选项。

一旦释放按钮，`stream` 就会停止并关闭。

（13）在这个函数的末尾添加以下内容。

```
wav_buffer = io.BytesIO()
with wave.open(wav_buffer, 'wb') as wavefile:
wavefile.setnchannels(1)
wavefile.setsampwidth(audio.get_sample_size(pyaudio.paInt16))
wavefile.setframerate(rate)
wavefile.writeframes(b''.join(frames))
wav_buffer.seek(0)

return wav_buffer
```

这段代码创建了一个二进制缓冲区，并将所有捕获的音频作为一个 WAV 文件写入其中。这是一种将未压缩的音频写入文件的标准方法。然后，这个缓冲区会被返回。

（14）添加以下 `play_audio` 函数来回放音频缓冲区。

```
def play_audio(buffer):
    stream = audio.open(format = pyaudio.paInt16,
                        rate = rate,
                        channels = 1,
                        output_device_index = speaker_card_number,
                        output = True)

    with wave.open(buffer, 'rb') as wf:
        data = wf.readframes(4096)

        while len(data) > 0:
            stream.write(data)
            data = wf.readframes(4096)

        stream.close()
```

这个函数打开另一个音频流，这一次是用于输出——播放音频。它使用与输入流相同的设置。然后将缓冲区作为 wave 文件打开，并以 **4096** 字节块写入输出流，播放音频。然后关闭流。

（15）在 `capture_audio` 函数下面添加以下代码，循环播放直到按钮被按下。一旦按钮被按下，音频便会被捕获，然后播放。

```
while True:
    while not button.is_pressed():
        time.sleep(.1)

    buffer = capture_audio()
    play_audio(buffer)
```

（16）运行代码。按下按钮，对着麦克风说话。完成后松开按钮，就会听到录音。

创建 **PyAudio** 实例时，你可能会得到一些 **ALSA** 错误。这是由于树莓派上没有音频设备的配置所致。你可以忽略这些错误。

```
pi@raspberrypi:~/smart-timer $ python3 app.py
ALSA lib pcm.c:2565:(snd_pcm_open_noupdate) Unknown PCM cards.pcm.front
ALSA lib pcm.c:2565:(snd_pcm_open_noupdate) Unknown PCM cards.pcm.rear
ALSA lib pcm.c:2565:(snd_pcm_open_noupdate) Unknown PCM cards.pcm.center_lfe
ALSA lib pcm.c:2565:(snd_pcm_open_noupdate) Unknown PCM cards.pcm.side
```

如果你遇到以下错误：

```
OSError: [Errno -9997] Invalid sample rate
```

只需将 `rate` 改为 **44100** 或 **16000** 即可。

你可以在 `code-record/pi` 文件夹 🔗 **[L21-7]** 中找到这些代码。

☺恭喜，你的音频录制程序运行成功了！

ⓖ 用虚拟硬件捕获音频

你将在本课后续使用的 Python 库将语音转换为文本，这些库在 Windows、macOS 和 Linux 上都有内置的音频捕获功能。所以你在这里什么都不用做。

21.3　语音转文本技术介绍

语音转文本，或称语音识别，涉及使用人工智能将音频信号中的单词转换为文本。

21.3.1　语音识别模型

为了将语音转换为文本，音频信号中的样本被分组并送入一个基于循环神经网络（RNN）的机器学习模型。这是一种可以利用以前的数据对传入的数据进行决策的机器学习模型。例如，RNN可以将一个音频样本块检测为声音"Hel"，而当它收到另一个它认为是声音"lo"的样本时，它可以将其与之前的声音结合起来，发现"Hello"是一个有效的词，并选择它作为结果。

机器学习模型每次都会接受相同大小的数据。你在之前的课程中建立的图像分类器将图像的大小调整为固定的大小并进行处理。语音模型也一样，它们必须处理固定大小的音频块。语音模型需要能够结合多个预测的输出来得到答案，以使它能够区分"Hi（你好）"和"Highway（高速公路）"，或"flock（群众）"和"floccinaucinihilipilification（蔑视，主要作为英语中最长单词之一的示例）"。

语音模型也足够先进，能够理解上下文，并且能在处理更多的声音时纠正它们检测到的单词。例如，如果你说"I went to the shops to get two bananas and an apple too（我去商店买了两个香蕉和一个苹果）"，你会使用三个听起来相同但拼写不同的词：to、two 和 too。语音模型能够理解上下文并使用适当的单词拼写。

> 有些语音服务允许定制，以使其在工厂等嘈杂环境中更好地工作，或使用化学名称等行业特定词汇。这些定制服务是通过提供样本音频和转录来训练，并使用迁移学习来工作的，就像你在前面的课程中只用几张图片来训练一个图像分类器一样。

21.3.2　隐私

在面向消费者的物联网设备中使用语音识别时，隐私是非常重要的。这些设备会持续聆听音频，所以作为消费者，你不希望你说的每句话都被发送到云端并转换成文本。这不仅会占用大量的互联网带宽，也会产生巨大的隐私泄露问题，特别是当一些智能设备制造商随机选择音频让人类与生成的文本进行验证，以帮助改善他们的模型 🔗 [L21–8] 时。

你只希望你的智能设备在你使用时将音频发送到云端进行处理，而不是在它听到你家里的音频时，这些音频可能包括私人会议或亲密互动。大多数智能设备的工作方式是使用唤醒词，一个关键短语，如"Alexa""Hey Siri"或"OK Google"，使设备"唤醒"并听你说的话，直到它检测到你的说话中断，表明你已经完成了与设备的对话。

> 🎓 唤醒词检测也被称为关键词发现或关键词识别。

这些唤醒词是在设备上检测的，而不是在云端。这些智能设备有在设备上运行的小型人工智能模型，负责听取唤醒工作，当唤醒词被检测到时，开始将音频流到云端进行识别。这些模型只听唤醒词，非常专一。

> 一些科技公司正在为他们的设备增加更多的隐私保护，并在设备上进行一些语音到文本的转换。苹果公司已经宣布，他们将支持设备上的语音到文本的转换，并且能够处理许多请求而不需要使用云，作为2021年iOS和macOS更新的一部分。这要归功于他们的设备中拥有强大的处理器，可以运行机器学习模型。

✅ 做点研究

你认为存储发送到云端的音频会有隐私和道德问题？这些音频是否应该被存储，如果是的话，如何存储？你认为在执法中使用录音是对隐私权丧失的一种很好的权衡吗？

唤醒词检测通常使用一种称为TinyML的技术，即把机器学习模型转换为能够在微控制器上运行的模型。这些模型体积小，运行时消耗的电力也非常少。

为了避免训练和使用唤醒词模型的复杂性，你在本课中建立的智能定时器将使用一个按钮来打开语音识别。

📖 如果你想尝试创建一个唤醒词检测模型，在 Wio Terminal 或树莓派上运行，请查看 Edge Impulse 的《响应你的声音》的教程 🔗 **[L21-9]** 。如果你想用你的计算机来做这件事，你可以试试微软文档上的《开始使用自定义关键词快速入门》 🔗 **[L21-10]** 。

21.4 在物联网设备上将语音转换为文本

就像先前项目中的图像分类一样，有一些预建的人工智能服务可以将语音作为音频文件，并将其转换为文本。语音服务 Speech 就是这样的服务，它是认知服务的一部分，你可以在你的应用程序中使用预建的 AI 服务，其图标如图 21-21 所示。

图 21-21　Speech 服务可以将语音转为文本

21.4.1 任务：配置一个语音 AI 资源

（1）为这个项目创建一个名为 `smart-timer` 的资源组。

（2）使用下面的命令来创建一个免费的语音资源。

```
az cognitiveservices account create --name smart-timer \
                                    --resource-group smart-timer \
                                    --kind SpeechServices \
                                    --sku F0 \
                                    --yes \
                                    --location <location>
```

用你创建资源组时使用的位置替换 `<location>`。

（3）你将需要一个 API 密钥来从你的代码中访问语音资源，通过运行下面的命令来获得密钥。

```
az cognitiveservices account keys list --name smart-timer \
                                       --resource-group smart-timer \
                                       --output table
```

复制一个密钥。

21.4.2 任务：将语音转换为文本

通过相关指南，在你的物联网设备上将语音转换为文本。

- 在 Wio Terminal 上实现语音转文本。
- 在树莓派上实现语音转文本。
- 在虚拟硬件上实现语音转文本。

连接设备：将语音转为文本

在 Wio Terminal 上实现语音转文本

在这一部分，你将编写代码，使用语音服务将捕获的音频中的语音转换为文本。

发送音频到语音服务

可以使用 REST API 将音频发送到语音服务。要使用语音服务，首先你需要申请一个访问令牌（access token），然后使用该令牌来访问 REST API。这些访问令牌在 10 分钟后会过期，所以你的代码应该定期请求它们，以确保它们始终是最新的。

任务：获得一个访问令牌

（1）打开 smart-timer 项目（如果它还没有打开）。

（2）在 platformio.ini 文件中添加以下库的依赖项，以访问 Wi-Fi 和处理 JSON。

```
seeed-studio/Seeed Arduino rpcWi-Fi @ 1.0.5
seeed-studio/Seeed Arduino rpcUnified @ 2.1.3
seeed-studio/Seeed_Arduino_mbedtls @ 3.0.1
seeed-studio/Seeed Arduino RTC @ 2.0.0
bblanchon/ArduinoJson @ 6.17.3
```

（3）在 config.h 头文件中添加以下代码。

```
const char *SSID = "<SSID>";
const char *PASSWORD = "<PASSWORD>";

const char *SPEECH_API_KEY = "<API_KEY>";
const char *SPEECH_LOCATION = "<LOCATION>";
const char *LANGUAGE = "<LANGUAGE>";

const char *TOKEN_URL = "https://%s.api.cognitive.microsoft.com/sts/v1.0/issuetoken";
```

用你 Wi-Fi 的相关值替换 <SSID> 和 <PASSWORD>。

用你语音服务资源的 API 密钥替换 <API_KEY>。将 <LOCATION> 替换为你在创建语音服务资源时使用的位置。

将 <LANGUAGE> 替换为你将使用语言的地区名称，如 en-GB 代表英语，zn-HK 代表广东话。你可以在 微软的语音服务的语言和声音支持文档 ✐ [L21-11] 中找到支持的语言及其地区名称的列表。

TOKEN_URL 常量是令牌发行者的 URL，不包含位置。它将在稍后与位置相结合，以获得完整的 URL。

（4）就像连接到 Custom Vision 一样，你将需要使用 HTTPS 连接来连接到令牌发行服务。在 config.h 的末尾，添加以下代码。

```
const char *TOKEN_CERTIFICATE =
    "-----BEGIN CERTIFICATE-----\r\n"
    "MIIF8zCCBNugAwIBAgIQAueRcfuAIek/4tmDg0xQwDANBgkqhkiG9w0BAQwFADBh\r\n"
```

```
"MQswCQYDVQQGEwJVUzEVMBMGA1UEChMMRGlnaUNlcnQgSW5jMRkwFwYDVQQLExB3\r\n"
"d3cuZGlnaWNlcnQuY29tMSAwHgYDVQQDExdEaWdpQ2VydCBHbG9iYWwgUm9vdCBH\r\n"
"MjAeFw0yMDA3MjkxMjMwMDBaFw0yNDA2MjcyMzU5NTlaMFkxCzAJBgNVBAYTAlVT\r\n"
"MR4wHAYDVQQKExVNaWNyb3NvZnQgQ29ycG9yYXRpb24xKjAoBgNVBAMTIU1pY3Jv\r\n"
"c29mdCBBenVyZSBUTFMgSXNzdWluZyBDQSAwNjCCAiIwDQYJKoZIhvcNAQEBBQAD\r\n"
"ggIPADCCAgoCggIBALVGARl56bx3KBUSGuPc4H5uoNFkFH4e7pvTCxRi4j/+z+Xb\r\n"
"wjEz+5CipDOqjx9/jWjskL5dk7PaQkzItidsAAnDCW1leZBOIi68Lff1bjTeZgMY\r\n"
"iwdRd3Y39b/lcGpiuP2d23W95YHkMMT8IlWosYIX0f4kYb62rphyfnAjYb/4Od99\r\n"
"ThnhlAxGtfvSbXcBVIKCYfZgqRvV+5lReUnd1aNjRYVzPOoifgSx2fRyy1+pO1Uz\r\n"
"aMMNnIOE71bVYW0A1hr19w7kOb0KkJXoALTDDj1ukUEDqQuBfBxReL5mXiu1O7WG\r\n"
"0vltg0VZ/SZzctBsdBlx1BkmWYBW261KZgBivrql5ELTKKd8qgtHcLQA5fl6JB0Q\r\n"
"gs5XDaWehN86Gps5JW8ArjGtjcWAIP+X8CQaWfaCnuRm6Bk/03PQWhgdi84qwA0s\r\n"
"sRfFJwHUPTNSnE8EiGVk2frt0u8PG1pwSQsFuNJfcYIHEv1vOzP7uEOuDydsmCjh\r\n"
"lxuoK2n5/2aVR3BMTu+p4+gl8alXoBycyLmj3J/PUgqD8SL5fTCUegGsdia/Sa60\r\n"
"N2oV7vQ17wjMN+LXa2rjj/b4ZlZgXVojDmAjDwIRdDUujQu0RVsJqFLMzSIHpp2C\r\n"
"Zp7mIoLrySay2YYBu7SiNwL95X6He2kS8eefBBHjzwW/9FxGqry57i71c2cDAgMB\r\n"
"AAGjggGtMIIBqTAdBgNVHQ4EFgQU1cFnOsKjnfR3UltZEjgp5lVou6UwHwYDVR0j\r\n"
"BBgwFoAUTiJUIBiV5uNu5g/6+rkS7QYXjzkwDgYDVR0PAQH/BAQDAgGGMB0GA1Ud\r\n"
"JQQWMBQGCCsGAQUFBwMBBggrBgEFBQcDAjASBgNVHRMBAf8ECDAGAQH/AgEAMHYG\r\n"
"CCsGAQUFBwEBBGowaDAkBggrBgEFBQcwAYYYaHR0cDovL29jc3AuZGlnaWNlcnQu\r\n"
"Y29tMEAGCCsGAQUFBzAChjRodHRwOi8vY2FjZXJ0cy5kaWdpY2VydC5jb20vRGln\r\n"
"aUNlcnRHbG9iYWxSb290RzIuY3J0MHsGA1UdHwR0MHIwN6A1oDOGMWh0dHA6Ly9j\r\n"
"cmwzLmRpZ2ljZXJ0LmNvbS9EaWdpQ2VydEdsb2JhbFJvb3RHMi5jcmwwN6A1oDOG\r\n"
"MWh0dHA6Ly9jcmw0LmRpZ2ljZXJ0LmNvbS9EaWdpQ2VydEdsb2JhbFJvb3RHMi5j\r\n"
"cmwwHQYDVR0gBBYwFDAIBgZngQwBAgEwCAYGZ4EMAQICMBAGCSsGAQQBgjcVAQQD\r\n"
"AgEAMA0GCSqGSIb3DQEBDAUAA4IBAQB2oWc93fB8esci/8esixj++N22meiGDjgF\r\n"
"+rA2LUK5IOQOgcUSTGKSqF9lYfAxPjrqPjDCUPHCURv+26ad5P/BYtXtbmtxJWu+\r\n"
"cS5BhMDPPeG3oPZwXRHBJFAkY4O4AF7RIAAUW6EzDflUoDHKv83zOiPfYGcpHc9s\r\n"
"kxAInCedk7QSgXvMARjjOqdakor21DTmNIUotxo8kHv5hwRlGhBJwps6fEVi1Bt0\r\n"
"trpM/3wYxlr473WSPUFZPgP1j519kLpWOJ8z09wxay+Br29irPcBYv0GMXlHqThy\r\n"
"8y4m/HyTQeI2IMvMrQnwqPpY+rLIXyviI2vLoI+4xKE4Rn38ZZ8m\r\n"
"-----END CERTIFICATE-----\r\n";
```

这是你在连接到 Custom Vision 时使用的相同证书。

（5）在 `main.cpp` 文件的顶部添加 Wi-Fi 头文件和 config 头文件的包含。

```
#include <rpcWi-Fi.h>

#include "config.h"
```

（6）在 `main.cpp` 文件里 `setup` 函数的上方添加连接到 Wi-Fi 的函数。

```cpp
void connectWi-Fi()
{
    while (Wi-Fi.status() != WL_CONNECTED)
    {
        Serial.println("Connecting to Wi-Fi..");
        Wi-Fi.begin(SSID, PASSWORD);
        delay(500);
    }
```

```
    Serial.println("Connected!");
  }
```

（7）串行连接建立后，从 `setup` 函数内调用此函数。

```
connectWi-Fi();
```

（8）在 `src` 文件夹中创建一个名为 `speech_to_text.h` 的新的头文件。在这个头文件中，添加以下代码。

```
#pragma once

#include <Arduino.h>
#include <ArduinoJson.h>
#include <HTTPClient.h>
#include <Wi-FiClientSecure.h>

#include "config.h"
#include "mic.h"

class SpeechToText
{
public:

private:

};

SpeechToText speechToText;
```

这段代码包含了一些必要的头文件，用于 HTTP 连接、配置文件、 `mic.h` 头文件，并定义了一个名为 `SpeechToText` 的类，然后声明了该类的一个实例，可以在以后进行使用。

（9）在这个类的 `private` 部分添加以下两个字段。

```
Wi-FiClientSecure _token_client;
String _access_token;
```

`_token_client` 是一个使用 HTTPS 的 Wi-Fi 客户端，将被用来获取访问令牌。然后这个令牌将被存储在 `_access_token` 中。

（10）在 `private` 部分添加以下方法。

```
String getAccessToken()
{
    char url[128];
    sprintf(url, TOKEN_URL, SPEECH_LOCATION);

    HTTPClient httpClient;
    httpClient.begin(_token_client, url);
```

```
        httpClient.addHeader("Ocp-Apim-Subscription-Key", SPEECH_API_KEY);
        int httpResultCode = httpClient.POST("{}");

        if (httpResultCode != 200)
        {
            Serial.println("Error getting access token, trying again...");
            delay(10000);
            return getAccessToken();
        }

        Serial.println("Got access token.");
        String result = httpClient.getString();

        httpClient.end();

        return result;
    }
```

　　这段代码使用语音资源的位置建立了令牌发放者 API 的 URL。然后，它创建了一个 HTTPClient 来进行网络请求，将其设置为使用以令牌端点证书配置的 Wi-Fi 客户端。它将 API 密钥设置为调用的头。然后，它发出 POST 请求以获得证书，如果遇到任何错误就重试。最后返回访问令牌。

　　（11）在 public 部分，添加一个方法来获取访问令牌。这在以后的课程中会有需要，它可以将文本转换为语音。

```
String AccessToken()
{
    return _access_token;
}
```

　　（12）在 public 部分，添加一个 init 方法来设置令牌客户端。

```
void init()
{
    _token_client.setCACert(TOKEN_CERTIFICATE);
    _access_token = getAccessToken();
}
```

　　这段代码将在 Wi-Fi 客户端上设置证书，然后获得访问令牌。
　　（13）在 main.cpp 中，将这个新的头文件添加到 include 指令中。

```
#include "speech_to_text.h"
```

　　（14）在 mic.init 调用之后但在 Ready 被写入串行监视器之前，在 setup 函数的末尾初始化 SpeechToText 类。

```
speechToText.init();
```

任务：从闪存中读取数据

　　（1）在本课的前一部分，音频被录制到闪存中。这个音频将需要被发送到语音服务 REST API，所以需要从闪存中读取。它不能被加载到内存中的缓冲区，因为它太大。进行 REST 调用的 `HTTPClient` 类可以使用 Arduino Stream 来传输数据——这个类可以小块的方式加载数据，并作为请求的一部分，一次发送一个小块。每次你在一个流上调用读取，它都会返回下一个数据块。因此可以创建一个 Arduino Stream，从闪存读取数据。在 `src` 文件夹中创建一个名为 `flash_ stream.h` 的新文件，并将以下代码添加到其中。

```
#pragma once

#include <Arduino.h>
#include <HTTPClient.h>
#include <sfud.h>

#include "config.h"

class FlashStream : public Stream
{
public:
    virtual size_t write(uint8_t val)
    {
    }

    virtual int available()
    {
    }

    virtual int read()
    {
    }

    virtual int peek()
    {
    }
private:

};
```

这段代码声明了 `FlashStream` 类，衍生自 `Arduino Stream` 类。这是一个抽象类，派生类在实例化之前必须实现一些方法，这些方法在这个类中被定义。

（2）将以下字段添加到 private 部分。

```
size_t _pos;
size_t _flash_address;
const sfud_flash *_flash;

byte _buffer[HTTP_TCP_BUFFER_SIZE];
```

✍ 做点研究

在 Arduino Stream 文档 🔗 [L21-12] 中阅读更多关于 Arduino Stream 的内容。

这几行代码就定义了一个临时缓冲区，用来存储从闪存中读取的数据，同时还有字段用来存储从缓冲区读取时的当前位置，从闪存中读取的当前地址，以及闪存设备。

（3）在 `private` 部分，添加以下方法。

```
void populateBuffer()
{
    sfud_read(_flash, _flash_address, HTTP_TCP_BUFFER_SIZE, _buffer);
    _flash_address += HTTP_TCP_BUFFER_SIZE;
    _pos = 0;
}
```

这段代码在当前地址从闪存中读取数据，并将数据存储在一个缓冲区中。然后，它增加地址，所以下一次调用会读取下一个内存块。缓冲区的大小是基于 HTTPClient 一次向 REST API 发送的最大块。

（4）在这个类的 `public` 部分，添加以下构造函数。

```
FlashStream()
{
    _pos = 0;
    _flash_address = 0;
    _flash = sfud_get_device_table() + 0;

    populateBuffer();
}
```

📖 擦除闪存必须使用粒度，读取则不需要。

这个构造函数设置了所有的字段，以便从闪存块的起点开始读取，并将第一块数据加载到缓冲区。

（5）实现 `write` 的方法。这个 stream 将只读取数据，因此无法执行任何操作并返回 0。

```
virtual size_t write(uint8_t val)
{
    return 0;
}
```

（6）实现 `peek` 方法。这样将返回当前位置的数据，而不需要移动 stream 的方向。只要不从 stream 中读出数据，多次调用 `peek` 将总是返回相同的数据。

```
virtual int peek()
{
    return _buffer[_pos];
}
```

（7）实现 `available` 函数。它返回可以从 stream 中读取多少字节，如果 stream 已经完成，则返回 -1。对于这个类，最大的可用量将不超过 HTTPClient 的分块大小。当这个 stream 被用于 HTTP 客户端时，它会调用这个函数来查看有多少数据是可用的，然后请求将这些数据发送到 REST API 上。我们不希望每个数据块超过 HTTP 客户端的数据块大小，所以如果超过了可用的数据，就会返回数据块大小。如果少于此数，则返回可用的数据。一旦所有的数据都被流化了，就会返回 -1。

```
virtual int available()
{
    int remaining = BUFFER_SIZE - ((_flash_address - HTTP_TCP_BUFFER_SIZE) + _pos);
    int bytes_available = min(HTTP_TCP_BUFFER_SIZE, remaining);

    if (bytes_available == 0)
    {
        bytes_available = -1;
```

```
    }

    return bytes_available;
}
```

（8）实现 `read` 的方法，从缓冲区返回下一个字节，递增位置。如果位置超过了缓冲区的大小，它就用闪存中的下一个块来填充缓冲区，并重置位置。

```
virtual int read()
{
    int retVal = _buffer[_pos++];

    if (_pos == HTTP_TCP_BUFFER_SIZE)
    {
        populateBuffer();
    }

    return retVal;
}
```

（9）在 `peech_to_text.h` 头文件中，为这个新的头文件添加一个包含指令。

```
#include "flash_stream.h"
```

任务：将语音转文本

（1）通过 REST API 将音频发送到语音服务，可以将语音转换为文本。这个 REST API 有一个与令牌发行者不同的证书，所以可以在 `config.h` 头文件中添加以下代码来定义这个证书。

```
const char *SPEECH_CERTIFICATE =
    "-----BEGIN CERTIFICATE-----\r\n"
    "MIIF8zCCBNugAwIBAgIQCq+mxcpjxFFB6jvh98dTFzANBgkqhkiG9w0BAQwFADBh\r\n"
    "MQswCQYDVQQGEwJVUzEVMBMGA1UEChMMRGlnaUNlcnQgSW5jMRkwFwYDVQQLExB3\r\n"
    "d3cuZGlnaWNlcnQuY29tMSAwHgYDVQQDExdEaWdpQ2VydCBHbG9iYWwgUm9vdCBH\r\n"
    "MjAeFw0yMDA3MjkxMjMwMDBaFw0yNDA2MjcyMzU5NTlaMFkxCzAJBgNVBAYTAlVT\r\n"
    "MR4wHAYDVQQKExVNaWNyb3NvZnQgQ29ycG9yYXRpb24xKjAoBgNVBAMTIU1pY3Jv\r\n"
    "c29mdCBBenVyZSBUTFMgSXNzdWluZyBDQSAwMTCCAiIwDQYJKoZIhvcNAQEBBQAD\r\n"
    "ggIPADCCAgoCggIBAMedcDrkXufP7pxVm1FHLDNA9IjwHaMoaY8arqqZ4Gff4xyr\r\n"
    "RygnavXL7g12MPAx8Q6Dd9hfBzrfWxkF0Br2wIvlvkzW01naNVSkHp+OS3hL3W6n\r\n"
    "l/jYvZnVeJXjtsKYcXIf/6WtspcF5awlQ9LZJcjwaH7KoZuK+THpXCMtzD8XNVdm\r\n"
    "GW/JI0C/7U/E7evXn9XDio8SYkGSM63aLO5BtLCv092+1d4GGBSQYolRq+7Pd1kR\r\n"
    "EkWBPm0ywZ2Vb8GIS5DLrjelEkBnKCyy3B0yQud9dpVsiUeE7F5sY8Me96WVxQcb\r\n"
    "OyYdEY/j/9UpDlOG+vA+YgOvBhkKEjiqygVpP8EZoMMijephzg43b5Qi9r5UrvYo\r\n"
    "o19oR/8pf4HJNDPF0/FJwFVMW8PmCBLGstin3NE1+NeWTkGt0TzpHjgKyfaDP2tO\r\n"
    "4bCk1G7pP2kDFT7SYfc8xbgCkFQ2UCEXsaH/f5YmpLn4YPiNFCeeIida7xnfTvc4\r\n"
    "7IxyVccHHq1FzGygOqemrxEETKh8hvDR6eBdrBwmCHVgZrnAqnn93JtGyPLi6+cj\r\n"
    "WGVGtMZHwzVvX1HvSFG771sskcEjJxiQNQDQRWHEh3NxvNb7kFlAXnVdRkkvhjpR\r\n"
    "GchFhTAzqmwltdWhWDEyCMKC2x/mSZvZtlZGY+g37Y72qHzidwtyW7rBetZJAgMB\r\n"
    "AAGjggGtMIIBqTAdBgNVHQ4EFgQUDyBd16FXlduSzyvQx8J3BM5ygHYwHwYDVR0j\r\n"
    "BBgwFoAUTiJUIBiV5uNu5g/6+rkS7QYXjzkwDgYDVR0PAQH/BAQDAgGGMB0GA1Ud\r\n"
    "JQQWMBQGCCsGAQUFBwMBBggrBgEFBQcDAjASBgNVHRMBAf8ECDAGAQH/AgEAMHYG\r\n"
    "CCsGAQUFBwEBBGowaDAkBggrBgEFBQcwAYYYaHR0cDovL29jc3AuZGlnaWNlcnQu\r\n"
```

```
"Y29tMEAGCCsGAQUFBzAChjRodHRwOi8vY2FjZXJ0cy5kaWdpY2VydC5jb20vRGln\r\n"
"aUNlcnRHbG9iYWxSb290RzIuY3J0MHsGA1UdHwR0MHIwN6A1oDOGMWh0dHA6Ly9j\r\n"
"cmwzLmRpZ2ljZXJ0LmNvbS9EaWdpQ2VydEdsb2JhbFJvb3RHMi5jcmwwN6A1oDOG\r\n"
"MWh0dHA6Ly9jcmw0LmRpZ2ljZXJ0LmNvbS9EaWdpQ2VydEdsb2JhbFJvb3RHMi5j\r\n"
"cmwwHQYDVR0gBBYwFDAIBgZngQwBAgEwCAYGZ4EMAQICMBAGCSsGAQQBgjcVAQQD\r\n"
"AgEAMA0GCSqGSIb3DQEBDAUAA4IBAQAlFvNh7QgXVLAZSsNR2XRmIn9iS8OHFCBA\r\n"
"WxKJoi8YYQafpMTkMqeuzoL3HWb1pYEipsDkhiMnrpfeYZEA7Lz7yqEEtfgHcEBs\r\n"
"K9KcStQGGZRfmWU07hPXHnFz+5gTXqzCE2PBMlRgVUYJiA25mJPXfB00gDvGhtYa\r\n"
"+mENwM9Bq1B9YYLyLjRtUz8cyGsdyTIG/bBM/Q9jcV8JGqMU/UjAdh1pFyTnnHEl\r\n"
"Y59Npi7F87ZqYYJEHJM2LGD+le8VsHjgeWX2CJQko7klXvcizuZvUEDTjHaQcs2J\r\n"
"+kPgfyMIOY1DMJ21NxOJ2xPRC/wAh/hzSBRVtoAnyuxtkZ4VjIOh\r\n"
"-----END CERTIFICATE-----\r\n";
```

（2）在这个文件中添加一个常量，用于不含位置的语音 URL。这样将在以后与位置和语言相结合，得到完整的 URL。

```
const char *SPEECH_URL = "https://%s.stt.speech.microsoft.com/speech/recognition/conversation/
cognitiveservices/v1?language=%s";
```

（3）在 `speech_to_text.h` 头文件中，在 `SpeechToText` 类的 `private` 部分，为使用语音证书的 Wi-Fi 客户端定义一个字段。

```
Wi-FiClientSecure _speech_client;
```

（4）在 `init` 方法中，在这个 Wi-Fi 客户端上设置证书。

```
_speech_client.setCACert(SPEECH_CERTIFICATE);
```

（5）在 `SpeechToTex` 类的 `public` 部分添加以下代码，以定义一个将语音转换成文本的方法。

```
String convertSpeechToText()
{

}
```

（6）在这个方法中添加以下代码，使用用语音证书配置的 Wi-Fi 客户端，并使用用位置和语言设置的语音 URL，创建一个 HTTP 客户端。

```
char url[128];
sprintf(url, SPEECH_URL, SPEECH_LOCATION, LANGUAGE);

HTTPClient httpClient;
httpClient.begin(_speech_client, url);
```

（7）在连接上设置一些头信息。

```
httpClient.addHeader("Authorization", String("Bearer") + _access_token);
httpClient.addHeader("Content-Type", String("audio/wav; codecs=audio/pcm; samplerate=") +
String(RATE));
httpClient.addHeader("Accept", "application/json;text/xml");
```

这几行代码就为使用访问令牌的授权、使用采样率的音频格式设置了头信息，并设置客户端期望的结果为 JSON。

（8）在这之后，添加以下代码来进行 REST API 调用。

```
Serial.println("Sending speech...");

FlashStream stream;
int httpResponseCode = httpClient.sendRequest("POST", &stream, BUFFER_SIZE);

Serial.println("Speech sent!");
```

这段代码就创建了一个 `FlashStream` ，并使用它来向 REST API 传输数据。

（9）在这下面，添加以下代码。

```
String text = "";

if (httpResponseCode == 200)
{
    String result = httpClient.getString();
    Serial.println(result);

    DynamicJsonDocument doc(1024);
    deserializeJson(doc, result.c_str());

    JsonObject obj = doc.as<JsonObject>();
    text = obj["DisplayText"].as<String>();
}
else if (httpResponseCode == 401)
{
    Serial.println("Access token expired, trying again with a new token");
    _access_token = getAccessToken();
    return convertSpeechToText();
}
else
{
    Serial.print("Failed to convert text to speech – error ");
    Serial.println(httpResponseCode);
}
```

该段代码检查响应代码。如果是 200，即成功的代码，那么就会检索结果，从 JSON 中解码，并将
`DisplayText` 属性设置为 `text` 变量。这就是语音的文本版本被返回的属性。

如果响应代码是 401，那么访问令牌已经过期（这些令牌只持续 10 分钟），会要求一个新的访问令牌，
并再次进行调用。否则，一个错误将被发送到串行监控器，并且 `text` 留空。

（10）在这个方法的末尾添加以下代码，以关闭 HTTP 客户端并返回文本。

```
httpClient.end();

return text;
```

（11）在 `main.cpp` 的 `processAudio` 函数中调用这个新的 `convertSpeechToText` 方法，然
后将语音注销到串行监视器上。

```
String text = speechToText.convertSpeechToText();
Serial.println(text);
```

（12）构建这段代码，将其上传到你的 Wio Terminal，并通过串行监视器进行测试。一旦你在串行监视器中看到 `ready`，就按下 Wio Terminal 的 C 键（顶部左侧最靠近电源开关的那个键），然后说话。音频将被采集 4 秒钟，然后转换为文本。

```
--- Available filters and text transformations: colorize, debug, default, direct, hexlify,
log2file, nocontrol, printable, send_on_enter, time
--- More details at http://bit.ly/pio-monitor-filters
--- Miniterm on /dev/cu.usbmodem1101  9600,8,N,1 ---
--- Quit: Ctrl+C | Menu: Ctrl+T | Help: Ctrl+T followed by Ctrl+H ---
Connecting to Wi-Fi..
Connected!
Got access token.
Ready.
Starting recording...
Finished recording
Sending speech...
Speech sent!
{"RecognitionStatus":"Success","DisplayText":"Set a 2 minute and 27 second timer.","Offset":47
00000,"Duration":35300000}
Set a 2 minute and 27 second timer.
```

你可以在 `code-speech-to-text/wio-terminal` 文件夹🔗 [L21-13] 中找到这个代码。

😄 恭喜，你的语音转文字程序运行成功了！

🖥️ 在树莓派上实现语音转文本

在这一部分，你将编写代码，使用语音服务将捕获音频中的语音转换为文本。

将音频发送到语音服务

可以使用 REST API 将音频发送到语音服务。要使用语音服务，首先需要请求一个访问令牌，然后使用该令牌访问 REST API。这些访问令牌会在 10 分钟后过期，因此你的代码应该定期请求它们，以确保它们总是最新的。

任务：获得一个访问令牌

（1）在你的树莓派上打开 `smart-timer` 项目。

（2）删除 `play_audio` 函数。这里并不需要这个函数，因为你不希望智能定时器向你重复你说的话。

（3）在 `app.py` 文件的顶部添加以下导入。

```
import requests
```

（4）在 `while True` 循环上方添加以下代码，以声明语音服务的一些设置。

```
speech_api_key = '<key>'
location = '<location>'
```

```
language = '<language>'
```

用你语音服务资源的 API 密钥替换 <key>。将 <location> 替换为你在创建语音服务资源时使用的位置。

将 <language> 替换为你将使用语言的地域名称，如 en-GB 代表英语，zn-HK 代表粤语。你可以在微软的语音服务的语言和声音支持文档 🔗 [L21-11] 中找到支持的语言及其地区名称的列表。

（5）在这下面，添加以下函数来获取访问令牌。

```
def get_access_token():
    headers = {
        'Ocp-Apim-Subscription-Key': speech_api_key
    }

    token_endpoint = f'https://{location}.api.cognitive.microsoft.com/sts/v1.0/issuetoken'
    response = requests.post(token_endpoint, headers=headers)
    return str(response.text)
```

这段代码调用了一个发放令牌的端点，将 API 密钥作为头信息传递。这个调用返回一个访问令牌，可以用来调用语音服务。

（6）在这下面，声明一个函数，使用 REST API 将捕获音频中的语音转换为文本。

```
def convert_speech_to_text(buffer):
```

（7）在下面的函数中，设置 REST API URL 和头文件。

```
url = f'https://{location}.stt.speech.microsoft.com/speech/recognition/conversation/
cognitiveservices/v1'

headers = {
    'Authorization': 'Bearer ' + get_access_token(),
    'Content-Type': f'audio/wav; codecs=audio/pcm; samplerate={rate}',
    'Accept': 'application/json;text/xml'
}

params = {
    'language': language
}
```

这段代码就使用语音服务资源的位置建立了一个 URL。然后，它用来自 `get_access_token` 函数的访问令牌以及用于捕获音频的采样率来填充头信息。最后，它定义了一些参数，与包含音频中语言的 URL 一起传递。

（8）在这下面，添加下面的代码来调用 REST API 并取回文本。

```
response = requests.post(url, headers=headers, params=params, data=buffer)
response_json = response.json()

if response_json['RecognitionStatus'] == 'Success':
    return response_json['DisplayText']
else:
    return ''
```

这段代码调用了 URL 并对响应中的 JSON 值进行解码。响应中的 `RecognitionStatus` 值表明该调用是否能够成功地将语音提取为文本，如果是 `Success`，则从函数中返回文本，否则返回一个空字符串。

（9）在 `while True:` 循环之上，定义一个函数来处理从语音转文本服务返回的文本。这个函数目前只是将文本输出到控制台。

```python
def process_text(text):
    print(text)
```

（10）最后将 `while True` 循环中对 `play_audio` 的调用改为对 `convert_speech_to_text` 函数的调用，将文本传递给 `process_text` 函数。

```python
text = convert_speech_to_text(buffer)
process_text(text)
```

（11）运行该代码。按下按钮，对着麦克风说话。完成后释放按钮，音频将被转换为文本并输出到控制台。

```
pi@raspberrypi:~/smart-timer $ python3 app.py
Hello world.
Welcome to IoT for beginners.
```

尝试不同类型的句子，以及单词听起来相同但含义不同的句子。例如，如果你说的是英语，可以试试："I want to buy two bananas and an apple too"，注意它是如何根据单词的上下文，而不仅仅是它的声音来使用正确的 to、two 和 too 的。

你可以在 `code-speech-to-text/pi` 文件夹 ⌗ [21-14] 中找到这个代码。

😊 恭喜，你的语音转文字程序运行成功了！

Ⓒ 在虚拟硬件上实现语音转文本

在这一部分，你将编写代码，使用语音服务将从麦克风捕捉到的语音转换为文本。

将语音转换为文本

在 Windows、Linux 和 macOS 上，语音服务 Python SDK 可用于监听你的麦克风并将检测到的任何语音转换为文本。它将持续监听，检测音频电平，并在音频电平下降时（如在一个语音块的末尾）发送语音以转换为文本。

任务：将语音转换为文本

（1）在计算机上一个名为 `smart timer` 的文件夹中创建一个新的 Python 应用程序，其中包含一个名为 `app.py` 的文件和 Python 虚拟环境。

（2）安装语音服务的 Pip 包，确保你是在激活虚拟环境的情况下从终端安装的。

```
pip install azure-cognitiveservices-speech
```

⚠️ 注意

如果你得到以下错误：

```
ERROR: Could not find a version that satisfies the requirement azure-cognitiveservices-speech (from
versions: none)
ERROR: No matching distribution found for azure-cognitiveservices-speech
```

那么你将需要更新 Pip。用下面的命令来操作，然后再尝试安装该软件包。

```
pip install --upgrade pip
```

（3）在 **app.py** 文件中添加以下导入。

```
import requests
import time
from azure.cognitiveservices.speech import SpeechConfig, SpeechRecognizer
```

这段代码导入了一些用于识别语音的类。

（4）添加以下代码来声明一些配置。

```
speech_api_key = '<key>'
location = '<location>'
language = '<language>'

recognizer_config = SpeechConfig(subscription=speech_api_key,
                                 region=location,
                                 speech_recognition_language=language)
```

用你语音服务资源的 API 密钥替换 **<key>**。将 **<location>** 替换为你在创建语音服务资源时使用的位置。将 **<language>** 替换为你将使用语言的地域名称，如 en-GB 代表英语，zn-HK 代表粤语。你可以在微软的语音服务的语言和声音支持文档 🔗 **[L21-11]** 中找到支持的语言及其地区名称的列表。然后这个配置被用于创建一个 **SpeechConfig** 对象，该对象将被用来配置语音服务。

（5）添加以下代码来创建一个语音识别器。

```
recognizer = SpeechRecognizer(speech_config=recognizer_config)
```

（6）语音识别器在一个后台线程上运行，监听音频并将其中的任何语音转换为文本。你可以使用回调函数获得文本——一个你定义并传递给识别器的函数。每当检测到语音时，回调函数就会被调用。添加下面的代码来定义一个回调，并把这个回调传递给识别器，以及定义一个处理文本的函数，并把它写入控制台。

```
def process_text(text):
    print(text)

def recognized(args):
    process_text(args.result.text)

recognizer.recognized.connect(recognized)
```

（7）识别器只有在你明确地启动它时才开始监听。添加下面的代码开始识别。这是在后台运行的，所以你的应用程序也需要一个无限循环来保持应用程序的运行。

```
recognizer.start_continuous_recognition()

while True:
    time.sleep(1)
```

⚠️ 注意

如果你得到以下错误：

```
ModuleNotFoundError: No module named '_speech_py_impl'
```

请安装 Visual C++ 🔗 **[L21-15]**。

（8）运行这个应用程序。对着麦克风说话，转换为文本的音频将被输出到控制台。

```
(.venv) → smart-timer python3 app.py
Hello world.
Welcome to IoT for beginners.
```

尝试不同类型的句子，以及单词听起来相同但含义不同的句子。例如，如果你说的是英语，可以试试："**I want to buy two bananas and an apple too**"，注意它是如何根据单词的上下文，而不仅仅是它的声音来使用正确的 to、two 和 too 的。

你可以在 `code-speech-to-text/virtual-iot-device` 文件夹 🔗 **[L21-16]** 中找到这个代码。

😊 恭喜，你的语音转文字程序运行成功了！

课后练习

挑战

语音识别已经存在很长一段时间了，并且在不断改进。研究当前的语音识别能力，并比较这些语音识别能力是如何随着时间的推移而演变的，包括如何将精确的机器转录与人类进行比较。

你认为语音识别的未来会是怎样的？

复习和自学

- 在 Musician's HQ 上阅读不同的麦克风类型以及它们如何工作的文章（英文）🔗 [L21–17]，了解动圈式麦克风和电容式麦克风的区别。
- 在微软的语音服务文档 🔗 [L21–18] 中阅读更多关于认知服务语音服务的内容。
- 在 Microsoft Docs 上的关键词识别文档中阅读关于关键词识别的内容 🔗 [L21–19]。

作业

本课无作业。

课后测验

（1）麦克风是什么类型的传感器？（　）

　A. 数字的

　B. 模拟的

（2）声波通过（　）方式转换为数字信号。

　A. 脉冲编码调制

　B. 纯代码乘法

　C. 脉冲宽度最大化

（3）1 秒的 16 位音频采样在 16 kHz 是多大？（　）

　A. 1KB

　B. 16KB

　C. 32KB

第 22 课
理解语言

 课前准备

简介

在上一课中，你将语音转换为文本。如果要用它来为一个智能定时器编程，你的代码需要对所说的内容有所了解。你可以假设用户会说一个固定的短语，如"设置计时 3 分钟"，然后解析这个表达式来获得定时器应该有多长，但这对用户来说不是很好。如果一个用户说 " 设置一个 3 分钟的定时器 "，你或我都会理解他们的意思，但你的代码不会，它期待着一个固定的短语。

这就是语言理解的意义所在，可以使用人工智能模型来解释文本并返回所需的细节。例如，能够同时接受"设置计时 3 分钟"和"设置一个 3 分钟的定时器"，并理解定时器需要 3 分钟。

在本课中，你将学习语言理解模型，以及如何创建、训练，并从你的代码中使用它们。

在本课中，我们的学习内容将涵盖：

22.1 语言理解
22.2 创建一个语言理解模型
22.3 意向和实体
22.4 使用语言理解模型

课前测验

（1）语言的理解牵涉到寻找特定的词汇。这个说法（ ）。
A. 正确
B. 错误

（2）语言的理解涉及（ ）。
A. 关注句子中一个孤立的词汇并努力得到它们的含义
B. 找到预先定义好的句子，并由此得到对应的含义
C. 关注整个句子，并努力从词汇的上下文获取含义

（3）云服务供应商有能够理解语言的人工智能服务。这个说法（ ）。
A. 正确
B. 错误

22.1 语言理解

几十万年来，人类一直使用语言进行交流。我们用语言、声音或动作进行交流，并理解所说的内容，包括语言、声音或动作及其上下文的含义。我们理解真诚和讽刺，让同样的词根据我们的语气而有不同的含义。

语言理解，也称为自然语言理解，是人工智能领域的一部分，称为自然语言处理（或 NLP），涉及阅读理解，试图理解单词或句子的细节。如果你使用 Alexa 或 Siri 等语音助手，那么你已经使用了语言理解服务。这些是幕后的人工智能服务，让我女儿可以用语音指令"Alexa，播放泰勒·斯威夫特（Taylor Swift）的最新专辑"让设备播放她最喜欢的曲子在客厅跳舞。

做点研究

想一想你最近的一些对话。有多少对话对计算机来说是难以理解的，因为它需要上下文？

🖳 计算机尽管取得了种种进步，但要真正理解文本，还有很长的路要走。当我们提到用计算机理解语言时，我们指的并不是任何接近人类交流的先进东西，而是提取一些单词和关键细节。

作为人类，我们在理解语言时并没有真正思考过。如果我对另一个人说"播放泰勒·斯威夫特的最新专辑"，那么他们会本能地理解我的意思。对于计算机来说，这就更难了。它必须把这些话从语音转换为文字，并通过程序计算出以下信息。

需要播放音乐。

- 该音乐是由艺术家泰勒·斯威夫特创作的。
- 具体的音乐是一整张专辑的多首曲目，按顺序排列。
- 泰勒·斯威夫特有很多张专辑，所以需要按照时间顺序进行排序，需要的是最近出版的专辑。

语言理解模型是人工智能模型，它被训练为从语言中提取某些细节，然后使用迁移学习为特定任务进行训练，就像你使用一组图像训练自定义视觉模型一样。你可以采取一个模型，然后用你希望它理解的文本来训练它。

🖳 做点研究

想一想你在提出要求时说过的其他一些句子，如点咖啡或要求家人递给你东西。试着将其分解为计算机需要提取的信息片段，以理解该句子。

22.2 创建一个语言理解模型

你可以使用 LUIS 创建语言理解模型，LUIS 是微软的语言理解服务，是认知服务的一部分，图标如图 22-1 所示。

22.2.1 任务：创建一个创作资源

为了使用 LUIS，你需要创建一个创作资源。

使用下面的命令在你的 smart-timer 资源组中创建一个创作资源。

$$\{\}$$

LUIS

图 22-1 LUIS 的标志

```
az cognitiveservices account create --name smart-timer-luis-
authoring \
                            --resource-group smart-timer \
                            --kind LUIS.Authoring \
                            --sku F0 \
                            --yes \
                            --location <location>
```

将 <location> 替换为你在创建资源组时使用的位置。

⚠️ 注意

LUIS 并不是在所有地区都可用，所以如果你遇到以下错误：

```
InvalidApiSetId: The account type 'LUIS.Authoring' is either invalid or unavailable in given
region.
```

可以参考部分内容微软的创作和发布区域及关联的密钥中其他发布区域的文档🔗 **[L22-1]**，选择一个不同的地区。

这样将创建一个自由层的 LUIS 创作资源。

22.2.2　任务：创建一个语言理解应用程序

（1）在你的浏览器访问 🔗`luis.ai` 中打开 LUIS 门户，用与你在 Azure 中使用的同一个账户登录。

（2）按照对话框上的指示，选择你的 Azure 订阅，然后选择你刚刚创建的 `smart-timer-luis-authoring` 资源。

（3）从对话应用程序列表中，选择新的应用程序按钮来创建一个新的应用程序。将新应用命名为 `smart-timer`，并将"Culture"（文化）设置为英语。

> 👥 有一个预测资源的字段。你可以为预测创建第二个资源，但免费的编写资源允许每月有 1000 个预测，这对开发来说应该是足够的，所以你可以不填。

（4）阅读创建应用程序后出现的指南，了解训练语言理解模型所需的步骤。完成后关闭本指南。

22.3　意向和实体

语言理解是基于"**Intents**"（意向）和"**Entities**"（实体）的。意向是指词语的意向是什么，如播放音乐、设置定时器或订购食物。实体是指意向所指的内容，如专辑、定时器的时长或食物的类型。模型解释的每个句子应该至少有一个意向，以及一个或多个实体。

一些示例见表 22-1。

表 22-1　句子中意向与实体的示例

句子	意向	实体
"播放泰勒·斯威夫特的最新专辑"	播放音乐	泰勒·斯威夫特的最新专辑
"设置一个 3 分钟的定时器"	设置一个定时器	3 分钟
"取消我的定时器"	取消一个定时器	无
"订购 3 个大菠萝披萨和一个凯撒沙拉"	订购食物	3 个大菠萝披萨，凯撒沙拉

为了训练 LUIS，首先你要设定实体。这些实体可以是一个固定的术语列表，或者是从文本中学习到的。例如，你可以提供一个固定菜单上的食物清单，每个词的变体（或同义词），如西红柿是番茄的同义词。LUIS 也有可以使用的预构建实体，如数字和地点。

对于设置定时器，你可以让一个实体使用预先构建的数字实体来表示时间，另一个实体表示单位，如分钟和秒钟。对每个单位还可以有多种变化，以涵盖不同的表达形式——如分和分钟。

一旦定义了实体，就可以创建意向。这些是由模型根据你提供的例句（称为语料）来学习的。例如，对于设置定时器的意向，你可以提供以下句子。

> 🔍 **做点研究**
>
> 通过你之前思考的句子，该句子中的意向和实体会是什么？

- set a 1 second timer（设置一个 1 秒的定时器）。
- set a timer for 1 minute and 12 seconds（设置一个 1 分 12 秒的定时器）。
- set a timer for 3 minutes（设置一个 3 分钟的定时器）。
- set a 9 minute 30 second timer（设置一个 9 分 30 秒的定时器）。

然后你告诉 LUIS 这些句子的哪些部分映射到实体。

如图 22-2 所示，句子"设置一个 1 分 12 秒的定时器"具有"设置定时器"的意向。它也有两个实体，每个实体有两个值，即时间和单位。

为了训练一个好的模型，你需要一系列不同的例句，以涵盖人们可能提出同样需求的许多不同方式。

> 🔍 **做点研究**
>
> 想一想你可能会以不同的方式询问同一件事，并期望人类能够理解。

> 📖 与任何人工智能模型一样，你用来训练的数据越多、越准确，模型就越好。

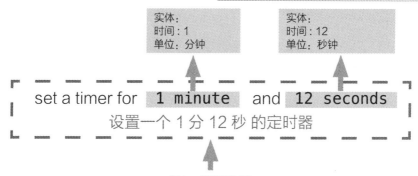

图 22-2 句子设置了一个 1 分 12 秒的定时器, 并将其分解为多个实体

22.3.1 任务：向语言理解模型添加实体

对于定时器，你需要添加两个实体 —— 一个是时间单位（分或秒），另一个是分或秒的数量。

（1）在 LUIS 门户中，选择"Entities"（实体）选项卡，通过单击"Add prebuilt entity"（添加预建实体）按钮来添加数字预建实体，然后从列表中选择"number（数字）"。

（2）使用"**Create**"（创建）按钮为时间单位创建一个新实体。将实体命名为 `time unit`，并将类型设置为 `List`（列表）。将分钟和秒钟的值添加到" `Normalized value` "（规范化值）列表中，将不同形式的词添加到" `Synonyms` "（同义词）列表中，详见表22-2。在添加每个同义词后按回车键，将其添加到列表中。

> 📖 你可以在微软的快速入门：在 LUIS 门户中生成应用文档 🔗 **[L22-2]**。

表 22-2 规范化值与同义词示例

Normalized value（规范化值）	Synonyms（同义词）
minute	minute minutes
second	second seconds

22.3.2 任务：向语言理解模型添加意向

（1）在"Intents"（意向）标签中，单击"Create"（创建）按钮，创建一个新的意向。将这个意向命名为 `set timer`。

（2）在例子中，输入不同的方式，使用分或秒或分秒的组合来设置定时器。例子可以如下。

- set a 1 second timer。
- set a 4 minute timer。
- set a four minute six second timer。
- set a 9 minute 30 second timer。
- set a timer for 1 minute and 12 seconds。

- set a timer for 3 minutes。
- set a timer for 3 minutes and 1 second。
- set a timer for three minutes and one second。
- set a timer for 1 minute and 1 second。
- set a timer for 30 seconds。
- set a timer for 1 second。

注意分或秒或分秒的不同组合，这样模型就能学会处理这两种情况。

（3）当你输入每个例子时，LUIS 将开始检测实体，并将发现的任何实体加上下划线和标签，如图 22-3 所示。

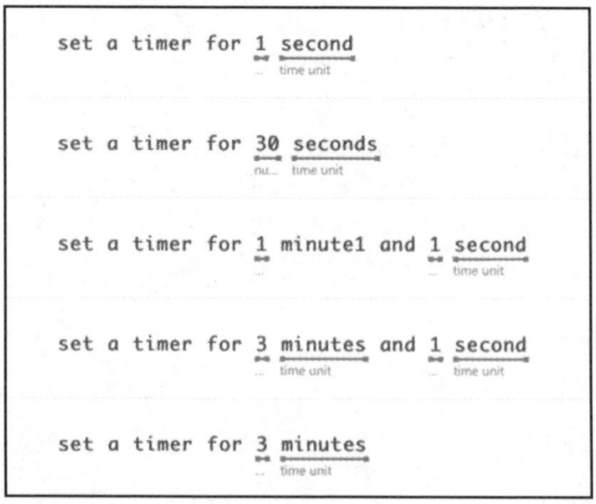

图 22-3 数字和时间单位被 LUIS 加了下画线

22.3.3 任务：训练和测试模型

（1）一旦实体和意向被配置好，你就可以使用顶部菜单上的"**Train**"（按钮）来训练模型。单击这个按钮后，模型将在几秒钟内完成训练。训练时，该按钮将是灰色的，一旦完成，按钮会重新变为可用状态。

（2）从顶部菜单中单击"**Test**"（测试）按钮来测试语言理解模型。输入一些不同的文本，如 set a 4 minute 12 second timer（设置一个 4 分 12 秒的定时器），然后按回车键。这句话会出现在你输入的文本框下的一个框里，并将其作为最重要的意向，或作为以最高的概率被检测到的意向。这应该是 `set timer`。意向名称后面会有检测到的意向是正确的概率。

（3）选择"**Inspect**"（检查）选项以查看结果的分类。你将看到得分最高的意向和它的概率百分比，以及检测到的实体列表。

（4）当你完成测试后，关闭测试窗格。

22.3.4 任务：发布模型

为了从代码中使用这个模型，你需要发布它。当从 LUIS 发布时，你可以发布到用于测试的暂存环境，或用于全面发布的产品环境。在本课中，暂存环境就可以了。

（1）从 LUIS 门户，单击顶部菜单中的"**Publish**"（发布）按钮。

（2）确保"Staging slot"（暂存槽）被选中，然后选择"Done"（完成）。当应用程序被发布时，你会看到一个通知。

（3）你可以使用 curl 进行测试。要建立 curl 命令，你需要三个值——端点、应用程序 ID（App ID）和一个 API 密钥。你可以从顶部菜单中的"**MANAGE**"（管理）标签访问这些内容。

　①在"**Settings**"（设置）部分，复制应用 ID。

　②在"Azure Resources"（资源）部分，选择"Authoring Resource"（授权资源），并复制"Primary Key"（主键）和"Endpoint URL"（端点 URL）。

（4）下载并安装 Git bash 🔗 **[L22-3]**。

（5）在你的 Git bash 命令行工具中运行以下 curl 命令。

```
curl "<endpoint url>/luis/prediction/v3.0/apps/<app id>/slots/staging/predict" \
    --request GET \
    --get \
    --data "subscription-key=<primary key>" \
    --data "verbose=false" \
    --data "show-all-intents=true" \
```

```
        --data-urlencode "query=<sentence>"
```

将 `<endpoint url>` 替换为 Azure 资源部分的 Endpoint URL。

将 `<app id>` 替换为设置部分中的 App ID。

将 `<primary key>` 替换为 Azure 资源部分中的主键。

用你想测试的句子替换 `<sentence>`。

（6）这个调用的输出将是一个 JSON 文档,其中详细说明了查询、顶级意向以及按类型细分的实体列表。

```
{
    "query": "set a 4 minute 12 second timer",
    "prediction": {
        "topIntent": "set timer",
        "intents": {
            "set timer": {"score": 0.97031575},
            "None": {"score": 0.02205793}
                    },
        "entities": {
            "number": [4,12],
            "time-unit": [["minute"],["second"]]
                    }
    }
}
```

上面的 JSON 来自于查询：set a 4 minute 12 second timer。

● set timer 是最重要的意向,其概率为 97%。

● 检测到两个数字实体,即 4 和 12。

● 检测到两个时间单位的实体,即分钟和秒钟。

22.4　使用语言理解模型

一旦发布,LUIS 模型就可以从代码中调用。在以前的课程中,你已经使用了一个 IoT 中心来处理与云服务的通信,发送遥测数据和监听命令。这是非常异步的 —— 一旦发送遥测数据,你的代码就不会等待响应,如果云服务停机了,你也不会知道。

对于一个智能定时器,我们希望能立即得到响应,这样我们就可以告诉用户一个定时器已经设置好了,或者提醒他们云服务不可用。为此,我们的物联网设备将直接调用一个 Web 端点,而不是依赖 IoT 中心。

与其从物联网设备上调用 LUIS,你可以将无服务器代码与不同类型的触发器(HTTP 触发器)一起使用。这样允许你的函数应用监听 REST 请求,并对其进行响应。这个函数将是一个你的设备可以调用的 REST 端点。

🐝 虽然你可以从你的物联网设备直接调用 LUIS,但最好是使用类似无服务器代码的东西。这样当你想改变你所调用的 LUIS 应用时,如当你训练一个更好的模型或用不同的语言训练一个模型时,你只需要更新你的云端代码,而不是将代码重新部署到可能有数千或数百万的 IoT 设备上。

22.4.1　任务：创建一个无服务器函数应用

（1）创建一个名为 `smart-timer-trigger` 的 Azure Functions 应用,并在 VS Code 中打开它。

（2）在 VS Code 终端中使用以下命令为该应用添加一个名为 `speech-trigger` 的 HTTP 触发器。

```
func new --name text-to-timer --template "HTTP trigger"
```

这行代码将创建一个名为 `text-to-timer` 的 HTTP 触发器。

（3）通过使用 func start 运行函数应用来测试 HTTP 触发器。当它运行时，你会看到输出中列出的端点。

```
Functions:

        text-to-timer: [GET,POST] http://localhost:7071/api/text-to-timer
```

通过在浏览器中加载 `http://localhost:7071/api/text-to-timer` 这个 URL 来进行测试。

```
This HTTP triggered function executed successfully. Pass a name in the query string or in the
request body for a personalized response.
```

中文大意是：这个 HTTP 触发的函数执行成功。在查询字符串或请求正文中传递一个名字，以获得个性化的响应。

22.4.2　任务：使用语言理解模型

（1）LUIS 的 SDK（软件开发工具包）是通过 Pip 包提供的。在 `requirements.txt` 文件中添加下面一行代码，以增加对这个包的依赖性。

```
azure-cognitiveservices-language-luis
```

（2）确保 VS Code 终端激活了虚拟环境，并运行以下命令来安装 Pip 包。

```
pip install -r requirements.txt
```

> 📖 如果出现错误，你可能需要用以下命令升级 Pip。

```
pip install --upgrade pip
```

（3）在 LUIS 门户的"**MANAGE**"（管理）标签中为你的 LUIS API Key、Endpoint URL 和 App ID 添加新条目到 `local.settings.json` 文件。

```
"LUIS_KEY": "<primary key>",
"LUIS_ENDPOINT_URL": "<endpoint url>",
"LUIS_APP_ID": "<app id>"
```

将 `<endpoint url>` 替换为"**MANAGE**"（管理）标签中 Azure 资源部分的 Endpoint URL。这将是 https://<location>.api.cognitive.microsoft.com/。

将 `<app id>` 替换为"**MANAGE**"标签的设置部分中的"**App ID**"。

将 `<primary key>` 替换为"**MANAGE**"标签中 Azure 资源部分的"**Primary Key**"（主键）。

（4）在 `__init__.py` 文件中添加以下导入。

```
import json
import os
from azure.cognitiveservices.language.luis.runtime import LUISRuntimeClient
from msrest.authentication import CognitiveServicesCredentials
```

这段代码导入了一些系统库，以及与 LUIS 交互的库。

（5）删除 `main` 方法的内容，并添加以下代码。

```
luis_key = os.environ['LUIS_KEY']
endpoint_url = os.environ['LUIS_ENDPOINT_URL']
app_id = os.environ['LUIS_APP_ID']

credentials = CognitiveServicesCredentials(luis_key)
client = LUISRuntimeClient(endpoint=endpoint_url, credentials=credentials)
```

这将加载你添加到 LUIS 应用的 `local.settings.json` 文件中的值，用你的 API 密钥创建一个凭证对象，然后创建一个 LUIS 客户端对象，与你的 LUIS 应用进行交互。

（6）这个 HTTP 触发器将被调用，将文本作为 JSON 格式来理解，文本在一个名为 text 的属性中。下面的代码从 HTTP 请求的正文中提取值，并将其记录到控制台。将下面这段代码添加到 `main` 函数中。

```
req_body = req.get_json()
text = req_body['text']
logging.info(f'Request - {text}')
```

（7）预测是通过发送预测请求从 LUIS 请求的 —— 一个包含要预测的文本的 JSON 文档。用下面的代码来创建它。

```
prediction_request = { 'query' : text }
```

（8）然后，这个请求可以被发送到 LUIS，使用你的应用程序被发布到暂存槽。

```
prediction_response = client.prediction.get_slot_prediction(app_id, 'Staging', prediction_
request)
```

（9）预测响应包含顶级意向——具有最高预测分数的意向，以及实体。如果顶级意向是设置定时器，那么可以读取实体以获得定时器所需的时间。

```
if prediction_response.prediction.top_intent == 'set timer':
    numbers = prediction_response.prediction.entities['number']
    time_units = prediction_response.prediction.entities['time unit']
    total_seconds = 0
```

`number` 实体将是一个数字组成的数组。例如，如果你说 "Set a four minute 17 second timer."（设置一个 4 分 17 秒的定时器），那么数字数组将包含两个整数，即 4 和 17。

`time unit` 实体将是一个字符串数组，每个时间单位是数组中的一个字符串数组。例如，如果你说 "Set a four minute 17 second timer."（设置一个 4 分 17 秒的定时器。），那么 `time unit` 数组将包含两个数组，每个数组有一个值——`['minute']`（分钟）和 `['second']`（秒钟）。

对于 `set a 4 minute 17 second timer` 这些实体的 JSON 版本如下。

```
{
    "number": [4, 17],
    "time unit": [
        ["minute"],
        ["second"]
    ]
}
```

这段代码还为定时器的总时间定义了一个计数，单位是秒。它将由实体的值来填充。

（10）这些实体没有被链接，但我们可以对它们做一些假设。它们将按照所说的顺序排列，所以可以用数组中的位置来确定哪个数字与哪个时间单位相匹配。举例如下。

- "Set a 30 second timer"（设置一个 30 秒的定时器）——将有一个数字 30，和一个时间单位秒钟，所以单个数字将与单个时间单位匹配。
- "Set a 2 minute and 30 second timer"（设置一个 2 分 30 秒的定时器）——将有两个数字，2 和 30，以及两个时间单位，minute（分）和 second（秒），所以第一个数字将用于第一个时间单位（2 分），第二个数字用于第二个时间单位（30 秒）。

下面的代码获取数字实体中的项目数，并使用它从每个数组中提取第一个项目，然后是第二个，以此类推。在 `if` 块内添加下面的程序。

```python
for i in range(0, len(numbers)):
    number = numbers[i]
    time_unit = time_units[i][0]
```

对于 `Set a four minute 17 second timer`.（设置一个 4 分 17 秒的定时器。），程序将循环两次，给出表 22-3 所示的值。

表 22-3　循环计数与对应的 number 值

循环计数	number	time_unit
0	4	minute（分钟）
1	17	second（秒钟）

（11）在这个循环里面，使用数字和时间单位来计算定时器的总时间，每分钟乘以 60，再加上秒数。

```python
if time_unit == 'minute':
    total_seconds += number * 60
else:
    total_seconds += number
```

（12）在实体循环之外，记录定时器的总时间。

```python
logging.info(f'Timer required for {total_seconds} seconds')
```

（13）秒数需要作为 HTTP 响应从该函数中返回。在 `if` 块的最后，添加以下内容。

```python
payload = {
    'seconds': total_seconds
}
return func.HttpResponse(json.dumps(payload), status_code=200)
```

这段代码创建了一个包含定时器总秒数的 payload（负载），将其转换为 JSON 字符串，并将其作为 HTTP 结果返回，状态码为 200，这意味着调用成功了。

（14）最后，在 `if` 块之外，如果意向没有被识别，则通过返回一个错误代码来处理。

```python
return func.HttpResponse(status_code=404)
```

其中 404 是未找到的状态代码。

（15）在 `smart-timer-trigger` 文件夹内右键打开 Git bash，键入以下代码激活虚拟环境。

```
$ source .venv/Scripts/activate
```

（16）运行该函数应用程序并使用 curl 进行测试。

```
curl --request POST 'http://localhost:7071/api/text-to-timer' \
    --header 'Content-Type: application/json' \
    --include \
    --data '{"text":"<text>"}'
```

用你的请求文本替换 `<text>`，如 `set a 2 minutes 27 seconds timer`。
你会看到函数应用的以下输出。

```
Functions:

        text-to-timer: [GET,POST] http://localhost:7071/api/text-to-timer

For detailed output, run func with --verbose flag.
[2021-06-26T19:45:14.502Z] Worker process started and initialized.
[2021-06-26T19:45:19.338Z]  Host  lock  lease  acquired  by  instance  ID
'00000000000000000000000951CAE4E'.
[2021-06-26T19:45:52.059Z] Executing 'Functions.text-to-timer' (Reason='This function was
programmatically called via the host APIs.', Id=f68bfb90-30e4-47a5-99da-126b66218e81)
[2021-06-26T19:45:53.577Z] Timer required for 147 seconds
[2021-06-26T19:45:53.746Z] Executed 'Functions.text-to-timer' (Succeeded, Id=f68bfb90-30e4-
47a5-99da-126b66218e81, Duration=1750ms)
```

对 curl 的调用将返回以下信息。

```
HTTP/1.1 200 OK
Date: Tue, 29 Jun 2021 01:14:11 GMT
Content-Type: text/plain; charset=utf-8
Server: Kestrel
Transfer-Encoding: chunked

{"seconds": 147}
```

定时器的秒数在 `"seconds"` 值中。
你可以在 `code/functions` 文件夹 [L22-4] 中找到这段代码。

22.4.3 任务：让你的函数对你的物联网设备可用

（1）为了让你的物联网设备调用你的 REST 端点，它需要知道 URL。当你先前访问它时，你使用了 localhost，这是访问你本地机器上 REST 端点的快捷方式。为了让你的物联网设备获得访问权，你需要发布到云端，或者获得你的 IP 地址来访问本地。

⚠ **注意**

如果你使用的是 Wio Terminal，在本地运行功能应用会更容易，因为会有对库的依赖，这意味着你不能像以前那样部署功能应用。在本地运行该函数应用程序，并通过你的计算机 IP 地址访问它。如果你确实想部署到云端，那么在后面的课程中会提供相关信息，说明如何做到这一点。

● 发布函数应用——按照前面课程的说明，将你的函数应用发布到云端。一旦发布，URL 将是 `https://<APP_NAME>.azurewebsites.net/api/text-to-timer`，其中 <APP_NAME> 将是你的函数应用程序的名称。请确保同时发布你的本地设置。

当使用 HTTP 触发器时，它们默认是用函数应用程序的密钥来保护的。要获得这个密钥，请运行以下命令。

```
az functionapp keys list --resource-group smart-timer \
                   --name <APP_NAME>
```

从 `functionKeys` 部分复制 `default` 条目的值。

```
{
  "functionKeys": {
    "default": "sQO1LQaeK9N1qYD6SXeb/TctCmwQEkToLJU6Dw8TthNeUH8VA45hlA=="
  },
  "masterKey": "RSKOAIlyvvQEQt9dfpabJT018scaLpQu9p1poHIMCxx5LYrIQZyQ/g==",
  "systemKeys": {}
}
```

这个键需要作为查询参数添加到 URL 中，所以最终的 URL 将是 `https://<APP_NAME>.azurewebsites.net/api/text-to-timer?code=<FUNCTION_KEY>`，其中，<APP_NAME> 将是你函数应用程序的名称，而 <FUNCTION_KEY> 将是你的默认函数键。

🖳 你可以使用 `function.json` 文件中的 `authlevel` 设置来改变 HTTP 触发器的授权类型。你可以在微软的 Azure Functions HTTP 触发器文档 🖳 **[L22-5]** 的配置部分阅读更多相关内容。

● 在本地运行函数应用程序，并使用 IP 地址进行访问——你可以在本地网络中获得你计算机的 IP 地址，并使用它来建立 URL。

找到你的 IP 地址：
● 在 Windows 10 上，按照寻找你的 IP 地址指南 🔗 **[L22-6]** 进行操作。
● 在 macOS 上，按照如何在 Mac 上找到你的 IP 地址指南 🔗 **[L22-7]** 进行操作。
● 在 Linux 上，按照如何在 Linux 中找到你的本地 / 私有 IP 地址? 🔗 **[L22-9]** 进行操作。

一旦你有了你的 IP 地址，你就可以访问 `http://<IP_ADDRESS>:7071/api/text-to-timer` 的功能，其中，<IP_ADDRESS> 将是你的 IP 地址，如 `http://192.168.1.10:7071/api/text-to-timer`。

（2）通过使用 curl 访问它来测试端口。

⚠ **注意**

这里使用的是 7071 端口，所以在 IP 地址后面需要有 `:7071`。

🖳 只有当你的物联网设备与你的计算机在同一个网络上时，这才能发挥作用。

课后练习

挑战

有很多方法可以请求同样的事情，比如设置一个定时器。想出不同的方法，并在你的 LUIS 应用程序中使用它们作为例子。测试一下这些方法，看看你的模型能多好地应对多种请求定时器的方法。

复习和自学

- 在微软文档的语言理解（LUIS）文档页面 🔗 [L22-9] 上阅读更多关于 LUIS 和它的能力。
- 在百度百科的自然语言理解页面 🔗 [L22-10] 上阅读更多关于语言理解的信息。
- 在微软文档中的 Azure Functions HTTP 触发器文档 🔗 [L22-11] 中阅读更多关于 HTTP 触发器的内容。

作业

取消定时器。

说明

到目前为止，在本课中你已经训练了一个模型来理解设置定时器。另一个有用的功能是取消定时器——也许你的面包已经准备好了，可以在定时器过期前从烤箱里拿出来。

在你的 LUIS 应用程序中添加一个新的意向来取消定时器。它不需要任何实体，但需要一些例句。如果这是最重要的意向，就在你的无服务器代码中进行处理，记录该意向被识别并返回一个适当的响应。

课后测验

（1）为了被理解，句子需要被划分为（　　）。
- A. 想法（Ideas）和解释（expanations）
- B. 意向（Intents）和实体（entities）
- C. 石头和沙子

（2）微软的语言理解服务叫作（　　）。
- A. LUIS
- B. Luigi
- C. Jarvis

（3）在句子"设定一个 3 分钟的定时器"中，（　　）。
- A. 意向是 3 分钟，实体是定时器
- B. 意向是分钟，实体是 3 个定时器
- C. 意向是设定一个定时器，实体是 3 分钟

评分标准

标准	优秀	合格	需要改进
在 LUIS 应用中添加取消定时器的意向	能够添加该意向并训练模型	能够添加该意向但不能训练模型	无法添加该意向并训练模型
在无服务器应用中处理该意向	能够将该意向检测为顶级意向并记录下来	能够将该意向检测为顶级意向	无法将该意向检测为顶级意向

第 23 课
设置定时器并提供口头反馈

 课前准备

简介

智能助理不是单向的通信设备。你对它们说话，它们就会给出应答。

"Alexa，设置一个 3 分钟的定时器。"

"好的，你的定时器已经设置为 3 分钟。"

在上两节课中，你学会了如何接受语音并创建文本，然后从该文本中提取一个设置定时器的请求。在本课中，你将学习如何在物联网设备上设置定时器，用口语回应用户，确认他们的定时器，并在他们的定时器完成时提醒他们。

在本课中，我们的学习内容将涵盖：

23.1　文本转语音技术介绍
23.2　设置定时器
23.3　将文本转换为语音

课前测验

（1）人工智能生成的语音单调且机械。这个说法（　）。
A. 正确
B. 错误

（2）人工智能模型只能生成美式英语的语音。这个说法（　）。
A. 正确
B. 错误

（3）人工智能模型可以将 1234 转换为哪种措辞的语音？（　）
A. 一二三四
B. 一千两百三十四
C. 取决于上下文，可以是"一二三四"或者"一千两百三十四"

23.1　文本转语音技术介绍

顾名思义，文本转语音是将文本转换为音频的过程，其中包含作为口语的文本。基本原则是将文本中的单词分解为它们的组成声音（称为音素），然后使用预先录制的音频或 AI 模型生成的音频将这些声音的音频拼接在一起。

典型文本转语音系统的三个阶段如图 23-1 所示。

● 文本分析。
● 语言学分析。
● 波形生成。

图 23-1　文本转语音的三个阶段

23.1.1　文本分析

文本分析包括获取提供的文本，并将其转换为可用于生成语音的单词。例如，如果你转换了"你好"，就不需要进行文本分析，这两个字就可以转换为语音。然而，如果你有"1234"要转换，这可能需要转换为"一千两百三十四"或"一二三四"，这取决于上下文。对于"我有 1234 个苹果"，那么它将是"一千两百三十四"，但对于"孩子数了 1234"，它将是"一二三四"。

创建的词语不仅因语言而异，而且因该语言的地域而异。例如，在美式英语中，120 将是"One hundred twenty"，在英式英语中，将是"One hundred and twenty"，在百位数后面多了个"and"。

一旦这些词被定义，它们就会被送去进行语言学分析。

✍ 做点研究

其他一些需要进行文本分析的例子包括："in"是 inch（英寸）的简称，"st"是 saint（圣徒）和 street（街道）的简称。你能不能在你的语言中想出其他的例子，在没有上下文的情况下，这些词是含糊不清的。

23.1.2　语言学分析

语言学分析将单词分解成音素。以英语为例，音素不仅基于所使用的字母，还基于该词中的其他字母。例如，在英语中，"car"和"care"中的"a"的发音是不同的。英语中的 26 个字母有 44 个不同的音素，有些是不同的字母所共有的，如"circle"和"serpent"的开头使用的是同一个音素。

✍ 做点研究

你的语言的音素是什么？

一旦单词被转换为音素，那么这些音素需要额外的数据来支持语调，根据上下文调整语调或持续时间。例如在英语中，音调的提高可以用来把一个句子转换成一个问句，最后一个词的音调提高就意味着一个疑问句。

例如，"You have an apple"（你有一个苹果）这句话是声明你有一个苹果。如果音高在结尾处上升，apple 这个词的音高增加，那这句话的意义就变成了"你有一个苹果吗？"。语言分析需要在结尾使用问号的时候来决定提高音调。

一旦产生了音素，它们就可以被送去进行波形生成以产生音频输出。

23.1.3　波形生成

第一批电子文本转语音系统对每个音素使用单一的音频记录，导致表达非常单调，听起来像机器人的声音。语言分析会产生音素，这些音素会从声音数据库中加载，然后拼接在一起，形成音频。

更现代的波形生成使用了深度学习（非常大的神经网络，其作用方式类似于大脑中的神经元）建立的机器学习模型，以产生更自然的声音，能做到与人类的声音无法区分。

✍ 做点研究

找到一些早期语音合成系统的音频记录。将其与现代语音合成进行比较，如智能助手中使用的语音合成。

🔊 其中一些机器学习模型通过使用迁移学习重新训练，使其听起来与真实的人声无二。这意味着使用语音作为安全系统（银行正越来越多地尝试这样做）不再是一个好主意，因为任何人只要有几分钟的语音记录就可以冒充你。

这些大型机器学习模型正在接受训练，以将所有三个步骤结合到端到端的语音合成器中。

23.2　设置定时器

为了设置定时器，你的物联网设备需要调用你用无服务器代码创建的 REST 端点，然后用所得的秒数来设置定时器。

任务：调用无服务器函数以获得定时器时间

按照相关指南，从你的物联网设备中调用 REST 端点，并为所需时间设置一个定时器。

- 用 Wio Terminal 设置定时器。
- 用树莓派或虚拟物联网硬件设置定时器。

连接设备：用物联网设备设置定时器

用 Wio Terminal 设置定时器

在这部分课程中，你将调用你的无服务器代码来理解语音，并根据结果在你的 Wio Terminal 上设置一个定时器。

设置一个定时器

从语音到文本的调用中返回的文本需要被发送到你的无服务器代码中，由 LUIS 进行处理，从而得到定时器的秒数。这个秒数可以用于设置一个定时器。

在 Arduino 中，微控制器本身并不支持多线程，所以没有像你在 Python 或其他高级语言中编码时那样的标准定时器类。相反，你可以使用定时器库，通过在 loop 函数中测量经过的时间，并在时间到时调用函数来工作。

任务：向无服务器函数发送文本

（1）在 VS Code 中打开 `smart-timer` 项目，如果它还没有打开的话。

（2）打开 `config.h` 头文件，为你的函数应用添加 URL。

```
const char *TEXT_TO_TIMER_FUNCTION_URL = "<URL>";
```

用你在上一课最后一步中获得的你函数应用的 URL 替换 `<URL>`，指向你运行函数应用本地机器的 IP 地址。

（3）在 `src` 文件夹中创建一个名为 `language_understanding.h` 的新文件。这将被用于定义一个类，以将识别的语音发送到你的函数应用程序，并使用 LUIS 将其 转换为秒。

（4）在这个文件的顶部添加以下内容。

```
#pragma once

#include <Arduino.h>
#include <ArduinoJson.h>
#include <HTTPClient.h>
#include <Wi-FiClient.h>

#include "config.h"
```

这段代码中包括了一些需要的头文件。

（5）定义一个叫做 `LanguageUnderstanding` 的类，并声明这个类的一个实例。

```
class LanguageUnderstanding
{
public:
private:
};

LanguageUnderstanding languageUnderstanding;
```

（6）为了调用你的函数应用程序，你需要声明一个 Wi-Fi 客户端。在该类的 **private** 部分添加以下内容。

```
Wi-FiClient _client;
```

（7）在 **public** 部分，声明一个名为 **GetTimerDuration** 的方法来调用函数应用。

```
int GetTimerDuration(String text)
{
}
```

（8）在 **GetTimerDuration** 方法中，添加以下代码，以建立 JSON，并将其发送到函数 App。

```
DynamicJsonDocument doc(1024);
doc["text"] = text;

String body;
serializeJson(doc, body);
```

这样就把传递给 **GetTimerDuration** 方法的文本覆盖为以下 JSON。

```
{
    "text" : "<text>"
}
```

其中，**<text>** 是传递给该函数的文本。

（9）在这下面，添加以下代码，以使函数的应用程序调用。

```
HTTPClient httpClient;
httpClient.begin(_client, TEXT_TO_TIMER_FUNCTION_URL);

int httpResponseCode = httpClient.POST(body);
```

这段代码向函数应用程序发出了一个 POST 请求，传递 JSON 主体并获得响应代码。

（10）在这下面添加以下代码。

```
int seconds = 0;
if (httpResponseCode == 200)
{
    String result = httpClient.getString();
    Serial.println(result);

    DynamicJsonDocument doc(1024);
    deserializeJson(doc, result.c_str());
```

```
    JsonObject obj = doc.as<JsonObject>();
    seconds = obj["seconds"].as<int>();
}
else
{
    Serial.print("Failed to understand text - error ");
    Serial.println(httpResponseCode);
}
```

这段代码检查响应代码。如果是 200（成功），那么时间的秒数就从响应体中获取。否则，一个错误将被发送到串行监控器，秒数被设置为 0。

（11）在这个方法的末尾添加以下代码，以关闭 HTTP 连接并返回秒数。

```
httpClient.end();

return seconds;
```

（12）在 **main.cpp** 文件中，包括这个新的头文件。

```
#include "speech_to_text.h"
```

（13）在 **processAudio** 函数的末尾，调用 **GetTimerDuration** 方法来获得定时器的持续时间。

```
int total_seconds = languageUnderstanding.GetTimerDuration(text);
```

这行代码就把调用 **SpeechToText** 类的文本转换为定时器的秒数。

任务：设置一个定时器

可以用秒数来设置定时器。

（1）在 **platformio.ini** 文件中添加以下库的依赖关系，以添加一个库来设置定时器。

```
contrem/arduino-timer @ 2.3.0
```

（2）在 main.cpp 文件中为这个库添加一个 **include** 指令。

```
#include <arduino-timer.h>
```

（3）在 **processAudio** 函数的上方，添加以下代码。

```
auto timer = timer_create_default();
```

这段代码声明了一个名为 **timer** 的定时器。

（4）在这下面，添加下面的代码。

```
void say(String text)
{
    Serial.print("Saying ");
    Serial.println(text);
}
```

这个 **say** 函数最终会将文本转换为语音，但现在它只是将传入的文本写到串行监视器上。

（5）在 `say` 函数的下面，添加以下代码。

```
bool timerExpired(void *announcement)
{
    say((char *)announcement);
    return false;
}
```

这是一个回调函数，当计时器过期时将调用它。它会被传递一条消息，说明定时器何时过期。定时器可以重复，它可以由这个回调的返回值控制——返回 `false`，告诉定时器不要再次运行。

（6）在 `processAudio` 函数的末尾添加以下代码。

```
if (total_seconds == 0)
{
    return;
}

int minutes = total_seconds / 60;
int seconds = total_seconds % 60;
```

这段代码检查总秒数，如果是 `0`，就从函数调用中返回，因此没有设置定时器。然后，它将总秒数转换为分和秒。

（7）在这段代码下面，添加以下内容，以创建一个消息，说明定时器何时启动。

```
String begin_message;
if (minutes > 0)
{
    begin_message += minutes;
    begin_message += " minute ";
}
if (seconds > 0)
{
    begin_message += seconds;
    begin_message += " second ";
}

begin_message += "timer started.";
```

（8）在这段代码下面，添加类似的代码，以创建一个消息，说明定时器已过期。

```
String end_message("Times up on your ");
if (minutes > 0)
{
    end_message += minutes;
    end_message += " minute ";
}
if (seconds > 0)
{
    end_message += seconds;
    end_message += " second ";
}
```

```
end_message += "timer.";
```

（9）在这之后，说出定时器开始的消息。

```
say(begin_message);
```

（10）在这个函数的最后，启动定时器。

```
timer.in(total_seconds * 1000, timerExpired, (void *)(end_message.c_str()));
```

这样就触发了定时器。定时器是用毫秒来设置的，所以总秒数要乘以 1000 来转换为毫秒。
`timerExpired` 函数被作为回调函数传递，`end_message` 被作为参数传递给回调。这个回调只接受
`void *` 参数，所以字符串被适当地转换。

（11）最后，定时器需要计时，这是在 `loop` 函数中完成的。在 `loop` 函数的末尾添加以下代码。

```
timer.tick();
```

（12）编好这段代码，上传到你的 Wio Terminal，并通过串行监视器进行测试。一旦你在串行监视器
中看到 `Ready`，就按下 Wio Terminal 上的 C 键（顶部左侧最靠近电源开关的那个键），然后说话（体
验本示例需要讲英文）。4 秒钟的音频将被捕获并转换为文本，然后发送到你的功能应用程序，并设置一个
定时器。确保你的功能应用程序在本地运行。

你会看到定时器何时开始，何时结束。

```
--- Available filters and text transformations: colorize, debug, default, direct, hexlify,
log2file, nocontrol, printable, send_on_enter, time
--- More details at http://bit.ly/pio-monitor-filters
--- Miniterm on /dev/cu.usbmodem1101  9600,8,N,1 ---
--- Quit: Ctrl+C | Menu: Ctrl+T | Help: Ctrl+T followed by Ctrl+H ---
Connecting to Wi-Fi..
Connected!
Got access token.
Ready.
Starting recording...
Finished recording
Sending speech...
Speech sent!
{"RecognitionStatus":"Success","DisplayText":"Set a 2 minute and 27 second timer.","Offset":47
00000,"Duration":35300000}
Set a 2 minute and 27 second timer.
{"seconds": 147}
2 minute 27 second timer started.
Times up on your 2 minute 27 second timer.
```

你可以在 `code-timer/wio-terminal` 文件夹 🔗 [L23-1] 中找到这段代码。

😊 恭喜，你的定时器程序运行成功了！

在这部分课程中，你将调用你的无服务器代码来理解语音，并根据结果在你的虚拟物联网设备或树莓派上设置一个定时器。

设置一个定时器

从语音到文本的呼叫中返回的文本需要被发送到你的无服务器代码中，由 LUIS 进行处理，从而得到定时器的秒数。这个秒数可以用于设置一个定时器。

定时器可以使用 `Python threading.Timer` 类来设置。这个类需要一个延迟时间和一个函数，在延迟时间之后，函数被执行。

任务：向无服务器函数发送文本

（1）在 VS Code 中打开 `smart-timer` 项目，如果你使用的是虚拟物联网设备，请确保终端中加载了虚拟环境。

（2）在 `process_text` 函数的上方，声明一个名为 `get_timer_time` 的函数，以调用你创建的 REST 端口。

```
def get_timer_time(text):
```

（3）在这个函数中添加以下代码，以定义要调用的 URL。

```
url = '<URL>'
```

将 <URL> 替换为上一课中在计算机或云中构建的 REST 端点的 URL。

（4）添加以下代码，将文本设置为以 JSON 形式传递给调用的属性。

```
body = {
    'text': text
}

response = requests.post(url, json=body)
```

（5）在这下面，从响应的有效载荷中检索秒数，如果调用失败则返回 0。

```
if response.status_code != 200:
    return 0

payload = response.json()
return payload['seconds']
```

成功的 HTTP 调用会返回 200 范围内的状态码，如果文本被处理并被识别为设置定时器的意向，你的无服务器代码会返回 200。

任务：在后台线程上设置一个定时器

（1）在文件的顶部添加以下导入语句，以导入 `threading Python` 库。

```
import threading
```

（2）在 `process_text` 函数的上方，添加一个函数来说出一个响应。现在，它将只是写到控制台，但在本课的后面部分，将会用来说出文本。

```
def say(text):
    print(text)
```

（3）在这下面添加一个函数，该函数将被一个定时器调用，以宣布定时器已完成。

```
def announce_timer(minutes, seconds):
    announcement = 'Times up on your '
    if minutes > 0:
        announcement += f'{minutes} minute '
    if seconds > 0:
        announcement += f'{seconds} second '
    announcement += 'timer.'
    say(announcement)
```

这个函数接收定时器的分钟和秒数，并生成一个句子说明定时器已经完成。它将检查分和秒的数量，只有在每个时间单位有数字时才将该单位包括在内。例如，如果分钟数为 0，那么消息中只包括秒。然后将这句话发送到 **say** 函数。

（4）在这下面，添加以下 **create_timer** 函数来创建一个定时器。

```
def create_timer(total_seconds):
    minutes, seconds = divmod(total_seconds, 60)
    threading.Timer(total_seconds, announce_timer, args=[minutes, seconds]).start()
```

这个函数获取将在命令中发送的定时器的总秒数，并将其转换为分和秒；然后它使用总秒数创建并启动一个定时器对象，传入 **announce_timer** 函数以及一个包含分和秒的列表。当定时器过期时，它将调用 **announce_timer** 函数，并将这个列表的内容作为参数传入——所以列表中的第一项被作为 **minutes**（分钟）参数传入，第二项被作为 **seconds**（秒）参数传入。

（5）在 **create_timer** 函数的末尾，添加一些代码来建立一条信息，向用户宣布定时器开始工作。

```
announcement = ''
if minutes > 0:
    announcement += f'{minutes} minute '
if seconds > 0:
    announcement += f'{seconds} second '
announcement += 'timer started.'
say(announcement)
```

同样，这只包括有值的时间单位。然后，这句话被送到 **say** 函数中。

（6）在 **process_text** 函数的末尾添加以下内容，以便从文本中获得定时器的时间，然后创建定时器。只有在秒数大于 0 的情况下才会创建定时器。

```
    seconds = get_timer_time(text)
    if seconds > 0:
        create_timer(seconds)
```

（7）运行该应用，并确保 Function App 也在运行。设置一些定时器，输出将显示正在设置的定时器，然后将显示定时器过期的时间。

```
pi@raspberrypi:~/smart-timer $ python3 app.py
Set a two minute 27 second timer.
2 minute 27 second timer started.
Times up on your 2 minute 27 second timer.
```

你可以在 `code-timer/pi` 🔗 [L23-2] 或 `code-timer/virtual-iot-device` 文件夹 🔗 [L23-3] 中找到此代码。

😊 恭喜，你的定时器程序运行成功了！

23.3 将文本转换为语音

你用来将语音转换为文本的语音服务同样可以用来将文本转换回语音，结果可以通过你物联网设备上的扬声器播放。要转换的文本与所需的音频类型（如采样率）一起被发送到语音服务，并返回包含音频的二进制数据。

当你发送这个请求时，使用语音合成标记语言（Speech Synthesis Markup Language， SSML）发送，这是一种用于语音合成应用的基于 XML 的标记语言。它不仅定义了要转换的文本，还定义了文本的语言、要使用的语音，甚至可以用来定义文本中部分或全部单词的速度、音量和音高。

例如，这个 SSML 定义了一个将文本 "**Your 3 minute 5 second time has been set**（你的 3 分 5 秒时间已设定）" 转换为语音的请求，使用的是英式英语语音 **en-GB-MiaNeural**。

```
<speak version='1.0' xml:lang='en-GB'>
    <voice xml:lang='en-GB' name='en-GB-MiaNeural'>
        Your 3 minute 5 second time has been set
    </voice>
</speak>
```

📝 大多数文本到语音系统都有多种不同语言的声音，并有相关的口音，如带有英国口音的英式英语声音和带有新西兰口音的新西兰式英语声音。

任务：将文本转换为语音

通过相关指南，使用你的物联网设备将文本转换为语音。

● 在 Wio Terminal 上实现文本转语音。
● 在树莓派上实现文本转语音。
● 在虚拟物联网设备上实现文本转语音。

🔖 在 Wio Terminal 上实现文本转语音

在这一部分，你将把文本转换为语音，以提供口语反馈。

文本到语音

你在上一课中用于将语音转换为文本的语音服务 SDK，也可以用于将文本转换为语音。

获取语音列表

在请求语音时，你需要提供要使用的语音，因为语音可以用各种不同的声音生成。每种语言都支持一系列不同的声音，你可以从语音服务 SDK 获得每种语言支持的声音列表。微控制器的局限性在这里发挥了作用 —— 获取文本到语音服务所支持的声音列表的调用是一个超过 77KB 大小的 JSON 文档，远远超出了 Wio Terminal 的处理能力。在写这篇文章的时候，完整的列表包含了 215 种声音，每种声音都是由下面这样的 JSON 文档定义的。

```
{
    "Name": "Microsoft Server Speech Text to Speech Voice (en-US, AriaNeural)",
    "DisplayName": "Aria",
    "LocalName": "Aria",
    "ShortName": "en-US-AriaNeural",
    "Gender": "Female",
    "Locale": "en-US",
    "StyleList": [
        "chat",
        "customerservice",
        "narration-professional",
        "newscast-casual",
        "newscast-formal",
        "cheerful",
        "empathetic"
    ],
    "SampleRateHertz": "24000",
    "VoiceType": "Neural",
    "Status": "GA"
}
```

这个 JSON 是针对 Aria 语音的，它有多种语音风格。在将文本转换为语音时，所需要的就是短名：en-US-AriaNeural。

你不需要在微控制器上下载和解码这整个列表，而是需要再写一些无服务器代码来检索你所使用的语言的声音列表，并从你的 Wio Terminal 调用它。然后，你的代码可以从列表中挑选一个合适的声音，如它找到的第一个声音。

任务：创建一个无服务器函数来获取声音列表

（1）在 VS Code 中打开你的 `smart-timer-trigger` 项目，并打开终端，确保虚拟环境被激活。如果没有，请关掉进程并重新创建终端。

（2）打开 `local.settings.json` 文件，为语音 API 密钥和位置添加设置。

```
"SPEECH_KEY": "<key>",
```

```
"SPEECH_LOCATION": "<location>"
```

用你的语音服务资源的 API 密钥替换 **<key>**。将 **<location>** 替换为你在创建语音服务资源时使用的位置。

（3）使用 VS Code 终端中的以下命令为这个应用程序添加一个新的 HTTP 触发器，名为 **get-voices**，位于函数应用项目的根文件夹中。

```
func new --name get-voices --template "HTTP trigger"
```

这行代码将创建一个名为 **get-voices** 的 HTTP 触发器。
（4）将 **get-voices** 文件夹中 **__init__.py** 文件的内容替换为以下内容。

```python
import json
import os
import requests

import azure.functions as func

def main(req: func.HttpRequest) -> func.HttpResponse:
    location = os.environ['SPEECH_LOCATION']
    speech_key = os.environ['SPEECH_KEY']

    req_body = req.get_json()
    language = req_body['language']

    url = f'https://{location}.tts.speech.microsoft.com/cognitiveservices/voices/list'

    headers = {
        'Ocp-Apim-Subscription-Key': speech_key
    }

    response = requests.get(url, headers=headers)
    voices_json = json.loads(response.text)

    voices = filter(lambda x: x['Locale'].lower() == language.lower(), voices_json)
    voices = map(lambda x: x['ShortName'], voices)

    return func.HttpResponse(json.dumps(list(voices)), status_code=200)
```

这段代码向端点发出了一个 HTTP 请求，以获得这些声音。这个声音列表是一个大的 JSON 块，包含了所有语言的声音，所以请求体中传递语言的声音被过滤掉了，然后提取短名并作为 JSON 列表返回。**shortname** 是将文本转换为语音所需的值，所以只返回这个值。

> 你可以根据需要改变过滤器，只选择你想要的声音。

这样就把数据的大小从 77KB（在写这篇文章的时候），减小到一个小得多的 JSON 文件。例如，对于美国的声音，只需 408 字节。
（5）在本地运行你的函数应用程序。然后你可以使用像 curl 这样的工具来调用它，就像你测试你 **text-to-timer** 的 HTTP 触发器一样。确保将你的语言作为一个 JSON 主体来传递。

```
{
```

```
        "language":"<language>"
    }
```

用你的语言替换 <language>，如 en-GB 或 zh-CN 。

你可以在 code-spoken-response/functions 文件夹 🔗 [L23-4] 中找到这个代码。

任务：从你的 Wio Terminal 检索语音

（1）在 VS Code 中打开 smart-timer 项目，如果它还没有打开的话。

（2）打开 config.h 头文件，为你的功能应用添加 URL。

```
const char *GET_VOICES_FUNCTION_URL = "<URL>";
```

用你函数应用上 get-voices HTTP 触发器的 URL 替换 <URL>。这将与 TEXT_TO_TIMER_FUNCTION_URL 的值相同，只是函数名称为 get-voices 而不是 text-to-timer 。

（3）在 src 文件夹中创建一个名为 text_to_speech.h 的新文件。它将用于定义一个从文本到语音的转换类。

（4）在新的 text_to_speech.h 文件的顶部添加以下 include 指令。

```
#pragma once

#include <Arduino.h>
#include <ArduinoJson.h>
#include <HTTPClient.h>
#include <Seeed_FS.h>
#include <SD/Seeed_SD.h>
#include <Wi-FiClient.h>
#include <Wi-FiClientSecure.h>

#include "config.h"
#include "speech_to_text.h"
```

（5）在这下面添加以下代码来声明 TextToSpeech 类，以及一个可以在应用程序的其他部分使用的实例。

```
class TextToSpeech
{
public:
private:
};

TextToSpeech textToSpeech;
```

（6）为了调用你的函数应用程序，你需要声明一个 Wi-Fi 客户端。在该类的 private 部分添加以下内容。

```
Wi-FiClient _client;
```

（7）在 private 部分，为所选的语音添加一个字段。

```
String _voice;
```

（8）在 `public` 部分，添加一个 `init` 函数，它将获得第一个声音。

```
void init()
{
}
```

（9）为了获得声音，需要将一个 JSON 文档与语言一起发送到函数应用程序中。在 `init` 函数中添加以下代码来创建这个 JSON 文档。

```
DynamicJsonDocument doc(1024);
doc["language"] = LANGUAGE;

String body;
serializeJson(doc, body);
```

（10）接下来创建一个 `HTTPClient`，然后用它来调用函数应用来获取声音，发布 JSON 文档。

```
HTTPClient httpClient;
httpClient.begin(_client, GET_VOICES_FUNCTION_URL);

int httpResponseCode = httpClient.POST(body);
```

（11）在这下面添加代码，检查响应代码，如果是 200（成功），则提取声音列表，从列表中检索出第一个声音。

```
if (httpResponseCode == 200)
{
    String result = httpClient.getString();
    Serial.println(result);

    DynamicJsonDocument doc(1024);
    deserializeJson(doc, result.c_str());

    JsonArray obj = doc.as<JsonArray>();
    _voice = obj[0].as<String>();

    Serial.print("Using voice ");
    Serial.println(_voice);
}
else
{
    Serial.print("Failed to get voices - error ");
    Serial.println(httpResponseCode);
}
```

（12）在这之后，结束 HTTP 客户端连接。

```
httpClient.end();
```

（13）打开 `main.cpp` 文件，在顶部添加以下 include 指令，以包括这个新的头文件。

```
#include "text_to_speech.h"
```

（14）在 `setup` 函数中，在调用 `speechToText.init();` 的下方，添加以下内容来初始化 `TextToSpeech` 类。

```
text ToSpeech.int();
```

（15）构建这段代码，将其上传到你的 Wio Terminal，并通过串行监视器进行测试。确保你的功能应用正在运行。你会看到从函数应用程序返回的可用声音列表，以及所选择的声音。

```
--- Available filters and text transformations: colorize, debug, default, direct, hexlify,
log2file, nocontrol, printable, send_on_enter, time
--- More details at http://bit.ly/pio-monitor-filters
--- Miniterm on /dev/cu.usbmodem1101  9600,8,N,1 ---
--- Quit: Ctrl+C | Menu: Ctrl+T | Help: Ctrl+T followed by Ctrl+H ---
Connecting to Wi-Fi..
Connected!
Got access token.
["en-US-JennyNeural", "en-US-JennyMultilingualNeural", "en-US-GuyNeural", "en-US-AriaNeural",
"en-US-AmberNeural", "en-US-AnaNeural", "en-US-AshleyNeural", "en-US-BrandonNeural", "en-US-
ChristopherNeural", "en-US-CoraNeural", "en-US-ElizabethNeural", "en-US-EricNeural", "en-
US-JacobNeural", "en-US-MichelleNeural", "en-US-MonicaNeural", "en-US-AriaRUS", "en-US-
BenjaminRUS", "en-US-GuyRUS", "en-US-ZiraRUS"]
Using voice en-US-JennyNeural
Ready.
```

将文本转换为语音

一旦你有了要使用的语音，就可以用它来把文本转换成语音。语音的内存限制同样适用于将语音转换为文本时，所以你需要将语音写入 SD 卡，以便通过 ReSpeaker 播放。

> 在本项目的早期课程中，你使用闪存来存储从麦克风捕捉的语音。而本课使用 SD 卡，因为使用 Seeed 音频库更容易从它那里播放音频。

还有另一个限制需要考虑，来自语音服务的可用音频数据，以及 Wio Terminal 支持的格式。与完整的计算机不同，微控制器的音频库在支持的音频格式方面可能非常有限。例如，可以通过 ReSpeaker 播放声音的 Seeed Arduino 音频库只支持 44.1kHz 采样率的音频。Azure 语音服务可以提供多种格式的音频，但都不使用这个采样率，它们只提供 8kHz、16kHz、24kHz 和 48kHz。这意味着音频需要重新采样到 44.1kHz，这需要 Wio Terminal 拥有的更多资源，特别是内存。

当需要处理这样的数据时，使用无服务器代码往往更好，尤其是当数据是通过网络调用获得的时候。Wio Terminal 可以调用无服务器函数，传入需要转换的文本，而无服务器函数既可以调用语音服务，将文本转换为语音，也可以将音频重新采样到所需的采样率。然后将音频以 Wio Terminal 需要的形式返回，存储在 SD 卡上并通过 ReSpeaker 播放。

任务：创建一个无服务器函数，将文本转换为语音

（1）在 VS Code 中打开你的 `smart-timer-trigger` 项目，并打开终端，确保虚拟环境被激活。如果没有，请杀死进程并重新创建终端。

（2）使用 VS Code 终端内的以下命令为该应用添加一个新的 HTTP 触发器，名为 `text-to-speech`，位于函数应用项目的根文件夹中。

```
func new --name text-to-speech --template "HTTP trigger"
```

这行代码将创建一个名为 `text-to-speech` 的 HTTP 触发器。

（3）librosa Pip 包有对音频进行重新采样的功能，因此将其添加到 `requirements.txt` 文件中。

```
librosa
```

添加完毕后，在 VS Code 终端使用以下命令安装 Pip 包。

```
pip install -r requirements.txt
```

⚠️ 如果你使用的是 Linux，包括 Raspberry Pi OS，那么你可能需要用下面的命令安装 libsndfile。

```
sudo apt update
sudo apt install libsndfile1-dev
```

（4）要将文本转换为语音，你不能直接使用语音 API 密钥，而是需要请求一个访问令牌，使用 API 密钥来验证访问令牌请求。打开 `text-to-speech` 文件夹中的 `__init__.py` 文件，将其中的所有代码替换为以下内容。

```python
import io
import os
import requests

import librosa
import soundfile as sf
import azure.functions as func

location = os.environ['SPEECH_LOCATION']
speech_key = os.environ['SPEECH_KEY']

def get_access_token():
    headers = {
        'Ocp-Apim-Subscription-Key': speech_key
    }

    token_endpoint = f'https://{location}.api.cognitive.microsoft.com/sts/v1.0/issuetoken'
    response = requests.post(token_endpoint, headers=headers)
    return str(response.text)
```

这段代码定义了将从设置中读取的位置和语音密钥的常量。然后，它定义了 `get_access_token` 函数，将为语音服务检索一个访问令牌。

（5）在这段代码下面，添加以下内容。

```python
playback_format = 'riff-48khz-16bit-mono-pcm'

def main(req: func.HttpRequest) -> func.HttpResponse:
    req_body = req.get_json()
    language = req_body['language']
    voice = req_body['voice']
    text = req_body['text']
```

```
        url = f'https://{location}.tts.speech.microsoft.com/cognitiveservices/v1'

        headers = {
            'Authorization': 'Bearer ' + get_access_token(),
            'Content-Type': 'application/ssml+xml',
            'X-Microsoft-OutputFormat': playback_format
        }

        ssml =  f'<speak version=\'1.0\' xml:lang=\'{language}\'>'
        ssml += f'<voice xml:lang=\'{language}\' name=\'{voice}\'>'
        ssml += text
        ssml += '</voice>'
        ssml += '</speak>'

        response = requests.post(url, headers=headers, data=ssml.encode('utf-8'))

        raw_audio, sample_rate = librosa.load(io.BytesIO(response.content), sr=48000)
        resampled = librosa.resample(raw_audio, sample_rate, 44100)

        output_buffer = io.BytesIO()
        sf.write(output_buffer, resampled, 44100, 'PCM_16', format='wav')
        output_buffer.seek(0)

        return func.HttpResponse(output_buffer.read(), status_code=200)
```

这段代码定义了将文本转换为语音的 HTTP 触发器。它从设置在请求中的 JSON 主体中提取要转换的文本、语言和声音，建立一些 SSML 来请求语音，然后调用相关的 REST API，使用访问令牌进行验证。这个 REST API 调用返回的音频被编码为 16 位 48kHz 的单声道 WAV 文件，该文件由 `playback_format` 的值定义，被发送到 REST API 调用。

然后 `librosa` 将其从 48kHz 的采样率重新采样到 44.1kHz 的采样率，并将这个音频被保存到一个二进制缓冲区，然后被返回。

（6）在本地运行你的函数应用程序，或将其部署到云端。接下来你可以使用像 curl 这样的工具，以与你测试 `text-to-timer` 的 HTTP 触发器同样的方式调用它。请确保将语言、语音和文本作为 JSON 主体进行传递。

```
{
    "language": "<language>",
    "voice": "<voice>",
    "text": "<text>"
}
```

用你的语言替换 `<language>`，如 `en-GB`，或 `zh-CN`。用你想使用的语音替换 `<voice>`。用你想转换为语音的文本替换 `<text>`。你可以把输出的内容保存到一个文件中，用任何能播放 WAV 文件的音频播放器播放。

例如，要把 "Hello" 转换为使用美国英语的 Jenny Neural 语音的语音，在本地运行的功能应用中，你可以使用以下 curl 命令。

```
curl -X GET 'http://localhost:7071/api/text-to-speech' \
    -H 'Content-Type: application/json' \
    -o hello.wav \
```

```
      -d '{
        "language":"en-US",
        "voice": "en-US-JennyNeural",
        "text": "Hello"
      }'
```

这段代码将把音频保存到当前目录中的 `hello.wav` 。

你可以在 `code-spoken-response/functions` 文件夹 🔗 **[L23-4]** 中找到这个代码。

任务：从你的 Wio Terminal 检索语音

（1）在 VS Code 中打开 `smart-timer` 项目，如果它还没有打开的话。

（2）打开 `config.h` 头文件，为你的功能应用添加 URL。

```
const char *TEXT_TO_SPEECH_FUNCTION_URL = "<URL>";
```

将 **<URL>** 替换为你的函数应用程序上的文本到语音 HTTP 触发器的 URL。这将与 `TEXT_TO_TIMER_` `FUNCTION_URL` 的值相同，只是功能名称为 `text-to-speech` 而不是 `text-to-timer` 。

（3）打开 `text_to_speech.h` 头文件，在 `TextToSpeech` 类的 `public` 部分添加以下方法。

```
void convertTextToSpeech(String text)
{
}
```

（4）在 `convertTextToSpeech` 方法中，添加以下代码，以创建 JSON，发送给函数应用程序。

```
DynamicJsonDocument doc(1024);
doc["language"] = LANGUAGE;
doc["voice"] = _voice;
doc["text"] = text;

String body;
serializeJson(doc, body);
```

这段代码将语言、声音和文本写入 JSON 文档，然后将其序列化为一个字符串。

（5）在这下面，添加以下代码来调用函数 App。

```
HTTPClient httpClient;
httpClient.begin(_client, TEXT_TO_SPEECH_FUNCTION_URL);

int httpResponseCode = httpClient.POST(body);
```

这段代码创建了一个 `HTTPClient` ，然后使用 JSON 文档向文本转语音的 HTTP 触发器发出 POST 请求。

（6）如果调用成功，则从函数应用调用返回的原始二进制数据可以流向 SD 卡上的一个文件。添加下面的代码来完成这个工作。

```
if (httpResponseCode == 200)
{
    File wav_file = SD.open("SPEECH.WAV", FILE_WRITE);
```

```
    httpClient.writeToStream(&wav_file);
    wav_file.close();
}
else
{
    Serial.print("Failed to get speech – error ");
    Serial.println(httpResponseCode);
}
```

这段代码检查了响应，如果是 200（成功），则二进制数据就会流向 SD 卡根部的一个名为 `SPEECH.WAV` 的文件。

（7）在这个方法的最后，关闭 HTTP 连接。

```
httpClient.end();
```

（8）现在可以将要说话的文本转换为音频。在 `main.cpp` 文件中，在 `say` 函数的末尾添加以下一行代码，将要说的文本转换为音频。

```
textToSpeech.convertTextToSpeech(text);
```

将你的函数应用部署到云端

在本地运行函数应用的原因是 Linux 上的 Librosa Pip 包对一个库有依赖性，这个库默认没有安装，在函数应用运行之前需要安装。函数应用是无服务器的，即没有你自己可以管理的服务器，所以没有办法在前面安装这个库。

这样做的方法是使用 Docker 容器来部署你的函数应用。每当云端需要为你的函数应用启动一个新的实例时（如当需求超过可用资源时，或者当函数应用有一段时间没有被使用而关闭时），就会部署这个容器。

你可以在微软文档上的在 Linux 使用自定义容器创建函数的文档 🔗 **[L23-5]** 中找到设置一个功能应用并通过 Docker 部署的说明。

一旦部署完毕，你就可以移植你的 Wio Terminal 代码来访问这个函数。

（1）在 `config.h` 中添加 Azure 函数应用的证书。

```
const char *FUNCTIONS_CERTIFICATE =
    "-----BEGIN CERTIFICATE-----\r\n"
    "MIIFWjCCBEKgAwIBAgIQDxSWXyAgaZlP1ceseIlB4jANBgkqhkiG9w0BAQsFADBa\r\n"
    "MQswCQYDVQQGEwJJRTESMBAGA1UEChMJQmFsdGltb3JlMRMwEQYDVQQLEwpDeWJl\r\n"
    "clRydXN0MSIwIAYDVQQDExlCYWx0aW1vcmUgQ3liZXJUcnVzdCBSb290MB4XDTIw\r\n"
    "MDcyMTIzMDAwMFoXDTI0MTAwODA3MDAwMFowTzELMAkGA1UEBhMCVVMxHjAcBgNV\r\n"
    "BAoTFU1pY3Jvc29mdCBDb3Jwb3JhdGlvbjEgMB4GA1UEAxMXTWljcm9zb2Z0IFJT\r\n"
    "QSBUFMgQ0EgMDEwggIiMA0GCSqGSIb3DQEBAQUAA4ICDwAwggIKAoICAQCqYnfP\r\n"
    "mmOyBoTzkDb0mfMUUavqlQo7Rgb9EUEf/lsGWMk4bgj8T0RIzTqk970eouKVuL5R\r\n"
    "IMW/snBjXXgMQ8ApzWRJCZbar879BV8rKpHoAW4uGJssnNABf2n17j9TiFy6BWy+\r\n"
    "IhVnFILyLNK+W2M3zK9gheiWa2uACKhuvgCca5Vw/OQYErEdG7LBEzFnMzTmJcli\r\n"
    "W1iCdXby/vI/OxbfqkKD4zJtm45DJvC9Dh+hpzqvLMiK5uo/+aXSJY+SqhoIEpz+\r\n"
    "rErHw+uAlKuHFtEjSeeku8eR3+Z5ND9BSqc6JtLqb0bjOHPm5dSRrgt4nnil75bj\r\n"
    "c9j3lWXpBb9PXP9Sp/nPCK+nTQmZwHGjUnqlO9ebAVQD47ZisFonnDAmjrZNVqEX\r\n"
    "F3p7laEHrFMxttYuD81BdOzxAbL9Rb/8MeFGQjE2Qx65qgVfhH+RsYuuD9dUw/3w\r\n"
    "ZAhq05yO6nk07AM9c+AbNtRoEcdZcLCHfMDcbkXKNs5DJncCqXAN6LhXVERCw/u§\r\n"
```

```
"G2MmCMLSIx9/kwt8bwhUmitOXc6fpT7SmFvRAtvxg84wUkg4Y/Gx++0j0z6StSeN\r\n"
"0EJz150jaHG6WV4HUqaWTb98Tm90IgXAU4AW2GBOlzFPiU5IY9jt+eXC2Q6yC/Zp\r\n"
"TL1LAcnL3Qa/OgLrHN0wiw1KFGD51WRPQ0Sh7QIDAQABo4IBJTCCASEwHQYDVR0O\r\n"
"BBYEFLV2DDARzseSQk1Mx1wsyKkM6AtkMB8GA1UdIwQYMBaAFOWdWTCCR1jMrPoI\r\n"
"VDaGezq1BE3wMA4GA1UdDwEB/wQEAwIBhjAdBgNVHSUEFjAUBggrBgEFBQcDAQYI\r\n"
"KwYBBQUHAwIwEgYDVR0TAQH/BAgwBgEB/wIBADA0BggrBgEFBQcBAQQoMCYwJAYI\r\n"
"KwYBBQUHMAGGGGh0dHA6Ly9vY3NwLmRpZ2ljZXJ0LmNvbTA6BgNVHR8EMzAxMC+g\r\n"
"LaArhilodHRwOi8vY3JsMy5kaWdpY2VydC5jb20vT21uaXJvb3QyMDI1LmNybDAq\r\n"
"BgNVHSAEIzAhMAgGBmeBDAECATAIBgZngQwBAgIwCwYJKwYBBAGCNyoBMA0GCSqG\r\n"
"SIb3DQEBCwUAA4IBAQCfK76SZ1vae4qt6P+dTQUO7bYNFUHR5hXcA2D59CJWnEj5\r\n"
"na7aKzyowKvQupW4yMH9fGNxtsh6iJswRqOOfZYC4/giBO/gNsBvwr8uDW7t1nYo\r\n"
"DYGHPpvnpxCM2mYfQFHq576/TmeYu1RZY29C4w8xYBlkAA8mDJfRhMCmehk7cN5F\r\n"
"JtyWRj2cZj/hOoI45TYDBChXpOlLZKIYiG1giY16vhCRi6zmPzEwv+tk156N6cGS\r\n"
"Vm44jTQ/rs1sa0JSYjzUaYngoFdZC4OfxnIkQvUIA4TOFmPzNPEFdjcZsgbeEz4T\r\n"
"cGHTBPK4R28F44qIMCtHRV55VMX53ev6P3hRddJb\r\n"
"-----END CERTIFICATE-----\r\n";
```

（2）将 `<Wi-FiClient.h>` 的所有内容改为 `<Wi-FiClientSecure.h>`。

（3）将所有 `Wi-FiClient` 字段改为 `Wi-FiClientSecure`。

（4）在每个有 `Wi-FiClientSecure` 字段的类中，添加一个构造函数并在该构造函数中设置证书。

```
_client.setCACert(FUNCTIONS_CERTIFICATE);
```

在树莓派上实现文本转语音

在这一部分，你将编写代码，使用语音服务将文本转换为语音。

使用语音服务将文本转换为语音

你可以使用 REST API 将文本发送到语音服务，以获得可以在物联网设备上播放的音频文件的语音。在请求语音时，你需要提供要使用的语音，因为语音可以使用各种不同的声音生成。

每种语言都支持一系列不同的声音，你可以针对语音服务发出 REST 请求，以获得每种语言支持的声音列表。

任务：获得一个声音

（1）在 VS Code 中打开 `smart-timer` 项目。

（2）在 `say` 函数上方添加以下代码，以请求获得某种语言的声音列表。

```
def get_voice():
    url = f'https://{location}.tts.speech.microsoft.com/cognitiveservices/voices/list'

    headers = {
        'Authorization': 'Bearer ' + get_access_token()
    }

    response = requests.get(url, headers=headers)
    voices_json = json.loads(response.text)
```

```
        first_voice = next(x for x in voices_json if x['Locale'].lower() == language.lower() and
    x['VoiceType'] == 'Neural')
        return first_voice['ShortName']


    voice = get_voice()
    print(f'Using voice {voice}')
```

这段代码定义了一个叫做 `get_voice` 的函数，它使用语音服务来获得一个声音列表。然后它找到第一个与正在使用的语言相匹配的声音。

然后调用这个函数来存储第一个声音，并将声音名称打印到控制台。这个声音可以被请求一次，其值用于每次调用，以将文本转换为语音。

```
    voice = 'hi-IN-SwaraNeural'
```

任务：将文本转换为语音

（1）在这下面，为要从语音服务中检索的音频格式定义一个常量。当你请求音频时，你可以用一系列不同的格式来做。

> 你可以从微软的语音服务的语言和声音支持文档 🔗 **[L23-6]** 中获得支持的语音的完整列表。如果你想使用一个特定的语音，那么你可以删除这个功能，并将语音硬编码为该文档中的语音名称。

```
    playback_format = 'riff-48khz-16bit-mono-pcm'
```

你可以使用的格式取决于你的硬件。如果你在播放音频时得到无效的采样率错误，那么就把它改成另一个值。你可以在微软文档上的文本到语音 REST API 文档 🔗 **[L23-7]** 中找到支持的数值列表。你将需要使用 RIFF 格式的音频，可以尝试的值是 `riff-16khz-16bit-mono-pcm`、`riff-24khz-16bit-mono-pcm` 和 `riff-48khz-16bit-mono-pcm`。

（2）在这下面，声明一个名为 `get_speech` 的函数，它将使用语音服务 REST API 将文本转换为语音。

```
    def get_speech(text):
```

（3）在 `get_speech` 函数中，定义要调用的 URL 和要传递的头文件。

```
        url = f'https://{location}.tts.speech.microsoft.com/cognitiveservices/v1'

        headers = {
            'Authorization': 'Bearer ' + get_access_token(),
            'Content-Type': 'application/ssml+xml',
            'X-Microsoft-OutputFormat': playback_format
        }
```

这段代码将头文件设置为使用生成的访问令牌，将内容设置为 SSML 并定义所需的音频格式。

（4）在这下面，定义 SSML 来发送至 REST API。

```
    ssml = f'<speak version=\'1.0\' xml:lang=\'{language}\'>'
    ssml += f'<voice xml:lang=\'{language}\' name=\'{voice}\'>'
    ssml += text
    ssml += '</voice>'
    ssml += '</speak>'
```

这个 SSML 设置了要使用的语言和语音，以及要转换的文本。

（5）最后，在这个函数中添加代码，进行 REST 请求并返回二进制音频数据。

```
response = requests.post(url, headers=headers, data=ssml.encode('utf-8'))
return io.BytesIO(response.content)
```

任务：播放音频

（1）在 get_speech 函数下面，定义一个新函数来播放 REST API 调用返回的音频。

```
def play_speech(speech):
```

（2）传递给这个函数的 speech 将是由 REST API 返回的二进制音频数据。使用下面的代码将其作为一个波形文件打开，并将其传递给 PyAudio 来播放音频。

```
def play_speech(speech):
    with wave.open(speech, 'rb') as wave_file:
        stream = audio.open(format=audio.get_format_from_width(wave_file.getsampwidth()),
                            channels=wave_file.getnchannels(),
                            rate=wave_file.getframerate(),
                            output_device_index=speaker_card_number,
                            output=True)

        data = wave_file.readframes(4096)

        while len(data) > 0:
            stream.write(data)
            data = wave_file.readframes(4096)

        stream.stop_stream()
        stream.close()
```

这段代码使用一个 PyAudio 流，与捕捉音频相同。这里的区别是流被设置为输出流，数据从音频数据中读取并推送到流中。而不是对流的细节进行硬编码，如采样率，而是从音频数据中进行读取。

（3）将 say 函数的内容替换为以下内容。

```
speech = get_speech(text)
play_speech(speech)
```

这段代码将文本转换为语音的二进制音频数据，并播放音频。

（4）运行该应用程序，并确保该 Functions App 程序也在运行。设置一些定时器，你会听到一个口语化的回应，说你的定时器已经设置好了，然后在定时器完成后又听到一个口语化的回应。

如果你得到 Invalid sample rate （无效的采样率）错误，请按照上面的描述改变 playback_format 。

你可以在 code-spoken-response/pi 文件夹 🔗 [L23-8] 中找到这个代码。

😄 恭喜，你的定时器程序运行成功了！

ⓖ 在虚拟物联网设备上实现文本转语音

在这一部分，你将编写代码，使用语音服务将文本转换为语音。

将文本转换为语音

你在上一课中用于将语音转换为文本的语音服务 SDK 可以用于将文本转换为语音。在请求语音时，你需要提供要使用的语音，因为语音可以用各种不同的声音生成。

每种语言都支持一系列不同的声音，你可以从语音服务 SDK 中获得每种语言支持的声音列表。

任务：将文本转换为语音

（1）在 VS Code 中打开 `smart-timer` 项目，并确保在终端加载虚拟环境。

（2）从 `azure.cognitiveservices.speech` 包中导入 `SpeechSynthesizer`，将其添加到现有的导入中。

```
from azure.cognitiveservices.speech import SpeechConfig, SpeechRecognizer, SpeechSynthesizer
```

（3）在 `say` 函数上面，创建一个语音配置，与语音合成器一起使用。

```
speech_config = SpeechConfig(subscription=speech_api_key,
                             region=location)
speech_config.speech_synthesis_language = language
speech_synthesizer = SpeechSynthesizer(speech_config=speech_config)
```

这段代码使用了识别器所使用的相同的 API 密钥、位置和语言。

（4）在这下面，添加以下代码，以获得一个声音，并将其设置在语音配置上。

```
voices = speech_synthesizer.get_voices_async().get().voices
first_voice = next(x for x in voices if x.locale.lower() == language.lower())
speech_config.speech_synthesis_voice_name = first_voice.short_name
```

这段代码检索了一个所有可用声音的列表，然后找到第一个与正在使用的语言相匹配的声音。

> 🖳 你可以从微软文档上的语言和语音支持文档 🔗 [L23-9] 中获得支持的声音的完整列表。如果你想使用一个特定的声音，那么你可以删除这个功能，并将声音硬编码为该文档中的声音名称。例如：

```
speech_config.speech_synthesis_voice_name = 'hi-IN-SwaraNeural'
```

（5）更新 `say` 函数的内容以生成响应的 SSML。

```
ssml =  f'<speak version=\'1.0\' xml:lang=\'{language}\'>'
ssml += f'<voice xml:lang=\'{language}\' name=\'{first_voice.short_name}\'>'
ssml += text
ssml += '</voice>'
ssml += '</speak>'
```

（6）在这下面，停止语音识别，说出 SSML，然后再次启动识别。

```
recognizer.stop_continuous_recognition()
speech_synthesizer.speak_ssml(ssml)
```

```
recognizer.start_continuous_recognition()
```

当文字被说出来的时候，识别就停止了，以避免定时器开始的公告被检测到，被发送到 LUIS，并可能被解释为要求设置一个新的定时器。

> 👤 你可以通过注释停止和重启识别的行来测试这一点。设置一个定时器，你可能会发现公告设置了一个新的定时器，这导致了一个新的公告，又导致了一个新的计时器……如此循环往复。

运行该应用程序，并确保 Functions App 程序也在运行。设置一些定时器，你会听到一个口语化的回应，说你的定时器已经设置好了，然后当定时器完成时，又是一个口语化的回应。

你可以在 **code-spoken-response/virtual-iot-device** 文件夹 🔗 **[L23-10]** 中找到这个代码。

> 😄 恭喜，你的定时器程序运行成功了！

课后练习

挑战

语音合成标记语言（SSML）有办法改变说话的方式，如给某些词加上重点，增加停顿，或者改变音调。试试其中的一些方法，从你的物联网设备发送不同的 SSML 并比较输出结果。你可以阅读更多关于 SSML 的信息 [L23-10]，包括如何在万维网联盟的语音合成标记语言（SSML）1.1 版规范中改变说话的方式。

复习和自学

- 在百度百科的语音合成页面 [L23-11] 上阅读更多关于语音合成的信息。
- 阅读更多关于犯罪分子利用语音合成技术进行盗窃的方法的信息：AI 软件克隆你的声音，全球诈骗案件已屡次得逞！ [L23-13]。
- 在 Vice 网站的这篇 TikTok 诉讼案（英文） [L23-14] 中，了解更多关于合成声音对配音演员职业的影响，该诉讼案强调了人工智能是如何在她不知情的情况下模仿她的声音的。

课后测验

（1）生成语音的三个步骤是（　　）。
A. 文本分析、理解分析、语音生成
B. 文本分析、语言学分析、波形生成
C. 单词分析、音频制作、波形生成

（2）可以训练一个语音生成模型使其听起来像一个特定的人。这个说法（　　）。
A. 正确
B. 错误

（3）编码语音的标记语言叫作（　　）。
A. SSML
B. MSSL
C. SpeechXML

作业

取消定时器。

说明

在上一课的作业中，你向 LUIS 添加了一个取消定时器的意向。在这次作业中，你需要在无服务器代码中处理这个意向，向物联网设备发送一个命令，然后取消定时器。

评分标准

标准	优秀	合格	需要改进
在无服务器代码中处理该意向并发送命令	能够处理该意向并向设备发送命令	能够处理该意向但无法向设备发送命令	无法处理该意向
取消设备上的定时器	能够接收命令并取消定时器	能够接收命令但不能取消定时器	无法接收命令

第 24 课
让设备支持多种语言

课前准备

简介

在过去的三节课中，你了解了将语音转换为文本、语言理解和将文本转换为语音的内容，这些都是由人工智能提供支持的。人工智能可以帮助人类交流的另一个领域是语言翻译——从一种语言转换到另一种语言，如从英语到法语。

在正式开始学习前，可以先观看图 24-1 所示的视频。在本课中，你将学习使用人工智能来翻译文本，让你的智能定时器与用户进行多语言互动。

在这一课中，我们的学习内容将涵盖：

24.1 翻译文本
24.2 翻译服务
24.3 创建一个翻译器资源
24.4 在有翻译的应用程序中支持多语言
24.5 使用人工智能服务翻译文本

图 24-1　观看视频用几行 Python 语言识别语音 📹 [L24-1]

课前测验

（1）语言理解只支持英语。这个说法（　　）。
A. 正确
B. 错误

（2）人工智能语音转文本模型理解多种语言。这个说法（　　）。
A. 正确
B. 错误

（3）人工智能翻译牵涉到将一个个单词转换为对应的译文。这个说法（　　）。
A. 正确
B. 错误

🗑 这是本篇的最后一课，所以在完成本课和作业后，不要忘记清理你的云服务。由于你将需要这些服务来完成作业，所以请确保先完成本章练习后再清理。如果有必要，请参考第 10 课"清理 Azure 项目指南"部分的内容。

24.1　翻译文本

文本翻译是一个研究了 70 多年的计算机科学问题，直到现在，由于人工智能和计算机能力的进步，才接近于解决达到人类翻译水平的问题。

🐾 其起源可以追溯到更远的时代，9 世纪的阿拉伯博学家肯迪（Al-Kindi 🔗 [L24-2]）开发了语言翻译的技术。

24.1.1　机器翻译

文本翻译最初是一种被称为机器翻译（Machine Translation， MT）的技术，它可以在不同的语言对之间进行翻译。机器翻译的工作原理是将一种语言中的词语替换成另一种语言，在简单的逐字翻译没有意义的情况下，增加技术来选择正确的短语或句子部分的翻译方式。

> 🐚 当翻译员支持在一种语言和另一种语言之间进行翻译时，这些被称为语言对（language pairs）。不同的工具支持不同的语言对，而且这些语言对可能并不完整。例如，一个翻译器可能支持英语到西班牙语的语言对，以及西班牙语到意大利语的语言对，但不支持英语到意大利语的语言对。

举个例子，将"Hello world"从英语翻译成法语，可以用替换法进行——用"Bonjour"代替"Hello"，用"le monde"代替"world"，从而得到"Bonjour le monde"的正确翻译。

当不同的语言用不同的方式来表达同一事物时，替换法就不起作用。例如，英语句子"My name is Jim（我的名字是吉姆）"，在法语中翻译为"Je m'appelle Jim"——字面意思是"我自称是 Jim"。"Je"是法语中的"I（我）"，"moi"是"me"（我），但与动词连在一起，因为它以元音开头，所以变成了"m'"，"appelle"是称呼，而"Jim"没有被翻译，因为它是一个名字，而不是一个可以翻译的词。词序也成为一个问题——"Je m'appelle Jim"的简单替换变成了"I myself call Jim"，其词序与英语不同。

> 🐚 有些词是永远不会被翻译的——无论用哪种语言来介绍我，我的名字都是 Jim。当翻译到使用不同字母的语言时，或者用不同的字母表示不同的声音时，那么单词就可以进行音译，也就是选择能发出相应声音的字母或字符，使其与给定的单词发音相同。

成语也是翻译的一个问题。这些短语具有与直接解释单词不同的理解含义。例如，在英语中，成语"I've got ants in my pants"并不是指内裤里有蚂蚁，而是指一个人很紧张，坐立不安的。如果你把这句话翻译成德语，最终会使读者感到困惑，因为德语版本字面意思是"我的屁股里有大黄蜂"。

> 🐚 不同的地域会增加不同的复杂性。对于"I've got ants in my pants"这个成语，在美式英语中，"pants"指的是外面的裤子，而在英式英语中，"pants"是指内裤。

做点研究

如果你会说多种语言，想象一些无法直译的短语。

机器翻译系统依赖于描述如何翻译某些短语和习语的大型规则数据库，以及从可能的选项中挑选适当的翻译的统计方法。这些统计方法使用人类翻译成多种语言的作品的巨大数据库来挑选最可能的翻译，这种技术称为统计机器翻译。其中一些方法使用语言的中间表示法，允许一种语言被翻译成中间语言，然后再从中间语言翻译成另一种语言。这样一来，增加更多的语言只涉及与中间语言的翻译，而不是与所有其他语言的翻译。

24.1.2　神经机器翻译

神经机器翻译涉及利用人工智能的力量进行翻译，通常使用一个模型来翻译整个句子。这些模型是在经过人工翻译的巨大数据集上训练的，如网页、书籍和联合国文件。

由于不需要庞大的短语和习语数据库，神经机器翻译模型通常比机器翻译模型小。提供翻译的现代人工智能服务通常混合了多种技术，混合了统计机器翻译和神经翻译。

任何语言对都不存在一对一的翻译。不同的翻译模型会产生略有不同的结果，这取决于用于训练模型的数据。翻译并不总是对称的——如果你把一个句子从一种语言翻译成另一种语言，然后再回到第一种语言，你可能会看到一个稍微不同的句子作为结果。

做点研究

尝试不同的在线，如必应翻译，谷歌翻译，百度翻译或苹果翻译应用程序。比较几个句子的翻译版本。也可以尝试用一个翻译器翻译，然后用另一个翻译器翻译回来。

24.2　翻译服务

有一些人工智能服务可以从你的应用程序中使用，以翻译语音和
文字。

24.2.1　认知服务——语音服务

在过去的几节课中，你一直在使用的语音服务—— Speech 具有语
音识别的翻译功能，图标如图 24-2 所示。当你识别语音时，你不仅可
以要求提供相同语言的语音文本，还可以要求提供其他语言的文本。

> 📖 这只能从语音 SDK 中获得，REST API 没有内置的翻译功能。

24.2.2　认知服务——翻译服务

Translator 是一个专门的翻译服务，可以将文本从一种语言翻译到
一种或多种目标语言，图标如图 24-3 所示。除了翻译之外，它还支持
广泛的额外功能，如屏蔽脏话。它还允许你为一个特定的词或句子提供特定的翻译，以处理你不希望翻译的
术语，或使用一个特定的知名翻译。

例如，当把指的是单板计算机的句子"I have a Raspberry Pi"翻译成另一种语言（如中文）时，你会
希望将 "Raspberry Pi"这个词翻译为"树莓派"，以期望结果是"我有一个树莓派"，而不是被翻译为"我
有一个覆盆子皮"。

图 24-2　语音服务——Speech 的标志

Translator

图 24-3　翻译服务 —— Translator
　　　　的标志

24.3　创建一个翻译器资源

在本课中，你将需要一个翻译器资源。你将使用 REST API 来翻译文本。

任务：创建一个翻译器资源

（1）从你的终端或命令提示符运行以下命令，在你的 smart-timer 资源组中创建一个翻译器资源。

```
az cognitiveservices account create --name smart-timer-translator \
                                    --resource-group smart-timer \
                                    --kind TextTranslation \
                                    --sku F0 \
                                    --yes \
                                    --location <location>
```

将 **<location>** 替换为你在创建资源组时使用的位置。

（2）获取翻译器服务的密钥。

```
az cognitiveservices account keys list --name smart-timer-translator \
                                       --resource-group smart-timer \
                                       --output table
```

取其中一个键的副本。

24.4 在有翻译的应用程序中支持多语言

在一个理想的世界里，你的整个应用程序应该能够理解尽可能多的不同语言，从聆听语音，到语言理解，再到用语音进行回应。这是一项工作量极大的任务，所以使用翻译服务可以加快你应用程序的交付时间。

想象一下，你正在构建一个端对端使用英语的智能计时器，理解英语口语并将其转换为文本，用英语运行语言理解，用英语建立响应并以英语语音进行回复。如果你想增加对中文语音的支持，你可以先将中文语音翻译成英文文本，然后保持应用程序的核心部分不变，然后在说出回应之前将回应文本翻译成汉语。这将允许你快速添加汉语支持，你可以在以后将其扩展到提供完整的端到端汉语支持，如图 24-4 所示。

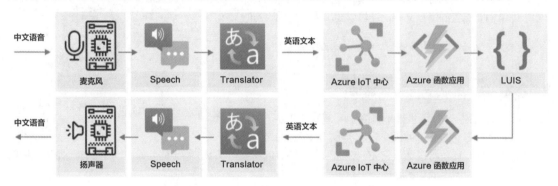

图 24-4　一个智能定时器架构将中文翻译成英语，用英语处理，然后再翻译成中文

机器翻译也为应用程序和设备提供了可能性，它们可以在用户创建的内容中进行翻译。科幻小说中经常出现 " 通用翻译器 "，这些设备可以将外星语言翻译成（典型的）美式英语。如果你忽略了外星人的部分，这些设备就不再是科幻小说，而是科学事实。现在已经有一些应用程序和设备，利用语音和翻译服务的组合，提供语音和书面文本的实时翻译。

其中一个例子是微软翻译的手机应用，在图 24-5 所示的视频中进行了演示。

想象一下，如果有这样一个设备，特别是在旅行或与你不懂语言的人交流时，在机场或医院有自动翻译设备将有助于解决沟通的障碍。

🐾 虽然没有真正的通用翻译器让我们与外星人对话，但微软的翻译器确实支持克林贡语（是虚构的外星种族克林贡人在星际迷航宇宙 中使用的人造语言。🔗 [L24-4]）。Qapla'!(克林贡语 " 成功")

🐾 依靠机器翻译的缺点是，不同的语言和文化对同样的事情有不同的表达方式，所以翻译结果可能与你所期望的表达方式不符。

图 24-5　展示微软翻译器的实时翻译效果的视频 🎥
[L24-3]

24.5 使用人工智能服务翻译文本

你可以使用人工智能服务来为你的智能定时器增加这种翻译能力。

任务：使用人工智能服务翻译文本

通过相关的指南工作，在你的物联网设备上转换翻译文本。

- 使用 Wio Terminal 实现语音翻译。
- 使用树莓派实现语音翻译。
- 使用虚拟物联网设备实现语音翻译。

📝 **做点研究**

是否有任何商业化的翻译物联网设备？内置在智能设备中的翻译功能如何？

连接设备：使用人工智能服务翻译文本

◆ 使用 Wio Terminal 实现语音翻译

在本课的这一部分，你将编写代码，使用 Azure 翻译工具翻译文本。

使用翻译工具服务将文本转换为语音

语音服务 REST API 不支持直接翻译，但你可以使用翻译工具服务将语音生成的文本翻译成其他语言的文本，然后再将回应的文本转换为语音。这项服务有一个 REST API，你可以用它来翻译文本，但为了方便使用，它将被包裹在你的函数应用中的另一个 HTTP 触发器中。

任务：创建一个翻译文本的无服务器函数

（1）在 VS Code 中打开你的 `smart-timer-trigger` 项目，并打开终端，确保虚拟环境被激活。如果没有，请杀进程并重新创建终端。

（2）打开 `local.settings.json` 文件，为翻译器的 API 密钥和位置添加设置。

```
"TRANSLATOR_KEY": "<key>",
"TRANSLATOR_LOCATION": "<location>"
```

用你翻译服务资源的 API 密钥替换 `<key>`。将 `<location>` 替换为你在创建翻译工具服务资源时使用的位置。

（3）使用 VS Code 终端中的以下命令为该应用添加一个新的 HTTP 触发器，命名为 `translate-text`，位于函数应用项目的根文件夹中。

```
func new --name translate-text --template "HTTP trigger"
```

这行代码将创建一个名为 translate-text 的 HTTP 触发器。

（4）将 `translate-text` 文件夹中 `__init__.py` 文件的内容替换为以下内容。

```
import logging
import os
import requests

import azure.functions as func
```

```
    location = os.environ['TRANSLATOR_LOCATION']
    translator_key = os.environ['TRANSLATOR_KEY']

    def main(req: func.HttpRequest) -> func.HttpResponse:
        req_body = req.get_json()
        from_language = req_body['from_language']
        to_language = req_body['to_language']
        text = req_body['text']

        logging.info(f'Translating {text} from {from_language} to {to_language}')

        url = f'https://api.cognitive.microsofttranslator.com/translate?api-version=3.0'

        headers = {
            'Ocp-Apim-Subscription-Key': translator_key,
            'Ocp-Apim-Subscription-Region': location,
            'Content-type': 'application/json'
        }

        params = {
            'from': from_language,
            'to': to_language
        }

        body = [{
            'text' : text
        }]

        response = requests.post(url, headers=headers, params=params, json=body)
        return func.HttpResponse(response.json()[0]['translations'][0]['text'])
```

这段代码从 HTTP 请求中提取文本和语言。然后，它向翻译器 REST API 发出请求，将语言作为 URL 的参数，将要翻译的文本作为正文。最后，翻译结果被返回。

（5）在本地运行你的函数应用程序。然后你可以使用像 curl 这样的工具一样来调用它，就像你测试文本到计时器的 HTTP 触发器一样。请确保将要翻译的文本和语言作为 JSON 体传递。

```
    {
        "text": "Définir une minuterie de 30 secondes",
        "from_language": "fr-FR",
        "to_language": "en-US"
    }
```

这个例子将 "**Définir une minuterie de 30 secondes**" 从法语翻译成美式英语并返回 "**Set a 30-second timer**"。

你可以在 `code/functions` 文件夹 🔗 [L24-5] 中找到这段代码。

任务：使用翻译工具来翻译文本

（1）在 VS Code 中打开 `smart-timer` 项目，如果它还没有打开的话。

（2）你的智能定时器将设置两种语言——用于训练 LUIS 的服务器的语言（同样的语言也被用来建立对用户说话的信息），以及用户所说的语言。更新 `config.h` 头文件中的 `LANGUAGE` 常数，使之成为用户所说的语言，并为用于训练 LUIS 的语言添加一个新的常数，称为 `SERVER_LANGUAGE` 。

```
const char *LANGUAGE = "<user language>";
const char *SERVER_LANGUAGE = "<server language>";
```

将 `<user language>` 替换为你将使用语言的地域名称，如 `fr-FR` 代表法语， `zn-CN` 代表普通话。

将 `<server language>` 替换为用于训练 LUIS 的语言的地域名称。

你可以在微软文档上的语言和语音支持文档 🔗 [L24-6] 中找到支持的语言和它们的地域名称的列表。

🗒 如果你不会说多种语言，你可以使用像如必应翻译 🔗 [L24-7]、谷歌翻译 🔗 [L24-8]、百度翻译 🔗 [L24-9] 这样的服务，把你喜欢的语言翻译成你选择的语言。然后，这些服务可以播放翻译后的文本的音频。例如，如果你用英语训练 LUIS，但想用汉语作为用户语言，你可以用必应翻译将"**set a 2 minute and 27 second timer**（设置一个 2 分 27 秒的定时器）"这样的句子从英语翻译成中文，然后用侦听翻译按钮将翻译内容用语音方式播放出来，如图 24-6 所示。

图 24-6　必应翻译上的侦听翻译按钮

（3）在 `SPEECH_LOCATION` 下面添加翻译工具的 API 密钥和位置。

```
const char *TRANSLATOR_API_KEY = "<KEY>";
const char *TRANSLATOR_LOCATION = "<LOCATION>";
```

将 `<KEY>` 替换为你翻译服务资源的 API 密钥。将 `<LOCATION>` 替换为你在创建翻译工具资源时使用的位置。

（4）在 `VOICE_URL` 下面添加翻译工具触发器的 URL。

```
const char *TRANSLATE_FUNCTION_URL = "<URL>";
```

用你函数应用程序上 translate-textHTTP 触发器的 URL 替换 `<URL>`。这将与 `TEXT_TO_TIMER_FUNCTION_URL` 的值相同，只是函数名称为 `translate-text` 而不是 `text-to-timer` 。

（5）在 `src` 文件夹中添加一个新文件，名为 `text_translator.h` 。

（6）这个新的 `text_translator.h` 头文件将包含一个翻译文本的类。在这个文件中添加以下内容来声明这个类。

```
#pragma once

#include <Arduino.h>
```

```
#include <ArduinoJson.h>
#include <HTTPClient.h>
#include <Wi-FiClient.h>

#include "config.h"

class TextTranslator
{
public:
private:
    Wi-FiClient _client;
};

TextTranslator textTranslator;
```

这段代码声明了 **TextTranslator** 类,以及该类的一个实例。该类有一个用于 Wi-Fi 客户端的单一字段。

(7)在这个类的 **public** 部分,添加一个方法来翻译文本。

```
String translateText(String text, String from_language, String to_language)
{
}
```

这种方法需要翻译源语言和翻译目标语言。在处理语音时,语音将从用户语言翻译成 LUIS 服务器语言,在给出响应时,语音将从 LUIS 服务器语言翻译成用户语言。

(8)在这个方法中,添加代码来构建一个包含要翻译的文本和语言的 JSON 主体。

```
DynamicJsonDocument doc(1024);
doc["text"] = text;
doc["from_language"] = from_language;
doc["to_language"] = to_language;

String body;
serializeJson(doc, body);

Serial.print("Translating ");
Serial.print(text);
Serial.print(" from ");
Serial.print(from_language);
Serial.print(" to ");
Serial.print(to_language);
```

(9)在这下面,添加以下代码,将主体发送到无服务器函数应用程序。

```
HTTPClient httpClient;
httpClient.begin(_client, TRANSLATE_FUNCTION_URL);

int httpResponseCode = httpClient.POST(body);
```

(10)接下来,添加代码以获得响应。

```
String translated_text = "";
```

```
if (httpResponseCode == 200)
{
    translated_text = httpClient.getString();
    Serial.print("Translated: ");
    Serial.println(translated_text);
}
else
{
    Serial.print("Failed to translate text - error ");
    Serial.println(httpResponseCode);
}
```

（11）最后，添加代码以关闭连接并返回翻译后的文本。

```
httpClient.end();

return translated_text;
```

任务：翻译识别的语音和响应

（1）打开 `main.cpp` 文件。

（2）在文件的顶部为 `TextTranslator` 类头文件添加一个 `include` 指令。

```
#include "text_translator.h"
```

（3）计时器设置或过期时说的文字需要被翻译。要做到这一点，请添加以下内容作为 `say` 函数的第一行。

```
text = textTranslator.translateText(text, LANGUAGE, SERVER_LANGUAGE);
```

这行代码将把文本翻译成用户的语言。

（4）在 `processAudio` 函数中，用 `String text = speechToText.convertSpeechToText();` 的调用从捕获的音频中获取文本。在这个调用之后，对文本进行翻译。

```
String text = speechToText.convertSpeechToText();
text = textTranslator.translateText(text, LANGUAGE, SERVER_LANGUAGE);
```

这将把文本从用户的语言翻译成服务器上使用的语言。

（5）构建这段代码，将其上传到你的 Wio Terminal，并通过串行监视器进行测试。一旦你在串口显示器中看到 `Ready`，就按下 Wio Terminal 上的 C 键（顶部左侧的那个最靠近电源开关的按键），然后说话。确保你的函数应用程序正在运行，并通过自己说该语言或使用翻译应用程序，以用户语言请求定时器。串口终端呈现的信息大致如下。

```
Connecting to Wi-Fi..
Connected!
Got access token.
Ready.
Starting recording...
Finished recording
Sending speech...
```

```
Speech sent!
{"RecognitionStatus":"Success","DisplayText":"Définir une minuterie de 2 minutes 27 secondes.",
"Offset":9600000,"Duration":40400000}
Translating Définir une minuterie de 2 minutes 27 secondes. from fr-FR to en-US
Translated: Set a timer of 2 minutes 27 seconds.
Set a timer of 2 minutes 27 seconds.
{"seconds": 147}
Translating 2 minute 27 second timer started. from en-US to fr-FR
Translated: 2 minute 27 seconde minute a commencé.
2 minute 27 seconde minute a commencé.
Translating Times up on your 2 minute 27 second timer. from en-US to fr-FR
Translated: Chronométrant votre minuterie de 2 minutes 27 secondes.
Chronométrant votre minuterie de 2 minutes 27 secondes.
```

你可以在 `code/wio-terminal` 文件夹 🔗 **[L24-10]** 中找到这个代码。

😊 恭喜，你的多语言定时器程序运行成功了！

使用树莓派实现语音翻译

在这一部分，你将编写代码，使用翻译工具翻译文本。

使用翻译工具将文本转换为语音

语音服务的 REST API 不支持直接翻译，相反，你可以使用翻译工具来翻译由语音生成的文本，以及口语回应的文本。这个服务有一个 REST API，你可以用它来翻译文本。

任务：使用翻译工具资源来翻译文本

（1）你的智能定时器将设置两种语言——用于训练 LUIS 的服务器的语言（同样的语言也用于建立对用户说话的信息），以及用户所说的语言。更新语言变量为用户所说的语言，并为训练 LUIS 的语言添加一个新的变量。

```
language = '<user language>'
server_language = '<server language>'
```

将 `<user language>` 替换为你将使用语言的地域名称，如 `fr-FR` 代表法语， `zn-CN` 代表普通话。
将 `<server language>` 替换为用于训练 LUIS 的语言的地域名称。
你可以在微软文档上的语言和语音支持文档 🔗 **[L24-6]** 中找到支持的语言和它们地域名称的列表。

🔍 如果你不会说多种语言，你可以使用像如必应翻译🔗 **[L24-7]**、谷歌翻译🔗 **[L24-8]**、百度翻译 🔗 **[L24-9]** 这样的服务，把你喜欢的语言翻译成你选择的语言。然后，这些服务可以播放翻译后的文本的音频。例如，如果你用英语训练 LUIS，但想用汉语作为用户语言，你可以用必应翻译将 "**set a 2 minute and 27 second timer**（设置一个 2 分 27 秒的定时器）" 这样的句子从英语翻译成中文，然后用侦听翻译按钮将翻译内容用语音方式播放出来，如图 24-7 所示。

（2）在 `speech_api_key` 下面添加翻译器的 API 密钥。

```
translator_api_key = '<key>'
```

用你翻译工具资源的 API 密钥替换 `<key>`。

图 24-7　必应翻译上的侦听翻译按钮

（3）在 `say` 函数的上方，定义一个 `translate_text` 函数，将文本从服务器语言翻译成用户语言。

```
def translate_text(text, from_language, to_language):
```

from 和 to 语言被传递给这个函数 —— 你的应用程序需要在识别语音时从用户语言转换为服务器语言，在提供口语反馈时从服务器语言转换为用户语言。

（4）在这个函数中，定义 REST API 调用的 URL 和头文件。

```
url = f'https://api.cognitive.microsofttranslator.com/translate?api-version=3.0'

headers = {
    'Ocp-Apim-Subscription-Key': translator_api_key,
    'Ocp-Apim-Subscription-Region': location,
    'Content-type': 'application/json'
}
```

此 API 的 URL 不是特定于位置的，而是作为标头传入的位置。API 密钥直接使用，因此与语音服务不同，无须从令牌颁发者 API 获取访问令牌。

（5）在这下面定义调用的参数和主体。

```
params = {
    'from': from_language,
    'to': to_language
}

body = [{
    'text' : text
}]
```

`params` 定义了传递给 API 调用的参数，传递 from 和 to 语言。这个调用将把从语言中的文本翻译成 to 语言。`body` 包含要翻译的文本。这是一个数组，因为多个文本块可以在同一个调用中被翻译。

（6）调用 REST API，并获得响应。

```
response = requests.post(url, headers=headers, params=params, json=body)
```

返回的响应是一个 JSON 数组，其中一个项目包含翻译。这个项目有一个数组，用于翻译正文中传递的所有项目。

```
[
    {
        "translations": [
            {
                "text": "Set a 2 minute 27 second timer.",
                "to": "en"
            }
        ]
    }
]
```

（7）返回数组中第一项翻译中的 text 属性。

```
return response.json()[0]['translations'][0]['text']
```

（8）更新 `while True` 循环，将调用 `convert_speech_to_text` 的文本从用户语言翻译成服务器语言。

```
if len(text) > 0:
    print('Original:', text)
    text = translate_text(text, language, server_language)
    print('Translated:', text)

    message = Message(json.dumps({ 'speech': text }))
    device_client.send_message(message)
```

这段代码还会将文本的原始和翻译版本打印到控制台。

（9）更新 `say` 函数，把要说的文字从服务器语言翻译成用户语言。

```
def say(text):
    print('Original:', text)
    text = translate_text(text, server_language, language)
    print('Translated:', text)
    speech = get_speech(text)
    play_speech(speech)
```

这段代码还会将文本的原始和翻译版本打印到控制台。

（10）运行你的代码。确保你的函数应用程序正在运行，并通过自己说该语言或使用翻译应用程序，以用户语言请求定时。控制台的显示内容大致如下。

```
pi@raspberrypi:~/smart-timer $ python3 app.py
Connecting
Connected
Using voice fr-FR-DeniseNeural
Original: Définir une minuterie de 2 minutes et 27 secondes.
Translated: Set a timer of 2 minutes and 27 seconds.
Original: 2 minute 27 second timer started.
Translated: 2 minute 27 seconde minute a commencé.
Original: Times up on your 2 minute 27 second timer.
Translated: Chronométrant votre minuterie de 2 minutes 27 secondes.
```

由于不同语言的表达方式不同，你得到的译文可能与你给 LUIS 的例子略有不同。如果是这种情况，请向 LUIS 添加更多的例子，重新训练然后重新发布模型。

你可以在 `code/pi` 文件夹 🔗 [L24-11] 中找到这段代码。

> 😊 恭喜，你的多语言定时器程序运行成功了！

🅖 使用虚拟物联网设备实现语音翻译

在这部分课程中，你将编写代码，在使用语音服务转换为文本时翻译语音，然后在生成口语回应之前使用翻译工具服务翻译文本。

使用语音服务来翻译语音

语音服务可以接受语音，不仅可以转换为同一语言的文本，还可以将输出的内容翻译为其他语言。

任务：使用语音服务来翻译语音

（1）在 VS Code 中打开 `smart-timer` 项目，并确保在终端加载虚拟环境。

（2）在现有的导入语句下面添加以下导入语句。

```
from azure.cognitiveservices import speech
from azure.cognitiveservices.speech.translation import SpeechTranslationConfig,
TranslationRecognizer
import requests
```

这段代码导入了用于翻译语音的类，以及一个 `request` 库，该库将在本课后面用于调用翻译工具服务。

（3）你的智能定时器将设置两种语言——用于训练 LUIS 的服务器的语言（同样的语言也用于建立对用户说话的信息），以及用户所说的语言。更新 `language` 变量，使其成为用户所说的语言，并为训练 LUIS 的语言添加一个新的变量 `server_language`。

```
language = '<user language>'server_language = '<server language>'
```

将 `<user language>` 替换为你将使用的语言的地域名称，如 `fr-FR` 代表法语，`zn-CN` 代表普通话。
将 `<server language>` 替换为用于训练 LUIS 的语言的地域名称。
你可以在微软文档上的语言和语音支持文档 🔗 [L24-6] 中找到支持的语言和它们的地域名称的列表。

> 📖 如果你不会说多种语言，你可以使用像如必应翻译🔗 [L24-7]、谷歌翻译🔗 [L24-8]、百度翻译
> 🔗 [L24-9] 这样的服务，把你喜欢的语言翻译成你选择的语言。然后，这些服务可以播放翻译后的文本的音频。例如，如果你用英语训练 LUIS，但想用汉语作为用户语言，你可以用必应翻译将"**set a 2 minute and 27 second timer**（设置一个 2 分 27 秒的定时器）"这样的句子从英语翻译成中文，然后用侦听翻译按钮将翻译内容用语音方式播放出来，如图 24-8 所示。

（4）将 `recognizer_config` 和 `recognizer` 的声明替换为以下内容。

```
translation_config = SpeechTranslationConfig(subscription=speech_api_key,
                                             region=location,
                                             speech_recognition_language=language,
                                             target_languages=(language, server_language))

recognizer = TranslationRecognizer(translation_config=translation_config)
```

图 24-8　必应翻译上的侦听翻译按钮

这段代码将创建一个翻译配置来识别用户语言的语音，并创建用户和服务器语言的翻译。然后它使用这个配置来创建一个翻译识别器 —— 一个可以将语音识别的输出翻译成多种语言的语音识别器。

> 📖 原始语言需要在 `target_languages` 中指定，否则你不会得到任何翻译。

（5）更新 `recognized` 函数，用以下内容替换整个函数的内容。

```
if args.result.reason == speech.ResultReason.TranslatedSpeech:
    language_match = next(l for l in args.result.translations if server_language.lower().
startswith(l.lower()))
    text = args.result.translations[language_match]
    if (len(text) > 0):
        print(f'Translated text: {text}')

        message = Message(json.dumps({ 'speech': text }))
        device_client.send_message(message)
```

这段代码检查是否因为语音被翻译而触发了识别事件（这个事件可以在其他时间触发，如语音被识别但没有被翻译）。如果语音被翻译了，它会在 `args.result.translations` 字典中找到与服务器语言相匹配的翻译。

`args.result.translations` 字典是以地区设置的语言部分为关键，而不是整个设置。例如，如果你要求将法语翻译成 `fr-FR`，字典中就会有 `fr` 的条目，而不是 `fr-FR`。

然后，翻译后的文本将被发送到 IoT 中心。

（6）运行这段代码来测试翻译。确保你的功能应用程序正在运行，并通过自己说该语言或使用翻译应用程序，以用户语言请求定时器。在终端显示的内容大致如下。

```
(.venv) → smart-timer python app.py
Connecting
Connected
Translated text: Set a timer of 2 minutes and 27 seconds.
```

使用翻译工具服务翻译文本

语音服务不支持将文本翻译成语音，相反，你可以使用翻译工具服务来翻译文本。这个服务有一个

REST API，你可以用它来翻译文本。

任务：使用翻译工具资源来翻译文本

（1）在 **speech_api_key** 下面添加翻译工具的 API 密钥。

```
translator_api_key = '<key>'
```

用你翻译工具服务资源的 API 密钥替换 **<key>**。

（2）在 **say** 函数的上方，定义一个 **translate_text** 函数，将文本从服务器语言翻译成用户语言。

```
def translate_text(text):
```

（3）在这个函数中，定义 REST API 调用的 URL 和头文件。

```
url = f'https://api.cognitive.microsofttranslator.com/translate?api-version=3.0'

headers = {
    'Ocp-Apim-Subscription-Key': translator_api_key,
    'Ocp-Apim-Subscription-Region': location,
    'Content-type': 'application/json'
}
```

此 API 的 URL 不是特定于位置的，而是作为标头传入的位置。API 密钥直接使用，因此与语音服务不同，无须从令牌颁发者 API 获取访问令牌。

（4）在这下面定义调用的参数和主体。

```
params = {
    'from': server_language,
    'to': language
}

body = [{
    'text' : text
}]
```

params 定义了传递给 API 调用的参数，传递 from 和 to 语言。这个调用将把 from 语言中的文本翻译成 to 语言。

body 包含要翻译的文本。这是一个数组，因为多个文本块可以在同一个调用中被翻译。

（5）调用 REST API，并获得响应。

```
response = requests.post(url, headers=headers, params=params, json=body)
```

返回的响应是一个 JSON 数组，其中一个项目包含翻译。这个项目有一个数组，用于翻译正文中传递的所有项目。

```
[
    {
        "translations": [
            {
                "text": "Chronométrant votre minuterie de 2 minutes 27 secondes.",
                "to": "fr"
```

```
            }
        ]
    }
]
```

（6）返回数组中第一项翻译中的 `text` 属性。

```
return response.json()[0]['translations'][0]['text']
```

（7）更新 `say` 函数，在生成语音合成标记语言（SSML）之前将文本翻译成用户语言。

```
print('Original:', text)
text = translate_text(text)
print('Translated:', text)
```

这段代码还会将原始和翻译版本的文本打印到控制台。

（8）运行你的代码。确保你的函数应用程序正在运行，并通过自己说该语言或使用翻译应用程序，以用户语言请求定时。控制台的显示内容大致如下。

```
(.venv) → smart-timer python app.py
Connecting
Connected
Translated text: Set a timer of 2 minutes and 27 seconds.
Original: 2 minute 27 second timer started.
Translated: 2 minute 27 seconde minute a commencé.
Original: Times up on your 2 minute 27 second timer.
Translated: Chronométrant votre minuterie de 2 minutes 27 secondes.
```

> 🐌 由于不同语言的表达方式不同，你得到的译文可能与你给 LUIS 的例子略有不同。如果是这种情况，请向 LUIS 添加更多的例子，重新训练，然后重新发布模型。

你可以在 `code/virtual-iot-device` 文件夹 🔗 **[L24-12]** 中找到这个代码。

> 😊 恭喜，你的多语言定时器程序运行成功了！

挑战

机器翻译如何使智能设备以外的其他物联网应用受益？想一想翻译可以帮助的不同方式，不仅仅是口语，还有文本。

复习和自学

- 在百度百科的机器翻译页面 🔗 [L24-13] 上阅读更多关于机器翻译的信息。
- 阅读"神经机器翻译：历史与展望" 🔗 [L24-14]，学习更多关于神经机器翻译的知识。
- 在微软文档的语言和语音支持文档 🔗 [L24-6] 中查看微软语音服务的支持语言列表。

作业

建立一个通用翻译器。

说明

通用翻译器是一种可以在多种语言之间进行翻译的设备，使讲不同语言的人能够进行交流。利用你在过去几节课中所学到的知识，用两个物联网设备建立一个通用翻译器。

如果你没有两个设备，请按照前几节课的步骤，将一个虚拟物联网设备设置为其中一个物联网设备。

你应该为一种语言配置一个设备，为另一种语言配置一个设备。每个设备都应该能接受语音，将其转换为文本，通过 IoT 中心和一个函数应用程序将其发送给另一个设备，然后翻译它并播放翻译后的语音。

> 📝 提示：当从一个设备向另一个设备发送语音时，也要发送它所使用的语言，使其更容易翻译。你甚至可以让每个设备先用 IoT 中心和一个函数应用来注册，把它们支持的语言传到 Azure 存储中。然后，你可以使用函数应用程序进行翻译，将翻译后的文本发送到物联网设备上。

评分标准

标准	优秀	合格	需要改进
创建一个通用翻译器	能够建立一个通用翻译器，将一个设备检测到的语音转换为另一个设备播放的不同语言的语音	能够让一些组件工作，如捕获语音或翻译，但无法建立端到端的解决方案	无法建立一个工作的通用翻译器的任何部分

课后测验

（1）机器翻译已经被研究了接近（　　）。

A. 70 年

B. 17 年

C. 7 年

（2）人工智能语言翻译被叫作（　　）。

A. 傻瓜翻译器

B. 神经机器翻译器（Neural Translators）

C. 什么也不叫，人工智能不能用作翻译

（3）微软支持翻译哪种"外星"语言？（　　）

A. 温州话

B. 外星语

C. 克林贡语

附录 A
本书主页及习题答案

访问本书主页

扫描下方二维码，访问本书的主页，可以获得本书和所需相关硬件的链接，以及书中涉及的链接列表等。

测试题答案

	课前测验			课前测验		
	（1）	（2）	（3）	（1）	（2）	（3）
第 1 课	A	C	A	B	B	A
第 2 课	B	A	B	B	C	B
第 3 课	B	A	B	B	B	A
第 4 课	B	A	A	A	C	B
第 5 课	A	C	B	A	B	B
第 6 课	A	C	B	A	B	C
第 7 课	B	A	B	B	A	B
第 8 课	B	C	A	C	A	A
第 9 课	A	B	B	A	A	C
第 10 课	B	B	B	C	B	B
第 11 课	C	A	B	C	C	B
第 12 课	B	B	A	A	B	A
第 13 课	B	A	B	A	A	A
第 14 课	A	B	C	A	B	A
第 15 课	A	A	B	C	B	B
第 16 课	B	A	A	A	A	B
第 17 课	A	B	B	D	B	B
第 18 课	A	B	A	A	B	A
第 19 课	B	B	A	B	C	B
第 20 课	B	C	A	B	A	A
第 21 课	A	B	B	B	A	C
第 22 课	B	C	A	B	A	C
第 23 课	B	B	C	B	A	A
第 24 课	B	A	B	A	B	C